智囊图书·建筑书系

全国土木工程类实用创新型规划教材

U0211823

主 审　胡兴福

主 编　牛少儒　杨子江

副主编　卜娜蕊　莫振宝　花　阳

编 者　李水鱼　杨立国

　　　　张同钰　王亚玲

混凝土结构

HUNNINGTUJIEGOU

哈尔滨工业大学出版社

内容简介

本教材是依据建筑结构课程教学基本要求同时考虑学生的提升空间而编写的。本教材体现了培养高等应用型人才的特点,坚持理论与实践相结合,注重实际动手能力的培养和综合素质的提高。本教材结合专业特点,依照对建筑结构的要求,精选了建筑结构中的钢筋混凝土结构,结合钢筋混凝土结构实际工作过程,以工作任务为载体编写,形成简练而相对完整的教学体系。

本书主要内容为:钢筋和混凝土材料的力学性能及材料选择、钢筋混凝土结构的设计方法、受弯构件承载能力极限状态计算、受弯构件正常使用极限状态设计计算、受压构件承载能力极限状态设计计算、预应力混凝土结构概述、钢筋混凝土梁板结构、多层及高层钢筋混凝土房屋结构等8个模块。

本书适用于土建类各专业、房地产经济管理等专业使用。

图书在版编目(CIP)数据

混凝土结构/牛少儒,杨子江主编. —哈尔滨:哈尔滨
工业大学出版社,2014.2
ISBN 978 - 7 - 5603 - 4412 - 6

Ⅰ.①混… Ⅱ.①牛…②杨… Ⅲ.①混凝土结构—
高等学校—教材 Ⅳ.①TU37

中国版本图书馆 CIP 数据核字(2013)第 274088 号

责任编辑 张 瑞
出版发行 哈尔滨工业大学出版社
社 址 哈尔滨市南岗区复华四道街 10 号 邮编 150006
传 真 0451—86414749
网 址 http://hitpress.hit.edu.cn
印 刷 北京市全海印刷厂
开 本 850mm×1168mm 1/16 印张 19 字数 575 千字
版 次 2014 年 2 月第 1 版 2014 年 2 月第 1 次印刷
书 号 ISBN 978 - 7 - 5603 - 4412 - 6
定 价 40.00 元

高等院校建筑工程技术专业要培养的是有相关领域岗位工作能力和专业技能，适应建筑行业一线需要的生产、技术、管理、服务等职业要求，德、智、体、美等方面全面发展的高素质技能型人才。这就要求我们调整教材结构以适应职业教育的需求。同时，随着经济建设的高速发展，建筑结构可靠度得以提高，相关单位对建筑结构相关规范进行了调整。但目前大多数教材尚未进行规范更新，模式也以传统教学模式为主，不适应教学的发展需求。结合上述情况，以"能力为本、就业为先、全面发展"的职业教育改革为目标，本教材根据建筑类专业建筑结构课程教学大纲的要求和新修订的《混凝土结构设计规范》(GB 50010—2010)、《混凝土结构技术规程》(GJG 3—2010)以及《建筑抗震设计规范》(GB 50011—2010)和其他相关规范、标准而编写。

本书根据行业、企业、职业需要确定教学内容，突出理论教学与实践教学相结合的课程特点，改变以理论教学为主的教学模式，突出理实一体化教学。通过大量的行业、企业和市场调研，结合课程的性质和特点，将课程的知识和技能融合在一起，使课程内容与实际工作岗位工作内容相一致。以模块化教学模式组织教学内容，通过模块概述、知识目标、能力目标、工程导入、工程导读引入正文，让学生带着问题、带着确定的目标进入正文的学习，正文基于实际工作过程进行安排和编写，力争让学生了解并掌握相关知识的实践操作，通过增设大量的案例实训提高学生对基本理论知识的理解和应用，并结合课后的基础训练和工程模拟训练加深对所学知识的理解，循序渐进地提高学生的职业技能，以达到胜任工作岗位的目的。本书最后通过职考链接和知识链接拓宽知识点，提高学生查阅文献的能力。

全书共分为 8 个模块，包括钢筋和混凝土材料的力学性能及材料选择、钢筋混凝土结构的设计方法、受弯构件承载能力极限状态计算、受弯构件正常使用极限状态设计计算、受压构件承载能力极限状态设计计算、预应力混凝土结构概述、钢筋混凝土梁板结构、多层及高层钢筋混凝土房屋结构等内容。

Preface

前 言

整体课时分配

模块	内 容	课时建议	授课类型
模块 1	钢筋和混凝土材料的力学性能及材料选择	4～6 课时	讲授、实训
模块 2	钢筋混凝土结构的设计方法	4～6 课时	讲授、实训
模块 3	受弯构件承载能力极限状态计算	32～34 课时	讲授、实训
模块 4	受弯构件正常使用极限状态设计计算	6～8 课时	讲授、实训
模块 5	受压构件承载能力极限状态设计计算	10 课时	讲授、实训
模块 6	预应力混凝土结构概述	6 课时	讲授、实训
模块 7	钢筋混凝土梁板结构	14～16 课时	讲授、实训
模块 8	多层及高层钢筋混凝土房屋结构	14 课时	讲授、实训

　　本书由牛少儒、杨子江两位老师担任主编,对稿件整体进行整理和修饰。胡兴福教授对全书进行了审阅,对此我们表示衷心的感谢。

　　由于编者水平有限,书中难免存在疏漏和不当之处,在此也欢迎广大读者批评指正。

编　者

编 审 委 员 会

主　任: 胡兴福

副主任: 李宏魁　　　符里刚

委　员: (排名不分先后)

胡　勇	赵国忱	游普元
宋智河	程玉兰	史增录
张连忠	罗向荣	刘尊明
胡　可	余　斌	李仙兰
唐丽萍	曹林同	刘吉新
武鲜花	曹孝柏	郑　睿
常　青	王　斌	白　蓉
张贵良	关　瑞	田树涛
吕宗斌	付春松	蒙绍国
莫荣锋	赵建军	易　斌
程　波	王右军	谭翠萍
边喜龙		

本书学习导航

模块概述

简要介绍本模块与整个工程项目的联系，在工程项目中的意义，或者与工程建设之间的关系等。

学习目标

包括知识目标和技能目标，列出了学生应了解与掌握的知识点。

课时建议

建议课时，供教师参考。

工程导入

各模块开篇前导入实际工程，简要介绍工程项目中与本模块有关的知识和它与整个工程项目的联系及在工程项目中的意义，或者课程内容与工程需求的关系等。

知识链接

列举本模块涉及的标准，以国家标准为主，适当涉及较特殊的地方性标准。

重点串联

用结构图将整个模块的重点内容贯穿起来，给学生完整的模块概念和思路，便于复习总结。

拓展与实训

包括基础训练、工程模拟训练和链接职考三部分，从不同角度考核学生对知识的掌握程度。

目录 Contents

1

模块 **1**

钢筋和混凝土材料的力学性能及材料选择

【模块概述】

钢筋混凝土由钢筋和混凝土这两种力学性能不同的材料组成。为了正确合理地进行钢筋混凝土结构设计,必须深入了解钢筋混凝土结构及其构件的受力性能和特点。而对于混凝土和钢筋材料的物理力学性能(强度和变形的变化规律)的了解,则是掌握钢筋混凝土结构的构件性能、分析和设计的基础。

本模块以受力钢筋和混凝土材料的力学性能为主线,主要介绍钢筋和混凝土的力学性能和受力特点,并根据不同类型的结构构件选择合适的材料。通过对材料的力学性能分析,了解各种材料的受力特点,为后面模块的学习打下基础。

【知识目标】

1. 了解钢筋的种类、级别与形式,掌握有明显屈服点钢筋和无明显屈服点钢筋的应力—应变曲线的特点以及设计强度的取值;

2. 了解混凝土的组成特点、影响强度的因素,掌握混凝土的立方体抗压强度、轴心抗压强度、轴心抗拉强度和弹性模量的测定方法;

3. 掌握混凝土在一次短期加载时的受力破坏过程,理解混凝土的徐变与收缩现象以及对混凝土产生的影响;

4. 理解钢筋和混凝土之间黏结力的组成、特点,掌握钢筋的受拉锚固长度、搭接长度的概念和要求。

【技能目标】

1. 能识别钢筋的类型和种类;

2. 能通过实验检测钢筋和混凝土的强度值;

3. 能根据规范要求处理建筑工程施工过程中钢筋的锚固和搭接问题。

【课时建议】

4～6课时

【工程导入】

混凝土是一种人造石料,其抗压能力很高,而抗拉能力很弱,在实际工程中,由于受力、环境等因素,会引起不同程度的混凝土开裂(图1.1)。

混凝土开裂的原因很多,如果在选择混凝土的时候,混凝土强度不能达到荷载的要求,那么混凝土很可能因为不能承受荷载而导致破坏;而如果在环境中有不利于混凝土的因素存在,混凝土也会产生变形而开裂。

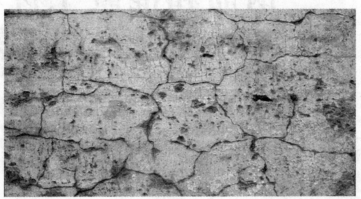

图1.1　混凝土的开裂

【工程导读】

在钢筋混凝土结构中,钢筋和混凝土是两种基本材料。我们想要钢筋混凝土结构正常工作,应如何选择钢筋类型?应选用什么级别的混凝土?钢筋和混凝土之间应如何紧密地联合在一起?要解决这些问题,首先就要了解钢筋和混凝土的力学性能和变形特征,以免在工程中因为材料的选择不当导致结构破坏。

1.1 钢筋的力学性能及材料选择

钢筋混凝土结构使用的钢筋,不仅要强度高,而且要具有良好的塑性和可焊性,同时还要求与混凝土有较好的黏结性能。

1.1.1 钢筋的种类

在钢筋混凝土结构中,可使用的钢筋品种很多,主要可以分为两大类:有明显屈服点的和没有明显屈服点的。按照外形不同,钢筋可分为光圆钢筋和变形钢筋,其中变形钢筋又有热轧螺纹钢筋、冷轧带肋钢筋等。光圆钢筋直径在6～50 mm之间,握裹力较差;变形钢筋直径一般大于10 mm,握裹力较好。

按化学成分不同,钢材可分为碳素钢和普通低合金钢两大类。碳素钢又可分为低碳钢(含碳量小于0.25%)、中碳钢(含碳量为0.25%～0.6%)和高碳钢(含碳量为0.6%～1.4%),含碳量越高,钢筋的强度越高,但钢筋的塑性和可焊性越差。

在碳素钢的成分中加入少量合金元素就成为普通低合金钢,可以有效地提高钢材的强度和改善钢材的其他性能。如20MnSi、20MnSiV、20MnTi等,其中名称前面的数字代表平均含碳量(以万分之一计)。由于加入了合金元素,普通低合金钢虽含碳量高,强度高,但是其拉伸应力一应变曲线仍具有明显的屈服点。

目前我国钢筋混凝土及预应力混凝土结构中采用的钢筋和钢丝按生产加工工艺不同,分为热轧钢筋、钢丝、钢绞线和热处理钢筋等。

热轧钢筋是低碳钢、普通低合金钢在高温状态下轧制而成的,其应力—应变曲线有明显的屈服点,伸长率较大,钢筋被拉断的截面有颈缩现象。按照强度不同可分为 300 MPa、335 MPa 、400 MPa 和 500 MPa 几种。按照外形特征可分为热轧光圆钢筋(HPB)(图 1.2(a))、热轧带肋钢筋(HRB)和细晶体热轧带肋钢筋(HRBF)。HPB300 级钢筋是热轧光圆钢筋,是经热轧成型并自然冷却的表面平整、截面为圆形的钢筋。HRB335 、HRB400 和 HRB500 级的热轧钢筋可做成带肋钢筋,即经热轧成型并自然冷却,其圆周表面通常带有两条纵肋和沿长度方向有均匀分布横肋的钢筋,其中横肋斜向一个方向而呈螺纹状的称为螺纹钢筋(图 1.2(b));横肋斜向不同方向而呈"人"字形的,称为人字形钢筋(图 1.2(c));纵肋与横肋不相交且横肋为月牙形状的,称为月牙形钢筋(图 1.2(d))。

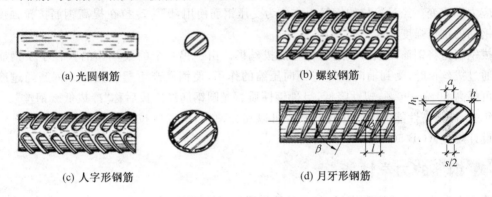

(a) 光圆钢筋   (b) 螺纹钢筋

(c) 人字形钢筋   (d) 月牙形钢筋

图 1.2　钢筋的形式

预应力钢丝包括中强度预应力钢丝和消除应力钢丝(图 1.3)。中强度预应力钢丝是强度为800～1 370 MPa 冷加工或冷加工后的热处理钢丝;消除应力钢丝是将钢筋拉伸后矫直,经过中等温度回火消除应力并经稳定化处理的钢丝。消除应力钢丝可分为 3 种:光面钢丝、螺旋肋钢丝和刻痕钢丝。光面钢丝是用高碳钢轧制成圆盘后,经过多道冷拔并进行应力消除、矫直、回火处理而成的钢丝。其强度高,塑性好,与混凝土的黏结力较差。螺旋肋钢丝是用普通低碳钢或低合金钢热轧的圆盘条作为母材,经过冷轧减径后在其表面冷轧成两面或三面有月牙肋的钢丝,其与混凝土的强度较高。刻痕钢丝是在光面钢丝的表面进行机械刻痕处理的钢丝,与混凝土的黏结力很强。

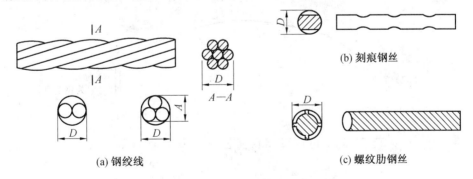

(b) 刻痕钢丝

(a) 钢绞线   (c) 螺纹肋钢丝

图 1.3　钢绞线、钢丝的形式

光面钢丝和螺旋肋钢丝按直径分为 4 mm、5 mm、6 mm、7 mm、8 mm、9 mm;刻痕钢丝按直径分为 5 mm、7 mm。

预应力钢绞线是由多根消除应力钢丝捻制在一起而成,分为 3 股和 7 股两种。

预应力螺纹钢是采用热轧、轧后余热处理等工艺生产的预应力螺纹钢筋,其外表带有螺纹。

钢筋混凝土结构中使用的钢筋可以分为柔性钢筋和劲性钢筋。在梁、板、柱等结构中常用的钢筋称为柔性钢筋,可以绑扎或焊接。劲性钢筋是由各种型钢、钢轨或用型钢与钢筋焊成的骨架,刚度很大。

细晶体热轧带肋钢筋是通过控冷控轧的方法,使钢筋组织晶粒细化、强度提高,该工艺既能提高强度又能降低脆性转变温度,钢中微合金元素通过析出质点在冶炼凝固过程到焊接加热冷却过程中影响晶粒成核和晶界迁移来影响晶粒尺寸,细晶强化的特点是在提高强度的同时,还能提高韧性或保持韧性和塑性基本不下降。

余热处理钢筋(RRB)是在钢筋经过热轧之后立即穿水,进行表面控制冷却,利用芯部余热自身完成回火处理所得的成品钢筋。

为了节约钢材和加强对钢筋的利用,常常对热轧钢筋进行冷拉、冷拔等冷加工,提高钢筋的力学性能。

冷拉是在常温下用机械的方法将有明显屈服点的钢筋拉伸到超过屈服强度而又小于极限强度的某一应力值,使其产生塑性变形。钢筋经过冷拉后,能提高屈服强度,但塑性会有所降低,因而冷拉时应控制应力和应变。经过冷拉的钢筋不宜作为受压钢筋使用,因为冷拉在提高钢筋抗拉强度的同时,会降低钢筋的抗压强度。

冷拔钢筋是将钢筋用强力拔过钨合金的拔丝模。由于钨合金的拔丝模的直径小于钢筋直径,因此钢筋通过拔丝模时,受到轴向拉伸与径向压缩的作用,使钢筋产生塑性变形。钢筋经过冷拔后,抗拉强度可提高50%~90%,塑性降低,呈硬钢性质。光圆钢筋经冷拔后称"冷拔低碳钢丝"。

近年来,高强高性能的钢筋在我国已经可以充分使用,所以冷拉钢筋和冷拔钢丝不再列入《混凝土结构设计规范》(GB 50010—2010)。

1.1.2 钢筋的力学性能

钢筋的力学性能有强度和变形(包括弹性变形和塑性变形)等。

1. 钢筋的应力—应变曲线图

单向拉伸试验是确定钢筋强度的主要手段。通过试验结果可以看到,钢筋的拉伸应力—应变关系曲线可分为两大类,即有明显屈服点的(图 1.4)和没有明显屈服点的(图 1.5)。

图 1.4 为有明显屈服点的钢筋拉伸的应力—应变曲线。从图中可以清楚地看出,这种钢筋单向拉伸试验的过程明显分为几个阶段。

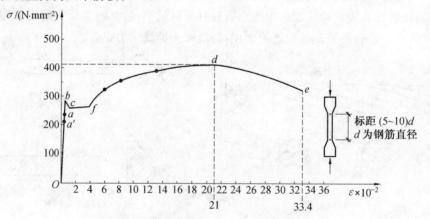

图 1.4 有明显屈服点的钢筋应力—应变曲线图

(1)弹性阶段

在应力—应变曲线图上,从 O 点在达到 a 点之前,曲线图形基本趋于一条直线,材料处于弹性阶段,a 点称为比例极限。在这个阶段内对试件加载后钢筋会伸长,卸载后钢筋会回缩至原来的状态。而应力与应变的比值是一个常数,被定义为钢筋的弹性模量 E_s。

此后在 ab 段内,应变比应力增加的速率快,曲线的斜率有所下降,但依然处在弹性阶段。

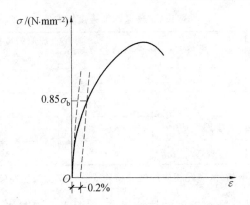

图1.5 没有明显屈服点的钢筋应力－应变曲线图

（2）屈服阶段

当应力超过 b 点之后，钢筋应力和应变发生抖动变化，应力－应变曲线图形接近水平线，总体上应力不超过 b 点的值，应变却继续增加很多，直到 c 点，此时钢筋开始屈服，这一阶段被称为屈服阶段，bc 段应变增加的幅度称为流幅或屈服台阶。对于有屈服台阶的钢筋来讲，有两个屈服点，即屈服上限（b 点）和屈服下限（c 点）。屈服上限受试验加载速度、表面光洁度等因素影响而波动；屈服下限则较稳定，故一般以屈服下限为依据，称为屈服强度。

（3）强化阶段

曲线图上从 c 点到 d 点，材料恢复部分弹性进入强化阶段，应力－应变关系表现为上升的曲线，到达曲线最高点 d，d 点所对应的应力称为极限强度。cd 段称为钢筋的强化阶段。

（4）颈缩阶段

曲线过了 d 点后，试件薄弱处的截面面积将明显缩小，发生局部"颈缩"现象，应力开始下降，塑性变形迅速增加，应力随之下降，到 e 点后发生断裂。de 段称为颈缩阶段。

有明显屈服点的钢筋拉伸时，应力－应变曲线显示了钢筋主要的物理力学指标，即屈服强度和抗拉极限强度。屈服强度是钢筋混凝土结构计算中钢筋强度取值的主要依据。钢筋的屈服强度和极限强度的比值称为钢筋的屈强比，这是反映钢筋力学性能的一个重要指标。屈强比越小，表示钢筋在所受应力超过屈服强度时，仍然有比较高的强度储备，结构安全性高，但钢筋的利用率低；屈强比越大，说明钢筋利用率越高，但在构件中使用时安全储备小。也就是钢筋屈服后，拉力增加不多时钢筋就有可能达到最大应力。一般屈强比要求不大于0.8。

在钢筋混凝土结构设计中，对具有明显屈服点的钢筋，取其屈服强度作为设计强度的依据。这是由于当钢筋中的某一截面钢筋应力达到屈服强度后，就会在荷载基本不变的情况下产生塑性变形，这样就会导致构件在钢筋没有进入强化阶段以前就已经被破坏，或者因为产生较大的变形和不可闭合的裂缝而不能再正常使用。

对于无明显屈服点的钢筋，为了使钢筋在使用过程中有一定的安全储备，《混凝土结构设计规范》（GB 50010—2010）规定，取钢筋产生塑性残余应变为 0.2% 时所对应的应力作为强度指标，称为条件屈服强度。用 $\sigma_{0.2}$ 表示，其值相当于极限抗拉强度的 85%，即 $0.85\sigma_u$。

2. 钢筋的强度

（1）强度标准值

为了保证钢材质量，《建筑结构可靠度设计统一标准》（GB 50068—2001）规定，钢筋强度的标准值应具有不小于 95% 的保证率。即钢筋出厂前要进行抽样检验，检验的标准为废品限值。当某批钢筋实测屈服强度低于废品限值时，认为该批钢筋为废品，不得出厂。

《混凝土结构设计规范》（GB 50010—2010）规定，以国家标准规定的限值作为确定标准强度的依据。各类钢筋的强度标准值应按表 1.1 采用。

表 1.1　普通钢筋强度标准值

种类	符号	公称直径 d/mm	屈服强度标准值 f_{yk} /(N·mm⁻²)	极限强度标准值 f_{stk} /(N·mm⁻²)
HPB300	φ	6～22	300	420
HRB335、HRBF335	φ、φ^F	6～50	335	455
HRB400、HRBF400、RRB400	φ、φ^F、φ^R	6～50	400	540
HRB500、HRBF500	φ、φ^F	6～50	500	630

注:当采用直径大于 40 mm 的钢筋时,应经相应的试验检验或有可靠的工程经验。

预应力钢绞线、钢丝和精轧螺纹钢筋的抗拉强度、屈服强度标准值应按表1.2采用。

表 1.2　预应力筋强度标准值(N/mm²)

种类		符号	公称直径/mm	屈服强度 f_{pyk} /(N·mm⁻²)	抗拉强度 f_{ptk} /(N·mm⁻²)
中强度 预应力钢丝	光面 螺旋肋	φ^{PM} φ^{HM}	5、7、9	680	800
				820	970
				1 080	1 270
消除应 力钢丝	光面 螺旋肋	φ^P φ^H	5	1 330	1 570
			7	1 580	1 860
			9	1 330	1 570
				1 330	1 470
				1 250	1 570
钢绞线	1×3 (三股)	φ^S	6.5、8.6、 10.8、12.9	1 330	1 570
				1 580	1 860
				1 660	1 960
	1×7 (七股)		9.5、12.7、15.2	1 460	1 720
				1 580	1 860
				1 660	1 960
			21.6	1 460	1 720
预应力螺 纹钢筋	螺旋纹	φ^T	18、25、32、 40、50	785	980
				930	1 080
				1 080	1 230

注:1.消除应力钢丝、中强度预应力钢丝及钢绞线的条件屈服强度取为抗拉强度的0.85;

　　2.预应力螺纹钢筋的屈服强度根据国家标准《预应力混凝土用螺纹钢筋》(GB/T 20065—2006)确定。

(2)强度设计值

材料强度的设计值是在材料强度标准值的基础上,除以材料性能分项系数(>1)后所得的值。材料强度的设计值用于进行结构的承载力验算。

普通钢筋强度设计值见表1.3,预应力筋强度设计值见表1.4。

表 1.3 普通钢筋强度设计值(N/mm^2)

种类	f_y	f_y'
HPB300	270	270
HRB335、HRBF335	300	300
HRB400、HRBF400、RRB400	360	360
HRB500、HRBF500、RRB500	435	410

注:1.用作受剪、受扭、受冲切承载力计算的箍筋,抗拉设计强度 f_{yv} 按表中 f_y 的数值取用,但其数值不应大于360 N/mm^2;

2.用作局部承压的间接配筋,以及受压构件约束混凝土配置的箍筋,抗拉设计强度 f_y 按表中的数值取用。

表 1.4 预应力筋强度设计值(N/mm^2)

种类	极限强度标准值 f_{ptk}	抗拉强度设计值 f_{py}	抗压强度设计值 f_{py}'
中强度预应力钢丝	800	560	410
	970	680	
	1 270	900	
消除应力钢丝	1 470	1 040	410
	1 570	1 110	
	1 860	1 320	
钢绞线	1 570	1 110	390
	1 720	1 220	
	1 860	1 320	
	1 960	1 390	
预应力螺纹钢筋	980	650	435
	1 080	770	
	1 230	900	

注:1.当预应力筋的强度标准值不符合表 1.3 的规定时,其强度设计值应进行相应的比例换算;

2.无黏结预应力筋不考虑抗压强度 f_{py}'。

(3)钢筋的弹性模量

钢筋的弹性模量 E_s 即是钢筋应力－应变曲线的 a 点之前直线的斜率。它主要用于构件变形和预应力混凝土结构截面应力的分析和验算。各类钢筋的弹性模量按表 1.5 选用。

表 1.5 钢筋的弹性模量($10^5 N/mm^2$)

种类	弹性模量 E_s
HPB300 钢筋	2.10
HRB335、HRB400、HRB500 钢筋 RBF335、HRBF400、HRBF500 钢筋 RRB400 钢筋 预应力螺纹钢筋	2.00
消除应力钢丝、中强度预应力钢丝	2.05
钢绞线	1.95

注:必要时可通过试验采用实测的弹性模量。

3. 钢筋的塑性变形

钢筋除了具有足够的强度之外,还应具有一定的塑性变形能力,这种能力主要体现在钢筋的延展性和冷弯性能上。

钢筋延展性决定了结构构件的变形能力,对防止结构整体倒塌具有重要意义。钢筋应力－应变曲线图上屈服点至极限应变点之间的应变值可以说明钢筋延性的大小。

钢筋的延展性可以用伸长率来反映。伸长率是钢筋试件上标距为 $10d$ 或 $5d$(d 为钢筋直径)范围内的极限伸长率,用 δ_{10} 或 δ_5 表示。衡量钢筋拉伸时的塑性指标,即钢筋试件拉断后的伸长值与试件原长的比值,用 δ 表示。

伸长率 δ 的计算公式为

$$\delta = \frac{l_2 - l_1}{l_1} \times 100\% \tag{1.1}$$

式中　　δ —— 伸长率(%);

l_1 —— 试件受力前的标距长度(一般取 $10d$ 或 $5d$,d 为试件直径);

l_2 —— 试件拉断后的标距长度。

由于伸长率中包含了颈缩断口区域的残余变形,一方面使得不同量测标距长度得到的结果不一致,另一方面也不能全面地反映钢筋的变形能力。近年来,工程中采用最大力作用下的总伸长率 —— 均匀伸长率来反映钢筋的变形能力。均匀伸长率可以由下式确定:

$$\delta_{gt} = \left(\frac{l - l_0}{l} + \frac{\sigma_b}{E_s} \right) \times 100\% \tag{1.2}$$

式中　　l_0 —— 不含颈缩区拉伸前的量测标距长度;

l —— 拉伸断裂后不包含颈缩区的量测标距长度;

σ_b —— 最大拉伸应力;

E_s —— 钢筋的弹性模量。

《混凝土结构设计规范》(GB 50010—2010)规定了普通钢筋及预应力钢筋在最大力作用下的总伸长率限值,见表 1.6。

表 1.6　普通钢筋及预应力钢筋在最大力作用下的总伸长率限值

钢筋品种	普通钢筋			预应力钢筋
	HPB300	HRB335、HRB400、RBF335 HRBF400、HRBF500、RRB400	HRB500	
$\delta_{gt}/\%$	10.0	7.5	5.0	3.5

为了使钢筋在使用和加工时不致断裂,还应该要求钢筋具有一定的冷弯性能。钢筋冷弯性能的大小可以反映钢材质量的好坏,也能反映钢材的塑性和冷加工性能。钢筋的冷弯是指将直径为 d 的钢筋试件绕直径为 D 的钢辊进行弯曲(图 1.6),可以弯曲成 90° 或 180°,然后观察钢筋是否断裂,钢筋的外表面是否有裂痕和起层现象,如果没有,说明钢筋冷弯性能良好;反之,说明冷弯性能较差。钢辊的直径 D 越小,弯转角度越大,说明钢筋的塑性越好。

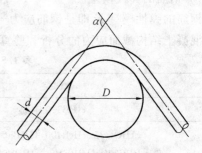

图 1.6　钢筋的冷弯

4. 钢筋的疲劳性能

钢筋的疲劳破坏是指钢筋在承受一定次数的重复周期荷载作用下,突然发生的脆性破坏。钢筋的这种破坏一方面是由于钢筋内部的缺陷造成的,另一方面是由于重复荷载的作用会使钢筋的裂纹不断地张开、闭合,使得裂纹不断扩展,导致钢筋断裂。

影响钢筋疲劳强度的因素很多,如应力变化幅度、最小应力值、钢筋外表形状、钢筋直径、钢筋种类、轧制工艺和试验方法等,其中最主要的是钢筋的疲劳应力幅度,即 $\sigma_{max}^{f} - \sigma_{min}^{f}$($\sigma_{max}^{f}$、$\sigma_{min}^{f}$ 分别为重复荷载作用下钢筋的最大应力和最小应力)。

5.钢筋的松弛

钢筋在长期受力,长度保持不变的情况下,其应力随时间的增长而降低的现象称为松弛。在预应力混凝土结构中,钢筋在张拉后会出现松弛,从而引起预应力的损失。钢筋的松弛使预应力的损失会随着时间增长,而且受到初始应力、温度和钢筋种类的影响。钢筋应力松弛与初始应力关系很大,初始应力大,应力松弛损失一般也较大;热轧钢筋松弛损失要比各类钢丝和钢绞线低,钢绞线的应力松弛大于同种类钢丝的松弛;温度增加,钢筋应力松弛损失也会增大。

1.1.3 钢筋的材料选择

混凝土结构中的钢筋一般应满足下列要求:

1.较高的强度和合适的屈强比

钢筋的屈服强度是构件承载力计算的主要依据,屈服强度高,则材料用量可以节省。钢筋选用适当的屈强比,可以增加结构的强度储备,并增加钢筋强度的有效利用率。而钢筋的实测屈服强度与规定的钢筋屈服强度的标准值之比不应过大,否则,在结构整体工作时,某些构件强度储备太大导致其他强度储备小的构件先被破坏,不能满足结构延性的设计要求。

2.足够的塑性

在实际工程中,混凝土结构的破坏形态应趋向于具有明显预兆的塑性破坏,而避免发生破坏前没有预兆、突然发生的脆性破坏。这就要求结构中的钢筋应具有足够的塑性。因此,钢筋应满足伸长率的要求,并具有一定的冷弯性能。

3.可焊性

工程中的钢筋应具有良好的可焊性,体现在钢筋焊接后不应产生裂纹和较大变形,以保证钢筋搭接时焊接接头性能。

4.耐久性和耐火性

预应力钢筋容易受到腐蚀而影响表面与混凝土的黏结力,导致结构构件承载力降低。一般情况下,常常在钢筋表面做环氧树脂涂层或在钢丝外镀锌,可提高钢筋抗腐蚀能力。在结构设计时还应注意设置足够的混凝土保护层,以满足构件的耐久性和耐火性的要求。

5.黏结性

黏结力是钢筋与混凝土共同工作的基础,而变形钢筋与混凝土的黏结能力是最好的,因此优先选用变形钢筋。

在寒冷地区,为防止钢筋因为低温冷脆而导致破坏,规范要求钢筋应具有足够的抗低温能力。

按照《混凝土结构设计规范》(GB 50010—2010)规定,钢筋混凝土结构中的钢筋和预应力钢筋混凝土中使用的钢筋如下:

(1)钢筋混凝土结构和预应力混凝土结构中的非预应力钢筋宜优先采用 HRB400 级和 HRB335 级钢筋,这样可以节约钢材,改善建筑结构的质量。也可以采用 HPB235 级和 RRB400 级热轧钢筋。

(2)预应力钢筋宜采用预应力钢丝、钢绞线和预应力螺纹钢筋。

1.2　混凝土的力学性能及材料选择

混凝土是由水泥、石子和砂子用水按照一定的配合比拌和,经凝固硬化后形成的人工石材。混凝土的物理力学性能主要包括强度和变形,还有炭化、耐腐蚀、耐热、防渗等性能。

1.2.1 混凝土的力学性能

混凝土的强度是其受力性能的基本指标,是指在外力作用下,混凝土材料达到极限破坏状态时所承受的应力。混凝土的强度不仅与材料的质量和配合比有关,而且与混凝土的养护条件、龄期、受力情况以及测定其强度时所采用的试件形状、尺寸和试验方法也有密切的关系。混凝土受力条件不同,其强度就会不同。因此,在研究各种单向受力状态下的混凝土强度指标时必须以统一规定的标准试验方法为依据。

1. 立方体抗压强度 $f_{cu,k}$

我国采用边长为 150 mm 的立方体作为混凝土抗压强度的标准尺寸试件,并以立方体抗压强度标准值作为混凝土各种力学指标的代表值。《混凝土结构设计规范》(GB 50010—2010)规定以边长为 150 mm 的立方体在(20±3)℃的温度和相对湿度在 90% 以上的潮湿空气中养护 28 d,依照标准试验方法测得的具有 95% 保证率的抗压强度(以 N/mm² 计)作为混凝土立方体抗压强度标准值,并用符号 $f_{cu,k}$ 表示。《混凝土结构设计规范》(GB 50010—2010)将混凝土强度划分为 14 个等级,即 C15、C20、C25、C30、C35、C40、C45、C50、C55、C60、C65、C70、C75、C80。C50 级以下为普通混凝土,C50 级以上为高强混凝土。目前,在实验室已能配制出 C100 级以上的混凝土,且有一定的工程应用。

立方体抗压强度也可采用边长 200 mm 或边长 100 mm 的立方体试块测定。但是,对同一种混凝土材料,采用不同尺寸的立方体试块,所测定强度不同。《混凝土结构设计规范》(GB 50010—2010)规定,如采用 200 mm 或 100 mm 的立方体试块时,分别乘以换算系数 1.05 和 0.95,就可变成标准试件强度。

试验方法对混凝土的强度有较大影响,试件在试验机上受压时,纵向要压缩,横向要膨胀,由于混凝土与压力机垫板弹性模量与横向变形的差异,压力机垫板的横向变形明显小于混凝土的横向变形。当试件承压接触面上不涂润滑剂时,混凝土的横向变形受到摩擦力的约束,形成"箍套"的作用。在"箍套"的作用下,试件与垫板的接触面局部混凝土处于三向受压应力状态,试件破坏时形成两个对顶的角锥形破坏面,如图 1.7(a)所示。如果在试件承压面上涂一些润滑剂,这时试件与压力机垫板间的摩擦力大大减小,试件沿着力的作用方向平行地产生几条裂缝而破坏,所测得的抗压极限强度较低,如图 1.7(b)所示。《混凝土结构设计规范》(GB 50010—2010)规定的标准试验方法是不加润滑剂。

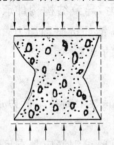 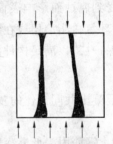

(a) 承压板与试件表面之间未涂润滑剂时　　　(b) 承压板与试件表面之间涂润滑剂时

图 1.7　混凝土立方体试块的破坏

加载速度对立方体抗压强度也有影响,加载速度越快,测得的强度越高。通常规定加载速度为:混凝土的强度等级低于 C30 时,取每秒钟 0.3~0.5 N/mm²;混凝土的强度等级高于或等于 C30 时,取每秒钟 0.5~0.8 N/mm²。

随着试验时混凝土的龄期增长,混凝土的极限抗压强度逐渐增大,开始时强度增长速度较快,然后逐渐减缓,这个强度增长的过程往往要延续几年,在潮湿环境中延续的增长时间更长。

素混凝土结构的强度等级不应低于 C15;钢筋混凝土结构的混凝土强度等级不应低于 C20;采用 400 MPa 及以上钢筋时,混凝土强度等级不应低于 C25;承受重复荷载的钢筋混凝土构件,混凝土强度等级不应低于 C30;预应力混凝土结构混凝土强度等级不宜低于 C40;且不应低于 C30。同时,还应根据建筑物所处的环境条件确定混凝土的最低强度等级,以保证建筑物的耐久性。

2. 棱柱体抗压强度 f_{ck}

在实际工程中,大部分钢筋混凝土构件的纵向长度比它的截面边长要大得多,相比较立方体试件,高度大于截面边长的棱柱体试件的受力状态更接近于实际构件中混凝土构件的受力情况。按照与立方体试件相同条件下制作和试验方法所得的棱柱体试件的抗压强度值,称为混凝土轴心抗压强度,用符号 f_{ck} 表示。

试验表明,棱柱体试件的抗压强度比立方体试块的抗压强度低。棱柱体试件高度 h 与边长 b 之比越大,则强度越低。当高宽比由 1 增至 2 时,混凝土强度降低很快。但是当高宽比由 2 增至 4 时,其抗压强度变化不大。在此范围内,可以消除垫板与试件接触面间摩阻力对抗压强度的影响,同时避免试件因纵向初弯曲而产生的附加偏心距对抗压强度的影响,所测得的棱柱体抗压强度较稳定。因此,试件的高宽比一般取 2~3。《普通混凝土力学性能试验方法标准》(GB/T 50081—2002)规定,混凝土的轴心抗压强度试验以 150 mm×150 mm×300 mm 的试件为标准试件,养护和加载试验方法与立方体试件相同。

混凝土轴心抗压强度与立方体抗压强度之间的关系可通过大量的对比试验获得。轴心抗压强度试验值 f_{ck} 与立方体抗压强度试验值 $f_{cu,k}$ 大致呈线性关系。对于普通混凝土,轴心抗压强度与立方体抗压强度的比值为 0.75~0.8;对于高强混凝土,这一比值可达到 0.8~0.85,并随着混凝土强度的增加而增大。

《混凝土结构设计规范》(GB 50010—2010)规定立方体抗压强度 $f_{cu,k}$ 和轴心抗压强度 f_{ck} 的关系可以按下式确定:

$$f_{ck} = 0.88\alpha_{c1}\alpha_{c2}f_{cu,k} \tag{1.3}$$

式中　α_{c1}——棱柱体强度与立方体强度之比,混凝土强度等级为 C50 及以下时,取 $\alpha_{c1}=0.76$,混凝土强度等级为 C80 时,取 $\alpha_{c1}=0.82$,中间按线性规律变化取值;

α_{c2}——高强混凝土的脆性折减系数,混凝土强度等级为 C40 及以下时,取 $\alpha_{c2}=1.00$,混凝土强度等级为 C80 时,取 $\alpha_{c2}=0.87$,中间按线性规律变化取值;

0.88——由于实际工程中现场构件的制作和养护条件通常比实验室条件差,且实际结构构件承受的是长期荷载,比试验时承受的短期加载不利得多,考虑此差异而取用的折减系数。

3. 轴心抗拉强度 f_{tk}

混凝土轴心抗拉强度(用符号 f_{tk} 表示)和抗压强度一样,都是混凝土的基本强度指标。但是混凝土的轴心抗拉强度比抗压强度低得多,与同龄期混凝土抗压强度的比值在 1/8~1/18。这项比值随混凝土抗压强度等级的增大而减少,即混凝土轴心抗拉强度的增加慢于抗压强度的增加。

因此在钢筋混凝土结构中,一般是用钢筋而不是混凝土来承受拉力。在受弯构件和偏心受压构件设计时不考虑混凝土所承担的拉力,只有在验算预应力混凝土构件、构件裂缝宽度和抗裂验算时才用到混凝土的抗拉强度。

测定混凝土受拉强度的方法可以直接通过混凝土轴心受拉试验,也可以采用劈裂试验。

混凝土轴心受拉试验可采用 100 mm×100 mm×500 mm 的棱柱体试件(图 1.8),在试件两端轴心位置预埋长度为 150 mm,直径为 16 mm 或 18 mm 的变形钢筋。试验时用试验机的夹具夹紧试件两端外伸的钢筋施加拉力,破坏时试件在没有钢筋的中部截面被拉断,其平均拉应力即为混凝土的轴心抗拉强度。

在用上述方法测定混凝土的轴心抗拉强度时,保持试件轴心受拉是很重要的,也是不容易做到的。因为混凝土内部结构不均匀,钢筋的预埋和试件的安装都难以对中,而偏心又对混凝土抗拉强度测试有很大的干扰,因此,想要准确地测定混凝土的这些抗拉强度存在一定的困难。目前国内外常采

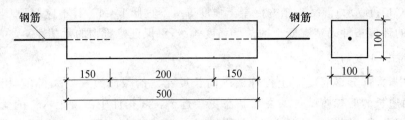

图 1.8 混凝土抗拉强度试验试件(尺寸单位:mm)

用立方体或圆柱体的劈裂试验来测定混凝土的轴心抗拉强度。

劈裂试验是在卧置的立方体(或圆柱体)试件与压力机压板之间放置钢垫条,压力机通过垫条对试件中心面施加均匀的条形分布荷载(图 1.9)。

这样,除垫条附近外,在试件中间垂直面上就产生了拉应力,它的方向与加载方向垂直,并且基本上是均匀的。当拉应力达到混凝土的抗拉强度时,试件即被劈裂成两半。我国通常采用 150 mm 立方块作为标准试件进行混凝土劈裂抗拉强度测定,按照规定的试验方法操作,则混凝土劈裂抗拉强度 f_{ts} 按下式计算:

$$f_{ts} = \frac{2F}{\pi A} = 0.637 \frac{F}{A} \tag{1.4}$$

式中 f_{ts}——混凝土劈裂抗拉强度,MPa;

  F——劈裂破坏荷载;

  A——试件劈裂面面积,mm^2。

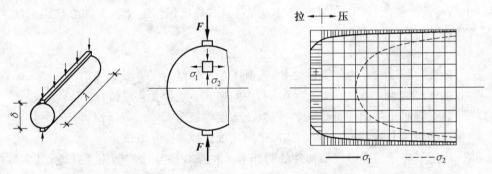

图 1.9 劈裂试验

采用上述试验方法测得的混凝土劈裂抗拉强度值换算成轴心抗拉强度时,应乘以换算系数 0.9,即 $f_{tk} = 0.9 f_{ts}$。

试验结果表明,劈裂强度除了与试件尺寸等因素有关外,还与垫条的大小、形状和材料特性有关。加大垫条宽度可以提高试件的劈裂强度,标准试验的垫条宽度为 20 mm,垫条可采用三合板或纤维板。

根据试验结果,并考虑构件与混凝土试件的差别、加载速度等因素的影响,以及对 C40 以上混凝土考虑脆性折减系数,混凝土轴心抗拉强度与立方体抗压强度的关系可通过下式确定:

$$f_{tk} = 0.88 \times 0.395 \alpha_{c2} (f_{cu,k})^{0.55} \tag{1.5}$$

式中,系数 0.88 和 α_{c2} 的含义同式(1.3)。

《混凝土结构设计规范》(GB 50010—2010)中的混凝土轴心抗压、抗拉强度标准值见表 1.7。

表 1.7 混凝土轴心抗压、抗拉强度标准值(N / mm^2)

强度	混凝土强度等级													
	C15	C20	C25	C30	C35	C40	C45	C50	C55	C60	C65	C70	C75	C80
f_{ck}	10.0	13.4	16.7	20.1	23.4	26.8	29.6	32.4	35.5	38.5	41.5	44.5	47.4	50.2
f_{tk}	1.27	1.54	1.78	2.01	2.20	2.39	2.51	2.64	2.74	2.85	2.93	2.99	3.05	3.11

《混凝土结构设计规范》(GB 50010—2010)中的混凝土轴心抗压、抗拉强度设计值见表1.8。

表1.8　混凝土轴心抗压、抗拉强度设计值(N/mm²)

强度	混凝土强度等级													
	C15	C20	C25	C30	C35	C40	C45	C50	C55	C60	C65	C70	C75	C80
f_c	7.2	9.6	11.9	14.3	16.7	19.1	21.1	23.1	25.3	27.5	29.7	31.8	33.8	35.9
f_t	0.91	1.10	1.27	1.43	1.57	1.71	1.80	1.89	1.96	2.04	2.09	2.14	2.18	2.22

4.复合应力状态下的混凝土强度

在钢筋混凝土结构中,构件通常受到轴力、弯矩、剪力及扭矩等不同组合情况的作用,很少处于理想的单向应力状态,如钢筋混凝土梁弯剪段的剪压区、框架的梁柱节点区、工业厂房柱的牛腿等。因此,混凝土更多的是处于双向或三向受力状态。在复合应力状态下,混凝土的强度有明显变化。

对于双向正应力状态,例如,在两个互相垂直的平面上,作用着法向应力 σ_1 和 σ_2,第三个平面上的法向应力为零。双向应力状态下混凝土强度的变化曲线如图1.10所示,其强度变化特点如下:

(1)当双向受压时(图1.10中第三象限),一向的混凝土强度随着另一向压应力的增加而增加,σ_1/σ_2 约等于2或0.5时,其强度比单向抗压强度增加25%左右,而在 $\sigma_1/\sigma_2=1$ 时,其强度增加仅为16%左右。

(2)当双向受拉时(图1.10中第一象限),无论应力比值 σ_1/σ_2 如何,实

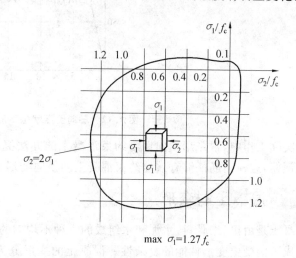

max $\sigma_1=1.27f_c$

图1.10　双向应力状态下混凝土强度变化曲线

测破坏强度基本不变,双向受拉的混凝土抗拉强度均接近于单向抗拉强度。

(3)当一向受拉、一向受压时(图1.10中第二、四象限),混凝土的强度均低于单向受力(压或拉)的强度。

图1.11为法向应力(拉或压)和剪应力形成压剪或拉剪复合应力状态下混凝土强度曲线图。图1.11中的曲线表明,混凝土的抗压强度由于剪应力的存在而降低;当 $\sigma/f_c<(0.5\sim0.7)$ 时,抗剪强度随压应力的增大而增大;当 $\sigma/f_c>(0.5\sim0.7)$ 时,抗剪强度随压应力的增大而减小。

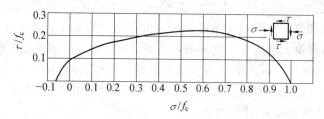

图1.11　法向应力与剪应力组合时的强度曲线

5.三向受压混凝土应力状态

当混凝土圆柱体三向受压时,混凝土的轴心抗压强度随另外两向压应力的增加而增加(图1.12)。

混凝土圆柱体三向受压的轴心抗压强度 f_{cc} 与侧压应力 σ_2 之间的关系,可以用下列线性经验公式计算:

$$f_{cc} = f'_c + k\sigma_2 \tag{1.6}$$

式中　f_{cc}——三向受压时圆柱体的混凝土轴心抗压强度；

　　　f'_c——混凝土圆柱体强度，计算时可近似以混凝土轴心抗压强度 f_c 代之；

　　　σ_2——侧向压应力；

　　　k——侧向应力系数，取值范围为 4.5～7.0，侧向压力较低时得到的值较大。

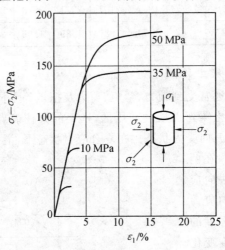

图 1.12　三向受压状态下混凝土强度

在实际工作中，常采用横向钢筋约束混凝土的办法提高混凝土的抗压强度。如果在柱中采用密配螺旋钢筋，这种钢筋能够有效地约束混凝土的横向变形，使混凝土的强度和延性有较大提高。

1.2.2　混凝土的变形

混凝土是由粗、细骨料，水泥和水组成的一种不均匀的混合体（水泥石），混凝土内部存在微裂缝，由此造成了混凝土变形性能的复杂性。混凝土的变形分为受力变形和体积变形两类，其中受力变形包括以下 3 种：一种是短期受力变形，如实验室的一次短期加荷时的变形；另一种是长期受力变形，如长期不变荷载作用下的变形和重复荷载作用下的变形；还有一种是在多次重复荷载作用下产生的变形。而体积变形包括混凝土的收缩以及温度变化引起的变形。

在实际工程中，混凝土构件主要考虑一次加荷时的受力破坏、长期不变的荷载作用下产生的徐变和混凝土的收缩变形。

1. 混凝土在单调、短期加载作用下的变形性能

（1）混凝土的应力—应变曲线

混凝土的应力—应变关系是混凝土力学性能的一个重要方面，它是研究钢筋混凝土构件的截面应力分布，建立承载能力和变形计算理论所必不可少的依据。特别是近代采用计算机对钢筋混凝土结构进行非线性分析时，混凝土的应力—应变关系已成了数学物理模型研究的重要依据。

一般取棱柱体试件来测试混凝土的应力—应变曲线。在试验时，用控制应变速度的特殊装置来等应变速度地加载，或者在普通压力机上用高强弹簧（或油压千斤顶）与试件共同受压，测得混凝土试件受压时典型的应力—应变曲线如图 1.13 所示。

完整的混凝土轴心受压应力—应变曲线由上升段、下降段和收敛段 3 个阶段组成。

①上升段 OC。当压应力 $\sigma < 0.3f_c$ 左右时，应力—应变关系接近直线变化（OA 段），混凝土处于弹性阶段工作。其变形主要是骨料和水泥结晶体的弹性变形，混凝土内部的初始微裂缝没有发展。

当压应力 σ 在 $(0.3～0.8)f_c$ 时（AB 段），随着压应力的增大，应力—应变关系越来越偏离直线，混凝土表现出一些塑性应变，任一点的应变 ε 可分为弹性应变 ε_{ce} 和塑性应变 ε_{cp} 两部分。原有的混凝土内部微裂缝发展，并在孔隙等薄弱处产生新的个别的微裂缝。当应力达到 $0.8f_c$（B 点）左右后，混凝

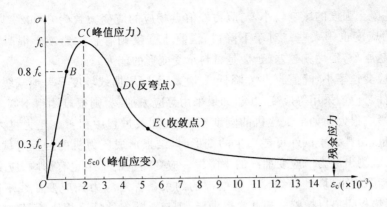

图 1.13　混凝土受压时应力—应变曲线

土塑性变形显著增大,内部裂缝不断延伸扩展,并有几条贯通,应力—应变曲线斜率急剧减小,如果不继续加载,裂缝也会发展,即内部裂缝处于非稳定发展阶段。

当应力达到最大应力 $\sigma = f_c$ 时(C 点),混凝土达到最大承载力,即达到轴心抗压强度。相应的应变值称为峰值应变 ε_0。应力—应变曲线的斜率已接近于水平,试件表面出现不连续的可见裂缝。

②下降段 CD。到达峰值应力点 C 后,试件的承载力随着应变的增长而逐渐减小,但混凝土的强度并不完全消失,随着应力 σ 的减少(卸载),应变仍然增加,曲线下降坡度较陡,混凝土表面裂缝逐渐贯通。

③收敛段 DE。在反弯点 D 之后,应力下降的速率减慢,趋于稳定的残余应力。表面纵向裂缝把混凝土棱柱体分成若干个小柱,受压混凝土破坏后仍保持一定的承载力,由裂缝处滑移面上的摩擦咬合力及裂缝所分割小柱体的残余强度所提供。

随着混凝土强度的提高,上升段的形状和峰值应变的变化不显著,而下降段的形状有较大的差异。混凝土的强度越高,下降段的坡度越陡,也就是说应力下降相同幅度时变形越小,延性越差。

对于没有侧向约束的混凝土,收敛段没有实际意义,所以通常只注意混凝土轴心受压应力—应变曲线的上升段 OC 和下降段 CD,而最大应力值 f_c 及相应的峰值应变 ε_0 以及 D 点的极限压应变值 ε_{cu} 称为曲线的 3 个特征值。对于均匀受压的棱柱体试件,其压应力达到 f_c 时,混凝土就不能承受更大的压力,所以峰值应变 ε_0 成为结构构件计算时混凝土强度的主要指标。与 f_c 相对应的峰值应变 ε_0 随混凝土强度等级而异,在 $(1.5\sim2.5)\times10^{-3}$ 间变动,通常取其平均值为 $\varepsilon_0 = 2.0\times10^{-3}$。应力—应变曲线中相应于 D 的混凝土极限压应变 ε_{cu} 为 $(3.0\sim5.0)\times10^{-3}$。

(2)影响混凝土轴心受压应力—应变曲线因素

影响混凝土轴心受压应力—应变曲线的主要因素是:混凝土强度、应变速率、测试试验条件。

①混凝土强度。试验表明,混凝土强度对其应力—应变曲线有一定影响,如图 1.14 所示。

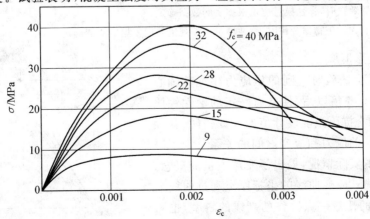

图 1.14　强度等级不同的混凝土应力—应变曲线

对于上升段,混凝土强度的影响较小,与应力峰值点相应的应变大致为0.002。随着混凝土强度增大,则峰值点处的应变也稍大些。对于下降段,混凝土强度则有较大影响。混凝土强度越高,应力-应变曲线下降越剧烈,延性就越差(延性是材料承受变形的能力)。

②应变速率。应变速率小,峰值应力 f_c 降低,ε_0 增大,下降段曲线坡度显著地减缓。

③测试试验条件。应该采用等应变加载,如果采用等应力加载,则很难测得下降段曲线。试验机的刚度对下降段的影响很大。如果试验机的刚度不足,在加载过程中积蓄在压力机内的应变能立即释放所产生的压缩量,当其大于试件可能产生的变形时,结果形成压力机的回弹对试件的冲击,使试件突然破坏,以至无法测出应力-应变曲线的下降段。应变测量的标距也有影响,应变测量的标距越大,曲线坡度越陡;标距越小,坡度越缓。试件端部的约束条件对应力-应变曲线下降段也有影响。例如,在试件与支承垫板间垫以橡胶薄板并涂以油脂,则与正常条件情况相比,不仅强度降低,而且没有下降段。

2. 混凝土的弹性模量、变形模量

(1) 混凝土的弹性模量

弹性模量是反映工程材料在弹性限度范围内抵抗外力作用时变形能力大小的力学指标,即在弹性限度内工程材料受到外力作用时产生单位应变在其截面需要施加的应力。在验算结构构件变形、梁的挠度和裂缝宽度、计算预应力混凝土结构截面有效预应力时必须用到混凝土的弹性模量。

《混凝土结构设计规范》(GB 50010—2010)采用棱柱体试件,将其加荷至应力为 $0.4f_c$(对高强度混凝土为 $0.5f_c$),然后卸荷使试件截面的应力降为零,这样重复 $5\sim10$ 次,直至应力-应变曲线逐渐稳定,并成一条稳定曲线如图1.15所示,该直线与水平轴夹角的正切值即为混凝土的弹性模量。

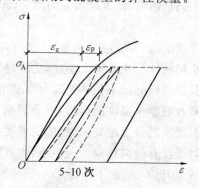

图1.15 混凝土弹性模量的测定

经试验和统计回归分析得到混凝土的弹性模量计算公式如下:

$$E_c = \frac{10^5}{2.2 + \dfrac{34.74}{f_{cu,k}}} \tag{1.7}$$

根据公式(1.7)求得不同强度等级混凝土的弹性模量见表1.9,混凝土的剪变模量取为 $G=0.4E_c$。

表1.9 混凝土弹性模量

混凝土强度等级	C15	C20	C25	C30	C35	C40	C45	C50	C55	C60	C65	C70	C75	C80
E_c	2.20	2.55	2.80	3.00	3.15	3.25	3.35	3.45	3.55	3.60	3.65	3.70	3.75	3.80

注:1. 当有可靠试验数据时,弹性模量也可根据实测数据确定;

2. 当混凝土掺有大量矿物掺合料时,弹性模量可按规定龄期根据实测值确定。

(2) 混凝土的变形模量

如前所述,混凝土试验时受到的压应力超过其轴心抗压强度设计值的0.3倍以后,便会有一定的塑性性质表现出来,超过其轴心抗压强度设计值的0.5倍时,弹性模量已不能反映此时的应力和应变之间的关系。为了研究混凝土受力变形的实际情况,提出了变形模量的概念。变形模量是指从应力-应变曲线的坐标原点和过曲线上压应力大于0.5倍的任意一点所作的割线的斜率,也叫割线模量,如图1.16所示,用 E'_c 表示。《混凝土结构设

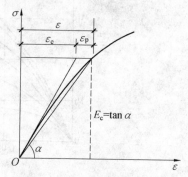

图1.16 混凝土的变形模量

计规范》(GB 50010—2010)规定 $E'_c = 0.5E_c$。

3. 混凝土在长期荷载作用下的变形性能

在荷载的长期作用下,混凝土的变形将随时间而增加。在应力不变的情况下,混凝土的应变随时间继续增长,这种现象被称为混凝土的徐变。混凝土徐变变形是在持久作用下混凝土结构随时间推移而增加的应变,徐变会使构件变形增大。对静定结构,徐变会引起截面中应力重分布;在预应力混凝土构件中,徐变会导致预应力损失;对于长细比较大的偏心受压构件,徐变会使偏心距增大,降低钢筋承载力。

图 1.17 为 100 mm×100 mm×400 mm 的棱柱体试件在相对湿度为 65%、温度为 20 ℃、承受 $\sigma = 0.5f_c$ 压应力并保持不变的情况下变形与时间的关系曲线。

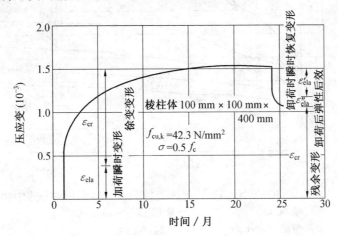

图 1.17 混凝土的徐变曲线

从图 1.17 可见,24 个月的徐变变形约为加荷时立即产生的瞬时弹性变形的 2~4 倍,前期徐变变形增长很快,6 个月可达到最终徐变变形的 70%~80%,以后徐变变形增长逐渐缓慢。从图 1.17 还可以看到,卸荷后,应变会恢复一部分,其中立即恢复的一部分应变被称混凝土瞬时恢复弹性应变;再经过一段时间(约 20 天)后才逐渐恢复的那部分应变被称为弹性后效;最后剩下的不可恢复的应变称为残余应变。

混凝土发生徐变的主要原因是:

(1)混凝土内的水泥凝胶体在压应力作用下,具有缓慢黏结流动的性质,这种黏性流动需要较长时间才能逐渐完成。在这个变形过程中凝胶体会把它所承受的压力传给骨料,从而使黏流变形逐渐减弱直到结束。卸载之后,骨料受到的压力会逐步回传给胶凝体,所以,一部分的徐变变形可以恢复。

(2)在荷载长期作用下,混凝土内的微裂缝会不断增加和延伸,导致徐变的发生。压应力越大,这种因素的影响在徐变中所占的比例就越高。

在进行混凝土徐变试验时,需注意观测到的混凝土变形中还含有混凝土的收缩变形,故需用同批浇筑同样尺寸的试件在同样环境下进行收缩试验,这样,从量测的徐变试验试件总变形中扣除对比的收缩试验试件的变形,便可得到混凝土徐变变形。

影响混凝土徐变的因素很多,其主要因素有:

(1)混凝土在长期荷载作用下产生的压应力大小。图 1.18 表明,当压应力 $\sigma \leqslant 0.5f_c$ 时,徐变大致与应力成正比,各条徐变曲线的间距差不多是相等的,被称为线性徐变。线性徐变在加荷初期增长很快,一般在两年左右趋于稳定,三年左右徐变即告基本终止。

当压应力 σ 介于 $(0.5\sim0.8)f_c$ 之间时,徐变的增长较应力的增长为快,这种情况称为非线性徐变。

当压应力 $\sigma > 0.8f_c$ 时,混凝土的非线性徐变往往是不收敛的。

(2)加荷时混凝土的龄期。加荷时混凝土的龄期越长,其内部结晶体的数量越多,凝结硬化越充分,徐变就越小;混凝土龄期越短,则徐变越大(图1.19)。

(3)混凝土的组成成分和配合比。混凝土中骨料本身没有徐变,它的存在约束了水泥胶体的流动,约束作用大小取决于骨料的刚度(弹性模量)和骨料所占的体积比。当骨料的弹性模量小于7×10^4 N/mm² 时,随骨料弹性模量的降低,徐变显著增大。因此,骨料的弹性模量越高,徐变越小;骨料的体积比越大,徐变越小;骨料的级配越好,徐变越小。当骨料质量分数由60%增大为75%时,徐变可减少50%。混凝土的水灰比越小,徐变也越小。在常用的水灰比范围(0.4~0.6)内,单位应力的徐变与水灰比呈近似直线关系。水泥用量越多,凝胶体在混凝土内占的比例就越高,徐变就越大。

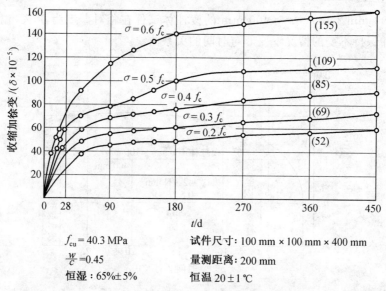

f_{cu} = 40.3 MPa   试件尺寸:100 mm × 100 mm × 400 mm

$\dfrac{W}{C}$ = 0.45   量测距离:200 mm

恒湿:65%±5%   恒温 20±1 ℃

图1.18　压应力与徐变的关系

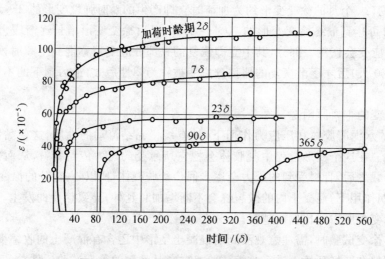

图1.19　加荷时混凝土龄期对徐变大小的影响

(4)养护及使用条件下的温度与湿度。混凝土养护时温度越高,湿度越大,水泥水化作用就越充分,徐变就越小。混凝土的使用环境温度越高,徐变越大;环境的相对湿度越低,徐变也越大,因此高温干燥环境将使徐变显著增大。

(5)构件的体积和面积的比值。当环境介质的温度和湿度保持不变时,构件的尺寸越大,构件的体积和面积的比值小的构件混凝土内部水分散发较快,混凝土内水泥颗粒早期的水解不充分,凝胶体的产生以及变成为结晶体的过程不充分,徐变较大;反之,体表比越大,徐变就越小。

应当注意混凝土的徐变与塑性变形不同。塑性变形主要是混凝土中骨料与水泥石结合面之间裂缝的扩展延伸引起的,只有当应力超过一定值(例如$0.3f_c$左右)才发生,而且是不可恢复的。混凝土徐变变形不仅可部分恢复,而且在较小的作用应力时就能发生。

4.混凝土的体积变形

混凝土的体积变形主要包括收缩和温度变形,与外力是否作用无关。这两种变形如果控制不当,会对混凝土结构构件的受力和变形产生较大影响。

（1）混凝土的收缩

在混凝土凝结和硬化的物理化学过程中体积随时间推移而减小的现象称为收缩。与之相反,在水中结硬的混凝土其体积会有增加,这种现象称为膨胀。混凝土在不受力情况下的这种自由变形,在受到外部或内部（钢筋）约束时,将产生混凝土拉应力,甚至使混凝土开裂。

混凝土的收缩是一种随时间而增长的变形（图 1.20）。结硬初期收缩变形发展很快,两周可完成全部收缩的 25%,一个月约可完成 50%,三个月后增长缓慢,一般两年后趋于稳定,最终收缩值为 $(2\sim6)\times10^{-4}$。

引起混凝土收缩的原因,主要是硬化初期水泥石在水化凝固结硬过程中产生的体积变化,后期主要是混凝土内自由水分蒸发而引起的干缩。

混凝土的组成和配比是影响混凝土收缩的重要因素。水泥的用量越多,水灰比较大,收缩就越大。因此,在保证混凝土和易性和流动性的情况下,尽可能降低水灰比,控制水泥用量,选择强度等级合适的水泥。

骨料的级配好、密度大、弹性模量高、粒径大能减少混凝土的收缩。这是因为骨料对水泥石的收缩有制约作用,粗骨料所占体积比越大、强度越高,对收缩的制约作用就越大。

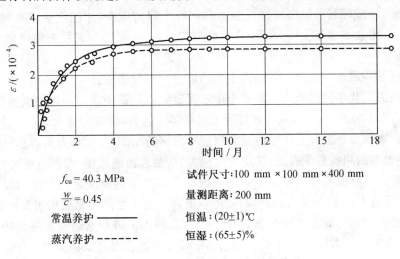

试件尺寸:100 mm × 100 mm × 400 mm

量测距离:200 mm

$f_{cu} = 40.3$ MPa

$\dfrac{w}{c} = 0.45$

常温养护 —————

蒸汽养护 - - - - - - - -

恒温:(20±1)℃

恒湿:(65±5)%

图 1.20　混凝土的收缩变形与时间关系

由于干燥失水是引起收缩的重要原因,所以构件的养护条件、使用环境的温度与湿度以及凡是影响混凝土中水分保持的因素,都对混凝土的收缩有影响。高温湿养（蒸汽养护）可加快水化作用,减少混凝土中的自由水分,因而可使收缩减少（图 1.20）。使用环境的温度越高,相对湿度越低,收缩就越大。

混凝土的最终收缩量还和构件的体表比有关,因为这个比值决定着混凝土中水分蒸发的速度。体表比较小的构件如工字形、箱形薄壁构件,收缩量较大,而且发展也较快。

混凝土的收缩有些影响因素和混凝土的徐变相似,但两者的本质截然不同,徐变是受力变形,而收缩和外力无关。

（2）混凝土的温度变形

混凝土材料和其他材料一样,具有热胀冷缩的性质。温度变形是指混凝土随着温度的变化而产生热胀冷缩变形。混凝土的温度变形系数 α 为 $(1\sim1.5)\times10^{-5}\ ℃^{-1}$,即温度每升高 1 ℃,每 1 m 胀缩 0.01～0.015 mm。温度变形对大体积混凝土、纵长的混凝土结构、大面积混凝土工程极为不利,易使这些混凝土造成温度裂缝。可采取的措施为:采用低热水泥,减少水泥用量,掺加缓凝剂,采用人工降温,设温度伸缩缝,以及在结构内配置温度钢筋等,以减少因温度变形而引起的混凝土质量问题。

1.2.3 混凝土的材料选择

在实际工程中,混凝土的选用要做到技术先进、经济合理、安全适用,确保质量。《混凝土结构设计规范》(GB 50010—2010)规定:钢筋混凝土结构的混凝土强度等级不宜低于 C15;当采用强度为335 MPa级钢筋时,混凝土等级不宜低于 C20;当采用强度为 400 MPa 级钢筋以及对承受重复荷载的构件,混凝土强度等级不得低于 C20。

预应力混凝土结构的混凝土强度等级不宜低于 C30,当采用预应力钢绞线、钢丝、热处理钢筋作为预应力钢筋时,混凝土强度等级不宜低于 C40。

1.3 钢筋与混凝土的黏结

在钢筋混凝土结构中,钢筋和混凝土这两种材料之所以能共同工作的基本前提,除了两者具有同样相近的温度线膨胀系数外,还由于它们之间具有足够的黏结力。

1.3.1 黏结强度

1. 黏结的作用

钢筋与混凝土通过相互黏结来传递混凝土和钢筋之间的应力,才能使它们共同工作。如果黏结强度不能承受由于钢筋与混凝土接触面上产生的剪应力,那么钢筋和混凝土将产生相对滑移,导致结构构件发生破坏。

试验表明,钢筋和混凝土之间的黏结力主要由以下 3 部分组成:

(1)化学胶结力。化学胶结力是由混凝土中水泥凝胶体和钢筋表面产生的吸附作用力,这种作用力很弱,一般只占总黏结力的 10% 左右。混凝土强度等级越高,胶结力越大。

(2)摩擦力。摩擦力是混凝土收缩后紧紧地握裹住钢筋而产生的力,大约占总黏结力的 20%。摩擦力的大小与接触面的粗糙程度有关,挤压应力越大、接触表面越粗糙,摩擦力越大。

(3)机械咬合力。机械咬合力是由于钢筋表面凹凸不平与混凝土之间产生的咬合力。这种作用提供的力占全部黏结力的 70% 左右。所以,变形钢筋和混凝土之间的黏结作用要比光面钢筋大得多。

试验表明,光圆钢筋的黏结强度较低,为 1.5~3.5 MPa。带肋钢筋与混凝土的黏结强度比光圆钢筋高得多。螺纹钢筋的黏结强度为 2.5~6.0 MPa,光圆钢筋则为 1.5~3.5 MPa。

2. 黏结机理分析

光圆钢筋与带肋钢筋具有不同的黏结机理。

光圆钢筋拔出试验的破坏形态是钢筋自混凝土中被拔出的剪切破坏,其破坏面就是钢筋与混凝土的接触面。

带肋钢筋由于表面轧有肋纹,能与混凝土犬牙交错紧密结合,其胶着力和摩擦力仍然存在,但主要是钢筋表面凸起的肋纹与混凝土的机械咬合作用。带肋钢筋的肋纹对混凝土的斜向挤压力形成滑移阻力,斜向挤压力沿钢筋轴向的分力使带肋钢筋表面肋纹之间混凝土犹如悬臂梁受弯、受剪;斜向挤压力的径向分力使外围混凝土犹如受内压的管壁,产生环向拉力,如图 1.21 所示。因此,变形钢筋的外围混凝土处于复杂的三向应力状态,剪应力及拉应力使横肋混凝土产生内部斜裂缝,而其外围混凝土中的环向拉应力则使钢筋附近的混凝土产生径向裂缝。

试验证明,如果变形钢筋外围混凝土较薄(如保护层厚度不足或钢筋净间距过小),又未配置环向箍筋来约束混凝土变形,则径向裂缝很容易发展到试件表面形成沿纵向钢筋的裂缝,使钢筋附近的混凝土保护层逐渐劈裂而破坏,这种破坏具有一定的延性特征,被称为劈裂型黏结破坏。

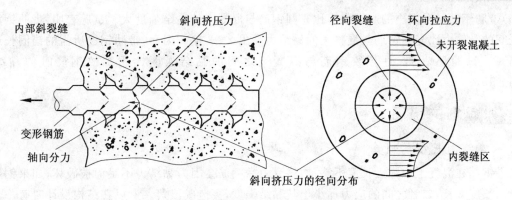

图 1.21　变形钢筋横肋处的挤压力和内部裂缝

　　若变形钢筋外围混凝土较厚,或有环向箍筋约束混凝土变形,则纵向劈裂裂缝的发展受到抑制,破坏是剪切型黏结破坏,钢筋连同肋纹间的破碎混凝土逐渐由混凝土中被拔出,破坏面为带肋钢筋肋的外径形成的一个圆柱面。

　　3.黏结应力的分布

　　黏结强度通常采用拔出试验来测定(图1.22)。实验测得,黏结应力沿钢筋长度方向的分布是不均匀的,通常是两头小中间大,最大黏结应力是在离端部的某一距离处。因此,钢筋埋入长度越长,拔出力越大,由此可见,为了保证钢筋与混凝土之间有可靠的黏结,钢筋应有足够的锚固长度。

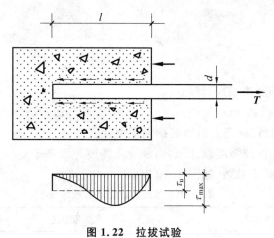

图 1.22　拉拔试验

　　4.影响黏结强度的因素

　　影响钢筋与混凝土之间黏结强度的因素很多,其中主要为混凝土强度、钢筋的位置、保护层厚度及钢筋净间距等。

　　(1)光圆钢筋及变形钢筋的黏结强度均随混凝土强度等级的提高而提高,但并不与立方体强度 f_{cu} 成正比。

　　(2)黏结强度与浇筑混凝土时钢筋所处的位置有明显关系。混凝土浇筑后有下沉及泌水现象。处于水平位置的钢筋,直接位于其下面的混凝土,由于水分、气泡的逸出及混凝土的下沉,并不与钢筋紧密接触,形成了间隙层,削弱了钢筋与混凝土间的黏结作用,使水平位置钢筋比竖位钢筋的黏结强度显著降低。

　　(3)钢筋混凝土构件截面上有多根钢筋并列一排时,钢筋之间的净距对黏结强度有重要影响。净距不足,钢筋外围混凝土将会发生在钢筋位置水平面上贯穿整个梁宽的劈裂裂缝。梁截面上一排钢筋的根数越多、净距越小,黏结强度降低就越多。

　　(4)混凝土保护层厚度对黏结强度有着重要影响。特别是采用带肋钢筋时,若混凝土保护层太薄时,则容易发生沿纵向钢筋方向的劈裂裂缝,并使黏结强度显著降低。

（5）带肋钢筋与混凝土的黏结强度比光圆钢筋与混凝土的黏结强度大。试验表明，带肋钢筋与混凝土之间的黏结力比光圆钢筋与混凝土的黏结力高出2～3倍。因而，带肋钢筋所需的锚固长度比光圆钢筋短。试验还表明，月牙纹钢筋与混凝土之间的黏结强度比用螺纹钢筋时的黏结强度低10%～15%。

1.3.2 钢筋的锚固

1. 基本锚固长度的概念

如果钢筋在混凝土内锚入长度不够，构件受力后钢筋会因为黏结力不足而被破坏；如果钢筋锚入混凝土的长度太长，二者之间的应力远小于其黏结强度，会造成浪费。所以在结构设计时有一个特定的锚入长度，使构件受力后既不会发生黏结破坏，也不会造成浪费。我们把这个长度称为钢筋在混凝土内的基本锚固长度。

2. 基本锚固长度的确定

《混凝土结构设计规范》(GB 50010—2010)规定，按钢筋从混凝土中拔出时正好钢筋达到它的抗拉强度设计值为依据，计算得出受拉钢筋的锚固长度。

基本锚固长度应符合下列要求：

（1）普通钢筋

$$l_{ab} = \alpha \frac{f_y}{f_t} d \tag{1.8}$$

（2）预应力钢筋

$$l_{ab} = \alpha \frac{f_{py}}{f_t} d \tag{1.9}$$

式中　l_{ab}——受拉钢筋的基本锚固长度；

　　　d——钢筋公称直径，mm；

　　　f_y、f_{py}——普通钢筋、预应力钢筋抗拉强度设计值；

　　　f_t——混凝土轴心抗拉强度设计值，当混凝土强度等级高于C60时，按C60取值；

　　　α——锚固钢筋的外形系数，按表1.10取值。

表1.10　锚固钢筋的外形系数 α

钢筋类型	光圆钢筋	带肋钢筋	螺旋肋钢筋	三股钢绞线	七股钢绞线
α	0.16	0.14	0.13	0.16	0.1

注：光圆钢筋末端应设置180°弯钩，弯后平直段长度不应小于3d，但作受压钢筋时可不做弯钩。

依据公式(1.9)计算的纵向受力钢筋的基本锚固长度不宜小于表1.11中的规定。

表1.11　基本锚固长度 l_{ab}(mm)

钢筋种类		混凝土强度等级								
		C20	C25	C30	C35	C40	C45	C50	C55	C60
HPB300	普通钢筋	40d	34d	30d	28d	25d	24d	23d	22d	21d
HRB335	普通钢筋	38d	33d	29d	27d	25d	23d	22d	22d	21d
HRBF335	环氧树脂涂层钢筋	48d	41d	36d	34d	31d	29d	28d	27d	26d
HRB400	普通钢筋	46d	40d	35d	32d	30d	28d	27d	26d	25d
RBF335										
RRB400	环氧树脂涂层钢筋	58d	50d	44d	40d	38d	35d	34d	33d	32d

续表 1.11

钢筋种类		混凝土强度等级								
		C20	C25	C30	C35	C40	C45	C50	C55	C60
HRB500	普通钢筋	55d	50d	43d	39d	36d	34d	32d	31d	30d
HRBF500	环氧树脂涂层钢筋	69d	63d	54d	49d	45d	42d	40d	39d	38d

注:d 为钢筋直径。

3. 受拉钢筋的锚固长度

受拉钢筋的锚固长度应根据锚固条件按式(1.10)计算,且不应小于 200 mm。

$$l_a = \zeta_a l_{ab} \tag{1.10}$$

式中　l_a——受拉钢筋的锚固长度;

　　　　ζ_a——锚固长度修正系数。

锚固长度是以基本锚固长度 l_{ab} 为依据,计算时应乘以受拉普通钢筋的锚固长度修正系数 ζ_a,锚固长度修正系数 ζ_a 的取值应遵守下列规定:

(1)当采用 HRB335、HRB400 和 RRB400 级钢筋的直径大于 25 mm 时,考虑到钢筋直径增大会使锚固作用降低,锚固长度系数 ζ_a 取 1.1。

(2)涂有环氧树脂层的 HRB335、HRB400 和 RRB400 级钢筋,其涂层对锚固不利,锚固长度系数 ζ_a 取 1.25。

(3)当锚固钢筋在混凝土施工过程中易受扰动时,锚固长度系数 ζ_a 取 1.1。

(4)当采用 HRB335、HRB400 和 RRB400 级钢筋混凝土保护层厚度大于钢筋直径的 3 倍且配有箍筋时,握裹力加强,锚固长度可适当减少,锚固长度系数 ζ_a 取 0.8;当保护层厚度为钢筋直径的 5 倍时,锚固长度系数 ζ_a 取 0.7,中间按内插取值。

(5)当采用 HRB335、HRB400 和 RRB400 级钢筋末端采用机械锚固措施时,锚固长度系数 ζ_a 取 0.6。采用机械锚固措施时,锚固长度范围内的箍筋不少于 3 根,其直径不小于纵向受力钢筋直径的 0.25 倍,其间距不大于纵筋直径的 5 倍。当纵筋的混凝土保护层厚度小于其公称直径的 5 倍时,可不配置上述钢筋。

(6)除构造需要的锚固长度外,当受力钢筋的实际配筋面积大于其设计计算面积时,修正系数可取设计计算面积与实际配筋面积的比值。对于抗震设防要求的结构构件,不用修正。

1.3.3 钢筋的连接

梁中钢筋长度不够时,可采用绑扎搭接、焊接或机械连接的方法。

1. 绑扎搭接接头

对轴心受拉及小偏心受拉构件的纵向受力钢筋不得采用绑扎搭接接头,若受拉钢筋直径 $d > 25$ mm 及受压钢筋直径 $d > 28$ mm 时,不宜采用绑扎搭接接头。当采用搭接接头时,其搭接长度 l_l 规定如下。

(1)受拉钢筋。受拉钢筋的搭接长度应根据位于同一连接范围内的搭接根据面积百分率按下式计算,且不得小于 300 mm,即

$$l_l = \zeta_l l_a \tag{1.11}$$

式中　l_a——纵向受拉钢筋的锚固长度;

　　　　ζ_l——受拉钢筋搭接长度修正系数。当纵向受拉钢筋绑扎接头截面面积不大于 25% 时,取 1.2;当纵向受拉钢筋绑扎接头截面面积大于 25%,但不大于 50% 时,取 1.4;当大于 50% 时,乘取 1.6。

同一构件中相邻纵向受力钢筋的绑扎搭接接头应相互错开;在任一绑扎接头中心至搭接长度 1.3

倍的长度区段内,同一根钢筋不得有两个接头。

钢筋绑扎搭接接头连接区段的长度为搭接长度的 1.3 倍,搭接接头中点位于该连接区段长度内的搭接接头属于同一连接区段(图 1.23)。同一连接区段内纵向钢筋搭接接头面积百分率,即同一连接范围内有绑扎接头的受力钢筋截面面积与受力钢筋总截面面积之比,受拉区(如梁类、板类及墙类构件)不宜超过 25%,受压区(如柱类构件)不宜超过 50%。当有必要增大受拉钢筋搭接接头面积百分率时,对于梁类构件,不应大于 50%,对于梁类、板类及墙类构件,可根据实际情况放宽。

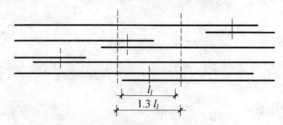

图 1.23 钢筋的搭接接头搭接区域

(2)受压钢筋。受压钢筋的搭接长度不应小于基本搭接长度的 0.7 倍,且不应小于 200 mm。

2.机械连接和焊接接头

纵向受力钢筋机械连接和焊接接头的位置应相互错开。钢筋机械连接和焊接连接接头区段的长度为 $35d$,其中 d 为连接钢筋的较小直径;当为焊接连接时区段的长度还应不小于 500 mm。接头中点位于该连接区段长度内的机械连接和焊接接头均属于同一连接区段。在受力较大处,位于同一连接区段内的纵向受拉钢筋接头面积百分率不宜大于 50%。纵向受力钢筋的接头面积百分率可不受限制。

3.钢筋端部设置弯钩和机械锚固

当纵向受拉普通钢筋末端采用弯钩和机械锚固时,应满足图 1.24 所示的要求。

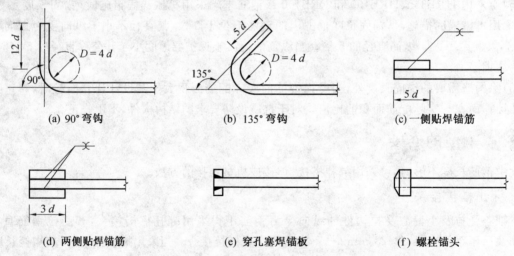

(a) 90° 弯钩　　　　　　(b) 135° 弯钩　　　　　　(c) 一侧贴焊锚筋

(d) 两侧贴焊锚筋　　　　(e) 穿孔塞焊锚板　　　　(f) 螺栓锚头

图 1.24 钢筋端部设置弯钩和机械锚固的形式和构造要求

【知识链接】

《混凝土结构设计规范》(GB 50010—2010)第四章第 4.1、4.2 节对混凝土结构中的材料钢筋和混凝土的选用做了详细的规定。

《混凝土结构施工质量验收规范》(GB 50204—2002)第七章第 7.1、7.2、7.3 节对钢筋工程、混凝土工程材料质量做出了详细的规定。

【重点串联】

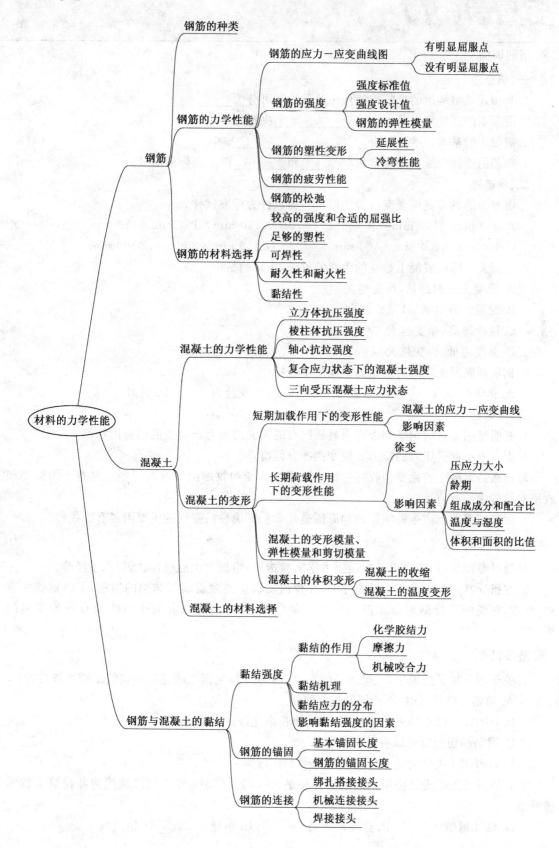

钢筋——钢筋的种类

钢筋——钢筋的力学性能——钢筋的应力—应变曲线图——有明显屈服点／没有明显屈服点

钢筋的力学性能——钢筋的强度——强度标准值／强度设计值／钢筋的弹性模量

钢筋的力学性能——钢筋的塑性变形——延展性／冷弯性能

钢筋的力学性能——钢筋的疲劳性能

钢筋的力学性能——钢筋的松弛

钢筋的材料选择——较高的强度和合适的屈强比／足够的塑性／可焊性／耐久性和耐火性／黏结性

材料的力学性能

混凝土——混凝土的力学性能——立方体抗压强度／棱柱体抗压强度／轴心抗拉强度／复合应力状态下的混凝土强度／三向受压混凝土应力状态

混凝土的变形——短期加载作用下的变形性能——混凝土的应力—应变曲线／影响因素

混凝土的变形——长期荷载作用下的变形性能——徐变——影响因素——压应力大小／龄期／组成成分和配合比／温度与湿度／体积和面积的比值

混凝土的变形——混凝土的变形模量、弹性模量和剪切模量

混凝土的变形——混凝土的体积变形——混凝土的收缩／混凝土的温度变形

混凝土的材料选择

钢筋与混凝土的黏结——黏结强度——黏结的作用——化学胶结力／摩擦力／机械咬合力

黏结强度——黏结机理／黏结应力的分布／影响黏结强度的因素

钢筋的锚固——基本锚固长度／钢筋的锚固长度

钢筋的连接——绑扎搭接接头／机械连接接头／焊接接头

拓展与实训

基础训练

一、填空题

1. 我国建筑结构用的热轧钢筋按照外形特征可分为＿＿＿＿＿＿＿＿＿。

2. 混凝土的强度等级是由＿＿＿＿＿＿＿＿＿决定的。

3. 混凝土的基本强度指标有＿＿＿＿＿＿＿＿＿。

4. 钢筋的塑性变形性能通常用＿＿＿＿和＿＿＿＿两个指标来衡量。

二、单选题

1. 混凝土的轴心抗压强度试验用（　　）的试件为标准试件。

    A. 150 mm×150 mm×300 mm   B. 150 mm×150 mm×150 mm

    C. 100 mm×100 mm×100 mm   D. 150 mm×300 mm×300 mm

2. 下列关于影响混凝土徐变的因素的说法,正确的是（　　）。

    A. 混凝土龄期越长,徐变越大

    B. 混凝土龄期越短,徐变越小

    C. 湿度越高,徐变越大

    D. 湿度越低,徐变越大

3. 钢筋和混凝土之间的黏结力组成中不包括（　　）。

    A. 化学胶结力   B. 摩擦力   C. 机械咬合力   D. 引力

三、简答题

1. 有明显屈服点的钢筋和没有明显屈服点的钢筋的应力－应变曲线有何特点?

2. 混凝土单向受压时的应力－应变曲线有何特点?

3. 什么是混凝土的徐变和收缩?影响混凝土徐变和收缩的因素有哪些?混凝土的徐变和收缩对结构构件有何影响?

4. 钢筋和混凝土产生黏结作用和原因是什么?影响黏结强度的主要因素有哪些?

工程模拟训练

1. 通过参观学习,现场进行混凝土力学实验指导,增加学生的感性认识,积累经验。

2. 在指导教师和技术工人的指导下,在校内实训基地观看典型结构的钢筋,了解钢筋的直径、外观,并现场进行钢筋加工演示。联系专业知识,对钢筋与混凝土的性能有较为深刻的影响。

链接职考

1. 关于钢筋加工的说法,正确的是（　　）。(2013 年全国二级建造师建筑工程实务真题)

    A. 钢筋冷拉调直时,不能同时进行除锈

    B. HRB400 级钢筋采用冷拉调直时,伸长率允许最大值为 4%

    C. 钢筋的切断口可以有马蹄形现象

    D. HPB235 级纵向受力钢筋末端应做 180°弯钩

2. 普通钢筋混凝土结构用钢的主要品种是（　　）。(2010 年全国二级建造师建筑工程实务真题)

    A. 热轧钢筋   B. 热处理钢筋   C. 钢丝   D. 钢绞线

3.建筑钢材拉伸试验测得各项指标中,不包括(　　　)。(2010年全国二级建造师建筑工程实务真题)

A.屈服强度　　　　B.疲劳强度　　　　C.抗拉强度　　　　D.伸长率

4.下列钢筋牌号,属于光圆钢筋的有(　　　)。(2009年全国二级建造师建筑工程实务真题)

A. HPB235　　　B. HPB300　　　C. HRB335　　　D. HRB400　　　E. HRB500

模块 2

钢筋混凝土结构的设计方法

【模块概述】

钢筋混凝土结构构件的"设计"是指在预定的作用及材料性能条件下,确定构件按功能要求所需要的截面尺寸、配筋和构造要求。

本模块以钢筋混凝土结构构件的设计方法为主线,主要介绍结构的功能要求、设计年限和安全等级以及极限状态设计法。通过对结构作用、作用效应和结构抗力等概念的学习,了解结构功能要求和结构的极限状态特点,进而可以运用极限状态设计法进行结构设计。

【知识目标】

1.理解结构的功能要求、设计使用年限以及安全等级的划分;

2.掌握工程结构极限状态的基本概念,理解结构的作用、作用效应、可靠度、失效概率、可靠指标等名词的含义;

3.掌握结构构件承载力极限状态和正常使用极限状态的设计表达式,以及式中各个符号所代表的取值和意义;

4.了解钢筋混凝土结构构件耐久性和防连续倒塌的设计规定。

【技能目标】

1.能判断结构的状态是否满足结构构件的功能要求;

2.能通过工程实例进一步加深对极限状态设计法的理解;

3.能根据结构的安全等级和环境要求进行简单的荷载效应组合。

【课时建议】

4~6 课时

【工程导入】

某单向板肋梁楼盖设计,设计资料如下:

1.楼面的活荷载标准值为 5 kN/m²。

2.楼面面层水磨石自重为 0.65 kN/m²,梁板天花板混合砂浆抹灰 15 mm。

3.材料:

(1)混凝土:C25。

(2)钢筋:主梁及次梁受力筋用 HRB400 级钢筋,板内及梁内的其他钢筋可以采用 HPB300 级钢筋。

4.结构构件安全等级为二级

设计要求:

(1)结构平面布置图:柱网、主梁、次梁及板的布置。

(2)计算板、次梁、主梁承载力强度。

(3)绘制结构施工图。

【工程导读】

在案例中,要进行楼盖结构中的结构构件设计,包括柱、梁、次梁和板,首先应该搞清楚在这个结构构件上会受到多少荷载,构件荷载的大小和特征是什么,才可以进行后面的设计。我们要使结构构件正常工作,这个构件就应该满足相应的一些要求。那么都应满足什么要求? 这些要求会影响建筑物的哪些性能? 结构构件上受到的荷载都有哪些? 如何根据所受到的荷载来进行结构设计? 结构设计的方法是什么? 这些问题涉及钢筋混凝土结构的设计方法,学习本模块可以对这些问题进行解答。

2.1 结构的功能和极限状态

自 19 世纪末钢筋混凝土结构在土木建筑工程中出现以来,随着生产实践的经验积累和科学研究的不断深入,钢筋混凝土结构的设计理论在不断地发展和完善。

最早的钢筋混凝土结构设计理论,是采用以弹性理论为基础的容许应力计算法。

20 世纪 30 年代,前苏联首先提出了考虑钢筋混凝土塑性性能的破坏阶段计算方法。

随着对荷载和材料强度的变异性的进一步研究,前苏联在 20 世纪 50 年代又率先提出了极限状态计算法。

20 世纪 70 年代以来,国际上以概率论和数理统计为基础的结构可靠度理论在土木工程领域逐步进入实用阶段。

我国直到 20 世纪 70 年代中期才开始在建筑结构领域开展结构可靠度理论和应用研究工作,但很快取得成效。1984 年,国家批准《建筑结构设计统一标准》(GBJ 68—84),该标准提出了以可靠性为基础的概率极限状态设计统一原则。经过努力,适于全国并更具综合性的《工程结构可靠度设计统一标准》(GB 50153—92)于 1992 年正式发布。

2.1.1 结构的功能要求

建筑结构是为了完成所要求的某些预定功能而设计的,与人们的活动和生活有着密切的关系。建筑结构必须在规定的使用年限内,在正常设计、施工、使用以及维护的条件下完成预定的功能。结构的功能要求包括:

1.安全性

建筑结构的安全性是指:在规定的使用期限内,建筑结构应能承受正常施工和正常使用时可能出现的各种荷载和作用。在偶然事件(如地震、爆炸等)发生时和发生后保持必需的整体稳定性,不致发生倒塌。

结构上的作用包括直接作用和间接作用。直接作用主要是在正常施工和正常使用中所承受的永久荷载、可变荷载等,间接作用包括温度变化、混凝土的收缩与徐变、强迫位移、环境引起的材料变化,以及支座沉降引起的结构内力及约束变形等。

2. 适用性

建筑结构在正常施工和正常使用过程中应具有良好的工作性能。例如,结构应具有适当的刚度,避免在直接和间接作用下影响外观,或者出现影响正常使用的大变形、大震动和裂缝。

3. 耐久性

建筑结构在正常维护条件下,应完好使用到设计规定的年限,而不应该因为材料在长时间使用的过程中出现的性质变化或因为外界的侵蚀等因素降低材料的性能,从而影响到结构构件的安全性和适应性,即建筑结构应有足够的耐久性。例如,混凝土不应发生严重的风化、腐蚀,钢筋不应由于混凝土的保护层太薄或者裂缝过宽发生锈蚀,导致结构的变形加大、安全度降低等材料性能的明显变化。

结构的安全性、适用性和耐久性这三者总称为结构的可靠性,也就是指结构在规定的时间内(如设计使用年限为 50 年),在规定的条件下(正常设计、正常施工、正常使用和维修不考虑人为过失)完成预定功能的能力。

2.1.2 结构可靠性与极限状态

结构设计的目的是以比较经济的条件,使结构在规定的使用期限内,不要达到也不要超过以上三种功能的极限状态。

结构能够满足各项功能要求而良好地工作,称为结构"可靠"。反之,则称结构"失效"。结构工作状态是处于可靠还是失效的标志用"极限状态"来衡量。

当整个结构或结构的一部分超过某一特定状态(或临界状态)而不能满足设计规定的某一功能要求时,则此特定状态(或临界状态)称为该功能的极限状态。现行国家标准《建筑结构可靠度设计统一标准》(GB 50068—2001)考虑结构的安全性、适用性和耐久性的功能要求,一般将结构的极限状态分为承载能力极限状态和正常使用极限状态两类。

1. 承载能力极限状态

承载能力极限状态对应于结构或结构构件达到最大承载能力或不适于继续承载变形的状态,如因结构局部破坏而引发的连续倒塌。

当结构或构件出现下列状态之一时,即认为超过了承载能力极限状态:

(1)整个结构或结构的一部分作为刚体失去平衡(如滑动、倾覆等)。

(2)结构构件或连接处因超过材料强度而破坏(包括疲劳破坏),或因过度的塑性变形而不能继续承载。

(3)结构转变成机动体系。

(4)结构或结构构件丧失稳定(如柱的压屈失稳等)。

由于超过这种极限状态后可能造成整体倒塌或严重破坏,从而造成人员伤亡或重大经济损失,后果特别严重,因此我国结构设计规范把到达这种极限状态的事件发生的概率控制得非常严格,它的限值很小。

为保证结构构件不超过承载能力极限状态,应通过下面几个方面进行验算:

(1)截面强度验算。所有构件应进行截面强度验算,即结构承受的作用在构件截面上引起的内力应小于截面在承载能力极限状态下能够提供的承载能力,确保控制截面不致因为材料承载力不足而被破坏。

(2)稳定验算(失稳验算)。所有构件应进行截面稳定验算,即作用在结构构件上的荷载设计值应小于结构构件在考虑稳定因素影响时在极限状态内可能承担的最大荷载。

（3）位置平衡验算。有必要时应进行结构倾覆或滑移验算，即作用引起的倾覆力矩或者滑移力应小于结构的抗倾覆力矩或抗滑移力，使构件稳定不产生倾覆或滑移。

（4）疲劳验算。对直接承受重复荷载的构件，应进行疲劳验算，即结构构件在多次重复受荷作用下仍能够满足承载能力要求。

（5）抗震承载力验算。有抗震设防要求时，应对结构进行抗震承载力验算，即要求在结构满足《建筑抗震设计规范》（GB 50011—2010）中的相关规定。

2.正常使用极限状态

正常使用极限状态是对应于结构或结构构件达到正常使用或耐久性能的某项限值的状态。当结构或结构构件出现下列状态之一时，即认为超过了正常使用极限状态：

（1）影响正常使用或外观的变形。

（2）影响正常使用或耐久性能的局部损坏。

（3）影响正常使用的振动。

（4）影响正常使用的其他特定状态。

到达或者超过这种极限状态后虽然会使结构构件丧失适用性和耐久性，但不会很快造成人员伤亡和财产的重大损失，因此《混凝土结构设计规范》（GB 50010—2010）把达到这种极限状态的事件发生的概率控制得比到达承载力极限状态发生的概率要宽松一些。

为保证结构构件不超过正常使用极限状态，应通过下面几个方面进行验算：

（1）变形验算。对使用上需要控制变形的结构构件，应进行变形验算，即构件在各种作用效应的组合影响下产生的变形应小于相对于结构构件适用性极限状态的变形要求。

（2）抗裂验算。对使用上不允许出现裂缝的构件，应进行抗裂验算，即构件在各种作用效应的组合影响下构件特定部位所产生的应力应小于适用性和耐久性极限状态的应力值。

（3）裂缝宽度验算。对使用上允许出现裂缝的构件，应进行裂缝宽度验算，即构件在各种作用效应的组合影响下产生的裂缝宽度应小于适用性和耐久性极限状态的裂缝宽度允许值。

除此之外，结构与构件、构件与构件的连接方式对结构能力的正常使用具有重要的作用。连接是否正确、可靠都会影响结构安全性功能的发挥，因此，合理的连接方式是结构安全、稳定的保证。

2.2 结构上的作用、作用效应及结构抗力

2.2.1 结构上的作用及荷载的代表值

1.结构上的作用

建筑结构在使用期间内，受到自身或外部的、直接或间接的各种作用。所谓"作用"是使结构或构件产生内力（应力）、变形（位移、应变）和裂缝的各种原因的总称。当以力的形式作用于结构上时，称为直接作用，也叫结构的荷载，分为永久荷载、可变荷载和偶然荷载，如结构自重、楼面上的人群及物品重量、风压力、雪压力、土压力等。当以变形形式作用于结构上时，称为间接作用，如地震、基础不均匀沉降、混凝土收缩、徐变、温度变形和焊接变形等。

工程中的作用多数是直接作用，也就是通常说的荷载。荷载的种类多，变化大，结构设计时，荷载的取值直接影响结构的可靠性和经济性，所以在结构设计时一定要注意荷载的取值。

结构上的荷载，按其随时间的变异性不同，可分为下列 3 类：

（1）永久荷载（也称为恒荷载）。在结构使用期间，其值不随时间变化，或其变化值与平均值比较可忽略不计的荷载作用。例如，结构自重、土压力、预应力等。

（2）可变荷载（也称为活荷载）。在结构使用期间，其值随时间变化，且其变化值与平均值相比较不可忽略的荷载作用。例如，楼面活荷载、屋面活荷载和积灰荷载、吊车荷载、风荷载、雪荷载等。

（3）偶然荷载。在结构使用期间出现的概率很小，一旦出现，其值很大且持续时间很短的作用。

例如,地震、爆炸、撞击力等。

2. 荷载的代表值

在结构设计时,应根据各种极限状态的设计要求取用不同的荷载数值,即所谓荷载的代表值。具体分为荷载的标准值、可变荷载组合值、可变荷载频遇值和可变荷载的准永久值 4 种。

(1)荷载的标准值。标准值一般是指结构在其设计基准期为 50 年的期间内,在正常情况下可能出现具有一定保证率的最大荷载。荷载的标准值是荷载的基本代表值,其他荷载代表值可以以此为基数换算得到。

对于永久荷载,标准值的取值是根据建筑与结构的材料和尺寸计算得到;对于可变荷载,取结构设计基准期内最大荷载概率分布的某一分位值的最大值作为基准值。当没有足够统计资料时,荷载标准值可根据历史经验估算确定。我国现阶段使用的荷载标准值,可以依据《建筑结构荷载规范》(GB 50009—2012)取值。

(2)可变荷载组合值。当多种可变荷载进行组合时,其值不一定都同时达到最大,因此,除其中最大荷载仍取其标准值外,其他伴随的可变荷载均采用小于 1.0 的组合值系数乘以相应的标准值来代表其荷载代表值。这种经调整后的伴随可变荷载,称为可变荷载的组合值。

在多种可变荷载同时作用于结构或构件时,需要考虑伴随荷载时取其组合值。计算时,某种可变荷载的组合值就是这种可变荷载的标准值与其相对应的组合值系数 ψ_c 的乘积。

(3)可变荷载频遇值。可变荷载频遇值是指在设计基准期内,可变荷载被超越的总时间为设计基准期很小一部分的荷载,或在设计基准期内超越频率为规定频率的作用值。它是指结构上较频繁出现的且量值较大的荷载作用取值。

可变荷载频遇值是以荷载的频遇值系数 ψ_f 与相应的可变荷载标准值的乘积来确定。

(4)可变荷载的准永久值。可变荷载的准永久值是指在设计基准期间,可变荷载超越的总时间约为设计基准期一半的作用值。它是对在结构上经常出现的且量值较小的荷载作用取值,结构在正常使用极限状态按长期效应(准永久)组合设计时采用准永久值作为可变作用的代表值,实际上是考虑可变作用的长期作用效应而对标准值的一种折减。

可变荷载准永久值是以荷载的准永久值系数 ψ_q 与相应可变荷载标准值的乘积来确定。

可变荷载的频遇值、准永久值是正常使用极限状态按频遇组合设计,或按准永久组合设计时所采用的可变荷载代表值。

民用建筑楼面均布活荷载的标准值及其组合值、频遇值和准永久值系数,应按表 2.1 的规定采用。

表 2.1　民用建筑楼面均布活荷载标准值及其组合值、频遇值和准永久值系数

项次	类别	标准值 /(kN·m⁻²)	组合值 系数 ψ_c	频遇值 系数 ψ_f	准永久值 系数 ψ_q
1	(1)住宅、宿舍、旅馆、办公楼、医院病房、托儿所、幼儿园	2.0	0.7	0.5	0.4
	(2)实验室、阅览室、会议室、医院门诊室	2.0	0.7	0.6	0.5
2	教室、食堂、餐厅、一般资料档案室	2.5	0.7	0.6	0.5
3	(1)礼堂、剧场、影院、有固定座位的看台	3.0	0.7	0.5	0.3
	(2)公共洗衣房	3.0	0.7	0.6	0.5
4	(1)商店、展览厅、车站、港口、机场大厅及其旅客等候室	3.5	0.7	0.6	0.5
	(2)无固定座位的看台	3.5	0.7	0.5	0.3

续表 2.1

项次	类别	标准值 /(kN·m⁻²)	组合值 系数 ψ_c	频遇值 系数 ψ_f	准永久值 系数 ψ_q
5	(1)健身房、演出舞台	4.0	0.7	0.6	0.5
	(2)舞厅	4.0	0.7	0.6	0.3
6	(1)书库、档案库、贮藏室	5.0	0.9	0.9	0.8
	(2)密集柜书库	12.0	0.9	0.9	0.8
7	通风机房、电梯机房	7.0	0.9	0.9	0.8
8	汽车通道及停车库： (1) 单向板楼盖（板跨不小于2 m） 客车 消防车	 4.0 35.0	 0.7 0.7	 0.7 0.7	 0.6 0.0
	(2)双向板楼盖和无梁楼盖(柱网尺寸不小于6 m×6 m) 客车 消防车	 2.5 20.0	 0.7 0.7	 0.7 0.7	 0.6 0.0
9	厨房： (1)餐厅	 4.0	 0.7	 0.7	 0.7
	(2)其他	2.0	0.7	0.6	0.5
10	浴室、厕所、盥洗室	2.5	0.7	0.6	0.5
11	走廊、门厅： (1)宿舍、旅馆、医院病房、托儿所、幼儿园、住宅	 2.0	 0.7	 0.5	 0.4
	(2)办公楼、教室、餐厅、医院门诊部	2.5	0.7	0.6	0.5
	(3)教学楼及其他可能出现人员密集的情况	3.5	0.7	0.5	0.3
12	楼梯： (1)多层住宅	 2.0	 0.7	 0.5	 0.4
	(2)其他	3.5	0.7	0.5	0.3
13	阳台： (1)一般情况	 2.5	 0.7	 0.6	 0.5
	(2)当人群有可能密集时	3.5			

注:1.本表所给各项活荷载适用于一般使用条件,当使用荷载较大或情况特殊时,应按实际情况采用;

2.第 6 项书库活荷载当书架高度大于 2 m 时,书库活荷载尚应按每米书架高度不小于 2.5 kN/m² 确定;

3.第 8 项中的客车活荷载只适用于停放载人少于 9 人的客车;消防车活荷载适用于满载总重为 300 kN 的大型车辆;当不符合本表的要求时,应将车轮的局部荷载按结构效应的等效原则,换算为等效均布荷载;

4.第 8 项消防车活荷载,当双向板楼盖板跨介于 3 m×3 m～6 m×6 m 之间时,应按跨度线性插值确定;

5.第 12 项楼梯活荷载,对预制楼梯踏步平板,尚应按 1.5 kN 集中荷载验算;

6.本表各项荷载不包括隔墙自重和二次装修荷载;对固定隔墙的自重应按恒荷载考虑,当隔墙位置可灵活自由布置时,非固定隔墙的自重应取不小于1/3 的每延米长墙重(kN/m)作为楼面活荷载的附加值(kN/m²)计入,且附加值不应小于 1.0 kN/m²。

房屋建筑的屋面,其水平投影面上的屋面均布活荷载,应按表2.2采用。屋面均布活荷载,不应与雪荷载同时组合。

表 2.2　屋面均布活荷载

项次	类别	标准值/(kN·m⁻²)	组合值系数 ψ_c	频遇值系数 ψ_f	准永久值系数 ψ_q
1	不上人的屋面	0.5	0.7	0.5	0.0
2	上人的屋面	2.0	0.7	0.5	0.4
3	屋顶花园	3.0	0.7	0.6	0.5
4	屋顶运动场地	3.0	0.7	0.6	0.4

注：1.不上人的屋面，当施工或维修荷载较大时，应按实际情况采用；对不同结构应按有关设计规范的规定，将标准值作 $0.2\ kN/m^2$ 的增减；

2.上人的屋面，当兼作其他用途时，应按相应楼面活荷载采用；

3.对于因屋面排水不畅、堵塞等引起的积水荷载，应采取构造措施加以防止；必要时，应按积水的可能深度确定屋面活荷载；

4.屋顶花园活荷载不包括花圃土石等材料自重。

作用于设计楼面梁、墙、柱及基础时，《建筑结构荷载规范》(GB 50009—2012)规定，应按照表2.1中的楼面活荷载标准值在下列情况下乘以规定的折减系数。

1.设计楼面梁时的折减系数

①第1(1)项当楼面梁从属面积超过 25 m² 时应取 0.9。

②第1(2)～7 项当楼面梁从属面积超过 50 m² 时应取 0.9。

③第8项对单向板楼盖的次梁和槽形板的纵肋应取 0.8，对单向板楼盖的主梁应取 0.6，对双向板楼盖的梁应取 0.8。

④第9～13 项应采用与所属房屋类别相同的折减系数。

2.设计墙、柱和基础时的折减系数

①第1(1)项应按表 2.3 规定采用。

②第1(2)～7 项应采用与其楼面梁相同的折减系数。

③第8项对单向板楼盖应取 0.5，对双向板楼盖和无梁楼盖应取 0.8。

④第9～13 项应采用与所属房屋类别相同的折减系数。

注：楼面梁的从属面积应按梁两侧各延伸 1/2 梁间距的范围内的实际面积确定。

表 2.3　活荷载按楼层的折减系数

墙、柱、基础计算截面以上的层数	1	2～3	4～5	6～8	9～20	>20
计算截面以上各楼层活荷载总和的折减系数	1.00 (0.90)	0.85	0.70	0.65	0.60	0.55

注：当楼面梁的从属面积超过 25 m² 时，应采用括号内的系数。

2.2.2　作用效应及作用效应组合值的计算

1.作用效应

结构构件在各种作用（如直接作用和间接作用）因素的作用下所引起的内力（如轴力、弯矩、剪力、扭矩）、变形（挠度、转角）和裂缝等统称为作用效应。当"作用"为"荷载"时，则称为荷载效应。

2.作用效应组合值的计算

作用效应组合是结构上几种作用分别产生的效应的随机叠加，而作用效应最不利组合是指所有可能的作用效应组合中对结构或结构构件产生总效应最不利的一组作用效应组合。

结构设计上应当考虑到结构上可能出现的多种作用，例如屋面板上除构件永久作用（如自重等）外，可能同时出现雪荷载、人群荷载等可变作用。《建筑结构荷载规范》(GB 50009—2012)要求应按承载能力极限状态和正常使用极限状态,结合相应的设计状况,进行作用效应组合,并取其最不利组合进行设计。

3.承载能力极限状态计算时作用效应组合

对承载力极限状态一般考虑荷载效应的基本组合,应从下列组合值中取其最不利值确定:

(1)当组合荷载效应由可变荷载控制时,即对永久荷载以及参与组合的全部可变荷载中最大的可变荷载,直接采用设计值效应,而对其他可变荷载采用设计组合值效应的两者之和确定。其表达式为

$$S_d = \sum_{j=1}^{m} \gamma_{Gj} S_{Gjk} + \gamma_{Q1} \gamma_{Li} S_{Q1k} + \sum_{i=2}^{n} \gamma_{Qi} \gamma_{L1} \psi_{ci} S_{Qik} \tag{2.1}$$

(2)当组合荷载效应由永久荷载控制时,即对永久荷载采用设计值效应,而对可变荷载采用设计组合值效应的两者之和确定,其表达式为

$$S_d = \sum_{j=1}^{m} \gamma_{Gj} S_{Gjk} + \sum_{i=1}^{n} \gamma_{Qi} \gamma_{Li} \psi_{ci} S_{Qik} \tag{2.2}$$

式中　　γ_{Gj}——永久荷载的分项系数;

γ_{Q1},γ_{Qi}——可变荷载 Q_{1k} 和其他第 i 个可变荷载的分项系数;

γ_{Li}——第 i 个可变荷载考虑设计使用年限的调整系数,其中 γ_{Li} 为主导可变荷载 Q_1 考虑设计使用年限的调整系数。结构设计使用年限为 5 年,γ_{Li} 取 0.9;结构设计使用年限为 50 年,γ_{Li} 取 1.0;结构设计使用年限为 100 年,γ_{Li} 取 1.1;对于荷载标准值可控制的活荷载,设计使用年限调整系数 γ_{Li} 取 1.0;

S_{Gjk}——按永久荷载标准值 G_{jk} 计算的荷载效应值;

S_{Qik}——按第 i 个可变荷载标准值 Q_{ik} 计算的荷载效应值,其中 S_{Q1k} 为诸可变荷载效应中的最大值;

ψ_{ci}——可变荷载 Q_i 的组合值系数;

m——参与组合的永久荷载数;

n——参与组合的可变荷载数。

注:基本组合中的效应设计值仅适用于荷载与荷载效应为线性的情况。

4.正常使用极限状态计算时作用效应组合

正常使用情况下荷载效应和结构抗力应按标准值进行计算。

对于标准组合,荷载效应组合值 S_d 按下式计算:

$$S_d = \sum_{j=1}^{m} S_{Gjk} + S_{Q1k} + \sum_{i=2}^{n} \psi_{ci} S_{Qik} \tag{2.3}$$

对于频遇组合,荷载效应组合值 S_d 可按下式计算:

$$S_d = \sum_{j=1}^{m} S_{Gjk} + \psi_{f1} S_{Q1k} + \sum_{i=2}^{n} \psi_{qi} S_{Qik} \tag{2.4}$$

对于准永久组合,荷载效应组合值 S_d 可按下式计算:

$$S_d = \sum_{j=1}^{m} S_{Gjk} + \sum_{i=2}^{n} \psi_{qi} S_{Qik} \tag{2.5}$$

式中　　ψ_{f1}——可变荷载 Q_1 的组合值系数;

ψ_{ci}——可变荷载 Q_i 的频遇值系数。

5.荷载分项系数

荷载的标准值与荷载分项系数的乘积称为荷载的设计值。其数值大体相当于结构在非正常使用情况下荷载的最大值,它比荷载的标准值具有更大的可靠度。

永久荷载和可变荷载具有不同的分项系数,永久荷载分项系数 γ_G 和可变荷载分项系数 γ_Q 的具体值见表 2.4。

35

表 2.4　荷载分项系数

极限状态	荷载类型	荷载特征	荷载分项系数
承载力极限状态	永久荷载	当其效应对结构不利时	1.2
		对由可变荷载效应控制的组合 对由永久荷载效应控制的组合	1.35
		当其效应对结构有利时	1.0
		一般情况 对结构的倾覆、滑移或漂浮验算	0.9
	可变荷载	一般情况下	1.4
		对标准值大于 4 kN/m² 的工业 房屋楼面结构的活荷载	1.3
正常使用极限状态	永久荷载	所有情况	1.0
	可变荷载		

2.2.3　结构抗力

结构抗力是指结构或构件承受作用效应的能力,如构件的强度、刚度、抗裂度等,用 R 来表示。影响结构抗力的主要因素是材料性能(强度、变形模量等物理力学性能)、几何参数以及计算模式的精确性等。考虑到材料性能的变异性、几何参数及计算模式精确性的不确定性,所以由这些因素综合而成的结构抗力 R 也是随机变量。

在影响结构抗力的因素中,材料强度是主要因素。材料强度分为标准值和设计值。

1. 材料强度标准值

标准值是材料强度的一种特征值,也是设计结构或构件时采用的材料强度的基本代表值。材料的强度标准值取值原则是在符合规定质量的材料强度实测值的总体中,材料的强度标准值应具有不小于 95% 的保证率。

材料强度标准值在计算结构或构件变形、裂缝宽度和抗裂验算时直接使用。《混凝土结构设计规范》(GB 50010—2010)给出的钢筋强度标准值见表 1.1,混凝土轴心抗压和轴心抗拉强度标准值见表 1.9。

2. 材料强度设计值

材料强度设计值是在材料强度标准值的基础上,除以材料性能分项系数后所得的值。用于进行结构的承载力验算时,基本表达式为

$$f = \frac{f_k}{\gamma_m} \tag{2.6}$$

材料性能分项系数应根据不同材料进行构件分析的可靠指标达到规定的目标可靠指标及工程经验校准来确定,如混凝土材料性能分项系数取 1.35;对热轧钢筋和精轧螺纹钢筋的材料性能分项系数取 1.20,对钢绞线、钢丝等的材料性能分项系数取 1.47。

2.3　结构设计

结构设计可以根据两种不同的极限状态来进行。承载能力极限状态验算是为了确保结构的安全性,正常使用极限状态是为了确保结构的适用性和耐久性。结构设计的依据是《混凝土结构设计规范》(GB 50010—2010)中根据不同结构的特点和功能给出的限制要求。这种以结构的各种功能要求的极限状态作为设计依据的方法,就叫极限状态设计法。

《建筑结构可靠度设计统一标准》(GB 50068—2001)规定:我国结构设计采用以概率论为基础的极限状态设计法,以结构的可靠指标反映结构的可靠度,以分项系数表达的设计式进行设计。

2.3.1　概率极限状态设计法

概率极限状态设计法是用概率论的观点来研究结构的可靠性,结构的可靠性用可靠度来衡量。

1. 可靠度、失效概率和可靠指标

结构的可靠度就是结构在规定的时间(设计使用年限)内,在规定的条件下(正常设计、正常施工、正常使用和正常维修)完成预定功能(安全性、耐久性、适用性)的可能性大小,用概率来表示。

结构构件完成预定功能的工作状况可以用作用效应 S 和结构抗力 R 的关系式来描述,称为结构功能函数,用 Z 来表示:

$$Z = R - S = g(R,S) \tag{2.7}$$

当 $Z > 0$ 时,结构能够完成预定的功能,处于可靠状态;

当 $Z < 0$ 时,结构不能完成预定的功能,处于失效状态;

当 $Z = 0$ 时,即 $R = S$,结构处于临界的极限状态。

$Z = g(R,S) = R - S = 0$,称为"极限状态方程"(图 2.1)。

结构能够完成预定功能($R \geqslant S$)

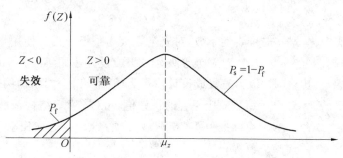

图 2.1　Z 函数的分布曲线

的概率即为"可靠概率",用 P_s 表示;不能完成预定功能($R < S$)的概率为"失效概率",用 P_f 表示。显然二者之和应该等于 1,即

$$P_s + P_f = 1.0 \tag{2.8}$$

作用效应 S 和结构抗力 R 都是随机变量,因此,结构不满足或满足其功能要求的事件也是随机的。设 R 和 S 都服从正态分布,其曲线离散程度标准差为 σ_z,表示分布曲线顶点到曲线反弯点之间的水平距离,从图中可看出,用正态分布随机变量 $Z = R - S$ 的平均值 μ_z 和标准差 σ_z 的比值,可以反映可靠指标 β,即

$$\beta = \frac{\mu_z}{\sigma_z} \tag{2.9}$$

可以看出,可靠指标 β 与失效概率 P_f 之间有一定的对应关系,即可靠指标 β 越大,失效概率 P_f 越小,结构越可靠。可靠指标 β 与相应的失效概率 P_f 之间的对应关系见表 2.5。

表 2.5　可靠指标 β 与相应的失效概率 P_f 的关系

β	1	1.64	2	3	3.71	4	4.5
P_f	15.87×10^{-2}	5.05×10^{-2}	2.27×10^{-2}	1.35×10^{-3}	1.04×10^{-4}	3.17×10^{-5}	3.40×10^{-6}

结构的重要性不同,一旦发生破坏之后,对生命财产的危害程度及社会的影响也就不同。《建筑结构可靠度设计统一标准》(GB 50068—2001)根据结构破坏后产生的后果的严重性程度,将建筑结构安全等级划分为三级,建筑结构安全等级及目标可靠指标见表 2.6。

表 2.6　建筑结构安全等级及目标可靠指标

安全等级	破坏后果	建筑物类型	构件的目标可靠指标 β	
			延性破坏	脆性破坏
一级	很严重	重要建筑	3.7	4.2
二级	严重	一般建筑	3.2	3.7
三级	不严重	次要建筑	2.7	3.2

采用失效概率和可靠指标反映结构可靠度时,应使失效概率足够小,同时也要保证结构的可靠指标足够高,计算公式如下:

$$\beta \geqslant [\beta] \tag{2.10}$$
$$P_f \leqslant [P_f] \tag{2.11}$$

式中　$[\beta]$——目标可靠指标;

$\quad\quad [P_f]$——目标失效概率。

2.结构承载力极限状态设计表达式

在极限状态设计方法中,结构构件的承载力计算,应采用下列极限状态设计表达式:

$$\gamma_0 S_d \leqslant R_d \tag{2.12}$$
$$R_d = R(f_c, f_s, \alpha_k, \cdots) \tag{2.13}$$

式中　γ_0——重要性系数,对安全等级为一级或设计使用年限为100年及以上的结构构件,不应小于1.1;对安全等级为二级或设计使用年限为50年的结构构件,不应小于1.0;对安全等级为三级或设计使用为5年及以下的结构构件,不应小于0.9;

$\quad\quad S_d$——荷载效应组合的设计值,可按《建筑结构荷载规范》(GB 50009—2012)规定的荷载效应标准值S_k与荷载分项系数γ_s的乘积求得,分别表示轴力、弯矩、剪力、扭矩设计值等;

$\quad\quad R_d$——结构构件的承载力设计值,应按各有关建筑结构设计规范的规定确定;

$\quad\quad R(*)$——结构构件的抗力函数;

$\quad\quad f_c, f_s$——分别为混凝土、钢筋的强度设计值;

$\quad\quad \alpha_k$——几何参数的标准值(如构件尺寸、配筋面积等)。

式(2.1)~(2.2)给出了各个变量标准值和分项系数表示的实用设计表达式,并要求按荷载最不利效应组合进行设计。

3.结构正常使用极限状态设计表达式

在正常使用极限状态计算中,应根据不同的设计要求,采用荷载的标准组合、频遇组合或准永久组合,按下列设计表达式进行设计:

$$S_d \leqslant C \tag{2.14}$$

式中　S_d——荷载效应组合值;

$\quad\quad C$——结构或结构构件达到正常使用要求的规定限值。例如,变形、裂缝、振幅、加速度、应力等的限值,应按各有关建筑结构设计规范的规定采用。

正常使用情况下荷载效应和结构抗力的荷载效应及结构抗力按标准值进行计算。

式(2.3)~(2.5)给出了各个变量标准值和分项系数表示的实用设计表达式,并要求按荷载最不利效应组合进行设计。

2.3.2　结构的耐久性设计

1.混凝土耐久性的概念

材料的耐久性是指它暴露在使用环境下,抵抗各种物理和化学作用的能力。对钢筋混凝土结构而言,其中钢筋被浇筑在混凝土内,混凝土起到保护钢筋的作用,如果对钢筋混凝土结构能够根据使用条件,进行正确的设计和施工,并能在使用过程中对混凝土进行认真的定期的维护,其使用年限可达100年及以上,因此,它是一种很耐久的材料。

但是,近年来随着我国城市工业化进程的加快,环境问题在大中城市日益突出。混凝土结构构件表面暴露在空气中,长期受到雨水的侵蚀、温度的变化和有害气体的腐蚀,材料的性能减弱。因此,混凝土结构在进行承载力极限状态设计和结构正常使用极限状态等内容设计的同时,还应根据结构所处的环境类别、设计使用年限进行耐久性设计。混凝土结构所处的环境类别见表2.7。

　　钢筋混凝土结构长期暴露在使用环境中,使材料的耐久性降低,其影响因素较多。混凝土结构的耐久性主要与环境类别、材料的质量、使用年限、混凝土强度等级、水胶比、水泥用量、最大氯离子含量、含碱量、钢筋锈蚀、碱—集料反应、抗渗性和抗冻性等有关。

表2.7　混凝土结构所处的环境类别

环境类别		条　　件
一类		室内正常环境;无侵蚀性静水浸没环境
二类	a	室内潮湿环境;非严寒和非寒冷地区的露天环境;与无侵蚀性的水或土壤直接接触的环境;严寒和寒冷地区的冰冻线以下与无侵蚀性的水或土壤直接接触的环境
	b	干湿交替环境;水位频繁变动环境;严寒和寒冷地区的露天环境;严寒和寒冷地区的冰冻线以上与无侵蚀性的水或土壤直接接触的环境
三类	a	严寒和寒冷地区冬季水位变动区环境;受除冰盐影响环境;海风环境
	b	盐渍土环境;受除冰盐作用环境;海岸环境
四类		海水环境
五类		受人为或自然的侵蚀性物质影响的环境

　　注:1.室内潮湿环境是指构件表面经常处于结露或湿润状态的环境;

　　2.严寒和寒冷地区的划分应符合现行国家标准《民用建筑热工设计规范》(GB 50176)的有关规定;

　　3.海岸环境和海风环境宜根据当地情况,考虑主导风向及结构所处迎风、背风部位等因素的影响,由调查研究和工程经验确定;

　　4.受除冰盐影响环境是指受到除冰盐盐雾影响的环境,受除冰盐作用环境是指被除冰盐溶液溅射的环境以及使用除冰盐地区的洗车房、停车楼等建筑;

　　5.暴露的环境是指混凝土结构表面所处的环境。

2.混凝土结构耐久性的要求

　　《混凝土结构设计规范》(GB 50010—2010)对混凝土的耐久性做如下规定:

　　(1)设计使用年限为50年的混凝土结构,其混凝土材料宜符合表2.8要求。

表2.8　结构混凝土材料耐久性基本要求

环境类别		最大水胶比	最低强度等级	最大氯离子含量/%	最大碱含量/(kg·m⁻³)
一		0.60	C20	0.30	不限制
二	a	0.55	C25	0.20	
	b	0.50(0.55)	C30(C25)	0.15	3.0
三	a	0.45(0.50)	C35(C30)	0.15	
	b	0.40	C40	0.10	

　　注:1.氯离子含量系指其占胶凝材料总量的百分比;

　　2.预应力构件混凝土中的最大氯离子含量为0.06%,其最低混凝土强度等级宜按表中的规定提高两个等级;

　　3.素混凝土构件的水胶比及最低强度等级的要求可适当放宽;

　　4.有可靠工程经验时,二类环境中的最低混凝土强度等级可降低一个等级;

　　5.处于严寒和寒冷地区二b、三a类环境中的混凝土应使用引气剂,并可采用括号中的有关参数;

　　6.当使用非碱活性骨料时,对混凝土中的碱含量可不作限制。

　　(2)《混凝土结构设计规范》(GB 50007—2010)规定混凝土结构及构件尚应采取下列耐久性技术要求:

　　①预应力混凝土结构中的预应力筋应根据具体情况采取表面防护、孔道灌浆、加大混凝土保护层厚度等措施,外漏的锚固端应采取封锚和混凝土表面处理等有效措施。

②严寒及寒冷地区的潮湿环境中,结构混凝土应满足抗冻要求,混凝土抗冻等级应符合有关标准的要求。

③有抗渗要求的混凝土结构,混凝土的抗渗等级应符合有关标准的要求。

④处于二、三类环境中的悬臂构件宜采用悬臂梁一板的结构形式,或在其上表面增设防护层。

⑤处于二、三类环境中的结构构件,其表面的预埋件、吊钩、连接件等金属部位应采取可靠的防锈措施,对于后张预应力混凝土外露金属锚具,其防护要求应满足《混凝土结构设计规范》(GB 50007—2010)中第10.3.13条的相关规定。

⑥三类环境中的结构构件,可采用阻锈剂、环氧树脂涂层钢筋或其他具有耐腐蚀性能的钢筋,采取阴极保护措施或采用可更换的构件等措施。

(3)一类环境中,设计使用年限为100年的混凝土结构应符合下列规定:

①钢筋混凝土结构的最低混凝土强度等级为 C30;预应力混凝土结构的最低混凝土强度等级为 C40。

②混凝土中的最大氯离子含量为 0.06%。

③宜使用非碱活性骨料;当使用碱活性骨料时,混凝土中的最大碱含量为 3.0 kg/m³。

④混凝土保护层厚度应符合《混凝土结构设计规范》(GB 50007—2010)中第8.2.1条的规定;当采取有效的表面防护措施时,混凝土保护层厚度可适当减少。

(4)二类和三类环境中,设计使用年限为100年的混凝土结构,应采取专门有效的措施。

(5)混凝土结构在设计使用年限内应遵守下列规定:

①结构应按设计规定的环境条件正常使用。

②结构应进行必要的维护,并根据使用条件定期检测。

③构件表面的防护层,应按规定定期维护和更换。

④结构出现可见的耐久性缺陷时,应及时进行处理。

⑤对临时性混凝土结构,可不考虑混凝土的耐久性要求。

(6)对有舒适度要求的楼盖结构,应进行竖向自振频率验算。钢筋混凝土楼盖自振频率验算,其自振频率宜符合下列要求:

①住宅和公寓不宜低于 5 Hz。

②办公楼和旅馆不宜低于 4 Hz。

③大跨度公共建筑不宜低于 3 Hz。

④工业建筑及有特殊要求的建筑应根据使用功能提出要求,参照现行国家标准《多层厂房楼盖抗微振设计规范》(GB 50190—93)进行验算。

2.3.3 结构的防连续倒塌设计

1.防连续倒塌设计的概念和思路

混凝土结构防连续倒塌是提高结构综合抗灾能力的重要内容。在特定类型的偶然作用发生时或发生后,当结构体系发生局部垮塌时,依靠剩余结构体系仍能继续承载,避免发生与作用不相匹配的大范围破坏或连续倒塌,称为结构的防连续倒塌。遇到无法抗拒的地质灾害及人为破坏作用的情况,则不被包括在防连续倒塌设计的范围内。

结构防连续倒塌设计的涉及面较广,目前研究尚不充分,本教材仅提出设计的基本原则和概念设计的要求。

结构防连续倒塌设计的难度和代价很大,一般结构只需进行防连续倒塌的概念设计。《混凝土结构设计规范》(GB 50007—2010)给出了结构防连续倒塌概念设计的基本原则,以定性设计的方法增强结构的整体稳固性,控制发生连续倒塌和大范围破坏。

加强局部构件或连接对减小结构遭受突发事件的影响是有益的,但更重要的是提高结构整体抵抗连续性倒塌的能力,从而减少或避免结构因初始的局部破坏引发连续性的倒塌。当结构发生局部破坏时,如不引发大范围倒塌,即认为结构具有整体稳定性。结构的延性、荷载传力途径的多重性以及结构体系的超静定性,均能加强结构的整体稳定性。

2. 防连续倒塌的概念设计

混凝土结构宜按下列要求进行防连续倒塌的概念设计:

(1)采取减小偶然作用效应的措施。

(2)采取使重要构件及关键传力部位避免直接遭受偶然作用的措施。

(3)在结构容易遭受偶然作用影响的区域增加冗余约束,布置备用传力途径。

(4)增强重要构件及关键传力部位、疏散通道及避难空间结构的承载力和变形性能。

(5)配置贯通水平、竖向构件的钢筋,采取有效的连接措施并与周边构件可靠地锚固。

(6)通过设置结构缝,控制可能发生连续倒塌的范围。

概念设计主要从结构体系的备用路径、整体性、延性、连接构造和关键构件的判别等方面进行结构方案和结构布置设计,避免存在易导致结构连续倒塌的薄弱环节。

当偶然事件产生特大荷载时,按荷载效应的偶然组合进行设计以保持结构体系完整无缺,往往经济代价太高,有时甚至不现实。此时,可采用允许局部爆炸或撞击引起结构发生局部破坏,在某个竖向构件失效后,使影响范围仅限于局部。按新的结构简图采用梁、悬索、悬臂的拉结模型继续承载受力,使整个结构不发生连续倒塌的原则进行设计,从而避免结构的连续倒塌或整体垮塌。

3. 防连续倒塌的设计原则

(1)混凝土结构防连续倒塌设计目标是针对特定的偶然作用发生时或发生后,结构体系仅局部垮塌,依靠剩余结构承载而不发生更大范围的破坏或连续倒塌。

提高结构抵抗连续性倒塌的能力应着眼于结构的整体性能即最低强度、冗余特性和延性等能力特征。

① 设置整体性加强构件或设结构缝。局部构件破坏后,控制由此引起的破坏范围。可设置整体型加强构件或设置结构缝,对整个结构进行分区。一旦发生局部构件破坏,可将破坏控制在一个分区内,防止连续倒塌的蔓延。整体型加强构件是结构中的关键构件,其安全储备应高于一般构件。

② 增加结构的冗余度,使结构体系具有足够的备用荷载传递路径。结构冗余度是指结构在初始的局部破坏下改变原有的传力路径,并达到新的稳定平衡状态的能力特征。采用合理的结构方案和结构布置,增加结构的冗余度,形成具有多个和多向荷载传递路径传力的结构体系,可避免存在引发连续性倒塌的薄弱部位。可通过拆除构件法判定结构是否具有备用荷载传递路径。

③ 加强结构构件的连接构造,保证结构的整体性。如对于框架结构,当某根柱发生破坏失去承载力,其直接支承的梁应能跨越两个开间而不致塌落。这就要求跨越柱上梁中的钢筋贯通并具有足够的抗拉强度,通过贯通钢筋的悬链线传递机制,将梁上的荷载传递到相邻的柱。

④ 加强结构的延性构造措施,保证剩余结构的延性。结构在局部破坏发生后,剩余结构中部分构件会进入塑性。因此,应选择延性较好的材料,采用延性构造措施,提高结构的塑性变形能力,增强剩余结构的内力重分布能力,可避免发生连续倒塌。可采用拆除构件后的结构失效模式概念判别,来确认需要加强延性的部位。

(2)一般结构仅需满足防连续倒塌的概念要求。如:

①加强楼梯、避难室、底部边墙、角柱等重要部位。

②在关键要害区设置缓冲装置(防撞墙、裙房等)或泄能通道(开敞布置或轻质墙体、轻质屋盖等)。

③布置分割缝,控制房屋连续倒塌的范围。

④增加关键部位的冗余约束及备用传力途径(斜杆、拉杆等)。

(3)重要结构的防连续倒塌设计可采用下列方法:

① 局部加强法。对可能遭受偶然作用而发生局部破坏的竖向重要构件和关键传力部位,可提高结构的安全储备,也可直接考虑偶然作用进行结构设计。对于破坏后易引发连续倒塌的重要构件,认为其是关键构件并进行局部加强设计。

② 拉结构件法。考虑失去支承改变结构计算简图的条件下,利用水平构件的加强筋及相邻构件的拉结抗力,在缺失支承、跨度变化的条件下,按梁、悬索、悬臂及拉杆等新受力构件继续承受荷载,保持结构的整体稳定。该方法的结果可以理解为,当某柱失效后,其支承的梁具有足够的承载力,避免发生连续破坏。该法简单易行,能一定程度上保证结构在连续性和整体性上的基本要求,但对于复杂不规则结构难以采用。

③ 拆除构件法。按一定规则去除结构的主要受力构件,采用考虑相应的作用和材料抗力的方法,验算剩余结构体系的极限承载力;也可采用受力—倒塌全过程分析,进行防倒塌设计。

 # 2.4 案例分析

荷载效应组合是结构设计的依据和基础,荷载效应组合的结果直接关系到结构的可靠度和经济性,因此要充分重视荷载效应组合的计算。计算公式依据公式(2.1)~(2.5)和2.2节的相关内容,以及公式(2.12)~(2.14)和2.3节的相关内容。

【例2.1】 某写字楼楼面板受均布荷载,其中永久荷载引起的跨中弯矩标准值 $M_{Gk}=1.8$ kN·m,可变荷载引起的跨中弯矩标准值 $M_{Qk}=1.5$ kN·m,构件安全等级为二级,设计年限为50年,可变荷载组合系数 $\psi_c=0.7$。求板中最大弯矩设计值。

解题思路 本题为荷载组合问题。求解这一类题目时,应以承载力极限状态的基本设计表达式按可变荷载和永久荷载效应控制组合计算。

解 (1)按可变荷载效应控制组合计算:

由构件安全等级为二级,设计年限为50年,可知 $\gamma_{Li}=1.0$,$\gamma_0=1.0$;查表2.4,可得 $\gamma_G=1.2$,$\gamma_Q=1.4$;则

$$M_d=\gamma_0\left(\sum_{j=1}^{m}\gamma_{Gj}M_{Gjk}+\gamma_{Q1}\gamma_{Li}M_{Q1k}+\sum_{i=2}^{n}\gamma_{Qi}\gamma_{L1}\psi_{ci}M_{Qik}\right)=$$
$$1.0\times(1.2\times1.8+1.0\times1.4\times1.5)\ \text{kN·m}=4.26\ \text{kN·m}$$

(2)按永久荷载效应控制组合计算:

查表2.4,可得 $\gamma_G=1.35$,$\gamma_Q=1.4$,则

$$M_d=\gamma_0\left(\sum_{j=1}^{m}\gamma_{Gj}M_{Gjk}+\sum_{i=1}^{n}\gamma_{Qi}\gamma_{Li}\psi_{ci}M_{Qik}\right)=$$
$$1.0\times(1.35\times1.8+1.0\times1.4\times0.7\times1.5)\ \text{kN·m}=3.9\ \text{kN·m}$$

故该板跨中最大弯矩设计值取大者,即取 4.26 kN·m。

【例2.2】 某教学楼的内廊为简支在砖墙上的现浇钢筋混凝土板,计算跨度 $l_0=2.66$ m,板厚为100 mm。楼面的材料做法为:采用水磨石地面(10 mm厚面层,20 mm厚水泥砂浆打底),自重为 0.65 kN/m²,板底抹灰厚15 mm混合砂浆,楼面活荷载的标准值为 2.5 kN/m²,构件安全等级为二级。试计算该楼板的弯矩设计值。

解题思路 本题为现浇板内力计算问题。求解这一类题目时,一般先选取计算单元(现浇板一般选1 m板宽作为计算单元),然后计算作用在计算单元上楼板的面荷载标准值(恒载、活载),再计算线荷载标准值,然后再根据两种荷载控制的效应组合,确定出荷载的设计值,进而计算出现浇板的最大内力(弯矩)。

解 取1 m板宽作为计算单元。

1. 荷载计算

(1)恒荷载线荷载标准值:

水磨石地面面层重:	(0.65×1.0)kN/m$=0.65$ kN/m
钢筋混凝土现浇板的自重:	$(25 \times 0.1 \times 1.0)kN/m=2.5$ kN/m
板底混合砂浆抹灰 15 mm 厚:	$(17 \times 0.015 \times 1.0)kN/m=0.255$ kN/m
总计:	3.405 kN/m

(2) 活荷载标准值:

线荷载标准值为 $\qquad$ $Q_k=(2.5 \times 1.0)$kN/m$=2.5$ kN/m

(3) 荷载设计值计算:

由构件安全等级为二级,可知 $\gamma_{Li}=1.0$。

① 由可变荷载效应控制的组合:

$$p=1.2G_k+1.0 \times 1.4Q_k=(1.2 \times 3.405+1.0 \times 1.4 \times 2.5)\text{kN/m}=7.59 \text{ kN/m}$$

② 由恒荷载效应控制的组合:

$$p=1.35G_k+1.0 \times 1.4 \times 0.7Q_k=$$
$$(1.35 \times 3.405+1.0 \times 1.4 \times 0.7 \times 2.5)\text{kN/m}=7.05 \text{ kN/m}$$

则取荷载设计值为 $\qquad$ $p=7.59$ kN/m

2. 内力计算(弯矩计算)

$$M=\frac{1}{8}pl_0^2=(\frac{1}{8} \times 7.59 \times 2.66^2)\text{kN} \cdot \text{m}=6.71 \text{ kN} \cdot \text{m}$$

【例 2.3】 已知矩形截面简支梁,截面尺寸 $b \times h=250 \text{ mm} \times 600 \text{ mm}$,两端搭接在砖墙上,搭接长度 $a=240 \text{ mm}$,梁的跨度 $l=6\,000 \text{ mm}$。承受板传来的均布恒荷载标准值 $G_k=15.32 \text{ kN/m}$,均布活荷载标准值 $Q_k=11.25 \text{ kN/m}$,试计算梁的跨中最大弯矩和支座剪力设计值。

解题思路 本题为简支梁的内力计算问题。求解这一类题目时,一般先计算作用在梁上的由板传来的荷载及梁的自重和抹灰重的标准值,然后再根据两种荷载控制的效应组合,确定出作用在梁上的荷载的设计值,进而计算出现浇板的最大内力(弯矩和剪力)。

解 1. 荷载计算

(1) 恒载标准值:

板传来线荷载:	15.32 kN/m
梁自重:	$(25 \times 0.25 \times 0.6)kN/m=3.75$ kN/m
梁侧抹灰重:	$(2 \times 17 \times 0.015 \times 0.6)kN/m=0.306$ kN/m
总计:	15.376 kN/m

(2) 活载标准值: $\qquad$ $Q_k=11.25$ kN/m

(3) 荷载设计值:

由构件安全等级为二级,可知 $\gamma_{Li}=1.0$。

① 由可变荷载效应控制的组合:

$$p=1.2G_k+1.0 \times 1.4Q_k=(1.2 \times 15.376+1.0 \times 1.4 \times 11.25) \text{ kN/m}=34.20 \text{ kN/m}$$

② 由恒荷载效应控制的组合:

$$p=1.35G_k+1.0 \times 1.4 \times 0.7Q_k=(1.35 \times 15.376+1.0 \times 1.4 \times 0.7 \times 11.25)\text{kN/m}=$$
$$31.78 \text{ kN/m}$$

则取荷载设计值为

$$p=34.20 \text{ kN/m}$$

2. 内力计算:

梁的净跨

$$l_n=(6\,000-2 \times 120)\text{mm}=5\,760 \text{ mm}$$

计算跨度

$$l_0=l_n+a=(5\,760+240)\text{ mm}=6\,000 \text{ mm}<1.05l_n=(1.05 \times 5\,760)\text{mm}=6\,048 \text{ mm}$$

取 $l_0 = 6\,000\ \text{mm}$（取二者之中较小者）

梁的跨中最大弯矩设计值：

$$M = \frac{1}{8}pl_0^2 = \left(\frac{1}{8} \times 34.20 \times 6^2\right)\ \text{kN} \cdot \text{m} = 153.9\ \text{kN} \cdot \text{m}$$

支座剪力设计值：

$$V_A = V_B = \frac{1}{2}pl_n = \left(\frac{1}{2} \times 34.20 \times 5.76\right)\text{kN} = 98.50\ \text{kN}$$

最大剪力发生在支座边缘处，因此计算剪力设计值时取净跨。

【知识链接】

《混凝土结构设计规范》(GB 50010—2010)第三章第 3.1～3.7 节对钢筋混凝土结构设计方法做出了详细的规定。

《混凝土结构荷载规范》(GB 50009—2012)第三章第 3.1、3.2 以及第四章 4.1～4.5 节对荷载取值、荷载效应组合做出了详细的规定。

《建筑结构可靠度设计统一标准》(GB 50068—2001)对建筑可靠性和可靠度的计算做出了详细的规定。

【重点串联】

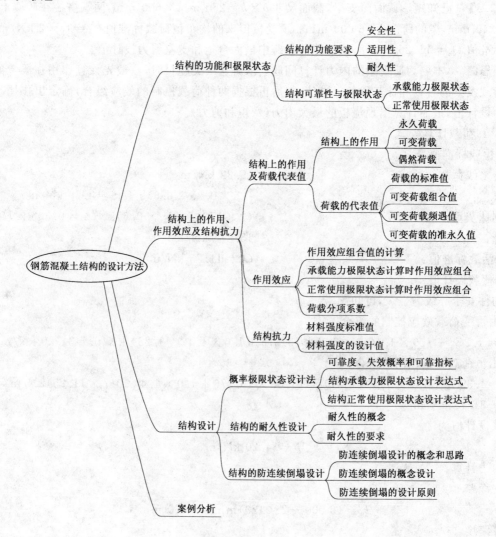

拓展与实训

基础训练

一、填空题

1. 结构的功能要求是_____、_____、_____。

2. 结构上的荷载按时间的不同可分为_____、_____和_____。

3. 混凝土结构规范把结构的极限状态分为_____极限状态和_____极限状态两种。

4. 结构的极限状态方程为 $Z=R-S$,当 $Z>0$ 时,结构处于_____状态;$Z=0$ 时,结构处于_____状态;当 $Z<0$ 时,结构处于_____状态。

二、单选题

1. 结构的承载能力极限状态和正常使用极限状态计算中,都采用荷载(   ),因为这样偏于安全。

    A.标准值　　　　　B.设计值　　　　　C.永久值　　　　　D.偶然值

2. 若用 S 表示结构或构件截面上的荷载效应,用 R 表示结构或构件截面的抗力,结构或构件截面处于可靠状态时,对应于(   )式。

    A.$R>S$　　　　　B.$R=S$　　　　　C.$R<S$　　　　　D.$R\leqslant S$

3. 混凝土结构出现影响正常使用的变形、震动和裂缝,应满足结构的(   )。

    A.耐久性　　　　　B.安全性　　　　　C.适用性　　　　　D.塑性

三、简答题

1. 如何划分结构的安全等级?分哪几级?

2. 建筑结构有哪两种极限状态?举例说明超过了两种极限状态的后果。

3. 荷载的作用效应和结构抗力的含义是什么?

4. 什么是混凝土结构的耐久性?影响耐久性的因素有哪些?

工程模拟训练

某屋面板,板的自重、抹灰层等的永久荷载引起的弯矩标准值 M_{Gk} 为 1.60 kN·m,楼面活荷载引起的弯矩标准值 M_{1k} 为 1.2 kN·m,雪荷载 M_{Gk} 引起的弯矩标准值为 0.2 kN·m,结构安全等级为二级,求荷载效应值。

链接职考

1. 按荷载随时间的变异分类,在阳台上增铺花岗石地面,导致荷载增大,对端头梁来说是增加(   )。(2008 年全国二级建造师建筑工程实务真题)

    A.永久荷载

    B.可变荷载

    C.间接荷载

    D.偶然荷载

2. 混凝土的耐久性包括(   )等指标。(2013 年全国二级建造师建筑工程实务真题)

    A.抗渗性

    B.抗冻性

    C.和易性

    D.碳化

    E.黏接性

模块 3

受弯构件承载能力极限状态计算

【模块概述】

受弯构件是建筑结构的主要组成构件之一,是建筑物或构筑物的重要组成部分。由于受弯构件在结构构件中所占比例较大,施工工艺复杂、工期长、造价高,一旦破坏将危及结构的安全性,所以,保证受弯构件设计的安全可靠尤为重要。

本模块以受弯构件承载力极限状态设计内容与步骤为主线,以不同类型的受弯构件为实例。主要介绍受弯构件的一般构造要求,受弯构件的破坏类型、破坏形态及承载力极限状态设计计算等知识;针对不同类型的受弯构件进行承载能力极限状态设计并绘制施工图。通过对受弯构件设计与计算的解读和受弯构件案例分析,进一步掌握受弯构件的设计要点及施工方法。

【知识目标】

1.掌握梁板的一般构造要求;
2.掌握钢筋混凝土受弯构件工作的基本原理;
3.掌握受弯构件正截面破坏的类型、特征及承载力计算方法;
4.掌握受弯构件斜截面破坏的类型、特征及承载力计算方法;
5.掌握受弯构件施工图的绘制。

【技能目标】

1.能对简单受弯构件进行承载力设计;
2.具有识读和绘制钢筋混凝土受弯构件施工图的能力;
3.能处理建筑工程施工过程中受弯构件的简单结构问题。

【课时建议】

32~34 课时

【工程导入】

某住宅小区建筑一个单元的建筑平面图如图3.1所示,采用砌体结构,请对楼盖进行设计。

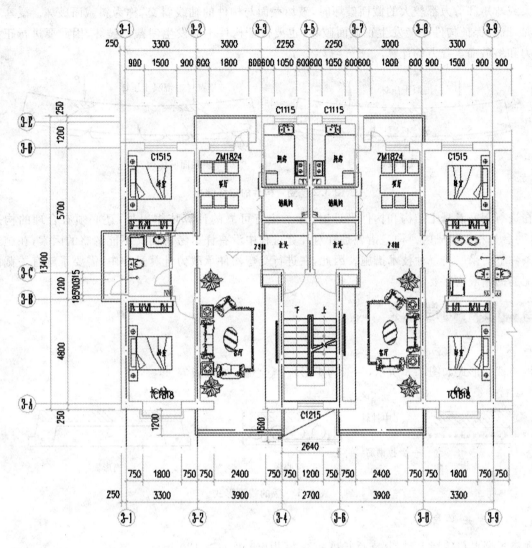

图 3.1 某住宅楼一个单元的建筑平面图

【工程导读】

　　建筑结构是由多个单元,按照一定的组成规则,通过有效的连接方式连接而成的能承受并传递荷载的骨架体系。组成骨架体系的单元即为建筑结构的基本构件。在图3.1的案例中,楼盖结构中的主要构件包括梁和板,都属于受弯构件。我们想要楼板正常工作,板应该做多厚?混凝土应选用什么级别的?钢筋应选用什么级别的?板中应该配置多少钢筋?板中钢筋应该如何放置?楼板上需要做梁吗?在什么位置做梁?梁应该做多高多宽?材料如何选用?应该配置什么钢筋?钢筋要如何布置?这些问题涉及梁、板构件的一般构造要求、承载力计算等,本章主要针对这些问题介绍受弯构件的构造、设计计算等内容。

3.1 受弯构件的一般构造要求

　　受弯构件是指在截面上同时承受弯矩和剪力的构件。在建筑结构中的梁、板是典型的受弯构件。受弯构件的特点是在荷载作用下截面上承受弯矩 M 和剪力 V,受弯构件可能发生两种破坏:一种是沿弯矩最大的截面破坏;另一种是沿剪力最大或弯矩和剪力都较大的截面破坏,如图3.2所示。当受弯构件沿弯矩最大的截面破坏时,破坏截面和构件的轴线垂直,称为正截面破坏;当受弯构件沿剪力最大或弯矩和剪力都较大的截面破坏时,破坏截面与构件的轴线斜交,称为斜截面破坏。受弯构件设计时,既要保证构件不能发生正截面破坏,也要保证构件不能发生斜截面破坏,因此要进行正截面承载力和斜截面承载力的计算。

图 3.2 受弯构件的破坏情况

在进行钢筋混凝土结构和构件设计时,除了应有可靠的计算依据以外,还必须有合理的构造措施,这两者是相辅相成的。构造措施是针对计算过程中没有详尽考虑而又不能忽略的因素,在施工方便的条件下而采取的一种技术措施。因此,在进行受弯构件承载力计算过程中,需要了解有关截面尺寸和配筋的一般构造要求。

3.1.1 板的构造要求

1. 板的截面形式

板的截面形式如图3.3所示,一般为矩形板、空心板、槽形板等。

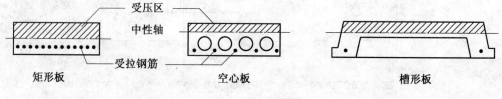

图 3.3 板的截面形式

2. 板的支承长度

现浇板搁置在砖墙上时,其支承长度 $a \geqslant h$(板厚)及 $a \geqslant 120$ mm。

预制板的支承长度应满足以下要求:

搁置在砖墙上时,其支承长度 $a \geqslant 100$ mm;

搁置在钢筋混凝土梁上时,其支承长度 $a \geqslant 80$ mm。

3. 板的厚度

板的厚度不仅要满足强度、刚度和裂缝等方面的要求,还要考虑使用、施工和经济方面的因素。现浇板的厚度应符合下列规定:

(1)板的跨厚比:钢筋混凝土单向板不大于30;双向板不大于40;无梁支撑的有柱帽板不大于35,无梁支撑的无柱帽板不大于30;预应力板可适当增加;当板的荷载、跨度较大时宜适当减小。

(2)现浇钢筋混凝土板的厚度不应小于表3.1规定的数值。现浇板的厚度一般取为10 mm的倍数,工程中现浇板的常用厚度为60 mm、70 mm、80 mm、100 mm、120 mm。确定板厚以10 mm为模数。

表 3.1　现浇钢筋混凝土板的最小厚度

板的类别		最小厚度/mm
单向板	屋面板	60
	民用建筑楼板	60
	工业建筑楼板	70
	车道下的楼板	80
双向板		80
密肋楼盖	面板	50
	肋高	250
悬臂板(根部)	悬臂长度不大于 500 mm	60
	板的悬臂长度 1 200 mm	100
无梁楼板		150
现浇空心楼盖		200

4. 板 的 配 筋

板中通常布置三种钢筋:受力钢筋、分布钢筋和板面构造钢筋,如图 3.4 所示。受力钢筋沿板的受力方向布置,承受由弯矩作用而产生的拉应力,其用量由计算确定。分布钢筋是布置在受力钢筋内侧且与受力钢筋垂直的构造钢筋。分布钢筋与受力钢筋绑扎或焊接在一起,形成钢筋骨架,将荷载更均匀地传递给受力钢筋,并可起到在施工过程中固定受力钢筋位置、抵抗因混凝土收缩及温度变化而在垂直受力钢筋方向产生的拉应力。

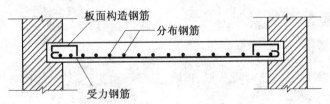

图 3.4　板的配筋

(1)受力钢筋:受力钢筋用来承受弯矩产生的拉力,直径通常采用 6 mm、8 mm、10 mm、12 mm 等。

板中受力钢筋的间距:当板厚 $h \leqslant 150$ mm 时,不宜大于 200 mm;当板厚 $h > 150$ mm 时,不宜大于 $1.5h$,且不宜大于 250 mm;当厚度 $h \geqslant 1\,000$ mm 的现浇板,不宜大于 $1/3h$,且不应大于 500 mm。为了便于施工,板中的钢筋间距也不宜过小,最小间距为 70 mm。

采用分离式配筋的多跨板,板底钢筋宜全部伸入支座;支座负弯矩钢筋向跨内延伸的长度应根据负弯矩图确定,并满足钢筋锚固的要求。简支板或连续板下部纵向受力钢筋伸入支座的锚固长度不应小于直径的 5 倍,且宜伸过支座中心线。当连续板内温度、收缩应力较大时,伸入支座的长度宜适当增加。

(2)分布钢筋:分布钢筋的作用一是固定受力钢筋的位置,形成钢筋网;二是将板上荷载有效地传到受力钢筋上去;三是防止温度或混凝土收缩等原因沿跨度方向的裂缝。

分布钢筋的直径不宜小于 6 mm;截面面积不应小于单位长度上受力钢筋截面面积的 15%,且配筋率不宜小于 0.15%;其间距不大于 250 mm,当集中荷载较大时,分布钢筋的配筋面积应增加,间距不宜大于 200 mm。对于预制板,当有实践经验或可靠措施时,其分布钢筋可不受此限。对于经常处于温度变化较大环境中的板,分布钢筋可适当增加。

（3）板面构造钢筋：按简支边或非受力边设计的现浇混凝土板，当与混凝土梁、墙整体浇筑或嵌固在砌体墙内时，应设置板面构造钢筋，布置位置如图3.5所示，并符合下列要求：

①钢筋直径不宜小于8 mm，间距不宜大于200 mm，且单位宽度内的配筋面积不宜小于跨中相应方向板底钢筋截面面积的1/3。与混凝土梁、混凝土墙整体浇筑单向板的非受力方向，钢筋截面面积尚不宜小于受力方向跨中板底钢筋截面面积的1/3。

②钢筋从混凝土梁、柱边、墙边伸入板内的长度不宜小于$l_0/4$，砌体墙支座处钢筋伸入板边的长度不宜小于$l_0/7$，其中计算跨度l_0对单向板按受力方向考虑，对双向板按短边方向考虑。

③在楼板角部，宜沿两个方向正交、斜向平行或放射状布置附加钢筋。

④钢筋应在梁内、墙内或柱内可靠锚固。

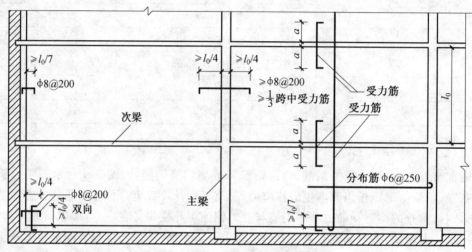

图3.5 板端嵌入墙内的构造钢筋

3.1.2 梁的构造要求

1. 梁的截面形式

梁的常见截面形式有矩形、T形、倒L形、L形、工字形和花篮形等，如图3.6所示。

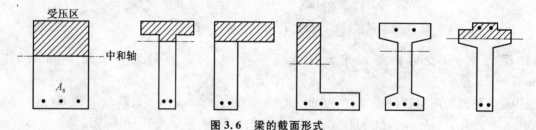

图3.6 梁的截面形式

2. 梁的截面尺寸

梁的截面高度与跨度及荷载大小有关。从刚度要求出发，根据设计经验，对一般荷载作用下的梁可参照表3.2初定梁高。

表3.2 不需做挠度计算梁的截面最小高度

项次	构件种类		简 支	两端连续	悬臂梁
1	整体肋形梁	次 梁	$l_0/15$	$l_0/20$	$l_0/8$
		主 梁	$l_0/12$	$l_0/15$	$l_0/6$
2	独 立 梁		$l_0/12$	$l_0/15$	$l_0/6$

注：1. l_0为梁的计算跨度。当梁的跨度大于9 m时，表中数字应乘以1.2；

2. 梁截面宽度与截面高度的比值b/h，对于矩形截面取1/2～1/2.5，对于T形截面取1/2.5～1/3。

为了统一模板尺寸和便于施工,梁截面尺寸应按以下要求取值:

梁高为 200 mm、250 mm、300 mm、350 mm、……、750 mm、800 mm,大于 800 mm 时,以 100 mm 为模数增加。

梁宽为 120 mm、150 mm、180 mm、200 mm、220 mm、250 mm,大于 250 mm 时,以 50 mm 为模数增加。

3. 梁的支承长度

当梁的支座为砖墙(柱)时,梁伸入砖墙(柱)的支承长度 a,当梁高 $h \leqslant 500$ mm 时,$a \geqslant 180$ mm;$h > 500$ mm 时,$a \geqslant 240$ mm。

当梁支承在钢筋混凝土梁(柱)上时,其支承长度 $a \geqslant 180$ mm。

4. 梁的配筋

梁中通常配置纵向受力钢筋、弯起钢筋、箍筋、架立钢筋等构成钢筋骨架,如图 3.7 所示。

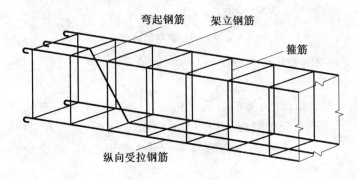

图 3.7 梁的钢筋骨架

(1)纵向受力钢筋:配置在受拉区的纵向受力钢筋主要用来承受由弯矩在梁内产生的拉力,配置在受压区的纵向受力钢筋则是用来补充混凝土受压能力的不足。

直径:直径应当适中,太粗不便于加工,与混凝土的黏结力也差;太细则根数增加,在截面内不好布置,甚至降低受弯承载力。梁纵向受力钢筋的常用直径 d 一般为 12～25 mm。当 $h < 300$ mm 时,$d \geqslant 8$ mm;当 $h \geqslant 300$ mm 时,$d \geqslant 10$ mm。

根数:梁中受拉钢筋的根数不应少于 2 根,最好不少于 3～4 根。纵向受力钢筋应尽量布置成一层。当一层排不下时,可布置成两层,但应尽量避免出现两层以上的受力钢筋,以免过多地影响截面受弯承载力。受力钢筋的排列及钢筋净距要求如图 3.8 所示。

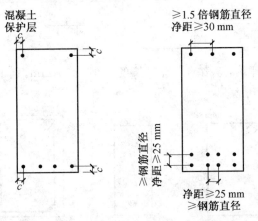

图 3.8 受力钢筋的排列

(2)架立钢筋:设置在受压区外缘两侧,并平行于纵向受力钢筋。

作用:一是固定箍筋位置以形成梁的钢筋骨架;二是承受因温度变化和混凝土收缩而产生的拉应

力,防止发生裂缝。受压区配置的纵向受压钢筋可兼作架立钢筋。

直径确定:现行《混凝土结构设计规范》(GB 50010—2002)规定,当梁的跨度小于 4 m 时,梁内架立钢筋的直径不宜小于 8 mm;当梁的跨度为 4~6 m 时,梁内架立钢筋的直径不宜小于 10 mm;当梁的跨度大于 6 m 时,不宜小于 12 mm。但具体的直径、规格应根据设计计算要求确定。

(3)弯起钢筋:弯起钢筋在跨中是纵向受力钢筋的一部分,在靠近支座的弯起段弯矩较小处则用来承受弯矩和剪力共同产生的主拉应力,即作为受剪钢筋的一部分。弯起钢筋的位置如图 3.9 所示。

弯起角:钢筋的弯起角度一般为 45°,梁高 $h > 800$ mm 时可采用 60°。

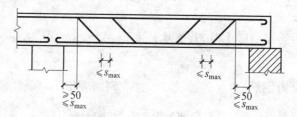

图 3.9　弯起钢筋的位置

(4)箍筋:箍筋承受由剪力和弯矩在梁内引起的主拉应力,并通过绑扎或焊接把其他钢筋联系在一起,形成空间骨架。

设置范围:计算需要配置箍筋时,箍筋沿梁全长布置;按计算不需要箍筋的梁,当梁的截面高度 $h > 300$ mm,应沿梁全长按构造配置箍筋;当 $h = 150 \sim 300$ mm 时,可仅在梁的端部各 1/4 跨度范围内设置箍筋,但当梁的中部 1/2 跨度范围内有集中荷载作用时,仍应沿梁的全长设置箍筋;若 $h < 150$ mm,可不设箍筋。

直径:当梁截面高度 $h \leqslant 800$ mm 时,不宜小于 6 mm;当 $h > 800$ mm 时,不宜小于 8 mm。当梁中配有计算需要的纵向受压钢筋时,箍筋直径还不应小于纵向受压钢筋最大直径的 1/4。为了便于加工,箍筋直径一般不宜大于 12 mm。箍筋的常用直径为 6 mm、8 mm、10 mm。

间距:应符合《混凝土结构设计规范》(GB 50010—2010)的规定。当梁中配有计算需要的纵向受压钢筋时,箍筋的间距在绑扎骨架中不应大于 15d,在焊接骨架中不应大于 20d(d 为纵向受压钢筋的最小直径),同时不应大于 400 mm;当一层内的纵向受压钢筋多于 5 根且直径大于 18 mm 时,箍筋间距不应大于 10d。箍筋的最大间距不得大于表 3.3 所列的数值。

表 3.3　梁中箍筋的最大间距 s_{max}

项次	梁高 h	$\gamma V > V_c$	$\gamma V < V_c$	项次	梁高 h	$\gamma V > V_c$	$\gamma V < V_c$
1	$h \leqslant 300$	150	200	3	$500 < h \leqslant 800$	250	350
2	$300 < h \leqslant 500$	200	300	4	$h > 800$	300	400

端部构造:应采用 135°弯钩,弯钩端头直段长度不小于 75 mm,且不小于 10d。箍筋的形式和肢数如图 3.10 所示。

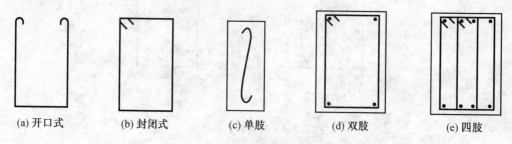

| (a) 开口式 | (b) 封闭式 | (c) 单肢 | (d) 双肢 | (e) 四肢 |

图 3.10　箍筋的形式和肢数

(5)纵向构造钢筋及拉筋:当梁的截面高度较大时,为了防止在梁的侧面产生垂直于梁轴线的收缩裂缝,同时也为了增强钢筋骨架的刚度,增强梁的抗扭作用,设置纵向构造钢筋及拉筋。纵向构造钢筋及拉筋布置和胆小如鼠数如图 3.11 所示。

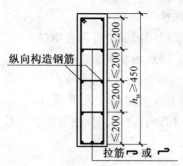

图 3.11 纵向构造钢筋及拉筋布置

设置条件:梁的腹板高度 $h_w \geqslant 450$ mm,h_w 的取值如图 3.12 所示。

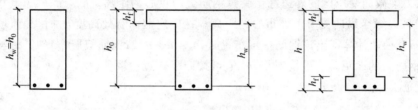

图 3.12 h_w 的取值

配置方法:在梁的两个侧面应沿高度配置纵向构造钢筋(即腰筋),每侧纵向构造钢筋(不包括梁上下部受力钢筋及架立钢筋)的截面面积不应小于腹板截面面积 bh_w 的 0.1%,且间距不宜大于 200 mm。梁两侧的纵向构造钢筋用拉筋联系。拉筋直径与箍筋直径相同,其间距常为箍筋间距的两倍。

3.1.3 混凝土保护层厚度

混凝土保护层是指混凝土结构构件中最外皮钢筋外边缘至构件近边表面范围用于保护钢筋的混凝土层,简称保护层。保护层厚度的取值主要与钢筋混凝土结构构件的种类、所处环境条件等因素有关。保护层的作用:一是保护钢筋不致锈蚀,保证结构的耐久性;二是保证钢筋与混凝土间的黏结;三是在火灾等情况下,避免钢筋过早软化。普通混凝土构件中,混凝土保护层厚度应该满足下列要求:

(1)构件中受力钢筋的保护层厚度不能小于钢筋的公称直径;

(2)设计年限为 50 年的混凝土结构,最外层混凝土保护层的厚度应符合表 3.4 的规定,设计年限为 100 年的混凝土结构,最外层混凝土保护层的厚度应不小于表 3.4 中数值的 1.4 倍。

表 3.4 混凝土保护层的最小厚度 c(mm)

环境类别		板、墙、壳	梁、柱、杆
一		15	20
二	a	20	25
	b	25	35
三	a	30	40
	b	40	50

注:1.混凝土强度等级不大于 C25 时,表中保护层厚度数值应增加 5 mm;

2.钢筋混凝土基础应设置垫层,基础中钢筋的混凝土保护层厚度应从垫层顶面算起,且不小于 40 mm。

当有充分依据并采取下列措施时,可适当减小混凝土保护层的厚度。

(1)构件表面有可靠的防护层;

(2)采用工厂化生产的预制构件;

(3)在混凝土中掺加阻锈剂或采用阴极保护等防锈措施;

(4)当对地下室墙体采取可靠的建筑防水做法或防护措施时,与土层接触一侧钢筋的保护层厚度可适当减小,但不应小于 25 mm。

当梁、柱、墙中受力钢筋的混凝土保护层厚度大于 50 mm 时,应对保护层采取有效的构造措施。当在保护层内配置防裂、防剥落的钢筋网片时,网片钢筋的保护层厚度不应小于 25 mm。

3.1.4 截面有效高度

在实际计算梁板受弯构件承载力时,因受拉区混凝土开裂后拉力完全由钢筋承担,这时梁能发挥作用的截面高度,应为受拉钢筋截面形心至受压边缘的距离,称为截面的有效高度,用 h_0 表示。截面有效高度 h_0 取为梁截面受压区的外边缘至受拉钢筋合力重心的距离。$h_0 = h - a_s$,其中 h 为梁的截面高度,a_s 为受拉区边缘至纵向受力钢筋重心的距离。在确定截面有效高度 h_0 时,a_s 值可由混凝土保护层厚度 c 和钢筋直径 d 计算得出。钢筋单层布置时,$a_s = c + d/2$;钢筋双层布置时,$a_s = c + d/2 + e/2$,其中 e 为两层钢筋间的净距。一般情况下,a_s 值可按照下式近似取值。

梁:一层钢筋　　　　$a_s = c + 10 (\text{mm})$

　　钢筋　　　　　　$a_s = c + 35 (\text{mm})$

板:薄板　　　　　　$a_s = c + 5 (\text{mm})$

　　厚板　　　　　　$a_s = c + 10 (\text{mm})$

3.2　单筋矩形截面钢筋混凝土梁受力分析

单筋矩形截面是钢筋混凝土梁中最简单的截面形式。考虑混凝土只能受压,不能受拉,而钢筋正好可以受拉,就在受拉截面一侧配置钢筋。这样,截面的压应力由混凝土承担,截面拉应力由钢筋承担。这种仅在受拉区配置钢筋的梁称为"单筋矩形截面"。在进行单筋矩形截面受弯承载力计算时,忽略受拉区混凝土的作用;受压区混凝土的应力图形采用等效矩形应力图形,应力值取为混凝土的轴心抗压强度设计值 f_c,受拉钢筋应力达到钢筋的抗拉强度设计值 f_y。

3.2.1 配筋率对正截面破坏形态的影响

配筋率是指构件截面上钢筋的总面积与构件面积的比值,计算如图 3.13 所示。

$$\rho = \frac{A_s}{bh_0} \tag{3.1}$$

式中　　ρ —— 配筋率;

　　　　A_s —— 钢筋面积;

　　　　b —— 截面宽度。

根据配筋率的不同,梁的受弯破坏形态有 3 种情况:少筋破坏、适筋破坏和超筋破坏、配筋率与破坏形态的关系见表 3.5。混凝土设计规范的设计依据为适筋破坏。少筋破坏、超筋破坏属于脆性破坏,在结构设计中不允许出现。

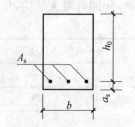

图 3.13　单筋矩形截面配筋率计算

表 3.5　配筋率与破坏形态的关系

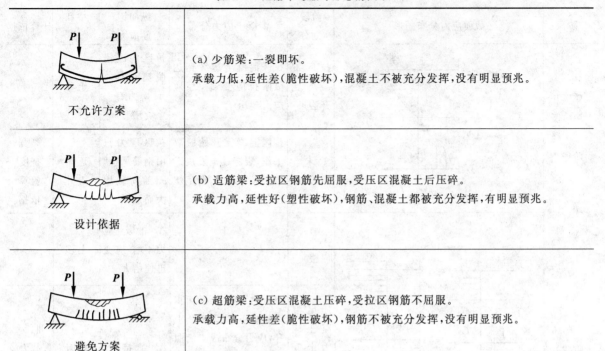

不允许方案	(a) 少筋梁：一裂即坏。 承载力低，延性差（脆性破坏），混凝土不被充分发挥，没有明显预兆。
设计依据	(b) 适筋梁：受拉区钢筋先屈服，受压区混凝土后压碎。 承载力高，延性好（塑性破坏），钢筋、混凝土都被充分发挥，有明显预兆。
避免方案	(c) 超筋梁：受压区混凝土压碎，受拉区钢筋不屈服。 承载力高，延性差（脆性破坏），钢筋不被充分发挥，没有明显预兆。

3.2.2　钢筋混凝土梁受力性能分析

　　钢筋混凝土构件的计算理论是建立在大量试验的基础上的。因此，在计算钢筋受力之前，应该对它从开始受力直到破坏为止整个受力过程中的应力变化规律有充分的了解。为研究钢筋混凝土梁的受力性能规律，钢筋混凝土梁受弯试验通常采用两点对称加载，使梁的中间区段处于纯弯曲状态。试验时按预计的破坏荷载分级加载。由大量试验数据及现象可知，随着荷载的增加，受拉区裂缝向上延伸，中和轴不断向上移动，受压区的高度逐渐减小。

　　表 3.6 中 M 代表荷载产生的弯矩值，M_u 代表截面破坏时所承受的实测极限弯矩，ε_c 代表受压边缘混凝土的压缩应变，ε_s 代表受拉钢筋的拉伸应变。

　　试验表明，钢筋混凝土梁从加载到破坏，正截面上的应力和应变不断变化，整个过程可分为 3 个阶段，见表 3.6。

表 3.6　钢筋混凝土梁受力性能分析表

阶段	截面应力分布图形	阶段划分	混凝土应力分布	纵向钢筋应力	中和轴	计算依据
第 Ⅰ 阶 段（未裂阶段）	阶段Ⅰ (a)　　阶段Ⅰa (b)	拉区混凝土未裂	Ⅰ 时，应力很小，直线分布。Ⅰa 时，拉区有塑性发展，出现曲线分布，直到拉区应力比较均匀。压区强度较高，相应应力较低	应力很小。（≤ 20 ～ 30 MPa）	略有上移	Ⅰa 抗裂验算依据

续表 3.6

阶段	截面应力分布图形	阶段划分	混凝土应力分布	纵向钢筋应力	中和轴	计算依据
第 Ⅱ 阶段 (裂缝阶段)	(c)	拉区混凝土开裂	拉区混凝土边缘到达极限拉应变 ε_{tu}，相应应力到达 f_t	拉区混凝土脱离工作。A_s 应力有一个突增	上移	
		A_s 未屈服	拉区混凝土开始脱离工作，裂缝逐渐发展。压区应力增长，渐呈塑性分布。	拉区应力只由钢筋承担，σ_s 随荷载增大而加大	逐渐上升	裂宽挠度验算依据
第 Ⅲ 阶段 (破坏阶段)	阶段Ⅲ (d)　　阶段Ⅲa (e)	A_s 屈服		A_s 屈服，应力不增，应变迅速增大	上移	
		压区混凝土应力上升——压碎梁破坏	随裂缝发展，压区面积不断减小，应力不断上升，应力分布成丰满曲线，最大值不在压区边缘。最后压区混凝土被压碎，即到达极限压应变 ε_{cu}	A_s 维持 f_y 不变。	迅速上升	Ⅲa 承载力计算依据

3.2.3 受弯构件正截面破坏形态和破坏特征

　　钢筋混凝土受弯构件正截面承载力计算，是以构件截面的破坏阶段的应力状态为依据的。为了正确地进行承载力计算，有必要对截面在破坏时的破坏特征加以研究。

　　试验指出，对于截面尺寸和混凝土强度等级相同的受弯构件，其正截面的破坏特征主要与钢筋数量有关，可分为 3 种情况。

　　1. 少筋破坏

　　少筋破坏是指在混凝土达到抗压强度之前钢筋就被拉断(指受拉区配筋)。梁内纵向受拉钢筋配置过少，加载初期，拉力由钢筋与混凝土共同承担。当受拉区出现第一条裂缝后，混凝土退出工作，拉力几乎全部由钢筋承担，受拉钢筋越少，钢筋应力增加也越多。如果纵向受拉钢筋数量太少，使裂缝处纵向受拉钢筋应力很快达到钢筋的屈服强度，甚至被拉断，而这时受压区混凝土尚未被压碎，这种破坏称为少筋破坏。少筋梁破坏时，裂缝宽度和挠度都很大，破坏突然，这种破坏也称为脆性破坏。少筋梁截面尺寸一般都比较大，受压区混凝土的强度没有充分利用，既不安全又不经济，设计时不允许采用少筋梁。

　　2. 适筋破坏

　　适筋破坏是指配筋量适中的截面，在开始破坏时，裂缝截面的受拉钢筋应力首先达到屈服强度，发生很大的塑性变形，有一根或者几根裂缝迅速扩展并向上延伸，受压区面积大大减小，使得混凝土边缘应变达到极限压应变，混凝土被压碎，构件破坏(表 3.5(b))。这种破坏情况称为"适筋破坏"。适筋梁在破坏前，构件有显著的裂缝开展和挠度，即有明显的破坏预兆。在破坏过程中，虽然最终破坏时所能承受的荷载稍大于钢筋达到屈服时承受的荷载，但挠度的增长却相当大，如图 3.14 所示。这意味着构件在截面承载力无显著变化的情况下，具有较大的变形能力，也就是构件的延性较好，属于延性破坏。

3.超筋破坏

超筋破坏是指梁内纵向受拉钢筋配置过多,在受拉钢筋屈服之前,受压区的混凝土已经被压碎,破坏时受压区边缘混凝土达到极限压应变,梁的截面破坏,这种破坏称为超筋破坏。混凝土受压区被压碎,钢筋没有达到屈服强度,不产生塑性变形,属于脆性破坏,工程中极力避免此种情况。由于破坏时受拉钢筋应力远小于屈服强度,所以裂缝延伸不高,裂缝宽度不大,梁破坏前的挠度也很小,破坏很突然,没有预兆,这种破坏称为脆性破坏。超筋梁不仅破坏突然,而且用钢量大,既不安全又不经济,设计时不允许采用超筋梁。

图 3.14 为适筋、超筋及少筋构件的弯矩—挠度(M—f)关系曲线。由图可见,对于适筋构件,在裂缝出现前(第 Ⅰ 阶段)和裂缝出现后(第 Ⅱ 阶段),挠度随荷载的增加大致按线性变化增长。但在裂缝出现后,由于截面受拉混凝土退出工作,截面刚度显著降低,因此挠度的增长远较裂缝出现前为大。在第 Ⅰ 阶段与第 Ⅱ 阶段过渡处,挠度曲线有一转折。当受拉钢筋达到屈服(第 Ⅲ 阶段)时,挠度增加更为剧烈,曲线出现第二个转折点。以后在弯矩变动不大的情况下,挠度继续增加,表现出良好的延性性质。

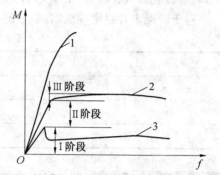

图 3.14 适筋、超筋及少筋构件的弯矩—挠度(M—f)关系曲线

对于超筋构件,由于知道破坏时钢筋应力还未达到屈服强度,因此挠度曲线没有第二个转折点,呈现出突然的脆性破坏性质,延性极差。

对于少筋构件,在达到开裂弯矩后,由钢筋承担拉力,但此时截面能承受的弯矩还不及开裂前由混凝土承担的弯矩大,因而曲线有一下降段,此后挠度急剧增加。

综上所述,受弯构件的截面尺寸、强度等级相同时,正截面的破坏特征随配筋量多少而变化,其规律是:① 配筋量太少时,破坏弯矩接近于开裂弯矩,其大小取决于混凝土的抗拉强度及截面尺寸大小;② 配筋量过多时,配筋不能充分发挥作用,构件的破坏弯矩取决于混凝土的抗压强度及截面尺寸大小;③ 配筋量适中时,构件的破坏弯矩取决于配筋量、钢筋的强度等级及截面尺寸。合理的配筋应配筋量适中,避免发生超筋或少筋的情况。

 # 3.3 单筋矩形截面钢筋混凝土梁正截面承载力计算

3.3.1 正截面承载力计算的基本假设

《混凝土结构设计规范》(GB 50010—2010) 规定,包括受弯构件在内的各种混凝土构件的正截面承载力应按下列四个基本假定进行计算:

(1)截面应变保持平面,是指在荷载作用下,梁的变形规律符合"平均应变平截面假定",简称平截面假定。

(2)不考虑混凝土的抗拉强度,忽略中和轴以下混凝土的抗拉作用主要是因为混凝土的抗拉强度很小,且其合力作用点离中和轴较近,抗弯力矩的力臂很小的缘故。

(3)混凝土受压的应力与压应变关系曲线按下列规定取用:

当 $\varepsilon_c \leqslant \varepsilon_0$ 时(上升段):

$$\sigma_c = f_c \left[1 - \left(1 - \frac{\varepsilon_c}{\varepsilon_0} \right)^n \right] \tag{3.2}$$

当 $\varepsilon_0 < \varepsilon_c \leqslant \varepsilon_{cu}$ 时(水平段):

$$\sigma_c = f_c \tag{3.3}$$

式中，参数 n、ε_0 和 ε_{cu} 的取值如下，$f_{cu,k}$ 为混凝土立方体抗压强度标准值。

$$n = 2 - \frac{1}{60}(f_{cu,k} - 50) \leqslant 2.0$$

$$\varepsilon_0 = 0.002 + 0.5 \times (f_{cu,k} - 50) \times 10^{-5} \geqslant 0.002$$

$$\varepsilon_{cu} = 0.0033 - 0.5 \times (f_{cu,k} - 50) \times 10^{-5} \leqslant 0.0033$$

(4) 混凝土受压应力-应变关系曲线方程：

$$\sigma_s = E_s \cdot \varepsilon_s \leqslant f_y \tag{3.4}$$

纵向钢筋的极限拉应变取为 0.01。

对于混凝土各强度等级，各参数的计算结果见表 3.7。规范建议的公式仅适用于适筋截面计算。

表 3.7　混凝土应力-应变曲线参数

f_{cu}	$\leqslant$ C50	C60	C70	C80
n	2	1.83	1.67	1.50
ε_0	0.02	0.00205	0.0021	0.00215
ε_{cu}	0.0033	0.0032	0.0031	0.0030

3.3.2　单筋矩形截面正截面承载力计算公式与适用条件

1. 基本计算公式

单筋矩形截面受弯构件正截面承载力计算简图如图 3.15 所示。

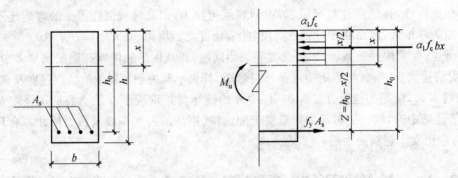

图 3.15　单筋矩形截面受弯构件正截面承载力计算简图

根据静力平衡条件，水平轴方向合力为零，即 $\sum X = 0$，可得

$$\alpha_1 f_c bx = f_y A_s \tag{3.5}$$

由截面上内、外力对受拉钢筋合力点的力矩之和为零，即 $\sum M = 0$，同时从满足承载力极限状态出发，应满足 $M \leqslant M_u$，可得

$$M \leqslant M_u = \alpha_1 f_c bx \left(h_0 - \frac{x}{2}\right) \tag{3.6}$$

对受压混凝土合力点的力矩之和为零可得

$$M_u = f_y A_s \left(h_0 - \frac{x}{2}\right) \tag{3.7}$$

式中　　α_1 —— 系数，当混凝土强度等级为 C80 时，α_1 取为 0.94，当混凝土强度等级不超过 C50 时，α_1 取为 1.0，其间按线性内插法确定；

h_0 —— 截面的有效高度；

b —— 截面宽度；

x—— 混凝土受压区高度；

f_c—— 混凝土轴心抗压强度设计值；

f_y—— 钢筋抗拉强度设计值；

A_s—— 纵向受拉钢筋截面面积；

M—— 作用在截面上的弯矩设计值；

M_u—— 截面破坏时的极限弯矩。

公式(3.5)、(3.6)和(3.7)即为单筋矩形截面正截面承载力计算公式。

用 ξ 表示混凝土相对受压区高度，其计算如下：

$$\xi = \frac{x}{h_0} = \frac{f_y}{\alpha_1 f_c} \cdot \frac{A_s}{bh_0} = \rho \frac{f_y}{\alpha_1 f_c} \tag{3.8}$$

将公式(3.8)代入公式(3.5)，可改写为

$$A_s f_y = \alpha_1 f_c bh_0 \xi \tag{3.5a}$$

将公式(3.8)代入公式(3.6)，可改写为

$$M_u = \xi(1 - 0.5\xi)\alpha_1 f_c bh_0^2 \tag{3.6a}$$

令

$$\xi(1 - 0.5\xi) = \alpha_s \tag{3.9}$$

即

$$\xi = 1 - \sqrt{1 - 2\alpha_s} \tag{3.10}$$

则有

$$M_u = \alpha_1 f_c bh_0^2 \alpha_s \tag{3.6b}$$

式中　α_s—— 截面的抵抗矩系数。

将公式(3.8)代入公式(3.7)，可改写为

$$M_u = f_y A_s h_0(1 - 0.5\xi) \tag{3.7a}$$

令

$$\gamma_s = 1 - 0.5\xi \tag{3.11}$$

则有

$$M_u = A_s f_y h_0 \gamma_s \tag{3.7b}$$

公式(3.5a)、(3.6b)和(3.7b)称为单筋矩形截面正截面承载力系数法计算公式。公式中 α_s、ξ、γ_s 存在一一对应关系，具体见表3.8。

2. 适用条件

(1)为了避免超筋破坏出现，钢筋不能配置过多，公式(3.5)、公式(3.6)和公式(3.7)仅适用于适筋截面，而不适用于超筋截面，因为超筋破坏时钢筋的实际拉应力 σ_s 并未达到屈服强度，这时的钢筋应力 σ_s 为未知数，故在以上公式中不能按 f_y 考虑，上述平衡条件不能成立。

由(3.8)可得适筋截面的最大配筋率 ρ_{max} 为

$$\rho_{max} = \xi_b \frac{\alpha_1 f_c}{f_y} \tag{3.12}$$

式中　ξ_b—— 混凝土相对界限受压区高度，是适筋状态和超筋状态相对受压区高度的界限值，也就是截面上受拉钢筋达到抗拉强度 f_y 同时受压区混凝土达到极限压应变 ε_{cu} 时的相对受压区高度，此时的破坏状态称为适筋梁与超筋梁的界限破坏状态，相应的配筋率称为适筋构件的最大配筋率 ρ_{max}，为了防止将构件设计成超筋构件，要求构件截面的相对受压区高度 ξ 不得超过其相对界限受压区高度 ξ_b，即

$$\xi \leqslant \xi_b \tag{3.13}$$

表 3.8　矩形和 T 形截面受弯构件正截面强度计算表

ξ	γ_s	α_s	ξ	γ_s	α_s
0.01	0.995	0.010	0.31	0.845	0.262
0.02	0.990	0.020	0.32	0.840	0.269
0.03	0.985	0.030	0.33	0.835	0.275
0.04	0.980	0.039	0.34	0.830	0.282
0.05	0.975	0.048	0.35	0.825	0.289
0.06	0.970	0.058	0.36	0.820	0.295
0.07	0.095	0.067	0.37	0.815	0.301
0.08	0.960	0.077	0.38	0.810	0.309
0.09	0.955	0.085	0.39	0.805	0.314
0.10	0.950	0.095	0.40	0.800	0.320
0.11	0.945	0.104	0.41	0.795	0.326
0.12	0.940	0.113	0.42	0.790	0.322
0.13	0.935	0.121	0.43	0.785	0.337
0.14	0.930	0.130	0.44	0.780	0.343
0.15	0.925	0.139	0.45	0.775	0.359
0.16	0.920	0.147	0.46	0.770	0.354
0.17	0.915	0.155	0.47	0.765	0.359
0.18	0.910	0.164	0.48	0.760	0.365
0.19	0.905	0.172	0.482	0.759	0.364
0.20	0.900	0.180	0.49	0.755	0.370
0.21	0.895	0.188	0.50	0.750	0.375
0.22	0.890	0.196	0.51	0.745	0.380
0.23	0.885	0.203	0.518	0.741	0.384
0.24	0.880	0.211	0.52	0.740	0.385
0.25	0.875	0.219	0.53	0.735	0.390
0.26	0.870	0.226	0.54	0.730	0.394
0.27	0.865	0.234	0.55	0.725	0.400
0.28	0.860	0.241	0.56	0.720	0.403
0.29	0.855	0.248	0.57	0.715	0.408
0.30	0.850	0.255	0.576	0.712	0.410
			0.58	0.710	0.412
			0.59	0.705	0.416
			0.60	0.700	0.420
			0.614	0.693	0.428

当 $\xi \leqslant \xi_b$ 时，受拉钢筋必定屈服，为适筋构件；当 $\xi > \xi_b$ 时，受拉钢筋不屈服，为超筋构件。相对界限受压区高度 ξ_b 需要根据截面平面变形等假定求出。具体取值见表 3.9 所列数值。

由公式(3.6)可得适筋截面的最大受弯承载力设计值为

$$M_{max} = \alpha_1 f_c b x_b (h_0 - 0.5 x_b) \tag{3.14}$$

即

$$M_{max} = \xi_b (1 - 0.5 \xi_b) \alpha_1 f_c b h_0^2 \tag{3.15}$$

另外，令

$$\alpha_{sb} = \xi_b (1 - 0.5 \xi_b) \tag{3.16}$$

式中　α_{sb}——受弯构件截面最大的抵抗矩系数，具体取值见表 3.10。则

$$M_{max} = \alpha_{sb} \alpha_1 f_c b h_0^2 \tag{3.17}$$

于是,适用条件又可改写为

$$M \leqslant M_{\max} = \xi_b(1 - 0.5\xi_b)\alpha_1 f_c b h_0^2 \tag{3.18}$$

表 3.9　建筑工程受弯构件有屈服点钢筋配筋时的 ξ_b 值

钢筋种类 混凝土等级	≤C50	C55	C60	C65	C70	C75	C80
HPB300	0.576	0.569	0.561	0.554	0.547	0.540	0.533
HRB335、HRB335	0.550	0.543	0.536	0.529	0.523	0.516	0.509
HRB400、RRB400、HRBF400	0.518	0.511	0.505	0.498	0.492	0.485	0.479
HRB500、HRBF500	0.482	0.476	0.470	0.464	0.458	0.452	0.446

表 3.10　建筑工程受弯构件截面最大的抵抗矩系数 α_{sb}

钢筋种类 混凝土等级	≤C50	C55	C60	C65	C70	C75	C80
HPB300	0.410	0.407	0.404	0.401	0.397	0.394	0.391
HRB335、HRB335	0.399	0.396	0.392	0.389	0.386	0.383	0.379
HRB400、RRB400、HRBF400	0.384	0.380	0.377	0.374	0.371	0.367	0.364
HRB500、HRBF500	0.366	0.363	0.360	0.356	0.353	0.350	0.347

由上面的讨论可知,为了防止将构件设计成超筋构件,既可以用式(3.13)进行控制,也可以写作:

$$\rho \leqslant \rho_{\max} \tag{3.19}$$

$$\alpha_s \leqslant \alpha_{sb} \tag{3.20}$$

式(3.13)、式(3.19)和式(3.20)对应于同一配筋和受力状况,因而三者是等效的。

梁端纵向受拉钢筋的最大配筋率不宜大于2.5%,不应大于2.75%。当梁端受拉钢筋的配筋率大于2.5%时,受压钢筋的配筋率不应小于受拉钢筋的一半。

(2)设计截面时,为了避免少筋破坏,还应满足最小配筋率的要求,即应符合下列条件:

$$\rho \geqslant \rho_{\min} = \frac{A_s}{bh} \tag{3.21}$$

最小配筋率的确定原则是:配筋率为 $\rho_{\min}$ 的钢筋混凝土受弯构件,按 Ⅲₐ 阶段计算的正截面受弯承载力应等于同截面素混凝土梁所能承受的弯矩 M_{cr}(M_{cr} 为按 Ⅰₐ 阶段计算的开裂弯矩)。当构件按适筋梁计算所得的配筋率小于 $\rho_{\min}$ 时,理论上讲,梁可以不配受力钢筋,作用在梁上的弯矩仅素混凝土梁就足以承受,但考虑到混凝土强度的离散性,加之少筋破坏属于脆性破坏,以及收缩等因素,《混凝土结构设计规范》规定梁的配筋率不得小于 $\rho_{\min}$。实用上的 $\rho_{\min}$ 往往是根据经验得出的。梁的截面最小配筋率按表3.11查得,即对于受弯构件,$\rho_{\min}$ 按下式计算:

$$\rho = \max\left(0.45\frac{f_t}{f_y}, 0.2\right) \tag{3.22}$$

设计经验表明,当梁、板的配筋率为:实心板:$\rho = 0.4\% \sim 0.8\%$,矩形梁:$\rho = 0.6\% \sim 1.5\%$;T形梁:$\rho = 0.9\% \sim 1.8\%$ 时,构件的用钢量和造价都较经济,施工比较方便,受力性能也比较好。因此,常将梁、板的配筋率设计在上述范围之内。梁、板的上述配筋率称为常用配筋率,也有人称它们为经济配筋率。

由于不考虑混凝土抵抗拉力的作用,因此,只要受压区为矩形而受拉区为其他形状的受弯构件(如倒T形受弯构件),均可按矩形截面计算。

表 3.11　钢筋混凝土结构构件中纵向受力钢筋的最小配筋百分率(%)

受力类型			最小配筋百分率
受压构件	全部纵向钢筋	强度等级 500 MPa	0.5
		强度等级 400 MPa	0.55
		强度等级 300 MPa、335 MPa	0.6
	一侧纵向钢筋		0.2
受弯构件、偏心受拉、轴心受拉构件一侧的受拉钢筋			0.2 和 0.45f_t/f_y 中的较大值

注:1.受压构件全部纵向钢筋最小配筋百分率,当采用 C60 以上强度等级的混凝土时,应按表中规定增加 0.10;

2.板类受弯构件(不包括悬臂板)的受拉钢筋,当采用 400 MPa 和 500 MPa 的钢筋时,其最小配筋百分率应允许采用 0.15 和 0.45f_t/f_y 中的较大值;

3.偏心受拉构件中的受压钢筋应按受压构件一侧纵向钢筋考虑;

4.受压构件的全部纵向钢筋和一侧纵向钢筋的配筋率以及轴心受拉钢筋和小偏心受拉构件一侧受拉钢筋的配筋率均应按构件的全截面进行计算;

5.受弯构件、大偏心受拉钢筋的一侧受拉钢筋的配筋率应按全截面面积扣除受压翼缘面积$(b'_f - b)h'_f$后的截面面积计算;

6.当钢筋沿构件截面布置时,"一侧纵向钢筋"系指沿受力方向两个对边中一边布置的受力钢筋。

3.3.3　单筋矩形截面正截面承载力计算公式的应用

单筋矩形截面受弯构件正截面承载力的计算有两种情况,即截面设计与承载力复核。

1.截面设计

已知:弯矩设计值 M,混凝土强度等级,钢筋级别,截面尺寸。求:所需受拉钢筋截面面积 A_s。

计算步骤如下:

(1)确定截面有效高度 h_0。

(2)计算混凝土受压区高度 x,并判断是否属超筋破坏。

由式(3.6)得

$$x = h_0 - \sqrt{h_0^2 - \frac{2M}{\alpha_1 f_c b}}$$

若 $x \leqslant \xi_b h_0$,则不属超筋梁;

若 $x \geqslant \xi_b h_0$,为超筋梁,应加大截面尺寸,或提高混凝土强度等级,或改用双筋截面。

(3)计算钢筋截面面积 A_s。

由式(3.5)得

$$A_s = \frac{\alpha_1 f_c b x}{f_y}$$

(4)选配钢筋。按照有关构造要求选择钢筋的直径和根数,有关数据查阅附录1。

(5)判断是否属于少筋梁。

若 $A_s \geqslant \rho_{min} b h_0$,则不属于少筋梁;

若 $A_s \leqslant \rho_{min} b h_0$,则属于少筋梁,说明截面尺寸过大,应适当减小截面尺寸,否则应取 $A_s = \rho_{min} b h_0$。注意,此处 A_s 应为实际配置的钢筋截面面积。

2.承载力复核

已知:混凝土强度等级,钢筋级别,截面尺寸 bh,钢筋截面面积 A_s。求:截面所能承受的最大弯矩设计值 M_u;或已知弯矩设计值 M,复核截面是否安全。

步骤如下:

(1) 确定截面有效高度 h_0。

(2) 计算混凝土受压区高度 x,并判断梁的类型。

由式(3.5)得

$$x = \frac{f_y A_s}{\alpha_1 f_c b}$$

若 $A_s \geqslant \rho_{\min} bh_0$,且 $x \leqslant \xi_b h_0$,属于适筋梁。

若 $x > \xi_b h_0$,为超筋梁;

若 $A_s < \rho_{\min} bh_0$,为少筋梁。

(3) 计算截面受弯承载力 M_u。

适筋梁:$M_u = \alpha_1 f_c bx \left(h_0 - \dfrac{x}{2}\right)$;

超筋梁:取 $x = \xi_b h_0$,则 $M_u = \alpha_1 f_c bh_0^2 \xi_b (1 - 0.5\xi_b)$;

少筋梁:应修改设计或将其弯矩承载能力降低使用。

(4) 判断截面受弯承载力是否安全。

若 $M \leqslant M_u$,则截面安全,否则截面承载力不安全。

【例 3.1】 已知矩形截面梁 $b \times h = 250\ \text{mm} \times 600\ \text{mm}$,$a_s = 35\ \text{mm}$,由荷载产生的弯矩 $M = 214.65\ \text{kN} \cdot \text{m}$,混凝土强度等级为 C25,钢筋选用 HRB400 级。试确定该梁的配筋并画出配筋图。

解 由已知条件,查得 $f_t = 1.27\ \text{N/mm}^2$,$f_c = 11.9\ \text{N/mm}^2$,$\alpha_1 = 1.0$,$f_y = 360\ \text{N/mm}^2$,$\xi_b = 0.518$。

(1) 确定截面有效高度 h_0

$$h_0 = h - a_s = (600 - 35)\ \text{mm} = 565\ \text{mm}$$

(2) 计算混凝土受压区高度,并判断是否为超筋梁

$$x = h_0 - \sqrt{h_0^2 - \frac{2M}{\alpha_1 f_c b}} = \left(565 - \sqrt{565^2 - \frac{2 \times 1.0 \times 214.65 \times 10^6}{1.0 \times 11.9 \times 250}}\right)\ \text{mm} = 146.76\ \text{mm}$$

$$x < \xi_b h_0 = (0.518 \times 565)\ \text{mm} = 292.67\ \text{mm}$$

不属于超筋梁。

(3) 求钢筋截面面积 A_s

$$A_s = \frac{\alpha_1 f_c bx}{f_y} = \frac{1.0 \times 11.9 \times 250 \times 146.76}{360}\ \text{mm}^2 = 1\ 212.81\ \text{mm}^2$$

(4) 选配钢筋

选用 4 Φ 20($A_s = 1\ 256\ \text{mm}^2$)。

(5) 判断是否属于少筋梁

$$0.45\frac{f_t}{f_y} = 0.45 \times \frac{1.27}{300} = 0.19\% < 0.2\%,\text{取 } \rho_{\min} = 0.2\%$$

$$A_{s,\min} = \rho_{\min} bh_0 = (0.002 \times 250 \times 565)\ \text{mm}^2 = 282.5\ \text{mm}^2 < A_s = 1\ 256\ \text{mm}^2$$

不属于少筋梁,符合要求。

(6) 绘制配筋图(图 3.16)

上述解一元二次方程的计算比较麻烦,下面用系数 α_s 进行计算。

$$\alpha_s = \frac{M}{\alpha_1 f_c bh_0^2} = \frac{214.65 \times 10^6}{1.0 \times 11.9 \times 250 \times 565^2} = 0.226$$

$$\xi = 1 - \sqrt{1 - 2\alpha_s} = 1 - \sqrt{1 - 2 \times 0.226} = 0.260 < \xi_b = 0.518$$

不属于超筋梁。

$$A_s = \frac{f_c b\xi h_0}{f_y} = \frac{11.9 \times 250 \times 0.26 \times 565}{300}\ \text{mm}^2 = 1\ 457\ \text{mm}^2$$

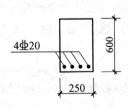

图 3.16 截面配筋图

其余计算与上面相同。可以看出,对设计截面,利用系数 α_s 计算比方程式运算简便,因此截面设计一般采用系数 α_s 进行计算。

【例 3.2】 一矩形截面梁 $b \times h = 250$ mm $\times$ 500 mm,承受弯矩设计值 $M = 160$ kN·m,采用 C25 级混凝土,HRB400 级钢筋,截面配筋如图 3.17 所示,$a_s = 35$ mm。复核截面是否安全。

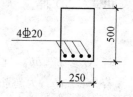

解 由已知条件,查得 $\alpha_1 = 1.0$,$f_t = 1.27$ N/mm^2,$f_c = 11.9$ N/mm^2,$f_y = 360$ N/mm^2,$\xi_b = 0.518$,$A_s = 1\ 256$ mm^2。

(1)确定截面有效高度 h_0

$$h_0 = h - a_s = (500 - 35) \text{ mm} = 465 \text{ mm}$$

图 3.17　截面配筋图

(2)计算受压区高度 x,并判断梁的类型

$$x = \frac{f_y A_s}{\alpha_1 f_c b} = \frac{360 \times 1\ 256}{1.0 \times 11.9 \times 250} \text{ mm} = 151.99 \text{ mm}$$

$$x = 151.99 \text{ mm} < \xi_b h_0 = (0.518 \times 465) \text{ mm} = 240.87 \text{ mm}$$

$$0.45 \frac{f_t}{f_y} = 0.45 \times \frac{1.27}{360} = 0.16\% < 0.2\%,\text{取 } \rho_{\min} = 0.2\%$$

$$A_{s,\min} = \rho_{\min} b h_0 = (0.002 \times 250 \times 465) \text{ mm}^2 = 232.5 \text{ mm}^2 < A_s = 1\ 256 \text{ mm}^2$$

该梁属于适筋梁。

(3)求梁所能承受的最大弯矩设计值 M_u,并判断该梁是否安全。

$$M_u = f_y A_s \left(h_0 - \frac{x}{2}\right) = 360 \times 1\ 256 \times (465 - 0.5 \times 151.99) \text{ N·mm} = 175.89 \text{ kN·m} > M = 160 \text{ kN·m}$$

构件满足安全要求。

3.4　双筋矩形截面的承载力计算

3.4.1　基本公式及适用条件

双筋矩形截面受弯构件是指在截面的受拉区和受压区都配有纵向受力钢筋的矩形截面梁。一般来说,利用受压钢筋来帮助混凝土承受压力是不经济的,所以应尽量少用,只在以下情况下采用:

(1)弯矩很大,按单筋矩形截面计算所得的 $\xi > \xi_b$,而梁的截面尺寸和混凝土强度等级受到限制时;

(2)梁在不同荷载组合下(如地震)承受变号弯矩作用时。

双筋矩形截面受弯构件中的受压钢筋对截面的延性、抗裂和变形等是有利的。试验表明,双筋矩形截面破坏时的受力特点与单筋矩形截面类似。双筋矩形截面梁与单筋矩形截面梁的区别在于受压区配有纵向受压钢筋,因此只要掌握梁破坏时纵向受压钢筋的受力情况,就可与单筋矩形截面类似建立计算公式。

由于纵向受拉钢筋和受压钢筋数量和相对位置的不同,梁在破坏时它们可能达到屈服,也可能未达到屈服。与单筋矩形截面梁类似,双筋矩形截面梁也应防止脆性破坏,使双筋梁破坏从受拉钢筋屈服开始,故必须满足条件 $\xi \leqslant \xi_b$。而梁破坏时受压钢筋应力取决于其应变 ξ'_s,由图 3.19 可知:

$$\varepsilon'_s = \frac{x_0 - a'_s}{x_0} \varepsilon_{cu} = \left(1 - \frac{\beta_1 a'_s}{x}\right) \varepsilon_{cu} \tag{3.23}$$

若取 $a_s = 0.5x$,则由平截面假定可得受压钢筋的压应变 $\varepsilon'_s = (1 - 0.5\beta_1)\varepsilon_{cu}$。当混凝土强度等级为 C80 时,由 $\varepsilon_{cu} = 0.003$,$\beta_1 = 0.74$,得 $\varepsilon'_s = 0.001\ 89$;其他级别的混凝土对应的 ε'_s 更大,对于 HPB235、HRB335 和 HRB400 级钢筋,其相应的压应力 σ'_s 已达到抗压强度设计值 f'_y,因此双筋矩形截面梁计算中,纵向受压钢筋的抗压强度采用 f_y 的必要条件是:

$$x > 2a'_s \qquad (3.24)$$

式中 a'_s —— 截面受压区边缘到纵向受拉钢筋合力作用点之间的距离。

式(3.24)含义为受压钢筋位置应不低于矩形应力图中受压区的重心。若不满足上式规定,则表明受压钢筋离中和轴太近,受压钢筋压应变 ε'_s 过小,致使达 σ'_s 不到 f'_y。

1. 基本公式

双筋矩形截面受弯构件正截面承载力计算简图如图 3.18 所示。

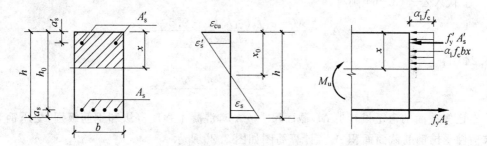

图 3.18　双筋矩形截面受弯构件正截面承载力计算简图

根据力的平衡条件,列出其基本公式:

$$\sum X = 0, \quad \alpha_1 f_c bx + f'_y A'_s = f_y A_s \qquad (3.25)$$

$$\sum M_{A_s} = 0, \quad M \leqslant \alpha_1 f_c bx \left(h_0 - \frac{x}{2}\right) + f'_y A'_s (h_0 - a'_s) \qquad (3.26)$$

2. 适用条件

应用上述计算公式时,必须满足以下条件:

(1)为了防止超筋破坏,保证构件破坏时纵向受拉钢筋首先屈服,应满足:

$$\xi \leqslant \xi_b \text{ 或 } x \leqslant \xi_b h_0 \text{ 或 } \rho \leqslant \rho_{\max}$$

(2)为了保证受压钢筋在构件破坏时达到屈服强度,应满足:

$$x \geqslant 2a'_s$$

当条件(2)不满足时,受压钢筋应力还未达到 f'_y,因应力值未知,可近似地取 $x = 2a'_s$,并对受压钢筋的合力作用点取矩(图 3.19),则正截面承载力可直接根据下式确定:

$$M \leqslant f_y A_s (h_0 - a'_s) \qquad (3.27)$$

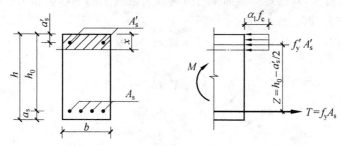

图 3.19　$x < 2a'_s$ 时双筋矩形截面受弯构件正截面承载力计算简图

值得注意的是,按上式求得的 A_s 可能比不考虑受压钢筋而按单筋矩形截面计算的 A_s 还大,这时应按单筋矩形截面的计算结果配筋。

3.4.2　计算方法

双筋矩形截面受弯构件正截面承载力计算包括截面设计和截面复核两类问题。

1. 截面设计

双筋矩形截面受弯构件的正截面设计,一般是受拉、受压钢筋 A_s 和 A'_s 均未知,都需要确定。有时由于构造等原因,受压钢筋截面面积 A'_s 已知,只要求确定受拉钢筋截面面积 A_s。

情形 1:已知截面的弯矩设计值 M,构件截面尺寸 $b \times h$,混凝土强度等级和钢筋级别,求受拉钢筋截面面积 A_s 和受压钢筋截面面积 A'_s。

求解 A_s、A'_s 和 x 三个未知量,只有式(3.25)和(3.26)两个基本计算公式,需补充一个条件才能求解。在截面尺寸和材料强度确定的情况下,引入($A_s + A'_s$)最小为优化解。充分发挥混凝土的抗压性能,取 $\xi = \xi_b$,步骤如下:

取 $\xi = \xi_b$ 代入公式(3.26)则有:

$$A'_s = \frac{M - \alpha_1 f_c b \xi_b h_0^2 (1 - 0.5\xi_b)}{f'_y (h_0 - a'_s)} \tag{3.28}$$

由(3.24)得

$$A_s = A'_s \frac{f'_y}{f_y} + \xi_b \frac{\alpha_1 f_c b h_0}{f_y} \tag{3.29}$$

情形 2:已知截面的弯矩设计值 M,截面尺寸 $b \times h$,混凝土强度等级和钢筋级别,受压钢筋截面面积 A'_s,求构件受拉钢筋截面面积 A_s。计算简图如图 3.20 所示。

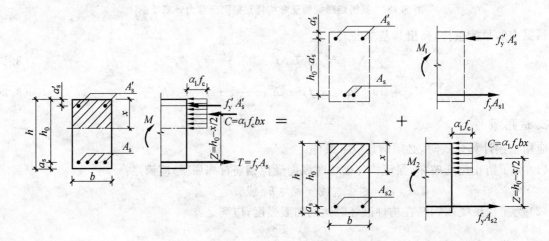

图 3.20 A'_s 已知的双筋矩形截面受弯构件正截面设计

只有 A_s 和 x 两个未知数,利用式(3.25)和式(3.26)即可直接求解。为避免联立求解,也可利用表格计算。如图 3.21 所示,双筋矩形截面梁可分解成无混凝土的钢筋梁和单筋矩形截面梁两部分,相应地 M 也分解成两部分,即

$$M = M_1 + M_2 \tag{3.30}$$

其中

$$M_1 = f'_y A'_s (h_0 - a'_s) \tag{3.31}$$

$$A_{s1} = A'_s \frac{f'_y}{f_y} \tag{3.32}$$

$$M_2 = M - M_1 = \alpha_1 f_c bx \left(h_0 - \frac{x}{2}\right) = \alpha_s \alpha_1 f_c b h_0^2 = \gamma_s h_0 f_y A_{s2} \tag{3.33}$$

与单筋矩形截面梁计算一样,根据式(3.6b)确定 α_s,查表 3.8 可得相应的 γ_s,则

$$A_{s2} = \frac{M_2}{f_y \gamma_s h_0} = \frac{M - M_1}{f_y \gamma_s h_0} \tag{3.34}$$

在 A_{s2} 的计算中,应注意验算适用条件是否满足。若 $\xi > \xi_b$(或 $\alpha_s > \alpha_{sb}$),说明给定的 A'_s 不足,应按情形 1 重新计算 A_s 和 A'_s;若求得的 $x < 2a'_s$,应按式(3.27)计算受拉钢筋截面面积 A_s。

2.截面复核

已知截面弯矩设计值 M,截面尺寸 $b \times h$,混凝土强度等级和钢筋级别,受拉钢筋 A_s 和受压钢筋

A'_s,求正截面受弯承载力 M_u 是否足够。

复核步骤:

根据式(3.25)确定 x,若 x 满足适用条件,则代入式(3.26)确定截面弯矩承载力 M_u;

若 $x < 2a'_s$,则按式(3.27)确定 M_u;

若 $x > \xi_b h_0$,则取 $\xi = \xi_b$,代入式(3.26)确定 M_u。

将截面弯矩承载力 M_u 与截面弯矩设计值 M 进行比较,若 $M_u \geqslant M$,则说明截面承载力足够,构件安全;反之,若 $M_u < M$,则说明截面承载力不够,构件不安全,须重新设计,直至满足要求为止。

【例3.3】 某建筑楼面大梁截面尺寸 $b \times h = 250\ \text{mm} \times 600\ \text{mm}$,处于一类环境,$a_s = 65\ \text{mm}$,$a'_s = 40\ \text{mm}$。选用 C20 混凝土和 HRB400 级钢筋,承受弯矩设计值 $M = 320\ \text{kN} \cdot \text{m}$,如图 3.21 所示。试计算所需配置的纵向受力钢筋。

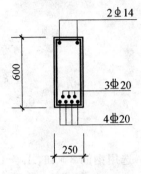

图 3.21 楼面大梁截面

解 本例题属于截面设计类问题。由已知条件查附表可知,C20 混凝土 $f_c = 9.6\ \text{N/mm}^2$,$f_t = 1.10\ \text{N/mm}^2$;HRB400 级钢筋 $f_y = f'_y = 360\ \text{N/mm}^2$,$\alpha_1 = 1.0$,$\alpha_{sb} = 0.384$,$\xi_b = 0.518$。

(1)截面有效高度确定

$$h_0 = h - 65\ \text{mm} = 535\ \text{mm}$$

(2)判断是否需要采用双筋截面

单筋截面所能承受的最大弯矩值为

$$M_{max} = \alpha_{sb}\alpha_1 f_c b h_0^2 = (0.384 \times 1.0 \times 9.60 \times 250 \times 535^2)\ \text{N} \cdot \text{mm} = 263.78 \times 10^6\ \text{N} \cdot \text{mm} = 263.78\ \text{kN} \cdot \text{m} < 320\ \text{kN} \cdot \text{m}$$

需要采用双筋截面。

(3)计算钢筋截面面积

① 求受压钢筋的面积 A'_s

由式(3.28)可得

$$A'_s = \frac{M - M_{max}}{f'_y(h_0 - a'_s)} = \frac{(320 - 263.78)}{360 \times (535 - 40)}\ \text{mm}^2 = 315.5\ \text{mm}^2$$

② 求受拉钢筋的面积 A_s

由式(3.29)可得

$$A_s = \frac{f'_y}{f_y}A'_s + \xi_b \frac{\alpha_1 f_c}{f_y} b h_0 = \left(\frac{360}{360} \times 315.5 + 0.518 \times \frac{1.0 \times 9.6}{360} \times 250 \times 535\right)\ \text{mm}^2 = (315.5 + 1\,847.5)\ \text{mm}^2 = 2\,163\ \text{mm}^2$$

符合适用条件。

(4)选配钢筋及绘配筋图

受拉钢筋选用 7⊈20($A_s = 2\,661\ \text{mm}^2\ A_s = 2\,199\ \text{mm}^2$),受压钢筋选用 2⊈14($A'_s = 308\ \text{mm}^2$),配筋简图如图 3.21 所示。

【例3.4】 已知梁的截面尺寸为 $b \times h = 200\ \text{mm} \times 500\ \text{mm}$,混凝土强度等级为 C25,$f_t = 1.27\ \text{N/mm}^2$,$f_c = 11.9\ \text{N/mm}^2$,截面弯矩设计值 $M = 125\ \text{kN} \cdot \text{m}$。环境类别为一类。

求:(1)当采用 HRB335 级钢筋 $f_y = 300\ \text{N/mm}^2$ 时,受拉钢筋截面面积;

(2)当采用 HPB300 级钢筋 $f_y = 270\ \text{N/mm}^2$ 时,受拉钢筋截面面积;

(3)截面弯矩设计值 $M = 225\ \text{kN} \cdot \text{m}$,当采用 HRB335 级钢筋 $f_y = 300\ \text{N/mm}^2$ 时,受拉钢筋截面面积。

解 (1)由公式得

$$\alpha_s = \frac{M}{\alpha_1 f_c b h_0^2} = \frac{125 \times 10^6}{1.0 \times 11.9 \times 200 \times 465^2} = 0.243$$

$$\xi=1-\sqrt{1-2\alpha_s}=1-\sqrt{1-2\times0.243}=0.283$$

$$\gamma_s=0.5\times(1+\sqrt{1-2\times\alpha_s})=0.5\times(1+\sqrt{1-2\times0.243})=0.858$$

$$A_s=\frac{M}{f_y\gamma_s h_0}=\frac{125\times10^6}{300\times0.858\times465}\ mm^2=1\ 044\ mm^2$$

选用钢筋 4⏀18,$A_s=1017\ mm^2$。

$$A_s=1\ 044\ mm^2>\rho_{min}bh=(0.2\%\times200\times500)\ mm^2=200\ mm^2$$

（2）采用双排配筋

$$h_0=h-60\ mm=440\ mm$$

$$\alpha_s=\frac{M}{\alpha_1 f_c bh_0^2}=\frac{125\times10^6}{1.0\times11.9\times200\times440^2}=0.271$$

$$\xi=1-\sqrt{1-2\alpha_s}=1-\sqrt{1-2\times0.271}=0.323$$

$$\gamma_s=0.5\times(1+\sqrt{1-2\alpha_s})=0.5\times(1+\sqrt{1-2\times0.271})=0.838$$

$$A_s=\frac{M}{f_y\gamma_s h_0}=\frac{125\times10^6}{270\times0.838\times440}\ mm^2=1\ 256\ mm^2$$

选用钢筋 8⏀16,$A_s=1\ 608\ mm^2$。

$$A_s=1\ 256\ mm^2>\rho_{min}bh=(0.27\%\times200\times500)\ mm^2=270\ mm^2$$

（3）假定受拉钢筋放两排

$$a=60\ mm,\quad h_0=(500-60)\ mm=440\ mm$$

$$\alpha_s=\frac{M}{\alpha_1 f_c bh_0^2}=\frac{225\times10^6}{1.0\times11.9\times200\times440^2}=0.488$$

$$\xi=1-\sqrt{1-2\alpha_s}=1-\sqrt{1-2\times0.488}=0.845>0.55$$

故采用双筋矩形截面,取 $\xi=\xi_b$,则

$M_1=\alpha_1 f_c bh_0^2\xi_b(1-0.5\xi_b)=$

$1.0\times11.9\times200\times440^2\times0.518\times(1-0.5\times0.518)\ N\cdot mm=$

$176.86\ kN\cdot m$

$$A'_s=\frac{M}{f'_y(h_0-a')}=\frac{225\times10^6-183.7\times10^6}{300\times(440-35)}\ mm^2=339.9\ mm^2$$

$$A_s=\frac{\xi_b\alpha_1 f_c bh_0}{f_y}+\frac{A'_s f'_y}{f_y}=(0.55\times1.0\times11.9\times200\times\frac{440}{300}+339.9)\ mm^2=2\ 260\ mm^2$$

故受拉钢筋选用 6⏀22,$A_s=2\ 281\ mm^2$。

受压钢筋选用 2⏀16,$A'_s=402\ mm^2$,满足最小配筋率要求。

3.5 T形截面受弯构件正截面承载力计算

由矩形截面受弯构件的受力分析可知,受弯构件进入破坏阶段以后,大部分受拉区混凝土已退出工作,正截面承载力计算时不考虑混凝土的抗拉强度,因此设计时可将一部分受拉区的混凝土去掉,将原有纵向受拉钢筋集中布置在梁肋中,形成 T 形截面,与原矩形截面相比,T 形截面的极限承载能力不受影响,同时还能节省混凝土,减轻构件自重,产生一定的经济效益。

T 形截面受弯构件广泛应用于工程实际中。例如,现浇肋梁楼盖的梁与楼板浇筑在一起形成 T 形梁;预制构件中的独立 T 形梁等。一些其他截面形式的预制构件,如槽形板、双 T 屋面板、工字形吊车梁、薄腹屋面梁以及预制空心板等,也按 T 形截面受弯构件考虑,如图 3.22 所示。

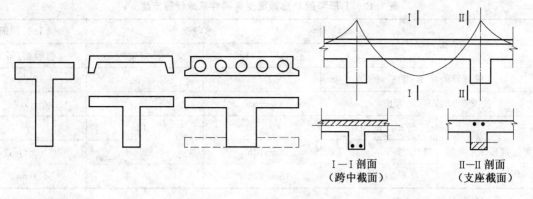

图 3.22　工程结构中的 T 形截面

3.5.1　T 形截面计算的特点

1. T 形截面的几何特征

T 形截面伸出部分称为翼缘，中间部分称为肋或腹板。腹板宽度用 b 表示，翼缘宽度用 b'_f 表示，翼缘厚度用 h'_f 表示，截面全高用 h 表示，如图 3.23 所示。

2. 翼缘宽度确定

T 形截面与矩形截面的主要区别在于翼缘参与受压。试验研究与理论分析证明，翼缘的压应力分布不均匀，离梁肋越远应力越小，如图 3.23 所示，可见翼缘参与受压的有效宽度是有限的，故在设计独立 T 形截面梁时应将翼缘限制在一定范围内，该范围称为翼缘的计算宽度 b'_f，同时假定在 b'_f 范围内压应力均匀分布，如图 3.24 所示；现浇 T 形截面梁（肋形梁）的翼缘往往较宽，但只取翼缘计算宽度 b'_f 进行计算。

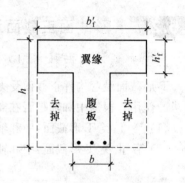

图 3.23　T 形截面的尺寸参数

《钢筋混凝土结构设计规范》(GB 50010—2010) 规定了 T 形及倒 L 形截面受弯构件翼缘计算宽度 b'_f 的取值，考虑到 b'_f 与翼缘厚度、梁跨度和受力状况等因素有关，应按表 3.12 中规定各项的最小值采用。

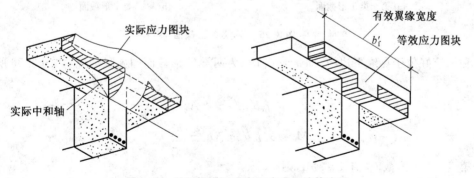

图 3.24　T 形梁受压区实际应力和计算应图

表 3.12　T 形和倒 L 形截面受弯构件翼缘计算宽度 b'_f

考虑情况		T 形截面		倒 L 形截面
		肋形梁(板)	独立梁	肋形梁(板)
按计算跨度 l_0 考虑		$l_0/3$	$l_0/3$	$l_0/6$
按梁(肋)净距 s_n 考虑		$b+s_n$	—	$b+s_n/2$
按翼缘高度 h'_f 考虑	当 $h'_f/h_0 \geqslant 0.1$	—	$b+12h'_f$	—
	当 $0.1 > h'_f/h_0 \geqslant 0.05$	$b+12h'_f$	$b+6h'_f$	$b+5h'_f$
	当 $h'_f/h_0 < 0.05$	$b+12h'_f$	b	$b+5h'_f$

注:1.b 为梁的腹板厚度;

　2.肋形梁在梁跨内设有间距小于纵肋间距的横肋时,则可不考虑表列第三种情况的规定;

　3.加腋的 T 形、工字形和倒 L 形截面,当受压区加腋的高度 $h_h \geqslant h'_f$ 且加腋的宽度 $b_n \leqslant 3h'_f$ 时,则其翼缘计算宽度可按表列第三种情况规定分别增加 $2b_h$(T 形、工字形截面)和 b_h(倒 L 形截面);

　4.独立梁受压区的翼缘板在荷载作用下经验算沿纵肋方向可能产生裂缝时,其计算宽度应取腹板宽度 b。

3.5.2　T 形截面正截面承载力计算公式与适用条件

1.T 形截面的两种类型及判别条件

T 形截面受弯构件正截面受力的分析方法与矩形截面的基本相同,不同之处在于需要考虑受压翼缘的作用。根据中和轴是否在翼缘中,将 T 形截面分为以下两种类型:

(1)第 Ⅰ 类 T 形截面:中和轴在翼缘内,即 $x \leqslant h'_f$,如图 3.25(a)所示;

(2)第 Ⅱ 类 T 形截面:中和轴在梁肋内,即 $x > h'_f$,如图 3.25(b)所示。

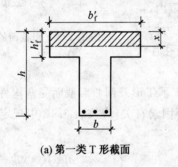

(a)第一类 T 形截面　　　　　(b)第二类 T 形截面

图 3.25　两类 T 形截面

当中和轴恰好位于翼缘下边缘,即 $x = h'_f$ 时,为两类 T 形截面的界限情况,如图 3.26 所示。由平衡条件得

$$\alpha_1 f_c b'_f h'_f = f_y A_s \tag{3.35}$$

$$M_u = \alpha_1 f_c b'_f h'_f \left(h_0 - \frac{h'_f}{2}\right) \tag{3.36}$$

对于第 Ⅰ 类 T 形截面,有 $x \leqslant h'_f$,则

$$f_y A_s \leqslant \alpha_1 f_c b'_f h'_f \tag{3.37}$$

$$M \leqslant \alpha_1 f_c b'_f h'_f \left(h_0 - \frac{h'_f}{2}\right) \tag{3.38}$$

对于第 Ⅱ 类 T 形截面,有 $x > h'_f$,则

$$f_y A_s > \alpha_1 f_c b'_f h'_f \tag{3.39}$$

$$M > \alpha_1 f_c b'_f h'_f \left(h_0 - \frac{h'_f}{2}\right) \tag{3.40}$$

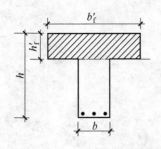 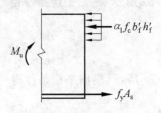

图 3.26　两类 T 形截面的界限情况

以上即为 T 形截面受弯构件类型判别条件,但应注意不同设计阶段采用不同的判别条件:

(1) 在截面设计时,由于 A_s 未知,采用式(3.38)和式(3.40)进行判别;

(2) 在截面复核时,A_s 已知,采用式(3.37)和式(3.39)进行判别。

2. 第 Ⅰ 类 T 形截面承载力的计算公式及使用条件

由于不考虑受拉区混凝土的作用,计算第 Ⅰ 类 T 形截面承载力时,与梁宽为 b'_f 矩形截面的计算公式相同,如图 3.27 所示,由平衡方程得

$$\alpha_1 f_c b'_f x = f_y A_s \tag{3.41}$$

$$M \leqslant \alpha_1 f_c b'_f x \left(h_0 - \frac{x}{2}\right) \tag{3.42}$$

计算公式的适用条件:

(1) 为了避免超筋破坏,应满足 $\xi \leqslant \xi_b$ 或 $x \leqslant \xi_b h_0$,第 Ⅰ 类 T 形截面中和轴在翼缘中 $\xi = x/h_0 \leqslant h'_f/h_0$,由于 T 形截面的 h'_f 较小,故该条件一般都可满足,不必验算。

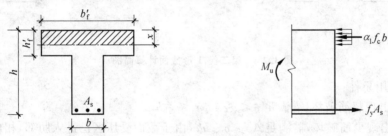

图 3.27　第一类 T 形截面计算简图

(2) 为了避免少筋破坏,应该满足 $A_s \geqslant \rho_{min} bh$。应该注意的是,尽管第 Ⅰ 类 T 形截面承载力按 $b'_f \times h$ 的矩形截面计算,但最小配筋面积按 $\rho_{min} bh$ 而不是 $\rho_{min} b'_f h$。这是因为最小配筋率 ρ_{min} 是根据钢筋混凝土梁开裂后的受弯承载力与相同截面素混凝土梁受弯承载力相同的条件得出的,而素混凝土 T 形截面受弯构件(肋宽 b、梁高 h)的受弯承载力与素混凝土矩形截面受弯构件($b \times h$)的受弯承载力接近,为简化计算,按 $b \times h$ 的矩形截面的受弯构件的 ρ_{min} 来判断。

3. 第 Ⅱ 类 T 形截面承载力的计算公式及适用条件

第 Ⅱ 类 T 形截面的中和轴在梁肋中,即受压区高度 $x > h'_f$,受压区为 T 形,可将该截面分为矩形梁肋和伸出翼缘两部分,如图截面 3.28 所示,第二类 T 形截面的受弯承载力设计值 M_u 及纵向受拉钢筋面积 A_s 可看成由两部分组成,即 $M_u = M_{u1} + M_{u2}$,$A_s = A_{s1} + A_{s2}$,即第一部分是由肋部受压区混凝土与相应部分受拉钢筋 A_{s1} 组成的单筋矩形截面部分的受弯承载力 M_{u1};第二部分则是由翼缘伸出部分的受压混凝土与相应其余部分受拉钢筋 A_{s2} 组成的截面的受弯承载力 M_{u2}。

由图 3.28(a) 所示,根据平衡条件得

$$\alpha_1 f_c (b'_f - b) h'_f + \alpha_1 f_c bx = f_y A_s \tag{3.43}$$

$$M \leqslant \alpha_1 f_c (b'_f - b) h'_f \left(h_0 - \frac{h'_f}{2}\right) + \alpha_1 f_c bx \left(h_0 - \frac{x}{2}\right) \tag{3.44}$$

由图 3.28(b) 所示,根据平衡条件得

$$\alpha_1 f_c b x = f_y A_{s1} \tag{3.45}$$

$$M_{u1} = \alpha_1 f_c b x (h_0 - \frac{x}{2}) \tag{3.46}$$

由图 3.28(c) 所示,根据平衡条件得

$$\alpha_1 f_c (b'_f - b) h'_f = f_y A_{s2} \tag{3.47}$$

$$M_{u2} = \alpha_1 f_c (b'_f - b) h'_f (h_0 - \frac{h'_f}{2}) \tag{3.48}$$

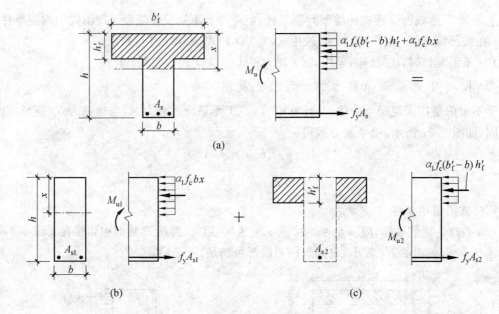

图 3.28 第二类 T 形截面计算简图

计算公式的适用条件:

(1) 为了避免出现超筋破坏,需满足 $\xi \leqslant \xi_b$ 或 $x \leqslant \xi_b h_0$。

(2) 为了避免出现少筋破坏,需满足 $A_s \geqslant \rho_{min} bh$,由于截面受压区已进入肋部,相应的受拉钢筋配置的较多,一般均能满足最小配筋率的要求,可不必验算。

3.5.3 T形截面正截面承载力计算公式的应用

1. 截面设计

已知:截面弯矩设计值 M、截面尺寸、混凝土强度等级和钢筋级别,求受拉钢筋截面面积 A_s。

设计步骤:

(1) 首先判别截面类型。

当满足式 $M \leqslant \alpha_1 f_c b'_f h'_f (h_0 - \frac{h'_f}{2})$ 时,为第 Ⅰ 类 T 形截面,反之,为第 Ⅱ 类 T 形截面。

(2) 如果为第一类 T 形截面,按梁宽为 b'_f 的单筋矩形截面受弯构件计算,并验算 $A_s \geqslant \rho_{min} bh$。

(3) 如果为第 Ⅱ 类 T 形截面,将翼缘伸出部分视为双筋矩形截面中的受压钢筋,可以看出第 Ⅱ 类 T 形截面与双筋矩形截面相似。

① 由式(3.47) 和式(3.48) 得:$A_{s2} = \dfrac{\alpha_1 f_c (b'_f - b) h'_f}{f_y}$,$M_{u2} = \alpha_1 f_c (b'_f - b) h'_f (h_0 - \dfrac{h'_f}{2})$。

② 求 $M_{u1} = M - M_{u2} = \alpha_1 f_c b x (h_0 - \dfrac{x}{2}) = \alpha_s \alpha_1 f_c b h_0^2$。

与梁宽为 b 的单筋矩形截面一样,$\alpha_s = M - \dfrac{M_{u2}}{\alpha_1 f_c b h_0^2}$,$\xi = 1 - \sqrt{1 - 2\alpha_s}$,验算 $\xi \leqslant \xi_b$,如果 $\xi \leqslant \xi_b$,则

$A_{s1} = \dfrac{\xi\alpha_1 f_c b h_0}{f_y}$;如果 $\xi > \xi_b$,表明梁的尺寸不够,应加大截面尺寸或改用双筋 T 形截面。

③ 计算受拉钢筋截面面积:$A_s = A_{s1} + A_{s2}$。

2.截面复核

已知:截面弯矩设计值 M、截面尺寸、受拉钢筋截面面积 A_s、混凝土强度等级及钢筋级别,求正截面受弯承载力 M_u 是否足够。

复核步骤:

首先判别截面类型,根据类型的不同,选择相应的公式计算,最后验算适用条件。

(1) 当满足式 $f_y A_s \leqslant \alpha_1 f_c b'_f h'_f$ 时,为第 Ⅰ 类 T 形截面,按梁宽为 b'_f 的单筋矩形截面计算 M_u;

(2) 反之,为第 Ⅱ 类 T 形截面,有:

① 计算受压区高度,由式(3.43)得:$x = \dfrac{f_y A_s - \alpha_1 f_c (b'_f - b) h'_f}{\alpha_1 f_c b}$。

② 验算适用条件:

若 $x \leqslant \xi_b h_0$,则将 x 代入式 $M_u = \alpha_1 f_c (b'_f - b) h'_f (h_0 - \dfrac{h'_f}{2}) + \alpha_1 f_c b x (h_0 - \dfrac{x}{2})$ 得 M_u,若 $x > \xi_b h_0$,则令 $x = \xi_b h_0$ 计算 M_u。

(3) 若 $M_u \geqslant M$,则承载力足够,截面安全。

【例3.5】 已知:一肋梁楼盖次梁,$b = 250$ mm,$h = 600$ mm,$b'_f = 1\,000$ mm,$h'_f = 90$ mm;环境类别为一类,安全等级二级;弯矩设计值 $M = 610$ kN·m;混凝土强度等级为 C30,钢筋采用 HRB400 级钢筋。求:所需的受拉钢筋截面面积。

解 (1)确定基本数据

C30 混凝土 $f_c = 14.3$ N/mm²,$f_t = 1.43$ N/mm²;HRB400 级钢筋 $f_y = 360$ N/mm²;$\alpha_1 = 1.0$,$\xi_b = 0.518$;$\rho_{min} = 0.45 \dfrac{f_t}{f_y} = 0.45 \times \dfrac{1.43}{360} = 0.18\% < 0.2\%$;$\gamma_0 = 1.0$。

预计受拉钢筋布置为两层,则

$$h_0 = h - 70 \text{ mm} = (600 - 70) \text{ mm} = 530 \text{ mm}$$

(2)首先判别截面类型

$\alpha_1 f_c b'_f h'_f (h_0 - \dfrac{h'_f}{2}) = [1.0 \times 14.3 \times 1\,000 \times 90 \times (530 - \dfrac{90}{2})]$ N·mm $= 624.2$ N·mm $> M = 610$ kN·m,属于第一类 T 形截面。

(3)梁宽为 b'_f 的矩形截面计算 A_s

$$\alpha_s = \frac{M}{\alpha_1 f_c b'_f h_0^2} = \frac{610 \times 10^6}{1.0 \times 14.3 \times 1\,000 \times 530^2} = 0.152$$

$$\xi = 1 - \sqrt{1 - 2\alpha_s} = 1 - \sqrt{1 - 2 \times 0.152} = 0.166 < \xi_b = 0.518$$

$$A_s = \frac{\xi\alpha_1 f_c b'_f h_0}{f_y} = \frac{0.166 \times 1.0 \times 14.3 \times 1\,000 \times 530}{360} \text{ mm}^2 = 3\,439.8 \text{ mm}^2$$

选配 8⫪25,实际 $A_s = 3\,927$ mm²。

(4)验证适用条件

$A_s = 3\,927$ mm² $> \rho_{min} bh = (0.2\% \times 250 \times 600)$ mm² $= 300$ mm²

符合适用条件。

(5)绘制截面配筋图,如图 3.29 所示。

【例3.6】 T 形梁,$b = 300$ mm,$h = 700$ mm,$b'_f = 600$ mm,$h'_f = 120$ mm;环境类别为一类,安全等级二级;弯矩设计值 $M = 650$ kN·m;混凝土强度等级为 C30,钢筋采用 HRB400 级钢筋。求:所需的受拉钢筋截面面积。

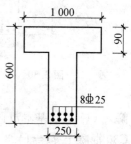

图 3.29　例 3.5 配筋图

解 (1)确定基本数据

C30 混凝土 $f_c=14.3$ N/mm², $f_t=1.43$ N/mm²; HRB400 级钢筋 $f_y=360$ N/mm²; $\alpha_1=1.0$; $\xi_b=$

0.518; $\rho_{min}=0.45\dfrac{f_t}{f_y}=0.45\times\dfrac{1.43}{300}=0.18\%>0.2\%$; $\gamma_0=1.0$。

预计受拉钢筋布置为两层,则

$$h_0=h-70\ \text{mm}=(700-70)\ \text{mm}=630\ \text{mm}$$

(2)首先判别截面类型

$$\alpha_1 f_c b'_f h'_f(h_0-\frac{h'_f}{2})=[1.0\times14.3\times600\times120\times(630-\frac{120}{2})]\ \text{N}\cdot\text{mm}=586.87\ \text{kN}\cdot\text{m}<M=$$

650 kN·m,属于第二类 T 形截面。

(3)将 T 形截面的受弯承载力设计值 M_u 及纵向受拉钢筋面积 A_s 可看成由两部分组成:

①$A_{s2}=\dfrac{\alpha_1 f_c(b'_f-b)h'_f}{f_y}=\dfrac{1.0\times14.3\times(600-300)\times120}{360}\ \text{mm}^2=1\ 430\ \text{mm}^2$

②$M_{u2}=\alpha_1 f_c(b'_f-b)h'_f(h_0-\dfrac{h'_f}{2})=[1.0\times14.3\times(600-300)\times120\times(630-\dfrac{120}{2})]\ \text{N}\cdot\text{mm}=$

293.44 kN·m

$$M_{u1}=M-M_{u2}=(650-293.44)\ \text{kN}\cdot\text{m}=356.56\ \text{kN}\cdot\text{m}$$

$$\alpha_s=M-\frac{M_{u2}}{\alpha_1 f_c b h_0^2}=\frac{356.56\times10^6}{1.0\times14.3\times300\times630^2}=0.209$$

$$\xi=1-\sqrt{1-2\alpha_s}=1-\sqrt{1-2\times0.209}=0.237<\xi_b=0.518$$

则

$$A_{s1}=\frac{\xi\alpha_1 f_c b h_0}{f_y}=\frac{0.237\times1.0\times14.3\times300\times630}{360}\ \text{mm}^2=$$

1 779.3 mm²

③ 计算受拉钢筋截面面积:

$$A_s=A_{s1}+A_{s2}=(1\ 430+1\ 779.3)\ \text{mm}^2=3\ 209.3\ \text{mm}^2$$

选配 7φ25,实际 $A_s=3\ 436$ mm²。

(4)绘制截面配筋图,如图 3.30 所示。

【例 3.7】 T 形梁如图 3.31 所示,$b=200$ mm,$h=600$ mm,$b'_f=400$ mm,$h'_f=80$ mm;环境类别为一类,安全等级二级;弯矩设计值 $M=350$ kN·m;混凝土强度等级为 C30,钢筋采用 HRB335 级钢筋。配有受拉钢筋 6φ25($A_s=2\ 945$ mm²)。判断截面是否安全?

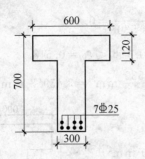

图 3.30 例 3.6 配筋图

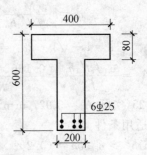

图 3.31 例 3.7 图

解 (1)确定基本数据

C30 混凝土 $f_c=14.3$ N/mm², $f_t=1.43$ N/mm²; HRB335 级钢筋 $f_y=300$ N/mm²; $\alpha_1=1.0$;

$\xi_b=0.550$; $\rho_{min}=0.45\dfrac{f_t}{f_y}=0.45\times\dfrac{1.43}{300}=0.215\%>0.2\%$; $\gamma_0=1.0$。

预计受拉钢筋布置为两层,则

$$h_0 = h - 70 \text{ mm} = (600 - 70) \text{ mm} = 530 \text{ mm}$$

(2)首先判别截面类型

$$f_y A_s = (300 \times 2\ 945) \text{ N} = 883.5 \text{ kN}$$

$$\alpha_1 f_c b'_f h'_f = (1.0 \times 14.3 \times 400 \times 80) \text{ N} = 457.6 \text{ kN}$$

$$f_y A_s > \alpha_1 f_c b'_f h'_f$$

属于第二类 T 形截面。

① 计算受压区高度:

$$x = \frac{f_y A_s - \alpha_1 f_c (b'_f - b) h'_f}{\alpha_1 f_c b} = \frac{300 \times 2\ 945 - 1.0 \times 14.3 \times (400 - 200) \times 80}{1.0 \times 14.3 \times 200} \text{ mm} = 228.92 \text{ mm}$$

② 验算适用条件:

$$\xi_b h_0 = (0.550 \times 530) \text{ mm} = 291.5 \text{ mm} > x = 228.92 \text{ mm}$$

则

$$M_u = \alpha_1 f_c (b'_f - b) h'_f \left(h_0 - \frac{h'_f}{2}\right) + \alpha_1 f_c b x \left(h_0 - \frac{x}{2}\right) =$$

$$\left[1.0 \times 14.3 \times (400 - 200) \times 80 \times \left(530 - \frac{80}{2}\right) + 1.0 \times 14.3 \times 200 \times 228.92 \times\right.$$

$$\left.\left(530 - \frac{228.92}{2}\right)\right] \text{ N} \cdot \text{mm} = 384.17 \text{ kN} \cdot \text{m}$$

(3)$M_u = 384.17 \text{ kN} \cdot \text{m} \geqslant M = 350 \text{ kN} \cdot \text{m}$,承载力足够,截面安全。

3.6 受弯构件斜截面的受剪性能和破坏形态

为了防止梁沿斜截面破坏,就需要在梁内设置足够的抗剪钢筋,通常由与梁轴线垂直的箍筋和与主拉应力方向平行的斜筋共同组成。斜筋常利用正截面承载力多余的纵向钢筋弯起而成,所以又称弯起钢筋。箍筋与弯起钢筋通称腹筋。在受弯构件内,一般由纵向钢筋(受力和构造筋)和腹筋构成如图 3.32 所示的钢筋骨架。配有腹筋的梁称为有腹筋梁,不配有腹筋的梁称为无腹筋梁。

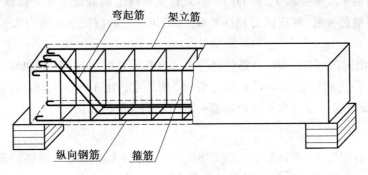

图 3.32 钢筋骨架图

3.6.1 无腹筋梁斜截面受剪性能和破坏形态

在实际工程中的梁一般都要配置箍筋,有时甚至还要配有弯起钢筋。因为无腹筋梁较简单,影响斜截面破坏的因素较少,所以首先研究无腹筋梁的受剪性能,为有腹筋梁的受力及破坏分析奠定基础。

1. 无腹筋梁受剪性能

无腹筋梁出现斜裂缝后,梁的应力状态发生了很大变化,亦即发生了应力重分布。以一无腹筋简支梁在荷载作用下出现斜裂缝的情况为例,如图 3.33(a)所示,取 $AA'B$ 主斜裂缝的左边为隔离体,作用在该隔离体上的内力和外力如图 3.33(b) 所示。

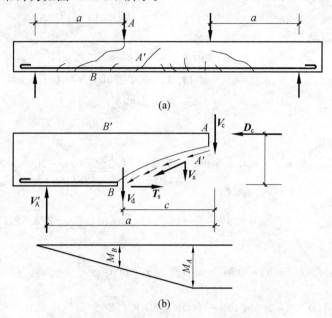

图 3.33　无腹筋梁斜裂缝形成后的受力状态

随着斜裂缝的增大,骨料咬合力的竖向分力 V_a 逐渐减弱以至消失。在销栓力 V_d 作用下,阻止纵向钢筋发生竖向位移的只有下面很薄的混凝土保护层,所以销栓作用也不可靠,目前的抗剪试验还很难准确测出 V_a、V_d 的值,为了简化分析,V_a、V_d 可不予以考虑。所以无腹筋梁中抵抗剪力的主要有斜裂缝上端混凝土残余面(AA')上的压力 D_c 和剪力 V_c 以及纵向钢筋的拉力 T_s。

由此可知,无腹筋梁斜裂缝出现后梁内的应力状态,将发生很大变化,具体如下:

(1) 在斜裂缝出现前,剪力是由全截面承受,斜裂缝出现后,剪力全部由斜裂缝上端混凝土残余面(AA')承受。因此,开裂后混凝土所承担的剪应力增大了。

(2)V_a 和 V_c 所组成的力偶须由纵筋的拉力 T_s 和混凝土压力 D_c 组成的力偶平衡。因此,剪力 V_a 在斜截面上不仅引起 V_c,还引起 T_s 和 D_c 作用,致使斜裂缝上端混凝土残余面既受剪又受压,称之为剪压区。随着斜裂缝的发展,剪压区面积逐渐减少,剪压区内的混凝土压应力大大增加,剪应力 τ 也显著加大。

(3) 在斜裂缝出现前,截面 BB' 纵筋的拉应力由该截面处的弯矩 M_B 所决定,在斜裂缝形成后,截面 BB' 处的纵筋拉应力则由截面 AA' 处的弯矩 M_A 所决定。由于 $M_B > M_A$,所以纵筋的拉应力急剧增大,这也是简支梁纵筋为什么在支座内需要一定的锚固长度的原因。

2.无腹筋梁破坏形态

(1)剪跨比 λ:研究发现,随着集中力距支座的距离不同,无腹筋梁的破坏形态也不同。所以首先要研究该影响因素。将集中力作用点到临近支座的距离称为剪跨,用 a 表示;剪跨与截面有效高度 h_0 的比值称为狭义剪跨比。

$$\lambda = \frac{a}{h_0} \tag{3.49}$$

λ 反映了集中力作用截面处弯矩和剪力的比例关系。由此引入广义剪跨比的概念,广义剪跨比是指计算截面所承受的弯矩 M 和剪力 V 的相对比值,广义剪跨比的计算如下:

$$\lambda = \frac{M}{Vh_0} \tag{3.50}$$

(2)无腹筋梁破坏形态:根据实验研究,无腹筋梁在集中荷载作用下,沿斜截面受剪破坏的形态主要与剪跨比有关。而在均布荷载作用下的梁,则可由广义剪跨比化简推出主要与梁的跨高比有关。

无腹筋梁的剪切破坏主要有斜拉破坏、剪压破坏和斜压破坏等 3 种形式。

① 斜拉破坏。当剪跨比或跨高比较大时($\lambda > 3$ 或 $l_0/h > 9$),会发生斜拉破坏,如图 3.34(a) 所示。当斜裂缝一旦出现,便很快形成一条主要斜裂缝,并迅速向集中荷载作用点延伸,梁即被分成两部分而破坏,破坏面平整,无压碎痕迹。破坏荷载等于或略高于临界斜裂缝出现时的荷载。斜拉破坏主要是由于主拉应力产生的拉应变达到混凝土的极限拉应变而形成的,它的承载力较低,且属于非常突然的脆性破坏。

② 斜压破坏。当剪跨比或跨高比较小时($\lambda < 1$ 或 $l_0/h < 3$),就发生斜压破坏,如图 3.34(b) 所示。首先在荷载作用点与支座间梁的腹部出现若干条平行的斜裂缝,也就是腹剪型斜裂缝,随着荷载的增加,梁腹被这些斜裂缝分割为若干斜向"短柱",最后因为柱体混凝土被压碎而破坏。这种破坏也属于脆性破坏,但承载力较高。

③ 剪压破坏。当剪跨比或跨高比位于中间值时($1 \leqslant \lambda \leqslant 3$ 或 $3 \leqslant l_0/h \leqslant 9$),将会发生剪压破坏,如图 3.34(c) 所示。其破坏特征是:弯剪斜裂缝出现后,荷载仍可有较大增长。当荷载增大时,弯剪型斜裂缝中将出现一条又长又宽的主要斜裂缝,称为临界斜裂缝。当荷载继续增大,临界斜裂缝上端剩余截面逐渐缩小,剪压区混凝土被压碎而破坏。这种破坏仍为脆性破坏。但其承载力较斜拉破坏高,比斜压破坏低。

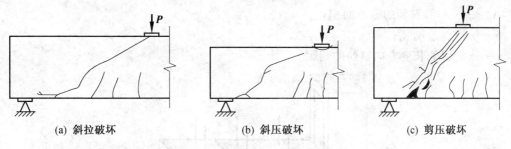

| (a) 斜拉破坏 | (b) 斜压破坏 | (c) 剪压破坏 |

图 3.34　无腹筋梁斜截面破坏形态

3.6.2 有腹筋梁斜截面受剪性能和破坏形态

1. 有腹筋梁受受力性能

有腹筋梁的受剪性能如图 3.35 所示,开裂前构件的受力性能与无腹筋梁相似,腹筋中的应力很小。开裂后,腹筋的应力增大,限制了斜裂缝的发展,提高了抗剪承载力。抵抗剪力的除了斜裂缝上端混凝土残余面(AA')上的压力 D_c 和剪力 V_c 以及纵向钢筋的拉力 T_s 外,还有与斜裂缝相交的弯起钢筋的拉力 T_{sb} 以及与斜裂缝相交的箍筋的受剪承载力 V_{sv}。

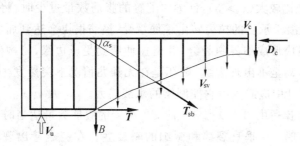

图 3.35　有腹筋梁受力性能

实验研究发现,箍筋配置的量不同,有腹筋梁的破坏形态不同,所以对箍筋的作用进行研究。在配有箍筋或弯起钢筋的梁中,在荷载较小、斜裂缝出现之前,腹筋的作用不明显,对斜裂缝出现的影响不大,它的受力性能和无腹筋梁相似,但是在斜裂缝出现以后,混凝土逐步退出工作。而与斜裂缝相交的箍筋、弯起钢筋的应力显著增大,箍筋直接承担大部分剪力,并且在其他方面也起重要作用。其

作用具体表现如下:

(1)箍筋(或弯起钢筋)可以直接承担部分剪力。

(2)箍筋(或弯起钢筋)能限制斜裂缝的延伸和开展,增大剪压区的面积,提高剪压区的抗剪能力。

(3)箍筋(或弯起钢筋)可以提高斜裂缝交界面上的骨料咬合作用和摩阻作用,从而有效地减少斜裂缝的开展宽度。

(4)箍筋(或弯起钢筋)还可以延缓沿纵筋劈裂裂缝的展开,防止混凝土保护层的突然撕裂,提高纵筋的销栓作用。

2.有腹筋梁的破坏形态

(1)配箍率:箍筋对有腹筋梁斜截面破坏的影响通过配箍率反映。配箍量用配箍率 ρ_{sv} 表示,它反映的是梁沿轴线方向单位长度水平截面拥有的箍筋截面面积(如图 3.36 所示),用下式计算:

$$\rho_{sv} = \frac{A_{sv}}{bs} = \frac{nA_{sv1}}{bs} \tag{3.51}$$

式中　　A_{sv}——配置在同一截面内箍筋各肢的全部面积;

　　　　n——同一截面内箍筋肢数,单肢箍 $n=1$,双肢箍 $n=2$,四肢箍 $n=4$;

　　　　A_{sv1}——单肢箍筋的截面面积;

　　　　b——梁宽或肋宽;

　　　　s——沿梁的长度方向箍筋的间距。

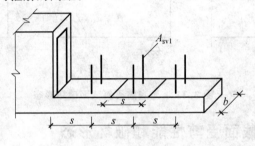

图 3.36　配箍率示意图

(2)有腹筋梁破坏形态:有腹筋梁的斜截面破坏与无腹筋梁相似,也可分为斜拉破坏、剪压破坏和斜压破坏 3 种形态,但在具体分析时,不能忽略腹筋的影响,因为腹筋虽然不能防止斜裂缝的出现,但却能限制斜裂缝的展开和延伸。所以,腹筋的数量对梁斜截面的破坏形态和受剪承载力有很大影响。

① 斜拉破坏:当剪跨比较大($\lambda > 3$),且梁内配置的腹筋数量过少时,将发生斜拉破坏。此时,则斜裂缝一出现,原来由混凝土承受的拉力转由箍筋承受,箍筋很快会达到屈服强度,变形迅速增加,不能抑制斜裂缝的发展,很快形成临界斜裂缝,并迅速伸展到受压边缘,将构件斜拉为两部分而破坏。破坏前斜裂缝宽度很小,甚至不出现裂缝,破坏是在无预兆情况下突然发生的,属于脆性破坏。这种破坏的危险性较大,在设计中应避免由它控制梁的承载能力。

② 剪压破坏:当剪跨比适中($1 \leqslant \lambda \leqslant 3$),且梁内配置的腹筋数量适当时,常发生剪压破坏。这时,随着荷载的增加,首先出现一些垂直裂缝和微细的斜裂缝。在斜裂缝出现以后,应力大部分由箍筋(或弯起钢筋)承担。在箍筋尚未屈服时,由于箍筋限制了斜裂缝的展开和延伸,荷载还可有较大增长。当荷载增加到一定程度时,出现临界斜裂缝。临界斜裂缝出现后,梁还能继续承受荷载,随着荷载的增加,临界斜裂缝向上伸展,直到与临界斜裂缝相交的箍筋和弯起钢筋的应力达到屈服强度,当箍筋屈服后,由于箍筋应力基本不变而应变迅速增加,箍筋不能再有效地抑制斜裂缝的展开和延伸。最后斜裂缝上端剪压区的混凝土在剪压复合应力的作用下达到极限强度,发生剪压破坏。这种破坏因钢筋屈服,使斜裂缝继续发展,具有较明显的破坏征兆,是设计中普遍要求的情况。

③ 斜压破坏:当剪跨比较小($\lambda < 1$),或剪跨比适当,但截面尺寸过少,腹筋配置过多时,都会由于主压应力过大,发生斜压破坏。这时,随着荷载的增加,梁腹板出现若干条平行的斜裂缝,将腹板分割成许多倾斜的受压短柱,因箍筋配置数量过多,在箍筋尚未屈服时,斜裂缝间的混凝土就因主压应力过大而发生斜压破坏,箍筋应力达不到屈服,强度得不到充分利用。此时梁的受剪承载力取决于构件的截面尺寸和混凝土强度,也属于脆性破坏。

除了上述三种主要破坏形态外,斜截面还可能出现其他破坏形态,例如局部挤压破坏或纵向钢筋的锚固破坏等。

对于上述几种不同的破坏形态,设计时可采用不同的方法加以控制,以保证构件在正常工作情况下,具有足够的抗剪安全度。一般用限制截面最小尺寸的办法,防止梁发生斜压破坏;用满足箍筋最大间距限制等构造要求和限制箍筋最小配筋率的办法,防止梁发生斜拉破坏。剪压破坏是设计中常遇到的破坏形态,而且抗剪承载力的变化幅度较大,通过斜截面抗剪承载力避免。

3. 影响有腹筋梁斜截面受剪承载力的主要因素

上述三种斜截面破坏形态和构件斜截面受剪承载力有密切的关系。因此,凡影响破坏形态的因素也就影响梁的斜截面受剪承载力,其主要影响因素有:

(1)剪跨比 λ:随着剪跨比(跨高比)的增大,梁的斜截面受剪承载力明显降低。小剪跨比时,大多发生斜压破坏,斜截面受剪承载力很高;中等剪跨比时,大多发生剪压破坏,斜截面受剪承载力次之;大剪跨比时,大多发生斜拉破坏,斜截面受剪承载力很低。当剪跨比 $\lambda > 3$ 以后,剪跨比对斜截面受剪承载力无显著的影响。

(2)配箍率 ρ_{sv} 及箍筋强度 f_{yv}:有腹筋梁出现斜裂缝后,箍筋不仅直接承受相当部分的剪力,而且有效地抑制斜裂缝的开展和延伸,对提高剪压区混凝土的抗剪能力和纵向钢筋的销栓作用有着积极的影响。试验表明,在配箍最适当的范围内,梁的受剪承载力随配箍量的增多、箍筋强度的提高而有较大幅度的增长。配箍率和箍筋强度是梁抗剪强度的主要影响因素。

(3)混凝土强度:斜截面受剪承载力随混凝土强度等级的提高而提高。梁斜压破坏时,受剪承载力取决于混凝土的抗压强度。梁为斜拉破坏时,受剪承载力取决于混凝土的抗拉强度,而抗拉强度的增加较抗压强度来得缓慢,故混凝土强度的影响就略小。剪压破坏时,混凝土强度的影响则居于上述两者之间。

(4)纵筋配筋率 ρ:增加纵筋配筋率 ρ 可抑制斜裂缝向受压区的伸展,从而提高斜裂缝间骨料咬合力,并增大了剪压区高度,使混凝土的抗剪能力提高,同时也提高了纵筋的销栓作用。因此,随着 ρ 的增大,梁的斜截面受剪承载力有所提高。

3.7 有腹筋梁受剪承载力计算

3.7.1 有腹筋梁斜截面受力分析

斜截面的承载力计算公式是由剪压破坏的应力图形建立起来的,取斜截面左边部分为隔离体,如图 3.37 所示为斜截面抗剪承载力计算图形。

利用平衡条件,梁斜截面发生剪压破坏时,其斜截面的抗剪能力由三部分组成:

$$\sum Y = 0, V_u = V_c + V_{sv} + V_{sb} = V_{cs} + V_{sb} \tag{3.52}$$

式中　　V_u—— 梁斜截面抗剪承载力;

V_c—— 斜裂缝末端剪压区混凝土的抗剪承载力;

V_{sv}—— 箍筋的抗剪承载力;

V_{sb}—— 弯起筋的抗剪承载力;

V_{cs}—— 混凝土和箍筋的抗剪承载力。

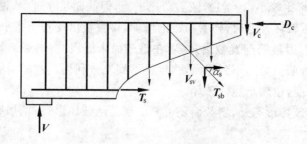

图 3.37 斜截面计算图形

所有力对剪压区混凝土受压合力点取矩,可建立斜截面抗弯承载力计算公式:

$$\sum M = 0, M_u = M_s + M_{sv} + M_{sb} \tag{3.53}$$

式中　　M_u —— 斜截面弯矩设计值;

　　　　M_s —— 与斜截面相交的纵向受力钢筋的抗弯承载力;

　　　　M_{sv} —— 与斜截面相交的箍筋的抗弯承载力;

　　　　M_{sb} —— 弯起筋的抗弯承载力。

斜截面抗弯承载力计算很难用公式精确表示,可通过构造措施来保证。因此斜截面承载力计算就归结为抗剪承载力的计算。

3.7.2　斜截面抗剪承载力的计算

对仅配有箍筋的矩形、T 形和工字形截面一般受弯构件,受剪承载力可用下式计算:

$$V \leqslant V_u = V_{cs} = V_c + V_{sv} = \alpha_{cv} f_t b h_0 + f_{yv} \frac{A_{sv}}{s} h_0 \tag{3.54}$$

式中　　V —— 斜截面上最大剪力设计值;

　　　　V_{cs} —— 箍筋和混凝土共同承担的剪力设计值;

　　　　f_{yv} —— 箍筋抗拉设计强度值;

　　　　A_{sv} —— 配置在同一截面内箍筋各肢的全部截面积,$A_{sv} = n A_{sv1}$;

　　　　α_{cv} —— 截面混凝土受剪承载力系数,一般构件取 0.7;楼盖中次梁搁置的主梁或有明确的集中荷载作用的梁(如吊车梁)或包括作用多种荷载,且其集中荷载对支座截面或节点边缘所产生的剪力值占总剪力值的 75% 以上的情况,取 $\alpha_{cv} = 1.75/\lambda + 1$;

　　　　λ —— 计算截面的剪跨比。计算截面取集中荷载作用点处的截面,当 $\lambda < 1.5$ 时,取 $\lambda = 1.5$;当 $\lambda > 3$ 时,取 $\lambda = 3$。

弯起钢筋所能承受的剪力,按下式计算:

$$V_{sb} = 0.8 f_y A_{sb} \sin \alpha_s \tag{3.55}$$

式中　　A_{sb} —— 与斜裂缝相交的配在同一弯起平面内的弯筋或斜筋的截面面积;

　　　　f_y —— 弯起钢筋抗拉强度设计值;

　　　　α_s —— 弯起钢筋与构件纵轴线之间的夹角,一般取为 45° 或 60°。

对于配有箍筋和弯起钢筋的矩形、T 形、工字形截面的受弯构件,其斜截面的受剪承载力可按下式计算:

$$V \leqslant V_u = V_{cs} + V_{sb} = V_c + V_{sv} + V_{sb} = \alpha_{cv} f_t b h_0 + f_{yv} \frac{A_{sv}}{s} h_0 + 0.8 f_y A_{sb} \sin \alpha_s \tag{3.56}$$

3.7.3　公式的适用范围

1. 上限值 —— 截面尺寸限制条件(最小值)

当构件截面尺寸较小而荷载又过大时,可能在支座上方产生过大的主压应力,使端部发生斜压破坏。这种破坏形态的构件斜截面受剪承载力基本上取决于混凝土的抗压强度及构件的截面尺寸，而腹筋的数量影响甚微。所以腹筋的受剪承载力就受到构件斜压破坏的限制。为了防止发生斜压破坏和避免构件在使用阶段过早地出现斜裂缝及斜裂缝开展过大，矩形、T形和工字形截面的受弯构件，其受剪截面应符合下列条件：

当 $\dfrac{h_w}{b} \leqslant 4$ 时：

$$V \leqslant 0.25\beta_c f_c bh_0 \tag{3.57}$$

当 $\dfrac{h_w}{b} \geqslant 6$ 时，

$$V \leqslant 0.2\beta_c f_c bh_0 \tag{3.58}$$

当 $4 \leqslant \dfrac{h_w}{b} \leqslant 6$ 时，按直线内插法取用。

式中　V——构件斜截面上的最大剪力设计值；

　　　β_c——混凝土强度影响系数，当混凝土强度等级不超过C50时，取 $\beta_c = 1.0$，当混凝土强度等级为C80时，取 $\beta_c = 0.8$，其间按线性内插法取用；

　　　b——矩形截面宽度、T形截面或工字形截面的腹板宽度；

　　　h_w——截面的腹板高度，矩形截面取截面有效高度 h_0；T形截面取截面有效高度减去翼缘高度；工字形截面取腹板净高。如不满足，则必须加大截面尺寸或提高混凝土强度等级。

2. 下取值——最小配箍率

上面讨论的腹筋抗剪作用的计算，只是在箍筋和斜筋（弯起钢筋）具有一定密度和一定数量时才有效。如腹筋布置得过少过稀，即使计算上满足要求，仍可能出现斜截面受剪承载力不足的情况。

（1）配箍率要求

箍筋配置过少，一旦斜裂缝出现，由于箍筋的抗剪作用不足以替代斜裂缝发生前混凝土原有的作用，就会发生突然性的脆性破坏。为了防止发生剪跨比较大时的斜拉破坏，规范规定当 $V > V_c$ 时，箍筋的配置应满足它的最小配筋率要求：

$$\rho_{sv} = \frac{A_{sv}}{bs} \geqslant \rho_{sv,min} = 0.24\frac{f_t}{f_{yv}} \tag{3.59}$$

式中　$\rho_{sv,min}$——箍筋的最小配筋率。

（2）腹筋间距要求

如腹筋间距过大，有可能在两根腹筋之间出现不与腹筋相交的斜裂缝，这时腹筋便无从发挥作用，如图 3.38 所示。同时箍筋分布的疏密对斜裂缝开展宽度也有影响。采用较密的箍筋对抑制斜裂缝宽度有利。为此有必要对腹筋的最大间距 s_{max} 加以限制。有关具体要求见 3.1 节。

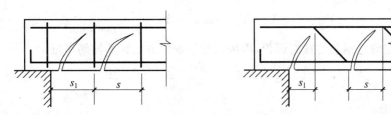

图 3.38　腹筋间距过大时产生的影响

s_1——支座边缘到第一根弯起钢筋或箍筋的距离；s——弯起钢筋或箍筋的间距

3.7.4　计算截面位置

有腹筋梁斜截面受剪破坏一般发生在剪力设计值比较大或受剪承载力比较薄弱的地方，因此，在进行斜截面承载力设计时，计算截面的选择是有规律可循的，一般情况下应满足下列规定：

（1）支座边缘处截面1—1，如图3.39所示；

（2）受拉区弯起钢筋弯起点处的截面2—2或3—3，如图3.39所示；

（3）箍筋曲面面积或间距改变处截面4—4，如图3.39所示；

（4）腹板厚度改变处的截面。

当计算弯起钢筋时，其剪力设计值可按下列规定采用：当计算第一排（对支座而言）弯起钢筋时，取用支座边缘处的剪力值；当计算以后的每一排弯起钢筋时，取用前一排（对支座而言）弯起钢筋弯起点处的剪力值。

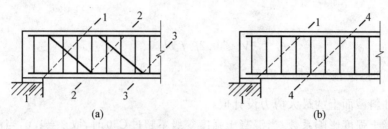

图3.39 斜截面抗剪强度的计算截面位置

3.7.5 有腹筋梁受剪承载力计算公式的应用

梁斜截面受剪承载力计算，通常有两种情况，即：截面设计和承载力校核。

1. 截面设计

已知：某斜截面剪力设计值V、截面尺寸和材料强度，要求确定箍筋和弯筋的数量。

解题步骤：

（1）确定控制截面的剪力值。

（2）验算截面尺寸。

（3）判别是否需要按计算配置腹筋。

如果$V \leqslant \alpha_{cv} f_t b h_0$，则不需按计算配置腹筋，按构造配置腹筋即可；反之，则按计算配置腹筋。

（4）箍筋和弯筋计算

① 对仅配箍筋时，可按下式计算：

$$V \leqslant \alpha_{cv} f_t b h_0 + f_{yv} \cdot \frac{n \cdot A_{sv1}}{s} \cdot h_0 \Rightarrow \frac{n A_{sv1}}{s} \geqslant \frac{V - \alpha_{cv} f_t b h_0}{f_{yv} h_0}$$

先按构造要求选择箍筋直径和肢数，然后将A_{sv}代入上式求箍筋间距s。

② 对既配箍筋又有弯起钢筋的情况

情况一：先按常规配置箍筋数量（先选定箍筋的肢数、直径和间距），不足部分用弯起钢筋承担，则计算弯筋截面面积：

$$V_{sb} = 0.8 A_{sb} \cdot f_y \cdot \sin \alpha_s \Rightarrow A_{sb} = \frac{V_{sb}}{0.8 f_y \sin \alpha_s}$$

情况二：先选定弯起钢筋的截面面积，再按只配箍筋的方法计算箍筋用量：

$$\frac{n A_{sv1}}{s} \geqslant \frac{V - \alpha_{cv} f_t b h_0 - 0.8 f_y A_{sb} \sin \alpha_s}{f_{yv} h_0}$$

（5）绘制配筋图。

2. 承载力校核

已知：材料强度设计值f_c、f_y，截面尺寸b、h_0，配箍量n、A_{sv1}、s等，求V_u。

解题步骤：

（1）复核截面尺寸。

（2）复核配箍率及箍筋的构造要求。

（3）求解斜截面抗剪承载力 V_u。

① 只配箍筋而不用弯起钢筋

$$V_u = V_{cs} = \alpha_{cv} f_t b h_0 + f_{yv} \cdot \frac{n \cdot A_{sv1}}{s} \cdot h_0$$

② 既配箍筋又配弯起钢筋

$$V_u = \alpha_{cv} f_t b h_0 + f_{yv} \cdot \frac{n \cdot A_{sv1}}{s} \cdot h_0 + 0.8 f_y A_{sb} \sin \alpha_s$$

（4）若 $V \leqslant V_u$，则承载力满足；若 $V > V_u$，则承载力不满足要求。

（5）能承受的剪力 V_u，还能求出该梁斜截面所能承受的设计荷载值 q。

【例3.8】 如图3.40所示，钢筋混凝土矩形截面简支梁，支座为厚度240 mm的砌体墙，净跨 $l_n = 3.56$ m，承受均布荷载设计值 $q = 100$ kN/m（包括梁自重）。梁的截面尺寸 $b \times h = 200$ mm $\times 600$ mm，混凝土强度等级为C30，箍筋采用HRB335级，环境类别一类，安全等级二级，且已按正截面受弯承载力计算配置了 $2 \oplus 22 + 1 \oplus 16$ 纵向受力钢筋，试进行斜截面承载力计算。

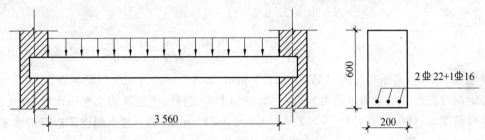

图3.40 例3.8图

解 （1）确定基本数据（本例题属于截面设计类）

C30混凝土 $f_c = 14.3$ N/mm², $f_t = 1.43$ N/mm²；HRB335级钢筋 $f_{yv} = 300$ N/mm²；HRB400级钢筋 $f_y = 360$ N/mm²；$\beta_c = 1.0$；$\gamma_0 = 1.0$。

$$\rho_{sv,min} = 0.24 \frac{f_t}{f_{yv}} = 0.24 \times \frac{1.43}{300} = 0.114\%$$

纵向受力钢筋一层布置，则

$$h_0 = h - 45 \text{ mm} = (600 - 45) \text{ mm} = 555 \text{ mm}$$

（2）计算剪力设计值

最危险截面在支座边缘处，该处剪力设计值为

$$V = \frac{1}{2} q l_n = \left(\frac{1}{2} \times 100 \times 3.56\right) \text{ kN} = 178 \text{ kN}$$

（3）验算截面尺寸是否符合要求

$$\frac{h_w}{b} = \frac{h_0}{b} = \frac{555}{200} = 2.775 \leqslant 4$$

$$0.25 \beta_c f_c b h_0 = (0.25 \times 1.0 \times 14.3 \times 200 \times 555) \text{ N} = 397 \text{ kN} > V = 178 \text{ kN}$$

截面尺寸满足要求。

（4）判断是否需按计算配置腹筋

$$\alpha_{cv} f_t b h_0 = (0.7 \times 1.43 \times 200 \times 555) \text{ N} = 111.111 \text{ kN} < V = 178 \text{ kN}$$

需按计算配置腹筋。

（5）计算腹筋用量

① 只配置箍筋：

$$\frac{n A_{sv1}}{s} \geqslant \frac{V - \alpha_{cv} f_t b h_0}{f_{yv} h_0} = \frac{178 \times 10^3 - 0.7 \times 1.43 \times 200 \times 555}{300 \times 555} \text{ mm}^2/\text{mm} = 0.402 \text{ mm}^2/\text{mm}$$

选 $\oplus 6$ 双肢箍，则 $n = 2$，$A_{sv1} = 28.3$ mm² 代入上式得

$$s \leqslant \frac{2 \times 28.3}{0.402} \text{ mm} = 141 \text{ mm,取 } s = 140 \text{ mm} < s_{\max} = 250 \text{ mm(由表 3.5 得)}$$

配箍率 $\rho_{sv} = \dfrac{A_{sv}}{bs} = \dfrac{2 \times 28.3}{200 \times 140} = 0.202\% \geqslant \rho_{sv,\min} = 0.114\%$（满足要求）

绘制截面配筋图,如图 3.41 所示。

② 同时配置箍筋和弯起钢筋。先按构造要求配置箍筋,选配 $\phi 6 @ 200$,则

$$\rho_{sv} = \frac{A_{sv}}{bs} = \frac{2 \times 28.3}{200 \times 200} = 0.14\% \geqslant \rho_{sv,\min} = 0.114\% \quad （满足要求）$$

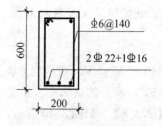

图 3.41　截面配筋图

弯起钢筋用梁底纵向受力钢筋,弯起角度 $\alpha_s = 45°$,则需要的弯起钢筋面积:

$$V_{cs} = \alpha_{cv} f_t b h_0 + f_{yv} \frac{A_{sv}}{s} h_0 = (0.7 \times 1.43 \times 200 \times 555 +$$

$$300 \times \frac{2 \times 28.3}{200} \times 555) \text{ N} = 158.23 \text{ kN}$$

$$V_{sb} = 0.8 A_{sb} \cdot f_y \cdot \sin \alpha_s \Rightarrow A_{sb} = \frac{V_{sb}}{0.8 f_y \sin \alpha_s} = \frac{(178 - 158.23) \times 10^3}{0.8 \times 360 \times \sin 45°} \text{ mm}^2 = 97.1 \text{ mm}^2$$

选择弯起 $1 \phi 16$,实际弯起面积 $V_{sb} = 201.1 \text{ mm}^2 > V_{sb} = 97.1 \text{ mm}^2$,满足要求。

弯起钢筋弯起点处的受剪承载力验算:弯起钢筋上弯点到支座边缘的水平距离取 50 mm,其弯起段水平投影长度为 $(600 - 20 \times 2 - 6 \times 2 - 16) \text{ mm} = 532 \text{ mm}$,则下弯点到支座边缘的水平距离 $x = (532 + 50) \text{ mm} = 582 \text{ mm}$,下弯点处的剪力设计值为

$$V_C = \frac{1}{2} q l_n - q x = (\frac{1}{2} \times 100 \times 3.56 - 100 \times 0.582) \text{ kN} = 119.5 \text{ kN} < V_{cs} = 158.23 \text{ kN}$$

满足要求,无须再弯起第二排钢筋。

绘制截面配筋图如图 3.42 所示。

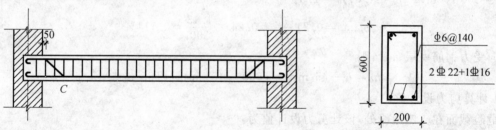

图 3.42　截面配筋图

【**例 3.9**】　钢筋混凝土矩形截面简支梁,支座处剪力设计值 $V = 90$ kN,梁的截面尺寸 $b \times h = 200 \text{ mm} \times 450 \text{ mm}$,混凝土强度等级为 C25,箍筋采用 HPB300 级,已配 $3 \phi 18$ 的纵向受力钢筋和 $\phi 6 @ 150$ 的双肢箍。环境类别一类,安全等级二级,试验算斜截面承载力是否满足要求。

解　(1)确定基本数据

C25 混凝土 $f_c = 11.9 \text{ N/mm}^2$,$f_t = 1.27 \text{ N/mm}^2$;HPB300 级钢筋 $f_{yv} = 270 \text{ N/mm}^2$;$\beta_c = 1.0$,$\gamma_0 = 1.0$。

$$\rho_{sv,\min} = 0.24 \frac{f_t}{f_{yv}} = 0.24 \times \frac{1.27}{270} = 0.113\%$$

纵向受力钢筋一层布置,则

$$h_0 = h - 45 \text{ mm} = (450 - 45) \text{ mm} = 405 \text{ mm}$$

(2)复核截面尺寸

$$\frac{h_w}{b} = \frac{h_0}{b} = \frac{405}{200} = 2.025 \leqslant 4$$

$$0.25\beta_c f_c bh_0 = (0.25 \times 1.0 \times 11.9 \times 200 \times 405)\,\text{N} = 241\,\text{kN} > V = 90\,\text{kN}$$

截面尺寸满足要求。

（3）复核配箍率及箍筋的构造要求

$$\rho_{sv} = \frac{A_{sv}}{bs} = \frac{2 \times 28.3}{200 \times 150} = 0.189\% \geqslant \rho_{sv,\min} = 0.113\%$$

所以箍筋的配箍率、直径、间距均满足要求。

（4）复核斜截面所能承受的剪力 V_u

$$V_{cs} = \alpha_{cv} f_t bh_0 + f_{yv} \cdot \frac{n \cdot A_{sv1}}{s} \cdot h_0 = (0.7 \times 1.27 \times 200 \times 405 + 270 \times$$

$$\frac{2 \times 28.3}{150} \times 405)\text{N} = 113.27\,\text{kN}$$

$$V = 90\,\text{kN} < V_{cs} = 113.27\,\text{kN}$$

斜截面承载力满足要求。

3.8 保证梁斜截面受弯、受剪承载力的构造措施

对钢筋混凝土受弯构件，在剪力和弯矩的共同作用下产生的斜裂缝，会导致与其相交的纵向钢筋拉力增加，引起沿斜截面受弯承载力不足及锚固不足的破坏，因此在设计中除了保证梁的正截面受弯承载力和斜截面受剪承载力外，在考虑纵向钢筋弯起、截断及钢筋锚固时，还需在构造上采取措施，保证梁的斜截面受弯承载力及钢筋的可靠锚固。

3.8.1 纵向钢筋的弯起和截断

1.纵向受拉钢筋弯起时保证斜截面受弯能力的构造措施

图 3.43 中，② 号钢筋在 G 点弯起时，虽然满足了正截面抗弯能力的要求，但是斜截面受弯能力却可能不满足，只有在满足了规定的构造措施后才能同时保证斜截面受弯承载力。

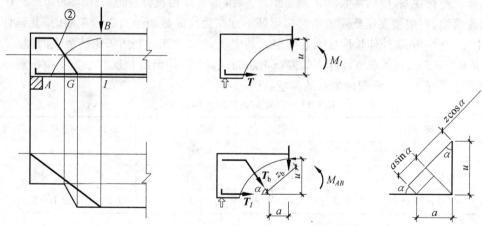

图 3.43 斜截面受弯承载力

如果在支座与弯起点 G 点之间发生一条斜裂缝 AB，其顶端正好在弯起钢筋② 号钢筋充分利用点的正截面 I 上。显然，斜截面的弯矩设计值与正截面 I 的弯矩设计值是相同的，都是 M_I。在正截面 I 上，② 号钢筋的抵抗弯矩 $M_{u,I} = f_y A_s z$，式中，z 为正截面的内力臂；A_s 为② 号钢筋的截面面积。

② 号钢筋弯起后，它在斜截面 AB 上的抵抗弯矩 $M_{u,AB} = f_y A_s z_b$，保证斜截面的受弯承载力不低于正截面承载力要求 $M_{u,AB} \geqslant M_{u,I}$，即有 $z_b \geqslant z$，由几何关系知 $z_b = a\sin\alpha + z\cos\alpha$，所以

$$a \geqslant \frac{z(1-\cos\alpha)}{\sin\alpha} \tag{3.60}$$

式中 a—— 钢筋弯起点至被充分利用点的水平距离。

弯起钢筋的弯起角度 α 一般为 $45° \sim 60°$，取 $z = (0.91 \sim 0.77)h_0$，则有：

$\alpha = 45°$ 时 $\qquad\qquad\qquad\qquad\qquad a \geqslant (0.372 \sim 0.319)h_0$

$\alpha = 60°$ 时 $\qquad\qquad\qquad\qquad\qquad a \geqslant (0.525 \sim 0.445)h_0$

因此，为方便起见，可简单取为

$$a \geqslant 0.5h_0 \tag{3.61}$$

即钢筋弯起点位置与按计算充分利用该钢筋的截面之间的距离不应小于 $h_0/2$。同时弯起钢筋与梁中心线的交点位于不需要该钢筋的截面之外，就保证了斜截面受弯承载力而不必再计算。

2. 纵向受拉钢筋截断时的构造措施

纵向受拉钢筋不宜在受拉区截断。因为截断处，钢筋截面面积突然减小，混凝土拉应力骤增，致使截面处往往会过早地出现弯剪斜裂缝，甚至可能降低构件的承载能力。因此，对于梁底部承受正弯矩的纵向受拉钢筋，通常将计算上不需要的钢筋弯起作为抗剪钢筋或作为支座截面承受负弯矩的钢筋，而不采用截断钢筋的配筋方式。但是对于悬臂梁或连续梁、框架梁等构件，为了合理配筋，通常需将支座处承受负弯矩的纵向受拉钢筋按弯矩图形的变化，将计算上不需要的上部纵向受拉钢筋在跨中分批截断。为了保证钢筋强度的充分利用，截断的钢筋必须在跨中有足够的锚固长度。

当在受拉区截断纵向受拉钢筋时，应满足以下的构造措施。满足了这些构造措施，一般情况下就可以保证斜截面的受弯承载力而不必再进行计算。但对于某些集中荷载较大或腹板较薄的受弯构件，如纵向受拉钢筋必须在受拉区截断时，尚应按斜截面受弯承载力进行计算。

(1) 保证截断钢筋强度的充分利用：考虑到在切断钢筋的区段内，由于纵向受拉钢筋的销栓剪切作用常撕裂混凝土保护层而降低黏结作用，使延伸段内钢筋的黏结受力状态较为不利，特别是在弯矩和剪力均较大、切断钢筋较多时，将更为明显。因此，为了保证截断钢筋能充分利用其强度，就必须将钢筋从其强度充分利用截面向外延伸一定的长度 l_{d1}，依靠这段长度与混凝土的黏结锚固作用维持钢筋以足够的拉力。

(2) 保证斜截面受弯承载力：结构设计中，应从上述两个条件中选用较长的外伸长度作为纵向受力钢筋的实际延伸长度 l_d，以确定其真正的切断点。《混凝土结构设计规范》(GB 50010—2010) 规定：钢筋混凝土连续梁、框架梁支座截面的负弯矩钢筋不宜在受拉区截断。当必须截断时，其延伸长度可按表 3.13 中 l_{d1} 和 l_{d2} 中取外伸长度较大者确定。其中，l_{d1} 是从"充分利用该钢筋强度的截面"延伸出的长度；l_{d2} 是从"按正截面承载力计算不需要该钢筋的截面"延伸出的长度。l_a 为受拉钢筋的锚固长度，d 为钢筋的公称直径，h_0 为截面的有效高度。

表 3.13　负弯矩钢筋的延伸长度

截 面 条 件	充分利用截面伸出 l_{d1}	计算不需要截面伸出 l_{d2}
$V \leqslant 0.07f_t bh_0$	$1.2l_a$	$20d$
$V > 0.07f_t bh_0$	$1.2l_a + h_0$	$20d$ 且 h_0
$V > 0.07f_t bh_0$ 且截断点仍位于负弯矩受拉区内	$1.2l_a + 1.7h_0$	$20d$ 且 $1.3h_0$

3.8.2　纵向钢筋的锚固

纵向钢筋伸入支座后，应有充分的锚固，如图 3.44 所示，否则，锚固不足就可能使钢筋产生过大的滑动，甚至会从混凝土中拔出造成锚固破坏。

1. 简支支座处的锚固长度 l_{as}

对于简支支座，由于钢筋的受力较小，《混凝土结构设计规范》(GB 50010—2010) 规定：

当 $V \leqslant 0.7f_t bh_0$ 时，$l_{as} \geqslant 5d$；

当 $V \geqslant 0.7f_t bh_0$ 时，带肋钢筋 $l_{as} \geqslant 12d$，光圆钢筋 $l_{as} \geqslant 15d$。

对于板,一般剪力较小,通常能满足 $V \leqslant 0.7f_t bh_0$ 的条件,所以板的简支支座和连续板下部纵向受力钢筋伸入支座的锚固长度 l_{as} 不应小于 $5d$。当板内温度、收缩应力较大时,伸入支座的锚固长度宜适当增加。

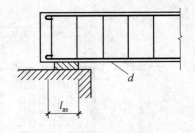

图 3.44 简支梁下部纵筋的锚固

2. 中间支座的钢筋锚固要求

框架梁或连续板在中间支座处,一般上部纵向钢筋受拉,应贯穿中间支座节点或中间支座范围。下部钢筋受压,其伸入支座的锚固长度分下面几种情况考虑。

(1)当计算中不利用钢筋的抗拉强度时,不论支座边缘内剪力设计值的大小,其下部纵向钢筋伸入支座的锚固长度 l_{as} 应满足简支支座 $V \geqslant 0.7f_t bh_0$ 时的规定,如图 3.45(a)所示。

(2)当计算中充分利用钢筋的抗拉强度时,下部纵向钢筋应锚固于支座节点内。若柱截面尺寸足够,可采用直线锚固方式,如图 3.45(a)所示;若柱截面尺寸不够,可将下部纵筋向上弯折,如图 3.45(b)所示;也可以伸过节点或支座范围,并在梁中弯矩较小处设置搭接接头,如图 3.45(c)所示。

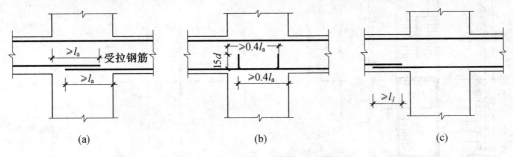

图 3.45 梁中间支座下部纵向钢筋的锚固

(3)当计算中充分利用钢筋的受压强度时,下部纵向钢筋伸入支座的直线锚固长度不应小于 $0.7l_a$,也可以伸过节点或支座范围,并在梁中弯矩较小处设置搭接接头,如图 3.45(c)所示。

 # 3.9 某教学楼连廊楼板设计

某教学楼标准层平面图(图 3.46),连廊为现浇简支的混凝土平板,板上作用的均布活荷载标准值为 $q_k = 2.0 \text{ kN/m}^2$。水磨石地面及细石混凝土垫层 30 mm 厚(重力密度为 22 kN/m³),板底粉刷白灰砂浆 12 mm 厚(重力密度为 17 kN/m³)。混凝土强度等级选用 C30,纵向受拉钢筋采用 HRB335 级钢筋。环境类别为一类,设计使用年限为 50 年。试确定板厚度和受拉钢筋截面面积。

3.9.1 楼板的力学模型及内力计算

1. 计算简图确定

走廊较长,但是沿长度方向的跨度、板厚、板上荷载等完全相同,不必将整个走廊取出计算,只需沿走廊的长度方向取出 1 m 宽的板带进行计算和配筋,没有计算的板按此 1 m 宽计算板带的配筋配置钢筋。

走道板搁置在砖墙上,砖墙对其约束较小,为了简化计算,可视为简支,如图 3.47(b)所示。

2. 截面尺寸

本走道板采用实心板,板厚取 80 mm。计算单元的截面尺寸 $b \times h = 1\,000 \text{ mm} \times 80 \text{ mm}$,如图 3.47(c)所示。由表 3.4 查得混凝土保护层厚度 $c = 15 \text{ mm}$,从板的受拉边缘至受拉纵向钢筋的距离 $a_s = 20 \text{ mm}$,截面的有效高度为

$$h_0 = 80 \text{ mm} - 20 \text{ mm} = 60 \text{ mm}$$

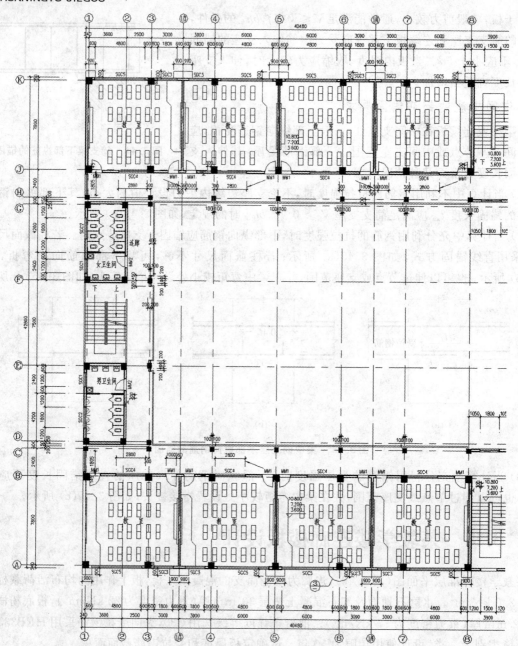

图 3.46　教学楼标准层平面图

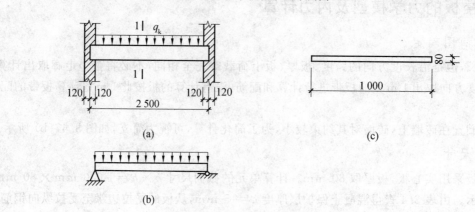

图 3.47　走道板计算简图

3. 计算跨度

板的计算跨度可按砌体结构中板简支在墙上的规定计算。对于走道板,计算跨度等于板的净跨加板的厚度。因此有

$$l_0 = l_n + h = 2\,260 \text{ mm} + 80 \text{ mm} = 2\,340 \text{ mm}$$

4. 荷载设计值

板的恒荷载标准值:

水磨石面层	$0.03 \times 22 \text{ kN/m} = 0.66 \text{ kN/m}$
钢筋混凝土板自重	$0.08 \times 25 \text{ kN/m} = 2.0 \text{ kN/m}$
白灰砂浆粉刷	$0.012 \times 17 \text{ kN/m} = 0.204 \text{ kN/m}$

$$g_k = 2.864 \text{ kN/m}$$

活荷载标准值: $\quad\quad\quad q_k = 2 \text{ kN/m}^2$

5. 弯矩设计值

走道板上不考虑偶然荷载,设计只需考虑荷载的基本组合。

当以活荷载为主,其跨中弯矩最大设计值为

$$M_1 = r_G \frac{1}{8} g_k l_0^2 + r_Q \frac{1}{8} q_k l_0^2 = \left(1.2 \times \frac{1}{8} \times 2.864 \times 2.34^2\right) \text{ kN} \cdot \text{m} +$$

$$\left(1.4 \times \frac{1}{8} \times 2 \times 1.0 \times 2.34^2\right) \text{ kN} \cdot \text{m} = 4.269 \text{ kN} \cdot \text{m}$$

当以恒荷载为主,其跨中弯矩最大设计值为

$$M_2 = r_G \frac{1}{8} g_k l_0^2 + r_Q \frac{1}{8} q_k l_0^2 = \left(1.35 \times \frac{1}{8} \times 2.864 \times 2.34^2\right) \text{ kN} \cdot \text{m} +$$

$$\left(1.4 \times 0.7 \times \frac{1}{8} \times 2 \times 1.0 \times 2.34^2\right) \text{ kN} \cdot \text{m} = 3.988 \text{ kN} \cdot \text{m}$$

因此,本例选取以活荷载为主算得的跨中弯矩最大设计值 $M = 4.269 \text{ kN} \cdot \text{m}$ 进行配筋计算才安全。

3.9.2 楼板的配筋计算

1. 计算钢筋面积 A_s

混凝土强度等级选用 C30:由表 1.10 查得其抗压强度设计值 $f_c = 14.3 \text{ N/mm}^2$,由表查得 $\alpha_1 = 1.0$。

HRB335 级钢筋:由表 1.3 查得其抗拉强度设计值 $f_y = 300 \text{ N/mm}^2$。

此外,由表可查得: $\rho_{min} = 0.215\%, \xi_b = 0.550, M = 4.269 \text{ kN} \cdot \text{m}$。

将有关数据代入前面公式,得

$$1.0 \times 14.3 \times 1\,000 \times x = 300 \times A_s$$
$$4.269 \times 10^6 = 1.0 \times 14.3 \times 1\,000 \times x \times (60 - x/2)$$

解联立方程得

$$x = 5.19 \text{ mm} < \xi_b \times h_0 = 60 \text{ mm} \times 0.550 = 33 \text{ mm} \quad (符合条件)$$

从而计算:

$$A_s = \frac{1.0 \times 14.3 \times 1\,000 \times 5.19}{300} \text{ mm}^2 = 247.4 \text{ mm}^2$$

$$\rho_{min} bh = 0.215\% \times 1\,000 \times 80 = 172 \text{ mm}^2 < A_s = 247.4 \text{ mm}^2 \quad (符合条件)$$

2. 选用钢筋

查附表板的配筋可得,可选用直径 8 mm,间距为 200 mm 的 HRB335 级钢筋,即 Φ8@200,实配钢筋面积 251 mm²。板内除配纵向受力钢筋之外,与受力钢筋垂直的方向还应配分布钢筋。分布钢筋

不需要计算,只需要满足构造要求便可。本例分布钢筋选用直径 6 mm、间距为 250 mm 的 HPB300 级钢筋,即ϕ6@250。

3.9.3 连廊的施工图绘制

板的配筋图如图 3.48 所示。

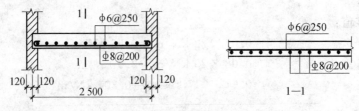

图 3.48　连廊板施工图

 # 3.10　混凝土楼梯

3.10.1 楼梯的分类、组成及受力特点

1. 分类

(1) 根据结构材料分:钢筋混凝土楼梯、木制楼梯、钢制楼梯以及钢木楼梯等。

(2) 根据结构形式分:梁式楼梯、板式楼梯、悬臂式楼梯、悬挂式楼梯和悬挑楼梯等。

(3) 根据梯段组合形式分:直线型系列楼梯、圆弧线型系列楼梯、直圆弧线型系列楼梯等。

(4) 按使用性质分:主要楼梯、辅助楼梯、疏散楼梯和消防楼梯等。

(5) 按照楼梯间的平面形式分:封闭式楼梯、开敞楼梯、防烟楼梯等。

2. 组成

楼梯的组成如图 3.49 所示,有 4 部分组成:

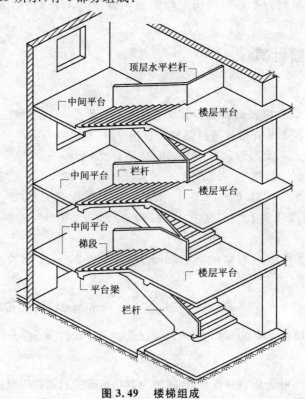

图 3.49　楼梯组成

（1）楼梯梯段：由踏步组成，是供层间上下行走的倾斜构件。

（2）平台：两梯段间的水平构件，包括中间平台（休息平台）和楼层平台。

（3）栏杆扶手：梯段及平台边缘的安全保护构件，有一定的装饰作用。

（4）楼梯井：梯段之间形成的空当。

3.受力特点

这里主要讲述板式楼梯和梁式楼梯的受力特点。

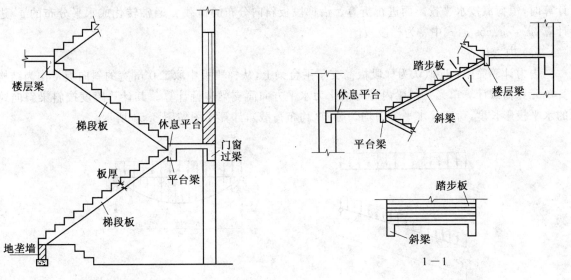

图 3.50　板式楼梯　　　　　　　　　　　　图 3.51　梁式楼梯

（1）板式楼梯：板式楼梯主要由梯段板、平台板和平台梁等受力构件组成，如图 3.50 所示。其楼梯传力途径如图 3.52 所示。

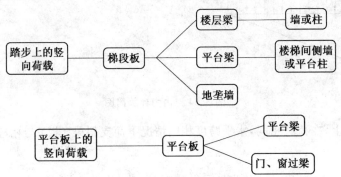

图 3.52　板式楼梯传力路径

（2）梁式楼梯：梁式楼梯主要由踏步板、斜梁、平台板和平台梁等受力构件组成，如图 3.51 所示。其楼梯传力途径如图 3.53 所示。

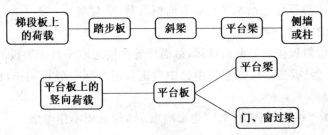

图 3.53　梁式楼梯传力路径

3.10.2 板式楼梯的计算与构造

板式楼梯的设计计算包括梯段板、平台板和平台梁三个部分。

1. 梯段板的设计

（1）梯段板厚度：一般可取梯段水平投影跨度的 $1/25 \sim 1/30$ 左右。

（2）荷载计算：荷载包括恒载和活载。活荷载沿水平方向分布，恒载沿梯段板倾斜方向分布。在计算时，恒荷载按水平投影面进行折算。沿梯段板斜向分布的恒载 g 通常转化成水平分布的 g' 进行计算：$g' = g/\cos\alpha$，式中 α 为梯段板倾角。

（3）内力计算

内力计算简图：近似认为梯段板简支于平台梁上，从梯段板中取 1.0 m 宽的斜向板带作为结构计算单元和荷载计算单元。斜梁内力可简化为水平方向简支梁进行计算。其计算跨度按斜梁斜向跨度的水平投影长度，荷载按水平方向均匀分布（均布荷载），计算简图如图 3.54 所示。

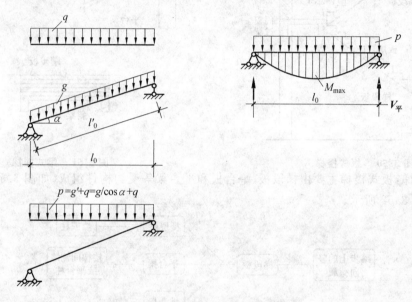

图 3.54　内力计算简图

内力计算：理论上，在荷载相同，水平跨度相同情况下简支斜梁（板）与相应的简支水平梁（板）的最大弯矩相等。

$$M_{\text{倾斜max}} = M_{\text{水平max}} = (g+q)l_n^2/8 \qquad (3.62)$$

考虑到梯段斜板与平台梁的整体连接，平台梁对梯段的弹性约束作用斜板的跨中弯矩相对于简支梁有所减少，可近似取：

$$M_{\text{倾斜max}} = M_{\text{水平max}} = (g+q)l_n^2/10 \qquad (3.63)$$

式中　　g, q——作用于梯段板上沿水平投影方向恒荷载、活荷载；

　　　　l_n——梯段板的水平净跨长。

（4）配筋计算：梯段斜板按矩形截面计算，截面计算高度应取垂直于斜板的最小高度，斜板厚度不应小于梯段水平跨度。斜板受力钢筋数量由跨中弯矩确定。同一般板一样，梯段斜板不进行斜截面受剪承载力计算。

竖向荷载在梯段板产生的轴向力，对结构影响很小，设计中不作考虑。

2. 平台板的设计

（1）计算简图确定

计算模型：平台板一般按单向板进行内力计算。当平台板一端与平台梁整体连接，另一端支承在

墙体上时跨中弯矩为

$$M_{倾斜max} = M_{水平max} = (g+q)l_0^2/8 \tag{3.64}$$

考虑到梯段斜板与平台梁的整体连接,平台梁对梯段的弹性约束作用,斜板的跨中弯矩相对于简支梁有所减少,可近似取:

$$M_{倾斜max} = M_{水平max} = (g+q)l_0^2/10 \tag{3.65}$$

式中 l_0——平台板的跨度。

(2)配筋计算

平台板与平台梁整体连接时,支座处有一定的负弯矩作用,应按梁板要求配置构造负筋,数量一般取与平台板跨中钢筋相同。当平台板的跨度远比梯段板的水平跨度小时,平台板跨度内可能全部出现负弯矩。这时,应按计算通长布置负弯矩钢筋。

3.平台梁的设计

(1)计算简图确定:按荷载满布全跨的简支梁计算;截面高度一般取 $h \geqslant l_0/12$。计算模型如图3.55所示。

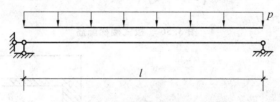

图 3.55   平台梁的计算模型

(2)荷载计算:作用于平台梁的荷载包括平台板传来的均布荷载和梯段板传来的均布荷载。

(3)内力计算:按普通简支梁进行计算。

弯矩设计值:

$$M = 1/8\,pl_0^2 \tag{3.66}$$

剪力设计值:

$$V = 1/2\,pl_n \tag{3.67}$$

式中 p——作用于平台梁的均布荷载,包括平台梁自重;

l_0——平台梁的计算跨度;

l_n——平台梁的净跨度。

(4)配筋计算:配筋按倒 L 形截面计算。

4.板式楼梯的构造

配筋方式可采用弯起式或分离式,如图 3.56 所示。考虑斜板与平台梁、平台板的整体性,斜板两端的范围内应设置负弯矩钢筋,钢筋用量与跨中钢筋相同,并保证其伸入梁内足够的锚固长度。在垂直于受力钢筋方向设置分布钢筋,每个踏步内不少于 $1\phi6$。

3.10.3 梁式楼梯的计算与构造

梁式楼梯的设计计算包括:踏步板、梯段斜梁、平台板和平台梁 4 个部分。

1.踏步板的设计

踏步板由斜板和三角形踏步组成,如图 3.57 所示。

(1)计算简图确定:踏步板两端支承在斜梁上,按两端简支的单向板进行计算。其计算简图如图3.58 所示。

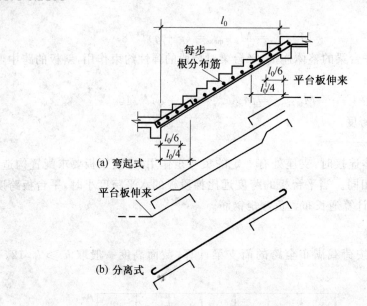

图 3.56　板式楼梯配筋

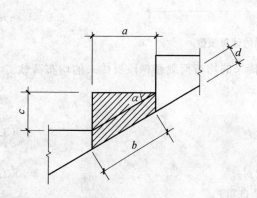

图 3.57　踏步板

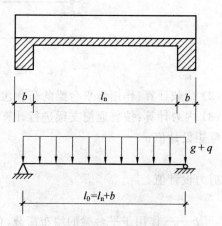

图 3.58　踏步板计算简图

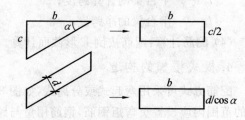

图 3.59　截面的等效图示

为简化计算,取一个踏步为计算单元,其截面为梯形,可按截面面积相等的原则,等效为同宽度的矩形截面。其截面的等效图示如图 3.59 所示。

其截面等效高度为

$$h_1 = c/2 + d/\cos \alpha$$

式中　c——踏步高度;

　　　d——斜板厚度,斜板的厚度一般取 $30 \sim 40$ mm。

(2)荷载计算:承受均布荷载(包括恒载和活载)。

(3)内力计算

跨中弯矩为

$$M = (g + q) l_0^2 / 8 \tag{3.68}$$
$$l_0 = l_n + b \tag{3.69}$$

式中　l_0——踏步板的计算跨度;

　　　l_n——踏步板的净跨度;

　　　b——踏步宽度。

(4)配筋计算:按等效矩形受弯构件配筋计算。

2. 斜梁的设计

（1）计算简图确定

与板式楼梯的梯段斜板相似。截面形状按倒 L 形截面计算，踏步板下斜板为其受压翼缘。

（2）荷载计算

承受踏步板传来的恒载和活载，以及斜梁自重。

（3）内力计算

跨中正截面弯矩设计值：

$$M = 1/8 pl_0^2 \qquad (3.70)$$

支座截面剪力设计值：

$$V = 1/2 pl_0 \cos \alpha \qquad (3.71)$$

式中　p——作用于梯段板上沿水平投影方向荷载设计值；

　　　l_0——斜梁的计算跨度。

（4）配筋计算

① 踏步板在斜梁的上部：仅有一根边斜梁，斜梁按矩形截面设计；

两根边斜梁或者中斜梁时，按倒 L 形截面计算。

② 踏步板在斜梁的下部：按矩形截面设计。

3. 平台板和平台梁

平台板的计算与板式楼梯完全相同。

平台梁的计算除梁上荷载形式不同外，设计也与板式楼梯相同。板式楼梯中梯段板传给平台梁的荷载为均布荷载，而梁式楼梯中梯段梁传给平台梁的荷载为集中荷载。

4. 梁式楼梯的构造

踏步板的高和宽由建筑设计确定，斜板的厚度一般取 30～40 mm。踏步板的受力钢筋除按计算确定外，要求每一级踏步不少于 2φ6 钢筋；而且整个梯段板内还应沿斜向布置，φ6@300 的分布钢筋，如图 3.60 所示。平台板考虑到板支座的转动会受到一定约束，一般应将板下部钢筋在支座附近弯起一半，或在板面支座处另配短钢筋，伸出支承边缘长度为 $l_n/4$，l_n 为平台板净跨，如图 3.61 所示。

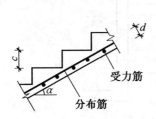

图 3.60　梯段板配筋

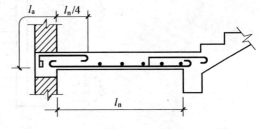

图 3.61　平台板配筋

3.11　某教学楼板式楼梯设计

某办公楼平面图如图 3.62 所示，现浇板式楼梯结构布置如图 3.63 所示，层高 3.6 m，踏步尺寸 150 mm×300 mm。采用混凝土强度等级 C30，钢筋为 HPB300 和 HRB335。办公楼楼梯荷载标准值取为 3.5 kN/m²，对该楼梯进行设计。

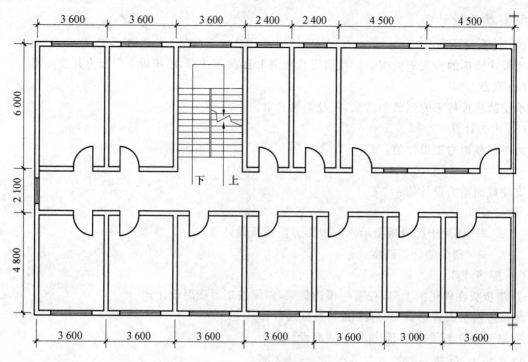

图 3.62　某办公楼平面图

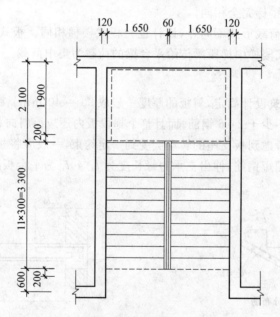

图 3.63　板式楼梯结构布置图

3.11.1　楼梯各组成构件的力学模型及内力计算

1. 楼梯板（TB）内力计算

板倾斜度为

$$\tan \alpha = 150/300 = 0.5, \quad \cos \alpha = 0.894$$

设板厚 $h = 140$ mm，约为板斜长的 1/30。

取 1 m 宽板带为计算单元。

（1）计算荷载：

板的恒荷载标准值：

水磨石面层	$[(0.3+0.15)\times0.65\times1/0.3]$ kN/m $=0.98$ kN/m
三角形踏步	$(0.3\times0.15\times1/2\times25\times1/0.3)$ kN/m $=1.88$ kN/m
钢筋混凝土斜板自重	$(0.14\times25\times1/0.894)$ kN/m $=3.91$ kN/m
板底抹灰	$(0.02\times17\times1/0.894)$ kN/m $=0.38$ kN/m

$$g_k=7.15 \text{ kN/m}$$

活荷载标准值:$q_k=3.5$ kN/m^2

活荷载控制:$p=(1.2\times7.15+1.4\times3.5)$ kN/m $=13.48$ kN/m

恒荷载控制:$p=(1.35\times7.15+1.4\times0.7\times3.5)$ kN/m $=13.08$ kN/m

基本组合的总荷载设计值:$p=13.48$ kN/m

(2)内力计算

板水平计算跨度 $l_n=3.3$ m

弯矩设计值 $M=pl_n^2/10=(13.48\times3.3^2/10)$ kN·m $=14.68$ kN·m

2. 休息平台板(PTB)内力计算设计

板厚取 120 mm,取平台板宽 1 m 为计算单元。

(1)计算荷载

板的恒荷载标准值:

平台板自重	(0.12×25) kN/m $=3.0$ kN/m
平台板面层重	(0.02×20) kN/m $=0.4$ kN/m
底板抹灰重	(0.02×17) kN/m $=0.34$ kN/m

$$g_k=3.74 \text{ kN/m}$$

活荷载标准值:人群荷载 $\qquad q_k=3.5$ kN/m^2

活荷载控制:$p=(1.2\times3.74+1.4\times3.5)$ kN/m $=9.388$ kN/m

恒荷载控制:$p=(1.35\times3.74+1.4\times0.7\times3.5)$ kN/m $=8.479$ kN/m

基本组合的总荷载设计值:$p=9.388$ kN/m

(2)内力计算

板水平计算跨度 $\qquad l_0=l_n+b=1.9$ m $+0.5$ m $\times(0.24+0.22)$ m $=2.13$ m

弯矩设计值 $M=pl_0^2/8=(9.388\times2.13^2/8)$ kN·m $=5.234$ kN·m

3. 平台梁(TL)内力计算

(1)计算荷载设计值:

平台梁截面尺寸为 $\qquad b\times h=200$ mm $\times400$ mm

板的恒荷载标准值

踏步板传来荷载	$(13.48\times3.36/2)$ kN/m $=22.65$ kN/m
平台板传来荷载	$(9.388\times2.13/2)$ kN/m $=9.998$ kN/m
平台梁自重	$[1.2\times0.2\times(0.4-0.1)\times25]$ kN/m $=1.80$ kN/m
梁侧抹灰重	$(1.2\times0.02\times2\times0.4\times17)$ kN/m $=0.33$ kN/m

$$34.778 \text{ kN/m}$$

(2)内力计算

梁计算跨度:

$$l_0=1.05l_n=1.05\times3.36 \text{ m}=3.53 \text{ m}<l_n+a=(3.36+0.24) \text{ m}=3.6 \text{ m}$$

所以 $\qquad\qquad\qquad\qquad l_0=3.53$ m

估算截面尺寸：$h = l_0/12 = 3\ 530\ \text{mm}/12 = 294\ \text{mm}$，取 $b \times h = 200\ \text{mm} \times 400\ \text{mm}$

弯矩设计值：$M = pl_0^2/8 = (34.778 \times 3.53^2/8)\ \text{kN} \cdot \text{m} = 54.17\ \text{kN} \cdot \text{m}$

剪力设计值：$V = 1/2\ pl_n = (1/2 \times 34.778 \times 3.36)\text{kN} = 58.43\ \text{kN}$

3.11.2 楼梯各组成构件的配筋计算

1. 楼梯板（TB）配筋计算

（1）计算钢筋面积 A_s

混凝土强度等级选用C30：由附表查得其抗压强度设计值 $f_c = 14.3\ \text{N/mm}^2$，由表查得 $\alpha_1 = 1.0$。

HPB300级钢筋：由附表查得其抗拉强度设计值 $f_y = 270\ \text{N/mm}^2$。

此外，由表可查得：$\rho_{\min} = 0.238\%$，$\xi_b = 0.575\ 7$，$M = 15.22\ \text{kN} \cdot \text{m}$。

$$h_0 = h - 20\ \text{mm} = (140 - 20)\ \text{mm} = 120\ \text{mm}$$

$$\alpha_s = \frac{M_{\max}}{\alpha_1 f_c b h_0^2} = \frac{14.68 \times 10^6}{1.0 \times 14.3 \times 1000 \times 120^2} = 0.071$$

$$\xi = 1 - \sqrt{1 - 2\alpha_s} = 1 - \sqrt{1 - 2 \times 0.071} = 0.074 < \xi_b = 0.575\ 7\ (\text{符合条件})$$

从而计算：

$$A_s = \frac{1.0 \times 14.3 \times 1\ 000 \times 120 \times 0.074}{270}\ \text{mm}^2 = 470.3\ \text{mm}^2$$

$$\rho_{\min} bh = (0.238\% \times 1\ 000 \times 120)\ \text{mm}^2 = 285.6\ \text{mm}^2 < A_s = 470.3\ \text{mm}^2\ (\text{符合条件})$$

（2）选用钢筋：查附表板的配筋可得，可选用直径 10 mm，间距为 150 mm 的 HPB300 级钢筋，即 Φ10@150，实配钢筋面积 523 mm²。板内除配纵向受力钢筋之外，与受力钢筋垂直的方向还应配分布钢筋。分布钢筋不需要计算，只需要满足构造要求便可。本例分布钢筋选用直径 8 mm，间距为 200 mm 的 HPB300 级钢筋，即 Φ8@200。由于踏步板与平台梁整体现浇，TL1 和 TL2 对 TB1 有一定的嵌固作用，因此，在板的支座配置 Φ8@200 负弯矩构造钢筋，以防止平台梁对板的弹性约束而产生裂缝，其长度为 1/4 踏步板的净跨，即

$$\frac{1}{4} l_n = 0.25 \times 3\ 300\ \text{mm} = 825\ \text{mm}$$

2. 平台板（TB）配筋计算

（1）计算钢筋面积 A_s

混凝土强度等级选用C30：由附表查得其抗压强度设计值 $f_c = 14.3\ \text{N/mm}^2$，由表查得 $\alpha_1 = 1.0$。

HPB300级钢筋：由附表查得其抗拉强度设计值 $f_y = 270\ \text{N/mm}^2$。

此外，由表可查得：$\rho_{\min} = 0.238\%$，$\xi_b = 0.575\ 7$，$M = 5.234\ \text{kN} \cdot \text{m}$。

$$h_0 = h - 20\ \text{mm} = (120 - 20)\text{mm} = 100\ \text{mm}$$

$$\alpha_s = \frac{M_{\max}}{\alpha_1 f_c b h_0^2} = \frac{5.234 \times 10^6}{1.0 \times 14.3 \times 1\ 000 \times 100^2} = 0.036\ 6$$

$$\xi = 1 - \sqrt{1 - 2\alpha_s} = 1 - \sqrt{1 - 2 \times 0.036\ 6} = 0.037 < \xi_b = 0.575\ 7\ (\text{符合条件})$$

从而计算：

$$A_s = \frac{1.0 \times 14.3 \times 1\ 000 \times 100 \times 0.037}{270}\ \text{mm}^2 = 195.96\ \text{mm}^2$$

$$\rho_{\min} bh = (0.238\% \times 1\ 000 \times 100)\ \text{mm}^2 = 238\ \text{mm}^2 > A_s = 195.96\ \text{mm}^2$$

故

$$A_s = 238\ \text{mm}^2$$

（2）选用钢筋：查附表板的配筋可得，可选用直径 8 mm，间距为 200 mm 的 HPB300 级钢筋，即 Φ8@200，实配钢筋面积 251 mm²。板内除配纵向受力钢筋之外，与受力钢筋垂直的方向还应配分布钢筋。分布钢筋不需要计算，只需要满足构造要求便可。本例分布钢筋选用直径 8 mm，间距为

200 mm 的 HPB300 级钢筋，即 $\phi 8@200$。由于踏步板与平台梁整体现浇，TL1 和 TL2 对 TB1 有一定的嵌固作用，因此，在板的支座配置 $\phi 8@200$ 负弯矩构造钢筋，以防止平台梁对板的弹性约束而产生裂缝，其长度为 1/4 踏步板的净跨，即

$$1/4 l_n = 0.25 \times 1\,800 \text{ mm} = 450 \text{ mm}$$

3. 平台梁（TL）配筋计算

混凝土强度等级选用 C30：由附表查得其抗压强度设计值 $f_c = 14.3 \text{ N/mm}^2$，由表查得 $\alpha_1 = 1.0$。

HRB335 级钢筋：由附表查得其抗拉强度设计值 $f_y = 300 \text{ N/mm}^2$。

此外，由表可查得：$\rho_{min} = 0.215\%$，$\xi_b = 0.550$。

弯矩设计值 $M = 54.17 \text{ kN} \cdot \text{m}$，剪力设计值 $V = 58.43 \text{ kN}$。

（1）受弯承载力计算

按倒 L 形计算：$h_0 = h - 35 \text{ mm} = (400 - 35) \text{ mm} = 365 \text{ mm}$，$h'_f = 40 \text{ mm}$。

受压翼缘计算宽度取下列中较小值：

$$b'_f = 1/6 l_0 = 1/6 \times 3\,530 \text{ mm} = 588 \text{ mm}$$

$$b'_f = b + s_0/2 = (200 + 1\,780/2) \text{ mm} = 1\,190 \text{ mm}$$

$$h'_f/h_0 = 40/365 = 0.11 > 0.1$$

此情况不予考虑，故取 $b'_f = 588 \text{ mm}$，则

$$\alpha_1 f_c b'_f h'_f (h_0 - h'_f/2) = [1.0 \times 14.3 \times 588 \times 40 \times (365 - 20)] \text{ N} \cdot \text{mm} =$$
$$116.04 \times 10^6 \text{ N} \cdot \text{mm} =$$
$$116.04 \text{ kN} \cdot \text{m} > 54.17 \text{ kN} \cdot \text{m}$$

所以属于第一类 L 形截面。

$$\alpha_s = \frac{M_{max}}{\alpha_1 f_c b h_0^2} = \frac{54.17 \times 10^6}{1.0 \times 14.3 \times 588 \times 365^2} = 0.048\,4$$

$$\xi = 1 - \sqrt{1 - 2\alpha_s} = 1 - \sqrt{1 - 2 \times 0.048\,4} = 0.049\,6 < \xi_b = 0.550 （符合条件）$$

从而计算：

$$A_s = \frac{1.0 \times 14.3 \times 588 \times 365 \times 0.049\,6}{300} \text{ mm}^2 = 507.4 \text{ mm}^2$$

$$\rho_{min} bh = (0.215\% \times 588 \times 400) \text{ mm}^2 = 505.68 \text{ mm}^2 < A_s = 507.4 \text{ mm}^2$$

故

$$A_s = 507.4 \text{ mm}^2$$

选用钢筋：查附表板的配筋可得，可选用 2 根直径 18 mm 的 HRB335 级钢筋，即 $2\phi 18$，实配钢筋面积 509 mm²。

（2）受剪承载力计算

$$h_w/b = (400 - 120)/200 = 1.4 < 4$$

则

$$0.25 \beta_c f_c b h_0 = (0.25 \times 1.0 \times 14.3 \times 200 \times 365) \text{N} = 260\,975 \text{ N} = 260.98 \text{ kN} > V = 58.43 \text{ kN}$$

故截面尺寸满足要求。

$$0.7 f_t b h_0 = (0.7 \times 1.27 \times 200 \times 440) \text{N} = 78\,232 \text{ N} = 78.23 \text{ kN} > V = 58.43 \text{ kN}$$

故仅按构造要求配置箍筋，选用直径 8 mm，间距为 200 mm 的 HPB300 级钢筋，即 $\phi 8@200$。

3.11.3 绘制施工图

楼梯的施工图如图 3.64 所示。

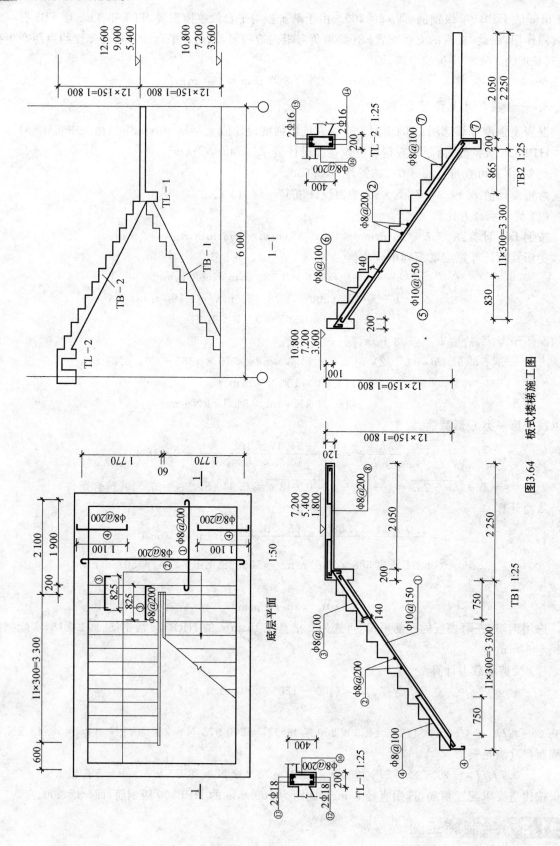

图3.64 板式楼梯施工图

3.12 某商场梁式楼梯设计

1. 楼梯设计资料

构造做法:30 mm 厚水磨石面层,20 mm 厚混合砂浆天棚抹灰,建筑做法平均重度 $\gamma_2 = 20$ kN/m³。

可变荷载标准值:3.5 kN/m²。

2. 材料选用

混凝土:采用 C30($f_c = 14.3$ N/mm², $f_t = 1.43$ N/mm²,$\gamma_1 = 25$ kN/m³)。

钢筋:采用 HPB300 和 HRB335。

楼梯结构平面布置如图 3.65 所示。

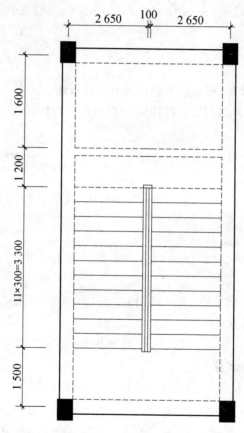

图 3.65 梁式楼梯结构布置图

3.12.1 楼梯各组成构件的力学模型及内力计算

1. 踏步板内力计算

设踏步板底板厚度 $t = 120$ mm,踏步板尺寸 $d \times b = 150$ mm × 300 mm,取一个踏步作为计算单元。设楼梯的倾斜角为 $\alpha = \arctan(2\,400/4\,400) = 28.61°$,则 $\cos \alpha = 0.877\,9$,$\sin \alpha = 0.479$。

(1)荷载计算

板的恒荷载标准值:

踏步自重	$[25 \times (0.15 \times 0.3/2 + 0.12 \times 0.3/0.877\,9)]$ kN/m	= 1.59 kN/m
50 mm 建筑做法自重	$[20 \times 0.05 \times (0.15 + 0.3)]$ kN/m	= 0.45 kN/m
板底 20 mm 砂浆抹灰	$[20 \times 0.02 \times 0.3/0.877\,9]$ kN/m	= 0.14 kN/m

$$g_k = 2.18 \text{ kN/m}$$

活荷载标准值：$(3.5 \times 0.3) \text{ kN/m} = 1.05 \text{ kN/m}$

可变荷载控制 $p = (1.2 \times 2.18 + 1.4 \times 1.05) \text{ kN/m} = 4.09 \text{ kN/m}$

永久荷载控制 $p = (1.35 \times 2.18 + 1.4 \times 0.7 \times 1.05) \text{ kN/m} = 3.97 \text{ kN/m}$

取可变荷载控制 $p = 4.09 \text{ kN/m}$，可知

$$p'_x = p\cos\alpha = 4.09 \text{ kN/m} \times 0.877\ 9 = 3.56 \text{ kN/m}$$

（2）内力计算

由于踏步板两端均与斜边梁整体连接，近似取

$$l_n = (2\ 600 - 100) \text{mm} = 2\ 500 \text{ mm}$$

踏步板的跨中弯矩为

$$M = \frac{1}{10} p l_n^2 = \left(\frac{1}{10} \times 4.09 \times 2.5^2\right) \text{ kN} \cdot \text{m} = 2.56 \text{ kN} \cdot \text{m}$$

2. 斜梁内力计算

（1）截面形状及尺寸

截面形状：按倒 L 形截面计算，踏步板下斜板为其受压翼缘。

截面尺寸：斜梁截面高度 $h = (1/18 \sim 1/12)l_n = (1/18 \sim 1/12) \times 6\ 000 \text{ mm} = 333 \sim 500 \text{ mm}$，取 $h = 350 \text{ mm}$。

斜梁截面宽度取 $b = 200 \text{ mm}$。

（2）荷载计算

梁的恒荷载标准值：

栏杆自重 $\qquad\qquad\qquad\qquad\qquad\qquad\qquad 1.0 \text{ kN/m}$

踏步板传来的荷载

$$[2.18 \times (2.1/2 + 0.2) \times 1/0.3] \text{kN/m} = 9.08 \text{ kN/m}$$

斜梁自重

$$[25 \times 0.2 \times (0.35 - 0.12)/0.8779] \text{kN/m} = 1.31 \text{ kN/m}$$

斜梁外侧 20 mm 厚砂浆抹灰

$$(20 \times 0.02 \times 0.35/0.8779) \text{kN/m} = 0.16 \text{ kN/m}$$

斜梁底及内侧 20 mm 厚砂浆抹灰

$$[20 \times 0.02 \times (0.2 + 0.35 - 0.12)/0.8779] \text{kN/m} = 0.20 \text{ kN/m}$$

$$g_k = 11.75 \text{ kN/m}$$

活荷载标准值：$[3.5 \times (2.1/2 + 0.2)] \text{ kN/m} = 4.38 \text{ kN/m}$

可变荷载控制 $p = (1.2 \times 11.75 + 1.4 \times 4.38) \text{ kN/m} = 20.23 \text{ kN/m}$

按永久荷载控制 $p = (1.35 \times 11.75 + 1.4 \times 0.7 \times 4.38) \text{ kN/m} = 20.15 \text{ kN/m}$

取永久荷载控制 $p = 20.23 \text{ kN/m}$

（3）内力计算

斜梁跨中最大弯矩设计值：

$$M = p l_0^2/8 = (20.23 \times 6^2/8) \text{ kN} \cdot \text{m} = 91.04 \text{ kN} \cdot \text{m}$$

斜梁端部最大剪力设计值

$$V = p l_0 \cos\alpha/2 = (20.23 \times 6 \times 0.8779/2) \text{ kN} = 53.28 \text{ kN}$$

斜梁支座反力

$$R = p l_0/2 = (20.23 \times 6/2) \text{ kN} = 60.69 \text{ kN}$$

3. 平台板内力计算

平台板长宽比 5 200/16 00＝3.25＞2，按单向板设计。

取 1 m 宽板为计算单元，板厚取 120 mm。

平台板计算简图如图 3.66 所示。

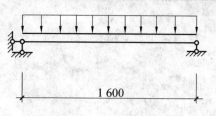

图 3.66　平台板计算简图

(1) 荷载计算

板的恒荷载标准值：

平台板自重	$(25 \times 0.12 \times 1)\text{kN/m} = 3.0 \text{ kN/m}$
30 mm 厚水磨石面层	$(25 \times 0.03 \times 1)\text{kN/m} = 0.75 \text{ kN/m}$
板底 20 mm 厚砂浆抹灰	$(17 \times 0.02 \times 1)\text{kN/m} = 0.34 \text{ kN/m}$

$$g_k = 4.09 \text{ kN/m}$$

活荷载标准值：
$$q_k = 3.5 \text{ kN/m}$$

可变荷载控制 $p = (1.2 \times 4.09 + 1.4 \times 3.5) \text{ kN/m} = 9.8 \text{ kN/m}$

永久荷载控制 $p = (1.35 \times 4.09 + 1.4 \times 0.7 \times 3.5) \text{ kN/m} = 8.95 \text{ kN/m}$

取可变荷载控制 $p = 9.8 \text{ kN/m}$

(2) 内力计算

跨中最大弯矩：

$$M = pl_0^2/8 = (9.8 \times 1.6^2/8) \text{ kN} \cdot \text{m} = 3.14 \text{ kN} \cdot \text{m}$$

4. 平台梁设计

平台梁截面尺寸 200 mm × 500 mm。

(1) 荷载计算

梁的恒荷载标准值：

由平台板传来的荷载	$(4.09 \times 1.6/2)\text{kN/m} = 3.27 \text{ kN/m}$
平台梁自重	$(25 \times 0.35 \times 0.2)\text{kN/m} = 1.75 \text{ kN/m}$
平台梁上的水磨石面层重	$(25 \times 0.03 \times 0.2)\text{kN/m} = 0.15 \text{ kN/m}$
平台梁底部和侧面砂浆抹灰	

$$\{17 \times 0.02 \times [0.2 + 2 \times (0.35 - 0.1)]\} \text{ kN/m} = 0.24 \text{ kN/m}$$

$$g_k = 5.41 \text{ kN/m}$$

活荷载标准值：
$$[3.5 \times (1.6/2 + 0.2)] \text{ kN/m} = 3.50 \text{ kN/m}$$

可变荷载控制 $p = (1.2 \times 5.41 + 1.4 \times 3.50) \text{ kN/m} = 11.39 \text{ kN/m}$

按永久荷载控制 $p = (1.35 \times 5.41 + 1.4 \times 0.7 \times 3.50) \text{ kN/m} = 10.73 \text{ kN/m}$

取永久荷载控制 $p = 11.39 \text{ kN/m}$

由斜板传来的集中荷载 $F = (11.75 \times 6/2) \text{ kN} = 35.25 \text{ kN}$

(2) 内力计算

平台梁两端与竖立在框架梁上的构造柱整体连接，故平台梁的计算跨度取净跨为

$$l = (2\ 500 \times 2 + 100 \times 4) \text{mm} = 5\ 400 \text{ mm}$$

平台梁计算简图如图 3.67 所示。

跨中最大弯矩设计值：

$$M = \frac{1}{8} pl^2 + \frac{1}{2} F(l - k_1) + \frac{1}{2} F(l - k_2) =$$

$$\left[\frac{1}{8} \times 11.39 \times 5.4^2 + 35.25 \times (5.4 - 0.2) \times \frac{1}{2} + 35.25 \times 0.10 \times \frac{1}{2} \right] \text{ kN} \cdot \text{m} =$$

134.93 kN·m

梁端最大剪力值:

$$V = \frac{1}{2}pl + 2F = \left(\frac{1}{2} \times 11.39 \times 5.4 + 2 \times 35.25\right) \text{kN} = 101.25 \text{ kN}$$

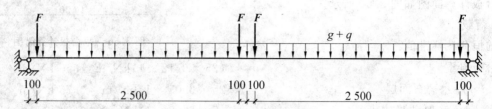

图 3.67　平台梁计算简图

3.12.2 楼梯各组成构件的配筋计算

1. 踏步板配筋计算

(1) 计算钢筋面积 A_s。

混凝土强度等级选用 C30:由附表查得其抗压强度设计值 $f_c = 14.3 \text{ N/mm}^2$,由表查得 $\alpha_1 = 1.0$。

HPB300 级钢筋:由附表查得其抗拉强度设计值 $f_y = 270 \text{ N/mm}^2$。

此外,由表可得:$\rho_{min} = 0.238\%$,$\xi_b = 0.5757$,$M = 2.56 \text{ kN·m}$。

$$h_1 = (150 \times 0.8779 + 120) \text{mm} = 252 \text{ mm}$$

截面计算高度取

$$h_0 = \frac{h_1}{2} = 126 \text{ mm}$$

截面计算宽度取

$$b_1 = \frac{b}{\cos \alpha} = \frac{300}{0.8779} \text{mm} = 342 \text{ mm}$$

$$\alpha_s = \frac{M_{max}}{\alpha_1 f_c b h_0^2} = \frac{2.56 \times 10^6}{1.0 \times 14.3 \times 342 \times 126^2} = 0.033$$

$$\xi = 1 - \sqrt{1 - 2\alpha_s} = 1 - \sqrt{1 - 2 \times 0.033} = 0.034 < \xi_b = 0.5757 \text{(符合条件)}$$

从而计算:

$$A_s = \frac{1.0 \times 14.3 \times 342 \times 126 \times 0.034}{270} \text{ mm}^2 = 77.6 \text{ mm}^2$$

$$\rho_{min} bh = (0.238\% \times 342 \times 126) \text{mm}^2 = 102.6 \text{ mm}^2 > A_s = 77.6 \text{ mm}^2$$

故

$$A_s = 102.6 \text{ mm}^2$$

(2) 选用钢筋:查附表板的配筋可得,可选用 2 根直径 10 mm,HPB300 级钢筋,即 2Φ10(实配钢筋面积 157 mm²),每踏步下配 2Φ10,并且其中一根弯起并伸入踏步,伸入长度应超过支座边缘 $l_n/4$ = 625 mm,取 650 mm,分布筋选择 Φ6@250。

2. 斜梁配筋计算

混凝土强度等级选用 C30:由附表查得其抗压强度设计值 $f_c = 14.3 \text{ N/mm}^2$,由表查得 $\alpha_1 = 1.0$。

HRB335 级钢筋:由附表查得其抗拉强度设计值 $f_y = 300 \text{ N/mm}^2$。

此外,由表可得:$\rho_{min} = 0.215\%$,$\xi_b = 0.550$。

弯矩设计值 $M = 91.04 \text{ kN/m}$,剪力设计值 $V = 53.28 \text{ kN}$。

(1) 受弯承载力计算:计算按倒 L 形计算。

$$h_0 = h - 35 \text{ mm} = (350 - 35) \text{mm} = 315 \text{ mm},h'_f = 120 \text{ mm}$$

翼缘计算宽度:

$$b'_f = \min\left\{b + \frac{s_n}{2}, \frac{l_0}{6}, b + 5h'_f\right\} = \min\left\{200 + \frac{2100}{2}, \frac{6000}{6}, 200 + 5 \times 120\right\} = 800 \text{ mm}$$

翼缘高度取踏步板底板厚度:

$$h'_f = t = 120 \text{ mm}$$

判断截面类型:

$$\alpha_1 f_c b'_f h'_f \left(h_0 - \frac{h'_f}{2}\right) = [1.0 \times 14.3 \times 800 \times 120 \times (315 - 60)] \text{ N} \cdot \text{mm} =$$
$$350.06 \text{ kN} \cdot \text{m} > M = 91.04 \text{ kN} \cdot \text{m}$$

按照宽度为 b'_f 的矩形计算,则

$$\alpha_s = \frac{M_{max}}{\alpha_1 f_c b h_0^2} = \frac{91.04 \times 10^6}{1.0 \times 14.3 \times 800 \times 315^2} = 0.080$$

$$\xi = 1 - \sqrt{1 - 2\alpha_s} = 1 - \sqrt{1 - 2 \times 0.080} = 0.084 < \xi_b = 0.550(\text{符合条件})$$

从而计算:

$$A_s = \frac{1.0 \times 14.3 \times 200 \times 315 \times 0.084}{300} \text{ mm}^2 = 252.3 \text{ mm}^2$$

$$\rho_{min} bh = (0.215\% \times 200 \times 350) \text{ mm}^2 = 150.5 \text{ mm}^2 < A_s = 252.3 \text{ mm}^2(\text{符合条件})$$

故

$$A_s = 505.68 \text{ mm}^2$$

选用钢筋:查附表板的配筋可得,可选用 2 根直径 16 mm 的 HRB335 级钢筋,即 2Φ16,实配钢筋面积 402 mm²。

(2)受剪承载力计算

$$h_w/b = (350 - 120)/200 = 1.15 < 4$$

则　　$$0.25\beta_c f_c b h_0 = (0.25 \times 1.0 \times 14.3 \times 200 \times 315)\text{N} = 225.23 \text{ kN} > V = 53.28 \text{ kN}$$

故截面尺寸满足要求。

$$0.7 f_t b h_0 = (0.7 \times 1.27 \times 200 \times 315)\text{N} = 56.01 \text{ kN} > V = 53.28 \text{ kN}$$

故仅按构造要求配置箍筋。选用直径 8 mm,间距为 200 mm,的 HPB300 级钢筋,即 Φ8@200。

3. 平台板配筋计算

混凝土强度等级选用C30:由附表查得其抗压强度设计值 $f_c = 14.3 \text{ N/mm}^2$,由表查得 $\alpha_1 = 1.0$。
HPB300 级钢筋:由附表查得其抗拉强度设计值 $f_y = 270 \text{ N/mm}^2$。
此外,由表可查得:$\rho_{min} = 0.238\%$,$\xi_b = 0.5757$,$M = 3.14 \text{ kN} \cdot \text{m}$。

$$h_0 = h - 20 \text{ mm} = (120 - 20)\text{mm} = 100 \text{ mm}, b = 1000 \text{ mm}$$

$$\alpha_s = \frac{M_{max}}{\alpha_1 f_c b h_0^2} = \frac{3.14 \times 10^6}{1.0 \times 14.3 \times 1000 \times 100^2} = 0.022$$

$$\xi = 1 - \sqrt{1 - 2\alpha_s} = 1 - \sqrt{1 - 2 \times 0.022} = 0.022 < \xi_b = 0.5757(\text{符合条件})$$

从而计算:

$$A_s = \frac{1.0 \times 14.3 \times 1000 \times 100 \times 0.022}{270} \text{ mm}^2 = 116.5 \text{ mm}^2$$

$$\rho_{min} bh = (0.238\% \times 1000 \times 100) \text{ mm}^2 = 238 \text{ mm}^2 > A_s = 116.5 \text{ mm}^2$$

故

$$A_s = 238 \text{ mm}^2$$

选用钢筋:查附表板的配筋可得,可选用直径 8 mm、间距为 200 mm 的 HPB300 级钢筋,即 Φ8@200,实配钢筋面积 251 mm²。板内除配纵向受力钢筋之外,与受力钢筋垂直的方向还应配分布钢筋。分布钢筋不需要计算,只需要满足构造要求便可。本例分布钢筋选用直径 8 mm、间距为 200 mm 的 HPB300 级钢筋,即 Φ8@200。

由于踏步板与平台梁整体现浇,TL1 和 TL2 对 TB1 有一定的嵌固作用,因此,在板的支座配置 Φ8@200 负弯矩构造钢筋,以防止平台梁对板的弹性约束而产生裂缝,其长度为 1/4 踏步板的净跨,即

$$\frac{1}{4} l_n = 0.25 \times 1400 \text{ mm} = 350 \text{ mm},\text{取} 400 \text{ mm},\text{墙侧的板筋向上弯起伸出墙面} 300 \text{ mm}。$$

4.平台梁配筋计算

混凝土强度等级选用C30:由附表查得其抗压强度设计值 $f_c = 14.3$ N/mm², 由表查得 $\alpha_1 = 1.0$。

HRB335级钢筋:由附表查得其抗拉强度设计值 $f_y = 300$ N/mm²。

此外,由表可查得: $\rho_{min} = 0.215\%$, $\xi_b = 0.550$。

弯矩设计值 $M = 134.93$ kN/m,剪力设计值 $V = 101.25$ kN。

(1)受弯承载力计算:计算按倒L形计算。

$$h_0 = h - 35 \text{ mm} = (500 - 35) \text{ mm} = 465 \text{ mm}, h'_f = 120 \text{ mm}$$

翼缘计算宽度

$$b'_f = \min\left\{b + \frac{s_n}{2}, \frac{l_0}{6}, b + 5h'_f\right\} = \min\left\{200 + \frac{2\,500}{2}, \frac{5\,400}{6}, 200 + 5 \times 120\right\} = 800 \text{ mm}$$

翼缘高度取踏步板底板厚度:

$$h'_f = t = 120 \text{ mm}$$

判断截面类型:

$$\alpha_1 f_c b'_f h'_f \left(h_0 - \frac{h'_f}{2}\right) = [1.0 \times 14.3 \times 800 \times 120 \times (465 - 60)] \text{N} \cdot \text{mm} =$$

$$555.98 \text{ kN} \cdot \text{m} > M = 134.93 \text{ kN} \cdot \text{m}$$

按照宽度为 b'_f 的矩形计算,则

$$\alpha_s = \frac{M_{max}}{\alpha_1 f_c b h_0^2} = \frac{134.93 \times 10^6}{1.0 \times 14.3 \times 800 \times 465^2} = 0.054\,5$$

$$\xi = 1 - \sqrt{1 - 2\alpha_s} = 1 - \sqrt{1 - 2 \times 0.054\,5} = 0.056\,1 < \xi_b = 0.550 (符合条件)$$

从而计算:

$$A_s = \frac{1.0 \times 14.3 \times 800 \times 465 \times 0.056\,1}{300} \text{ mm}^2 = 994.76 \text{ mm}^2$$

$$\rho_{min} bh = (0.215\% \times 800 \times 500) \text{ mm}^2 = 860 \text{ mm}^2 < A_s = 994.76 \text{ mm}^2$$

故

$$A_s = 994.76 \text{ mm}^2$$

选用钢筋:查附表板的配筋可得,可选用3根直径20 mm的HRB335级钢筋,即3Φ22,实配钢筋面积1 140 mm²。

(2)受剪承载力计算

$$h_w/b = (500 - 120)/200 = 1.9 < 4$$

则

$$0.25\beta_c f_c b h_0 = (0.25 \times 1.0 \times 14.3 \times 200 \times 465) \text{N} = 332.48 \text{ kN} > V = 101.25 \text{ kN}$$

故截面尺寸满足要求。

$$0.7 f_t b h_0 = (0.7 \times 1.27 \times 200 \times 465) \text{N} = 82.68 \text{ kN} < V = 101.25 \text{ kN}$$

$$\frac{S_{sv}}{S} \geq \frac{V - V_c}{f_{yv} h_0} = \frac{(101.25 - 82.68) \times 10^3}{270 \times 465} = 0.147\,9$$

选双肢、直径为8 mm的HPB300钢筋,则 $A_{sv} = 101$ mm²,则 $s \leq \frac{A_{sv}}{0.147\,9} = \frac{101}{0.147\,9} = 682.89$ mm,又

$s_{max} = 200$ mm,所以取 $s = 200$ mm。

$$\rho_{sv} = \frac{A_{sv}}{bs} = \frac{101}{200 \times 200} = 0.25\%$$

$$\rho_{sv,min} = 0.24 \frac{f_t}{f_{yv}} = 0.24 \times \frac{1.43}{270} = 0.13\%$$

$$\rho_s v > \rho_{sv,min}$$

故计算配置箍筋。

$$\frac{A_{sv}}{S} \geq \frac{V - V_c}{f_{yv} h_0} = \frac{(101.25 - 82.68) \times 10^3}{270 \times 465} = 0.147\,9$$

选双肢、直径为 8 mm 的 HPB300 钢筋,则 $A_{sv}=101$ mm^2,则

$$s \leqslant \frac{A_{sv}}{0.147\ 9} = \frac{101}{0.147\ 9} \text{ mm} = 682.89 \text{ mm}$$

又 $s_{max}=200$ mm,所以取 $s=200$ mm。

$$\rho_{sv} = \frac{A_{sv}}{bs} = \frac{101}{200 \times 200} = 0.25\%, \quad \rho_{svmin} = 0.24 \frac{f_t}{f_{yv}} = 0.24 \times \frac{1.43}{270} = 0.13\%$$

$$\rho_{sv} = \rho_{svmin}$$

选用直径 8 mm、间距为 200 mm 的 HPB300 级钢筋,即 $\phi 8@200$。

由于梁端按照简支计算而实际受到部分约束,故在支座区上部设置纵向构造钢筋。按规范要求,选用钢筋 3ϕ10。

3.12.3 绘制施工图

本例梁式楼梯施工图如图 3.68 所示。

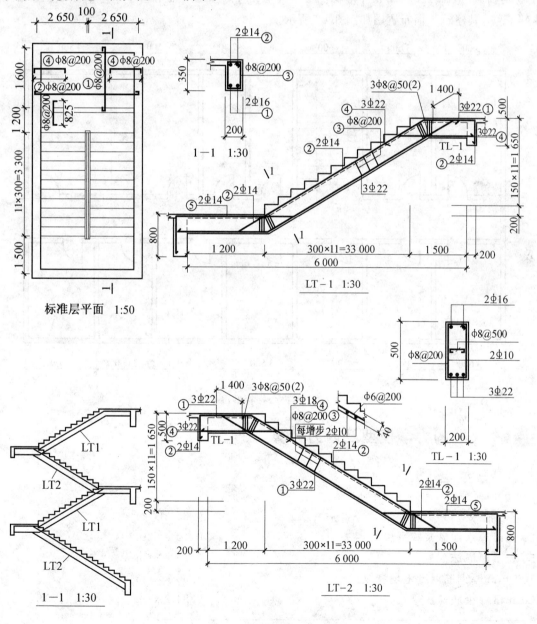

图 3.68 梁式楼梯施工图

3.13 某办公楼楼盖大梁设计

某办公楼(四层)砖混房屋结构设计资料如下:

(1)设计标高:室内设计标高±0.000,室内外高差450 mm。地震设防烈度:7度。

(2)墙身做法:外墙墙身为普通实心砖墙,底层外墙厚370 mm,其余墙厚240 mm。墙体底层MU15砖,M7.5砂浆砌筑,二至四层用MU10砖,用M5混合砂浆砌筑,双面抹灰刷乳胶漆。

(3)楼面做法:20 mm水泥砂浆地坪。100 mm钢筋混凝土板,20 mm厚天棚水泥砂浆抹灰。

(4)屋面做法:二毡三油绿豆砂保护层,20 mm厚水泥砂浆找平层,50 mm厚泡沫混凝土,100 mm厚钢筋混凝土现浇板,20 mm厚天棚水泥砂浆抹灰。

(5)门窗做法:门厅、底层走廊大门为铝合金门,其余为木门。窗为木窗。

(6)地质资料:砂质黏土层地基承载为特征值 $f_{ak}=190$ kN/mm^2,$f_a=1.1f_{ak}$。

(7)活荷载:走廊 2.0 kN/m^2,楼梯间 2.0 kN/m^2,厕所 2.5 kN/m^2,办公室 2.0 kN/m^2,门厅2.0 kN/m^2。其建筑平面布置图如图 3.69 所示。

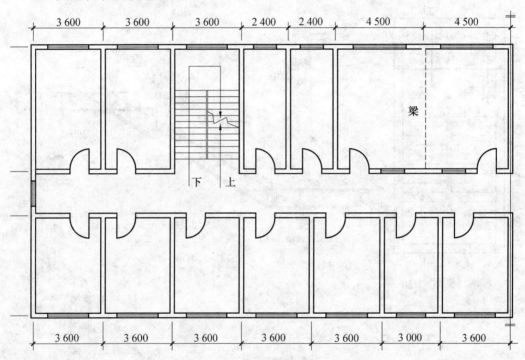

图 3.69　某办公楼标准层平面图

3.13.1　大梁的力学模型及内力计算

1. 荷载计算

(1)屋面荷载

二毡三油绿豆砂	0.35 kN/m^2
20 mm厚水泥砂浆找平层	0.40 kN/m^2
50 mm厚泡沫混凝土	0.25 kN/m^2
100 mm厚钢筋混凝土现浇板	2.50 kN/m^2
20 mm厚板底抹灰	0.34 kN/m^2
屋面恒载标准值合计	3.84 kN/m^2

屋面活荷载(不上人)标准值	0.70 kN/m²

（2）楼面荷载

20 mm 厚水泥砂浆面层	0.40 kN/m²
100 厚钢筋混凝土现浇板	2.50 kN/m²
20 mm 厚板底抹灰	0.34 kN/m²

楼面恒载标准值合计	3.24 kN/m²
楼面活荷载标准值	2.0 kN/m²

2. 梁尺寸确定

初步确定梁尺寸(取最大开间 $L = 4\,500$ mm)：

梁高 h：$L/12 = 375$ mm，取 $h = 500$ mm。

宽 b：$h/3 = 167$ mm，取 $b = 200$ mm。

3. 确定计算简图

确定计算简图，如图 3.70 所示。

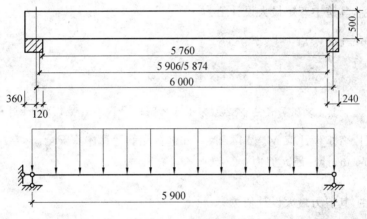

图 3.70　梁计算简图

（1）确定支座类型

进深梁 $b \times h = 200$ mm$\times 500$ mm，放置在纵墙上，按两端铰支计算。

（2）确定计算跨度

进深梁的净跨为 $(6\,000 - 240)$ mm $= 5\,760$ mm。

进深梁反力对墙体中心线的偏心距分别为 46.8 mm(2～4 层)和 122.84 mm(一层)，则反力对墙体内侧的距离分别是 $(120 - 46.8)$ mm $= 73.2$ mm 和 $(180 - 122.84)$ mm $= 57.16$ mm。于是梁的计算跨度为

$$l_0 = (5\,760 + 2 \times 73.2) \text{ mm} = 5\,906.2 \text{ mm}$$

$$l_0 = (5\,760 + 2 \times 57.16) \text{ mm} = 5\,874.32 \text{ mm}$$

取计算跨度为 $l_0 = 5\,900$ mm。

4. 计算梁内力值

200 mm$\times 500$ mm 永久荷载标准值 $25 \times 0.2 \times 0.5 = 2.5$ kN/m²。

四层顶：

当以活荷载为主，其跨中弯矩最大设计值为

$$M_1 = r_G \frac{1}{8} g_k l_0^2 + r_Q \frac{1}{8} q_k l_0^2 =$$

$$\left[1.2 \times \frac{1}{8} \times (3.84 \times 4.5 + 2.5) \times 5.9^2 + \right.$$

$$1.4 \times \frac{1}{8} \times 0.7 \times 4.5 \times 5.9^2] \text{kN} \cdot \text{m} = 122.47 \text{ kN} \cdot \text{m}$$

当以恒荷载为主,其跨中弯矩最大设计值为

$$M_2 = r_G \frac{1}{8} g_k l_0^2 + r_Q \frac{1}{8} q_k l_0^2 =$$

$$[1.35 \times \frac{1}{8} \times (3.84 \times 4.5 + 2.5) \times 5.9^2 +$$

$$1.4 \times 0.7 \times \frac{1}{8} \times 0.7 \times 4.5 \times 5.9^2] \text{ kN} \cdot \text{m} = 129.62 \text{ kN} \cdot \text{m}$$

一、二、三层顶:

当以活荷载为主,其跨中弯矩最大设计值为

$$M_1 = r_G \frac{1}{8} g_k l_0^2 + r_Q \frac{1}{8} q_k l_0^2 =$$

$$[1.2 \times \frac{1}{8} \times (3.24 \times 4.5 + 2.5) \times 5.9^2 +$$

$$1.4 \times \frac{1}{8} \times 2.0 \times 4.5 \times 5.9^2] \text{kN} \cdot \text{m} = 144 \text{ kN} \cdot \text{m}$$

当以恒荷载为主,其跨中弯矩最大设计值为

$$M_2 = r_G \frac{1}{8} g_k l_0^2 + r_Q \frac{1}{8} q_k l_0^2 =$$

$$[1.35 \times \frac{1}{8} \times (3.24 \times 4.8 + 2.5) \times 5.9^2 +$$

$$1.4 \times 0.7 \times \frac{1}{8} \times 2.0 \times 4.5 \times 5.9^2] \text{kN} \cdot \text{m} = 134.9 \text{ kN} \cdot \text{m}$$

因此,本例选取以弯矩设计值 $M = 144 \text{ kN} \cdot \text{m}$ 进行配筋计算才算安全。

据净跨 $l_n = 5.76 \text{ m}$,计算最大剪力:

四层顶:

当以活荷载为主,其剪力最大设计值为

$$V_1 = r_G \frac{1}{2} g_k l_n + r_Q \frac{1}{2} q_k l_n =$$

$$[1.2 \times \frac{1}{2} \times (3.8 \times 4.5 + 2.5) \times 5.76 +$$

$$1.4 \times \frac{1}{2} \times 0.7 \times 4.5 \times 5.76] \text{kN} = 81.06 \text{ kN}$$

当以恒荷载为主,其剪力最大设计值为

$$V_2 = r_G \frac{1}{2} g_k l_n + r_Q \frac{1}{2} q_k l_n =$$

$$[1.35 \times \frac{1}{2} \times (3.8 \times 4.5 + 2.5) \times 5.76 +$$

$$1.4 \times 0.7 \times \frac{1}{2} \times 0.7 \times 4.5 \times 5.76] \text{kN} = 85.8 \text{ kN}$$

一、二、三层顶:

当以活荷载为主,其剪力最大设计值为

$$V_1 = r_G \frac{1}{2} g_k l_n + r_Q \frac{1}{2} q_k l_n =$$

$$[1.2 \times \frac{1}{2} \times (3.24 \times 4.5 + 2.5) \times 5.76 +$$

$$1.4 \times \frac{1}{2} \times 2.0 \times 4.5 \times 5.76] \text{kN} = 95.32 \text{ kN}$$

当以恒荷载为主,其剪力最大设计值为

$$V_2 = r_G \frac{1}{2} g_k l_n + r_Q \frac{1}{2} q_k l_n =$$

$$\left[1.35 \times \frac{1}{2} \times (3.24 \times 4.5 + 2.5) \times 5.76 + \right.$$

$$\left.1.4 \times 0.7 \times \frac{1}{2} \times 2.0 \times 4.5 \times 5.76\right] kN = 91.81 \ kN$$

因此,本例选取以弯矩设计值 $V = 95.32 \ kN$。

3.13.2 大梁的配筋计算

混凝土强度等级选用 C25 ,$f_c = 11.9 \ N/mm$,纵向受拉钢筋采用 HRB335 级钢筋,由表查得 $\alpha_1 = 1.0$,HRB335 级钢筋:由表查得其抗拉强度设计值 $f_y = 300 \ N/mm^2$。

此外,由表可查得:$\rho_{min} = 0.2\%$,$\xi_b = 0.550$。

(1)正截面设计

按两排钢筋计算,$h_0 = h - 60 \ mm = (500 - 60) \ mm = 440 \ mm$,则

$$\alpha_s = \frac{M_{max}}{\alpha_1 f_c b h_0^2} = \frac{144 \times 10^6}{1.0 \times 11.9 \times 200 \times 440^2} = 0.312 \ 5$$

$$\xi = 1 - \sqrt{1 - 2\alpha_s} = 1 - \sqrt{1 - 2 \times 0.312 \ 5} = 0.388 < \xi_b = 0.550 (符合条件)$$

从而计算:

$$A_s = \frac{1.0 \times 11.9 \times 200 \times 440 \times 0.388}{300} \ mm^2 = 1 \ 312.5 \ mm^2$$

$$\rho_{min} bh = (0.2\% \times 200 \times 440) mm^2 = 176 \ mm^2 < A_s = 1 \ 312.5 \ mm^2 (符合条件)$$

选用钢筋:查附表梁的配筋可得,可选用 6 根直径 18 mm 的 HRB335 级钢筋,即 6Φ18,实配钢筋面积 1 527 mm²。

(2)斜截面设计

$$h_w/b = 440/200 = 2.2 < 4$$

则

$$0.25\beta_c f_c b h_0 = (0.25 \times 1.0 \times 11.9 \times 200 \times 440) N = 261 \ 800 \ N = 261.8 \ kN > V = 95.32 \ kN$$

故截面尺寸满足要求。

$$0.7 f_t b h_0 = (0.7 \times 1.27 \times 200 \times 440) N = 78 \ 232 \ N = 78.23 \ kN < V = 95.32 \ kN$$

故需按计算配置箍筋。

$$\frac{n A_{sv1}}{s} \geqslant \frac{V - 0.7 f_t b h_0}{f_{yv} h_0} = \frac{(95.32 - 78.23) \times 1 \ 000}{270 \times 440} = 0.134 \ 9$$

选用双肢箍,直径 6 mm 的 HPB300 级钢筋,$A_{sv1} = 28.3 \ mm^2$,可求得

$$s \leqslant \frac{2 \times 28.3}{0.134 \ 9} = 419.5$$

因 $V > 0.7 f_t b h_0$ 且 $300 \ mm < h \leqslant 500 \ mm$,所以选择直径 6 mm、间距 200 mm 的 HPB300 级钢筋即,即 Φ6@200,实配钢筋面积 141 mm²。

最小配箍率验算:

$$\rho_{sv} = \frac{n A_{sv1}}{bs} = \frac{2 \times 28.3}{200 \times 200} = 0.142\%$$

$$\rho_{sv, min} = 0.24 f_t / f_{yv} = 0.24 \times 1.27 / 270 = 0.113\%$$

3.13.3 绘制施工图

本例梁的施工图如图 3.71 所示。

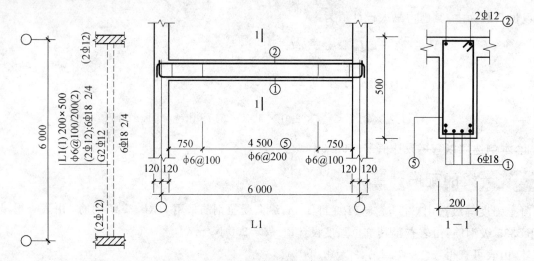

图 3.71　梁施工图

3.14　某住宅阳台挑梁设计

某多层住宅阳台平面图如图 3.72 所示,试设计挑梁。

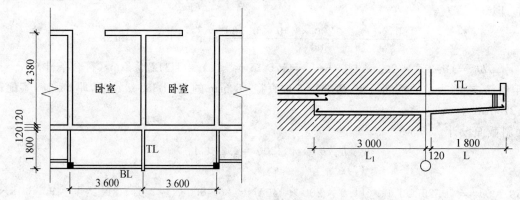

图 3.72　住宅阳台平面图

设计资料:

阳台楼面恒载:20 mm 厚面层及装修荷载 1.2 kN/m²,100 mm 厚现浇混凝土板;

阳台楼面活荷载:2.5 kN/m²;

墙体荷载取值:240 mm 厚黏土砖隔墙 5.24 kN/m²,120 mm 厚黏土砖隔墙 2.96 kN/m²;

挑梁截面尺寸为 240 mm×500 mm,自重为 3.1 kN/m(包括抹灰);

封头梁截面尺寸为 240 mm×400 mm,自重为 2.5 kN/m(包括抹灰);

BL 截面尺寸为 150 mm×500 mm,自重为 2.1 kN/m(包括抹灰);

层高 2.8 m。

3.14.1　挑梁的力学模型及内力计算

挑梁的计算简图如图 3.73 所示。

抗倾覆验算:(恒荷载系数:1.2,活荷载系数 1.4)

$$b×h=240 \text{ mm}×500 \text{ mm}(400 \text{ mm}),l=1\ 800 \text{ mm},l_1=3\ 000 \text{ mm}$$

$$l_1 \geqslant 2.2h_b=2.2×500 \text{ mm}=1\ 100 \text{ mm}$$

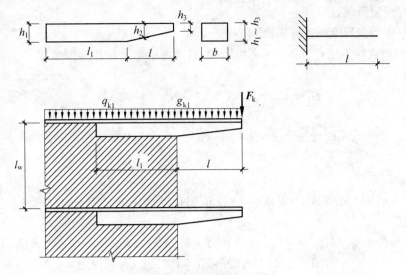

图 3.73 挑梁的计算简图

故 $x_0 = 0.3 h_b = 0.3 \times 0.5 \text{ m} = 0.15 \text{ m} < 0.13 l_1 = (0.13 \times 3) \text{m} = 0.39 \text{ m}$

因有构造柱取 $0.5 x_0 = 75 \text{ mm}$

（1）确定倾覆力矩 M_{0v}

$$l + x_0 = (1.8 + 0.075) \text{m} = 1.875 \text{ m}$$

① 挑梁、墙产生的产生倾覆力矩 M_{0v1}

挑梁自重 $g_1 = 3.1 \text{ kN/m}$

外加墙重 $g_2 = (2.96 \times 2.8) \text{kN/m} = 8.29 \text{ kN/m}$

$$M_{0v1} = [1.2 \times (3.1 + 8.29) \times 1.8 \times (1.8/2 + 0.075)] \text{kN} \cdot \text{m} = 23.99 \text{ kN} \cdot \text{m}$$

② 阳台板对挑梁产生倾覆力矩 M_{0v2}

阳台恒载 $(1.2 + 25 \times 0.1) \text{kN/m}^2 = 3.7 \text{ kN/m}^2$

阳台活载 2.5 kN/m^2

单侧阳台板传递到挑梁上的荷载作用长度 $= l_b/2 = 1.8 \text{ m}$

阳台设计值 $g_3 = (1.2 \times 3.7 \times 1.8 + 1.4 \times 2.5 \times 1.8) \text{kN/m} = 14.3 \text{ kN/m}$

从图中取最大值 $g_4 = 2 g_3 = (2 \times 14.3) \text{kN/m} = 28.6 \text{ kN/m}$

$$M_{0v2} = [1/2 \times g_4 \times l \times (l/2 + x_0) = 0.5 \times 28.6 \times 1.8 \times (1.8/2 + 0.075)] \text{kN} \cdot \text{m} = 25.09 \text{ kN} \cdot \text{m}$$

③ 边梁在挑梁产生倾覆力矩 M_{0v3}

边梁自重 $g_a = 2.1 \text{ kN/m}$

边梁上窗及不锈钢栏杆重 $g_b = 2.0 \text{ kN/m}$

边梁上混凝土 $g_c = (0.12 \times 0.12 \times 25 \times 2 + 0.4 \times 0.12 \times 25) \text{kN/m} = 1.92 \text{ kN/m}$

边梁长度 $l_b = 3.6 \text{ m}$

边梁传递到挑梁上的荷载作用长度 $= l_b/2 = 1.8 \text{ m}$

边梁设计值 $q = [1.2 \times 3.7 \times 0.9 + 1.4 \times 2.5 \times 0.9 + 1.2 \times (2.1 + 2.0 + 1.92)] \text{kN/m} = 14.37 \text{ kN/m}$

边梁剪力 $F = 5/8 \times q \times l_b = (5/8 \times 14.37 \times 3.6) \text{kN} = 32.33 \text{ kN}$

$$M_{0v3} = F \times (l + x_0) = (32.33 \times 1.875) \text{kN} \cdot \text{m} = 60.62 \text{ kN} \cdot \text{m}$$

总倾覆力矩 M_{0v} 为

$$M_{0v} = (23.99 + 25.09 + 60.62) \text{kN} \cdot \text{m} = 109.70 \text{ kN} \cdot \text{m}$$

（2）确定抗倾覆力矩 M_r

$$M_r = 0.8 G_r (x_2 - x_0)$$

式中　　G_r——抗倾覆荷载；

　　　　x_2——G_r作用点到墙外边缘的距离。

用砌体和楼面恒载标准值计算 M_r 不考虑活载，只考虑墙体重量和楼面恒载。

① 墙体荷载1：

$$G_1 = (2.8 \times 3 \times 5.24)\text{kN} = 44.02 \text{ kN}$$

墙体荷载2：

$$G_2 = [1/2 \times 2.8 \times (4.38 - 3) \times 5.24]\text{kN} = 10.12 \text{ kN}$$

② 楼面恒载 G_3

楼面恒载抗倾覆荷载作用长度 $= l_b/2 = 1.8$ m

楼面恒载 $g_k = (3.7 \times 1.8 \times 3 \times 2)\text{kN} = 39.96 \text{ kN}$

总抗倾覆力矩：

$$M_r = 0.8 \times [44.02 \times (1.5 - 0.075) + 10.12 \times (3 + 1.38/3 - 0.075) +$$
$$39.96 \times (1.5 - 0.075)]\text{kN} \cdot \text{m} = 153.93 \text{ kN} \cdot \text{m}$$

（3）抗倾覆力矩验算

满足抗倾覆要求。

3.14.2　挑梁的内力计算

1. 挑梁的弯矩设计值计算

当以活荷载为主，其弯矩最大设计值为：

$$M_{0v1} = [1.2 \times (3.1 + 8.29) \times 1.8 \times (1.8/2 + 0.075)]\text{kN} \cdot \text{m} = 23.99 \text{ kN} \cdot \text{m}$$

$$M_{0v2} = [0.5 \times (1.2 \times 3.7 \times 3.6 + 1.4 \times 2.5 \times 3.6) \times$$
$$1.8 \times (1.8/2 + 0.075)]\text{kN} \cdot \text{m} = 25.09 \text{ kN} \cdot \text{m}$$

$$M_{0v3} = \{5/8 \times [1.2 \times 3.7 \times 0.9 + 1.4 \times 2.5 \times 0.9 +$$
$$1.2 \times (2.1 + 2.0 + 1.92)] \times 3.6 \times 1.875\}\text{kN} \cdot \text{m} = 60.62 \text{ kN} \cdot \text{m}$$

$$M_1 = (23.99 + 25.09 + 60.62)\text{kN} \cdot \text{m} = 109.70 \text{ kN} \cdot \text{m}$$

当以恒荷载为主，其弯矩最大设计值为：

$$M_{0v1} = [1.35 \times (3.1 + 8.29) \times 1.8 \times (1.8/2 + 0.075)]\text{kN} \cdot \text{m} = 26.99 \text{ kN} \cdot \text{m}$$

$$M_{0v2} = [0.5 \times (1.35 \times 3.7 \times 3.6 + 1.4 \times 0.7 \times 2.5 \times 3.6) \times$$
$$1.8 \times (1.8/2 + 0.075)]\text{kN} \cdot \text{m} = 23.52 \text{ kN} \cdot \text{m}$$

$$M_{0v3} = \{5/8 \times [1.35 \times 3.7 \times 0.9 + 1.4 \times 0.7 \times 2.5 \times 0.9 +$$
$$1.35 \times (2.1 + 2.0 + 1.92)] \times 3.6 \times 1.875\}\text{kN} \cdot \text{m} = 62.55 \text{ kN} \cdot \text{m}$$

$$M_2 = (26.99 + 23.52 + 62.55)\text{kN} \cdot \text{m} = 113.06 \text{ kN} \cdot \text{m}$$

从而弯矩设计值：

$$M = 113.06 \text{ kN} \cdot \text{m}$$

2. 挑梁的剪力设计值计算

当以活荷载为主，其剪力设计值为：

$$q = (1.2 \times 3.7 + 1.2 \times 0.24 \times 0.5 \times 25 + 1.4 \times 2.5)\text{kN/m} = 11.54 \text{ kN/m}$$

$$V_1 = (11.54 \times 1.8 + 32.33)\text{kN} = 53.10 \text{ kN}$$

当以活荷载为主，其剪力设计值为：

$$q = (1.35 \times 3.7 + 1.35 \times 0.24 \times 0.5 \times 25 + 1.4 \times 0.7 \times 2.5)\text{kN/m} = 11.50 \text{ kN/m}$$

$$V_1 = (11.50 \times 1.8 + 62.55/1.875)\text{kN} = 54.06 \text{ kN}$$

从而剪力设计值：

$$V = 54.06 \text{ kN}$$

3.14.3 挑梁的配筋计算

1. 计算钢筋面积 A_s

混凝土强度等级选用C25：由附表查得其抗压强度设计值 $f_c = 11.9 \text{ N/mm}^2$，由表查得 $\alpha_1 = 1.0$。

HRB335级钢筋：由附表查得其抗拉强度设计值 $f_y = 300 \text{ N/mm}^2$。

此外，由表可查得：$\rho_{min} = 0.2\%$，$\xi_b = 0.550$，$M = 113.06 \text{ kN·m}$

$$h_0 = (500-35)\text{mm} = 465 \text{ mm}$$

$$\alpha_s = \frac{M_{max}}{\alpha_1 f_c b h_0^2} = \frac{113.06 \times 10^6}{1.0 \times 11.9 \times 240 \times 465^2} = 0.183$$

$$\xi = 1 - \sqrt{1 - 2\alpha_s} = 1 - \sqrt{1 - 2 \times 0.183} = 0.204 < \xi_b = 0.550 (\text{符合条件})$$

从而计算：

$$A_s = \frac{1.0 \times 11.9 \times 240 \times 415 \times 0.204}{300}\text{mm}^2 = 806 \text{ mm}^2$$

$$\rho_{min} bh = (0.2\% \times 240 \times 500)\text{mm}^2 = 240 \text{ mm}^2 < A_s = 983.7 \text{ mm}^2 (\text{符合条件})$$

选用钢筋：查附表梁的配筋可得，可选用3根直径22 mm的HRB335级钢筋，即 $3\phi20$，实配钢筋面积 942 mm²。

2. 配置箍筋

$$h_w/b = 465/200 = 2.325 < 4$$

则

$$0.25\beta_c f_c bh_0 = (0.25 \times 1.0 \times 11.9 \times 240 \times 465)\text{N} = 332.01 \text{ kN} > V = 54.06 \text{ kN}$$

故截面尺寸满足要求。

$$0.7 f_t bh_0 = (0.7 \times 1.27 \times 240 \times 465)\text{N} = 99.21 \text{ kN} > V = 54.06 \text{ kN}$$

故需按构造配置箍筋。

因 $V < 0.7 f_t bh_0$ 且 $300 \text{ mm} < h \leqslant 500 \text{ mm}$，所以选择直径6 mm、间距200 mm的HPB300级钢筋，即 $\phi6@200$。实配钢筋面积 141 mm²。

最小配箍率验算：

$$\rho_{sv} = \frac{nA_{sv1}}{bs} = \frac{2 \times 28.3}{240 \times 200} = 0.118\%$$

$$\rho_{sv,min} = 0.24 f_t/f_{yv} = 0.24 \times 1.27/270 = 0.113\%$$

3.14.4 绘制施工图

其配筋图如图3.74所示。

3.15 某住宅楼雨篷设计

某建筑底层门洞宽3 600 mm，雨篷出挑长度1 200 mm，雨篷上的墙体高度900 mm，采用悬臂板式雨篷，设计中的雨篷梁的截面尺寸为350 mm×500 mm，伸入墙体长度1.1 m。采用C35混凝土，板采用HPB300级钢筋。$f_c = 16.7 \text{ N/mm}^2$，$f_t = 1.57 \text{ N/mm}^2$，$f_y = 270 \text{ N/mm}^2$。雨篷梁采用HRB335级钢筋 $f_y = 300 \text{ N/mm}^2$。板上均布活荷载标准值 $q_k = 0.75 \text{ kN/m}$，作用在板端集中荷载标准值 $Q_k = 1.0 \text{ kN/m}$，雨篷的剖面图如图3.75所示。

雨篷由雨篷板和雨篷梁组成，设计时分别设计两个构件。

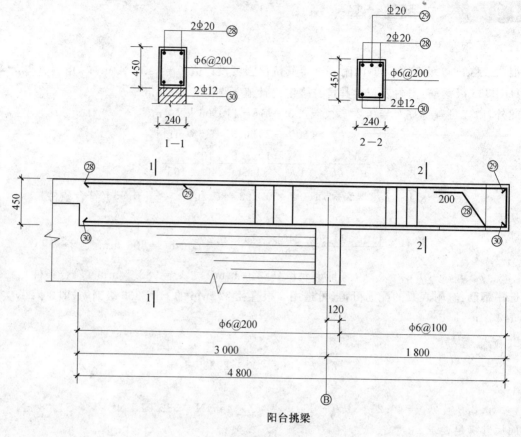

阳台挑梁

图 3.74　挑梁施工图

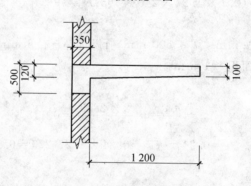

图 3.75　雨篷剖面图

3.15.1 雨篷的力学模型及内力计算

1. 雨篷板的内力计算

（1）计算简图的确定

计算时取 1 000 mm 板宽作为计算单元，如图 3.76 所示，板根部厚度为 $L_s/10=120$ mm，端部厚度为 100 mm。其计算简图如图 3.77 所示。

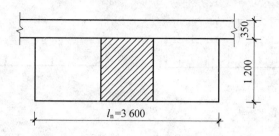

图 3.76　雨篷板的计算单元

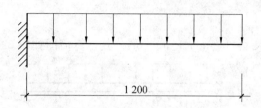

图 3.77　雨篷板的计算简图

（2）荷载计算

雨篷板上的荷载有恒载（包括自重粉刷等）、雪荷载、均布活荷载以及施工和检修集中荷载。以上荷载中，雨篷均布荷载与雪荷载不同时考虑，取两者中的较大值。

施工和检修集中荷载与均布活荷载不同时考虑。每一个集中荷载值为 1.0 kN，进行承载力计算时，沿板宽每 1 m 考虑一个集中荷载。

① 板的恒荷载标准值：

20 mm 厚水泥砂浆面层（重力密度为 20 kN/m³）

$$(0.02 \times 1 \times 20)\mathrm{kN/m} = 0.4\ \mathrm{kN/m}$$

钢筋混凝土板自重（平均厚 110 mm）（重力密度为 25 kN/m³）

$$(0.11 \times 1 \times 25)\mathrm{kN/m} = 2.75\ \mathrm{kN/m}$$

12 mm 厚纸筋灰板粉刷（重力密度为 16 kN/m³）

$$(0.012 \times 1 \times 16)\mathrm{kN/m} = 0.19\ \mathrm{kN/m}$$

$$g_k = 3.34\ \mathrm{kN/m}$$

② 活荷载标准值：

均布活荷载标准值　　　　　　　　　　　　　　　　　　　　$q_k = 0.75\ \mathrm{kN/m}$

作用在板端集中荷载标准值　　　　　　　　　　　　　　　　$Q_k = 1.0\ \mathrm{kN}$

从而，恒荷载设计值　　　　　　　$g = (1.35 \times 3.34)\mathrm{kN/m} = 4.51\ \mathrm{kN/m}$

活荷载设计值　　　　　　　$q = (0.75 \times 1.4 \times 0.7)\mathrm{kN/m} = 0.74\ \mathrm{kN/m}$

集中荷载设计值　　　　　　　　$Q = (1.0 \times 1.4)\mathrm{kN} = 1.4\ \mathrm{kN}$

（3）内力组合

内力组合分为两种情况：恒载＋活载，恒载＋集中荷载。两种情况的计算简图如图 3.78 所示。

$$M_g = \frac{1}{2}gL_s^2 = \left(\frac{1}{2} \times 4.51 \times 1.2^2\right)\mathrm{kN \cdot m} = 3.2\ \mathrm{kN \cdot m}$$

$$M_q = \frac{1}{2}qL_s^2 = \left(\frac{1}{2} \times 0.74 \times 1.2^2\right)\mathrm{kN \cdot m} = 0.53\ \mathrm{kN \cdot m}$$

$$M_Q = QL_s = (1.4 \times 1.2)\mathrm{kN \cdot m} = 1.6\ \mathrm{kN \cdot m}$$

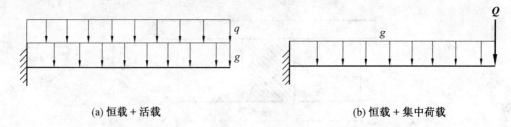

(a) 恒载 + 活载　　　　　　　　　　　(b) 恒载 + 集中荷载

图 3.78　计算简图

取 $M_g + M_q$ 和 $M_g + M_Q$ 两者中较大值,即 $M_g + M_Q = 4.93$ kN·m。

2. 雨篷梁的内力计算

(1) 计算简图的确定

本设计中,雨篷梁截面尺寸 350 mm×500 mm,其计算简图如图 3.79 所示。

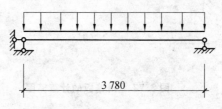

3 780

图 3.79　雨篷梁的计算简图

(2) 荷载统计

雨篷上的墙体高度 900 mm $< l_n/3 = 3\ 600$ mm/3 $= 1\ 200$ mm,取 0.9 m 高度的墙体自重作用在梁上的荷载值:

墙体自重(重力密度为 5 kN/m³):　　　　$(0.9 \times 0.35 \times 5)$ kN/m $= 1.58$ kN/m

梁自重(重力密度为 25 kN/m³):

$(0.5 \times 0.35 \times 25)$ kN/m $= 4.38$ kN/m

梁两侧白灰砂浆粉刷(重力密度为 17 kN/m³):

$(0.02 \times 0.35 \times 17 \times 2)$ kN/m $= 0.24$ kN/m

板传来的荷载(恒):　　　　　　　　(3.34×1.2) kN/m $= 4.01$ kN/m

$g_k = 10.21$ kN/m

雨篷板传来的活荷载标准值:　　　　　　$q_k = 0.75 \times 1.2 = 0.9$ kN/m

集中荷载标准值:$Q_k = 1.0$ kN

由结果可知:恒荷载设计值 $g = (10.21 \times 1.35)$ kN/m $= 13.78$ kN/m,活荷载设计值 $q = (0.9 \times 1.4 \times 0.7)$ kN/m $= 0.88$ kN/m,集中荷载设计值 $Q = (1.0 \times 1.4)$ kN $= 1.4$ kN。

(3) 弯矩设计值计算

计算跨度:

$$l = 1.05 l_n = (1.05 \times 3.6)\text{m} = 3.78\text{ m}$$

弯矩计算:

$$M_g = \frac{1}{8} g l^2 = (\frac{1}{8} \times 13.78 \times 3.78^2)\text{kN·m} = 24.61\text{ kN·m}$$

$$M_q = \frac{1}{8} q l^2 = (\frac{1}{8} \times 0.88 \times 3.78^2)\text{kN·m} = 1.57\text{ kN·m}$$

$$M_Q = \frac{1}{4} Q l = (\frac{1}{4} \times 1.4 \times 3.78)\text{kN·m} = 1.32\text{ kN·m}$$

取 $M_g + M_q$ 和 $M_g + M_Q$ 两者中较大值,即 $M_g + M_q = (24.61 + 1.57)$ kN·m $= 26.18$ kN·m

(4) 剪力设计值计算

$$V_g = \frac{1}{2}gl_n = (\frac{1}{2} \times 13.78 \times 3.78)kN = 26.04 \ kN$$

$$V_q = \frac{1}{2}ql_n = (\frac{1}{2} \times 0.88 \times 3.78)kN = 1.66 \ kN$$

$$V_Q = Q = 1.4 \ kN$$

所以

$$V = V_g + V_q = (26.04 + 1.66)kN = 27.70 \ kN$$

(5) 扭矩设计值计算

梁在均布荷载作用下沿跨度方向每米长度上的扭矩为

$$M_g = g_板 l_s \frac{l_s + b}{2} = (4.51 \times 1.2 \times \frac{1.2 + 0.35}{2})kN \cdot m = 4.19 \ kN \cdot m$$

$$M_q = q_板 l_s \frac{l_s + b}{2} = (0.74 \times 1.2 \times \frac{1.2 + 0.35}{2})kN \cdot m = 0.69 \ kN \cdot m$$

式中　g, q——雨篷板的均布荷载设计值。

集中力作用下,梁支座边最大扭矩:

$$M_Q = Q(l_s + \frac{b}{2}) = 1.4 \times (1.2 + \frac{0.35}{2})kN \cdot m = 1.93 \ kN \cdot m$$

因此,梁在支座边缘的扭矩取:

$$T = \frac{1}{2}(M_g + M_q)l_n = [\frac{1}{2} \times (4.19 + 0.69) \times 3.78]kN \cdot m = 9.24 \ kN \cdot m$$

$$T = \frac{1}{2}M_gl_n + M_Q = (\frac{1}{2} \times 4.19 \times 3.78 + 1.93)kN \cdot m = 9.85 \ kN \cdot m$$

所以取 $T = 9.85 \ kN \cdot m$。

3.15.2　雨篷板的配筋计算

1. 计算钢筋面积 A_s

混凝土强度等级选用C35:由附表查得其抗压强度设计值 $f_c = 16.7 \ N/mm^2$,由表查得 $\alpha_1 = 1.0$。
HPB300 级钢筋:由附表查得其抗拉强度设计值 $f_y = 270 \ N/mm^2$。
此外,由表可查得:$\rho_{min} = 0.238\%$,$\xi_b = 0.575\ 7$,$M = 4.93 \ kN \cdot m$。

$$h_0 = h - 20 \ mm = (110 - 20)mm = 90 \ mm, b = 1\ 000 \ mm$$

$$\alpha_s = \frac{M}{\alpha_1 f_c b h_0^2} = \frac{4.93 \times 10^6}{1.0 \times 16.7 \times 1\ 000 \times 90^2} = 0.036$$

$$\xi = 1 - \sqrt{1 - 2\alpha_s} = 1 - \sqrt{1 - 2 \times 0.036} = 0.036\ 7 < \xi_b = 0.575\ 7(符合条件)$$

$$\gamma_s = \frac{1}{2}(1 + \sqrt{1 - 2\alpha_s}) = 0.982$$

$$A_s = \frac{M}{\gamma_s f_y h_0} = \frac{4.93 \times 10^6}{0.981 \times 270 \times 90} mm^2 = 250.5 \ mm^2 <$$

$$0.262\% bh = (0.262\% \times 1\ 000 \times 110)mm^2 = 288.2 \ mm^2$$

故

$$A_s = 288.2 \ mm^2$$

2. 选用钢筋

查附表板的配筋可得,可选用直径 8 mm、间距为 160 mm 的 HPB300 级钢筋,即 $\phi 8@160$,实配钢筋面积 314 mm^2。板内除配纵向受力钢筋之外,与受力钢筋垂直的方向还应配分布钢筋。分布钢筋不需要计算,只需要满足构造要求便可。本例分布钢筋选用直径 8 mm,间距为 200 mm 的 HPB300 级钢筋,即 $\phi 8@200$。实配钢筋面积 251.2 $mm^2 > 0.15A_s = 0.15 \times 314 \ mm^2 = 47.1 \ mm^2$。

3.15.3 雨篷梁的配筋计算

1.计算钢筋面积 A_s

混凝土强度等级选用C35:由附表查得其抗压强度设计值 $f_c=16.7$ N/mm², 由表查得 $\alpha_1=1.0$ 。

HRB335 级钢筋:由附表查得其抗拉强度设计值 $f_y=300$ N/mm²。

此外,由表可查得:$\rho_{min}=0.236\%$, $\xi_b=0.550$, $M=26.18$ kN·m。

(1)验算截面尺寸

$$V=27.70 \text{ kN}, T=9.85 \text{ kN·m}$$

$$h_0=h-a_s=(500-35)\text{mm}=465 \text{ mm}$$

$$\frac{h_w}{b}=\frac{465}{350}=1.33<4$$

$$W_t=b^2\frac{(3h-b)}{6}=\frac{350^2\times(3\times500-350)}{6}\text{mm}^3=23.48\times10^6 \text{ mm}^3$$

$$\frac{V}{bh_0}+\frac{T}{0.8W_t}=\frac{27.70\times10^3}{350\times465}\text{N/mm}^2+\frac{9.85\times10^6}{0.8\times23.48\times10^6}\text{N/mm}^2=0.695 \text{ N/mm}^2<0.25\beta f_c=$$

$$(0.25\times1\times16.7)\text{N/mm}^2=4.18 \text{ N/mm}^2$$

故截面尺寸满足要求。

$$\frac{V}{bh_0}+\frac{T}{W_t}=\frac{27.70\times10^3}{350\times465}\text{N/mm}^2+\frac{9.85\times10^6}{23.48\times10^6}\text{N/mm}^2=0.590 \text{ N/mm}^2<$$

$$0.7f_t=(0.7\times1.57)\text{N/mm}^2=1.1 \text{ N/mm}^2$$

故可仅按构造配置剪、扭钢筋,但受弯应计算配筋。

(2)判断是否按弯、剪、扭构件计算

纵筋采用 HRB335 钢筋,箍筋采用 HPB300 级钢筋。

$$V=27.70 \text{ kN}<0.35f_tbh_0=(0.35\times1.57\times350\times465)\text{kN}=89.43 \text{ kN}$$

故可以忽略剪力的影响。仅按受弯构件的正截面受弯承载力和纯扭构件的受扭承载力公式分别进行计算。

$$T=9.85 \text{ kN·m}>0.175f_tW_t=(0.175\times1.57\times23.48\times10^6)\text{N·mm}=6.45 \text{ kN·m}$$

但 $T=9.85$ kN·m$<0.35f_tW_t=12.90$ kN·m,故可忽略扭矩的影响。

(3)受弯钢筋计算

$$h_0=h-35 \text{ mm}=(500-35)\text{mm}=465 \text{ mm}, b=350 \text{ mm}$$

$$\alpha_s=\frac{M}{\alpha_1f_cbh_0^2}=\frac{26.18\times10^6}{1.0\times16.7\times350\times(465)^2}=0.021$$

$$\xi=1-\sqrt{1-2\alpha_s}=1-\sqrt{1-2\times0.021}=0.021<\xi_b=0.550(符合条件)$$

$$\gamma_s=\frac{1}{2}(1+\sqrt{1-2\alpha_s})=\frac{1}{2}(1+\sqrt{1-2\times0.021})=0.989$$

$$A_s=\frac{M}{\gamma_sf_yh_0}=\frac{26.18\times10^6}{0.989\times300\times465}\text{mm}^2=189.8 \text{ mm}^2$$

$$\rho_{min}bh=(0.236\%\times500\times350)\text{mm}^2=413 \text{ mm}^2>189.8 \text{ mm}^2$$

故

$$A_s=413 \text{ mm}^2$$

(4)受扭钢筋计算(HRB335)

按构造配筋,受扭纵筋最小面积配筋率:

$$\rho_{stl,min} = \frac{A_{stl,min}}{bh} = 0.6\sqrt{\frac{T}{Vb}} \times \frac{f_t}{f_y} = 0.6 \times \sqrt{\frac{9.85 \times 10^6}{27.70 \times 10^3 \times 350}} \times \frac{1.57}{300} = 0.32\%$$

所以

$$A_{stl,min} = \rho_{stl,min} \times bh = (0.32\% \times 350 \times 500)\,mm^2 = 560\,mm^2$$

受压区：

$$A_{s1} = 560\,mm^2/3 = 186.7\,mm^2$$

中部区：

$$A_{s2} = 560\,mm^2/3 = 186.7\,mm^2$$

受拉区：

$$A_{s3} = A_s + A_{stl,min} = 413\,mm^2 + 560/3\,mm^2 = 600\,mm^2$$

(5) 受剪、扭箍筋（HPB300）

按构造配置，受剪及受扭箍筋之和最小配筋率：

$$\rho_{sv,min} = \frac{n}{bs}A_{sv1,min} = 0.28 \times \frac{f_t}{f_{yv}} = 0.28 \times \frac{1.57}{270} = 0.163\%$$

选取双肢箍筋形式，直径 8 mm 的 HPB300 级钢筋，则间距：

$$s = \frac{nA_{sv1,min}}{0.21\%b} = \frac{2 \times 50.3}{0.163\% \times 350}\,mm = 176.3\,mm$$

2. 选用钢筋

查附表梁的配筋可得：

(1) 纵筋

受压区：2 根直径 16 mm 的 HRB335 级钢筋，即 2Φ16，适配钢筋面积 $A_{s1} = 402\,mm^2$；

中间：2 根直径 16 mm 的 HRB335 级钢筋，即 2Φ16，适配钢筋面积 $A_{s1} = 402\,mm^2$；

受拉区：3 根直径 20 mm 的 HRB335 级钢筋，即 3Φ20，适配钢筋面积 $A_{s2} = 942\,mm^2$。

(2) 箍筋

直径 8 mm、间距为 160 mm 的 HPB300 级钢筋，即Φ8@160。实配钢筋面积 314 mm^2。

3. 雨篷的抗倾覆验算（恒荷载系数：1.2，活荷载系数 1.4）

(1) 计算 x_0

$$b \times h = 350\,mm \times 500\,mm$$

$$l_1 = 350\,mm$$

$$l_1 < 2.2h_b = (2.2 \times 500)\,mm = 1\,100\,mm$$

故

$$x_0 = 0.13l_1 = 0.13 \times 350\,mm = 45.5\,mm$$

(2) 确定倾覆力矩 M_{0v}

$$l + x_0 = (1\,200 + 45.5)\,mm = 1\,245.5\,mm$$

由前面计算可知：

恒荷载设计值 $\qquad g = (1.35 \times 3.34)\,kN/m = 4.51\,kN/m$

活荷载设计值 $\qquad q = (0.75 \times 1.4 \times 0.7)\,kN/m = 0.74\,kN/m$

集中荷载设计值 $\qquad Q = (1.0 \times 1.4)\,kN = 1.4\,kN$

$$M_g = \frac{1}{2}g\,(x_0 + l)^2 = (\frac{1}{2} \times 4.51 \times 1.245\,5^2)\,kN \cdot m = 3.50\,kN \cdot m$$

$$M_q = \frac{1}{2} q (x_0 + l)^2 = (\frac{1}{2} \times 0.74 \times 1.245\ 5^2) \text{kN} \cdot \text{m} = 0.57\ \text{kN} \cdot \text{m}$$

$$M_Q = Q(x_0 + l) = (1.4 \times 1.245\ 5) \text{kN} \cdot \text{m} = 1.74\ \text{kN} \cdot \text{m}$$

取 $M_g + M_q$ 和 $M_g + M_Q$ 两者中较大值,即

$$M_g + M_Q = 5.24\ \text{kN} \cdot \text{m}$$

(3) 确定抗倾覆力矩 M_r

$$l_2 = l_1/2 = 175\ \text{mm}$$

$$G_r = [0.35 \times 0.5 \times 25 \times 3.6 + 5 \times 0.35 \times 0.9 \times (3.6 + 2.2)] \text{kN} = 166.64\ \text{kN}$$

所以

$$M_r = 0.8 G_r (l_2 - x_0) = [0.8 \times 166.64 \times (0.175 - 0.0455)] \text{kN} \cdot \text{m} =$$
$$17.33\ \text{kN} \cdot \text{m} > M_{0v} = 5.24\ \text{kN} \cdot \text{m}$$

从而满足抵抗雨篷倾覆的能力。

3.15.4 雨篷的施工图绘制

本例雨篷施工图如图 3.80 所示。

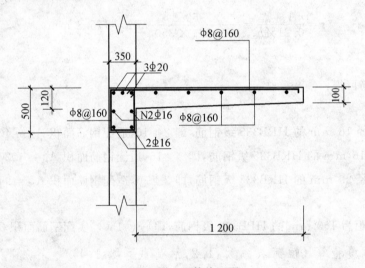

图 3.80 雨篷施工图

【知识链接】

《钢筋混凝土设计规范》(GB 50010—2010)第六章第 6.1、6.2、6.3、6.4 节对受弯构件承载力计算进行了详细的规定,第九章第 9.1、9.2 节对受弯构件的构造要求进行了详细的规定。

《钢筋混凝土结构施工质量验收规范》(GB 50204—2010)第五章、第七章对钢筋工程、混凝土工程质量验收做出了详细的规定。

《国家建筑标准设计图集》11G101—1 重点讲解了梁、板的平法施工图制图规则及构造详图,11G101—2 重点讲解了板式楼梯的平法施工图制图规则及构造详图,是我们学习和工作中不可缺少的参考书。

《国家建筑标准设计图集》(12G901—1)中一般构造和普通板配筋部分详细绘制了梁、板的钢筋排布图,是我们学习和工作中不可缺少的参考书。

以上规范和图集可与本教材参考学习,以提高学生查阅工具书的能力。

【重点串联】

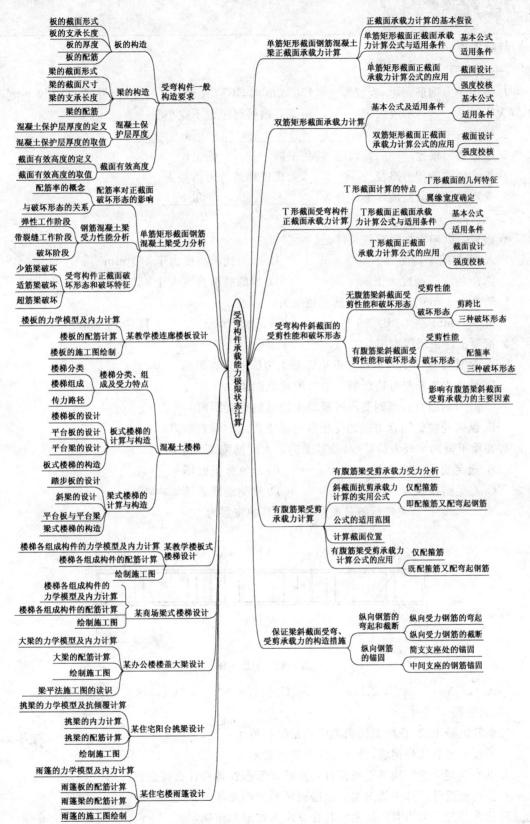

拓展与实训

基础训练

一、填空题

1. 板中受力钢筋间距,当板厚 $h \leqslant 150$ mm 时,不应大于_____,当板厚 $h > 150$ mm 时,不应大于_____且不应大于_____,受力钢筋间距也不应小于_____。

2. 梁中的主要配筋包括_____、_____、_____和_____。

3. 箍筋直径根据_____确定,肢数根据_____确定。

4. 板式楼梯的传力路径为_____,梁式楼梯的传力路径为_____。

5. 受弯构件斜截面破坏形式分为_____、_____和_____。

二、选择题

1. 梁设置纵向附加钢筋的条件是( )。
    A. 梁的截面高度大于 600 mm   B. 梁的截面高度大于 450 mm
    C. 梁的腹板高度大于 600 mm   D. 梁的腹板高度大于 450 mm

2. 跨度为 8 m 的梁其架立钢筋直径应为( )。
    A. ≥8 mm   B. ≥6 mm   C. ≥12 mm   D. ≥10 mm

3. 混凝土保护层厚度指( )。
    A. 最外皮纵向受力钢筋与近边混凝土边缘的垂直距离
    B. 最外皮钢筋与近边混凝土边缘的垂直距离
    C. 受力钢筋合力点到受压区混凝土边缘的垂直距离
    D. 纵向受拉钢筋合力点到受压区混凝土边缘的垂直距离

4. 在梁正截面承载力验算中,验算梁的最大配筋率是为了( )。
    A. 避免超筋破坏   B. 避免剪压破坏
    C. 避免斜拉破坏   D. 避免适筋破坏

5. 图 3.81 梁中需要进行斜截面承载力验算的位置为( )。

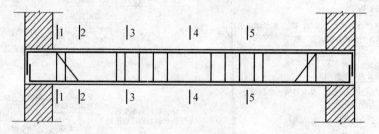

图 3.81　习题 5 图

    A. 1,2,3   B. 2,3,4   C. 1,4,5   D. 1,3,4

三、简答题

1. 钢筋混凝土梁、板的截面高度应满足哪些要求?

2. 梁板中各有几种钢筋,分别有什么构造要求?

3. 钢筋混凝土受弯构件正截面有几种破坏形态?各有什么特点?

4. 正截面设计计算中如何避免超筋破坏和少筋破坏?

5. 什么情况下采用双筋截面?其计算应力图形如何确定?

6. T 形截面的翼缘宽度如何确定?

7. 钢筋混凝土受弯构件斜截面有几种破坏形态?各有什么特点?

8.斜截面设计计算中如何避免斜压破坏和斜拉破坏？

9.为何要进行正常使用极限状态的验算？应验算哪些内容？分别如何验算？

10.常见的楼梯有几种类型？各有什么特点？板式楼梯和梁式楼梯各有什么计算要点和构造要求？

11.雨篷板和雨篷梁有哪些计算要点和构造要求？

四、计算题

1.已知梁的截面尺寸为 $b=250$ mm，$h=500$ mm，混凝土为 C30 级，$f_t=1.43$ N/mm²，$f_c=14.3$ N/mm²，采用 HRB400 级钢筋，$f_y=360$ N/mm²，承受弯矩设计值 $M=300$ kN·m，试计算需配置的纵向受力钢筋。

2.已知梁截面尺寸为 200 mm×400 mm，混凝土等级 C30，$f_c=14.3$ N/mm²，钢筋采用 HRB335 级钢筋，$f_y=300$ N/mm²，环境类别为二类，受拉钢筋为 3 ϕ 25 的钢筋，$A_s=1473$ mm²，受压钢筋为 2ϕ6 的钢筋，$A'_s=402$ mm²。要求承受的弯矩设计值 $M=90$ kN·m。试验算此截面是否安全。

3.已知梁的截面尺寸为 $b\times h=200$ mm×500 mm，混凝土强度等级为 C40，$f_t=1.71$ N/mm²，$f_c=19.1$ N/mm²，钢筋采用 HRB400 级钢筋，即 Ⅱ 级钢筋，$f_y=360$ N/mm²，截面弯矩设计值 $M=330$ kN·m。环境类别为一类。求：所需受压和受拉钢筋截面面积。

4.已知条件同上题，但在受压区已配置 3 ϕ 20 钢筋，$A'_s=941$ mm² 求：受拉钢筋 A_s。

5.已知肋形楼盖的次梁，弯矩设计值 $M=410$ kN·m，梁的截面尺寸为 $b\times h=200$ mm×600 mm，$b'_f=1000$ mm，$h'_f=90$ mm；混凝土等级为 C20，$f_c=9.6$ N/mm²，钢筋采用 HRB335 级钢筋，$f_y=300$ N/mm²，环境类别为一类。求：受拉钢筋截面面积。

6.已知 T 形截面梁，截面尺寸如图 3.82 所示，混凝土采用 C30，$f_c=14.3$ N/mm²，纵向钢筋采用 HRB400 级钢筋，$f_y=360$ N/mm²，环境类别为一类。若承受的弯矩设计值为 $M=700$ kN·m，计算所需的受拉钢筋截面面积 A_s（预计两排钢筋，$a_s=60$ mm）。

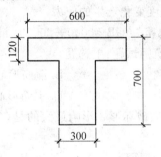

图 3.82 T 形梁截面图

7.某办公楼有一矩形截面简支梁，截面尺寸为 $b\times h=200$ mm×450 mm，计算跨度为 5 m，承受均布荷载设计值 78 kN/m（包括自重），混凝土强度等级为 C30，钢筋采用 HRB400 级钢筋。求：(1)A_s 及 A'_s；(2)若 $A'_s=941$ mm²，求 A_s。

✎ 工程模拟训练

如图 3.83 所示某教室平面图，已知楼面做法为：20 mm 厚水泥砂浆（容重 20 kN/m³）面层，50 mm 厚细石混凝土垫层，100 mm 厚钢筋混凝土预制板（1.9 kN/m²），20 mm 厚石灰砂浆（容重 17 kN/m³）板底抹灰；楼面梁 L—1 截面尺寸为 250 mm×550 mm。已知楼面可变活荷载标准值为 2.5 kN/m²，其组合值系数为 0.7。试设计 L—1。

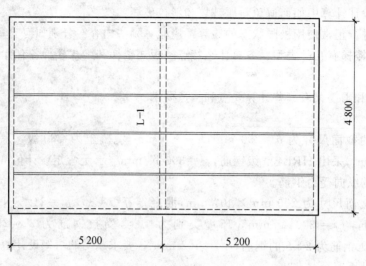

图 3.83　某教室平面图

链接职考

1.为防止钢筋混凝土梁的斜截面破坏,可采用的措施有(　　　)。(2005 年一级建筑师试题:多选题)

A.限制最小截面尺寸　　　　　B.配置弯起钢筋　　　C.配置箍筋

D.增大主筋截面　　　　　　　E.做成双筋梁

2.在钢筋混凝土梁中,箍筋的主要作用是(　　　)。(2010 年二级建筑师试题:单选题)

A.承受由于弯矩作用产生的拉力

B.承受由于弯矩作用产生的压力

C.承受剪力

D.承受因混凝土收缩和温度变化产生的应力

3.根据《混凝土结构设计规范》(GB 50010—2002),混混凝土梁钢筋保护层厚度是指(　　　)的距离。(2011 年一级建筑师试题:单选题)

A.箍筋外表面至梁表面　　　　　　　B.箍筋形心至梁表面

C.主筋外表面至梁表面　　　　　　　D.主筋形心至梁表面

4.下列各选项中对梁的正截面破坏形式影响最大的是(　　　)。(2012 年二级建筑师试题:单选题)

A.混凝土强度等级　　　B.截面形式　　　C.配箍率　　　D.配筋率

模块 4

受弯构件正常使用极限状态设计计算

【模块概述】

前面模块讨论了钢筋混凝土受弯构件承载力的计算和设计方法,主要解决了受弯构件的安全性问题。钢筋混凝土结构构件除必须考虑安全性要求进行承载能力计算外,对某些构件还需要考虑适用性和耐久性要求进行正常使用极限状态的验算,即对构件进行变形及裂缝宽度验算,使其不超过规定的限值。

采用下列极限状态设计表达式进行验算:

$$S \leqslant C \tag{4.1}$$

式中　S——正常使用极限状态的荷载组合效应值;

　　　C——结构构件达到正常使用要求所规定的变形、应力、裂缝宽度等的限值。

本模块将介绍钢筋混凝土结构的正常使用极限状态设计计算的有关内容。

【知识目标】

1. 了解构件变形、裂缝和耐久性的重要性;
2. 掌握钢筋混凝土构件变形和裂缝宽度的验算方法;
3. 熟悉减小构件变形和裂缝宽度以及提高结构构件耐久性的方法;
4. 本章重点是构件变形和裂缝宽度的验算方法,难点是验算公式的推导过程。

【技能目标】

1. 具有对基本结构构件进行挠度及裂缝宽度的验算;
2. 应用已有的理论知识,判别实际工程中引起构件裂缝的原因;
3. 能够运用相关工具对构件裂缝宽度进行测量。

【课时建议】

6～8课时

【工程导入】

由不同因素可以引起梁、板等构件的开裂(或变形)如图4.1所示。

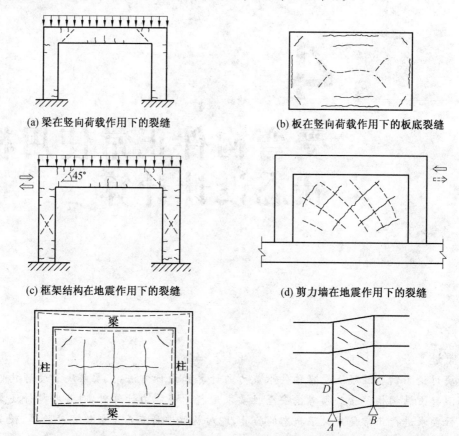

(a) 梁在竖向荷载作用下的裂缝　　　　(b) 板在竖向荷载作用下的板底裂缝

(c) 框架结构在地震作用下的裂缝　　　　(d) 剪力墙在地震作用下的裂缝

(e) 墙板干燥收缩裂缝与边框架的变形　　　(f) 不均匀沉降引起的墙板开裂

图4.1　不同因素引起构件开裂(或变形)

【工程导读】

建筑结构是由不同的构件组成的,某一构件在不同因素引起的过大变形或裂缝,将影响我们的正常使用。在图4.1的案例中,梁、板是主要的受弯构件,梁在竖向荷载(地震作用)下会引起弯曲裂缝和剪切裂缝,而板在竖向荷载作用下,会引起板底的裂缝;在非荷载因素下,如温度收缩及地基的不均匀沉降等因素下,也会引起相应的裂缝及变形。我们在前面的模块中学习了受弯构件承载能力极限状态的设计,保证了预定功能的安全性要求,如何来实现预定功能的适用性要求呢?下面我们分两方面来解答正常使用极限状态设计计算。

 ## 4.1　钢筋混凝土受弯构件的变形验算

变形控制的目的和要求:

(1)保证结构的使用功能要求。结构构件的变形过大时,会严重影响其使用功能。例如,屋面梁、板的挠度过大时会发生积水;精密仪器车间中,过大的楼面变形可能会影响到产品的质量;当吊车梁挠度过大时会影响吊车的正常运行。

(2)避免对结构构件产生不利影响。受弯构件挠度过大,会导致结构构件的实际受力与计算假定不符,并影响到与其相连的其他构件使其发生过大的变形。

(3)避免对非结构构件产生不利影响。受弯构件的挠度过大,会导致其上的非结构构件发生破坏,例如隔墙会因挠度过大而产生裂缝;门窗会因挠度过大而不能正常开关。

(4)满足外观和使用者的心理要求。受弯构件挠度过大,会引起使用者的不适与不安。

为了保证结构构件在使用期间的适用性,对结构构件的变形应加以控制。《混凝土结构设计规范》(GB 50010—2010)规定,钢筋混凝土受弯构件的最大挠度应满足:

$$f \leqslant f_{\lim} \tag{4.2}$$

式中　　f——荷载作用下产生的最大挠度,按荷载准永久组合并考虑长期作用的影响进行计算;

　　　　$f_{\lim}$——受弯构件挠度限值,见表4.1,其规定是考虑结构的可使用性、感觉的可接受性等因素,以不影响使用功能、外观及与其他构件连接等要求为目的,根据工程实践经验并参考国内外规范的规定而确定。

表 4.1　受弯构件的挠度限值

构件类型		挠度限值
吊车梁	手动吊车	$l_0/500$
	电动吊车	$l_0/600$
屋盖、楼盖及楼梯构件	当 $l_0 < 7$ m 时	$l_0/200(l_0/250)$
	当 7 m $\leqslant l_0 \leqslant 9$ m 时	$l_0/250(l_0/300)$
	当 $l_0 > 9$ m 时	$l_0/300(l_0/400)$

注:1. l_0 为构件的计算跨度,计算悬臂构件的挠度限值时,其计算跨度 l_0 按实际悬臂长度的2倍取用。

2. 表中括号内数值适用于使用上对挠度有较高要求的构件。

3. 如果构件制作时预先起拱,且使用上也允许,则在验算挠度时,可将计算所得的挠度值减去起拱值;对预应力混凝土构件,尚可减去预加力所产生的反拱值。

4. 构件制作时的起拱值和预加力所产生的反拱值,不宜超过构件在相应荷载组合作用下的计算挠度值。

4.1.1　钢筋混凝土梁抗弯刚度的特点

在材料力学中介绍了匀质弹性材料梁的挠度计算方法,如简支梁挠度计算的一般公式为

$$f = \alpha \cdot \frac{Ml_0^2}{EI} \tag{4.3}$$

$$\frac{M}{EI} = \frac{1}{r} \tag{4.4}$$

式中　　f——梁中最大挠度;

　　　　α——与荷载形式和支承条件有关的荷载效应系数,如计算均布荷载作用下的简支梁跨中挠度时,$\alpha = 5/48$;

　　　　M——梁中最大弯矩;

　　　　EI——匀质材料梁的截面抗弯刚度;

　　　　l_0——梁的计算跨度;

　　　　r——曲率半径。

对匀质弹性材料,当梁的截面尺寸和材料给定时,EI 为常数,挠度 f 与弯矩 M 之间保持线性关系。但对钢筋混凝土构件,材料属弹塑性,在受弯的全过程中,截面抗弯刚度不再是常数,梁的弯矩与挠度的关系曲线如图4.2所示。随着弯矩的增大以及裂缝的出现和开展,挠度增大速度加快,因而抗弯刚度逐渐减小。同时,随着荷载作用时间的增加,钢筋混凝土梁的截面抗弯刚度还将进一步减小,梁的挠度还将进一步加大,故不能用 EI 来表示钢筋混凝土梁的抗弯刚度。

因此,要想计算钢筋混凝土受弯构件的挠度,关键是确定截面的抗弯刚度。《混凝土结构设计规范》(GB 50010—2010) 规定:荷载效应的准永久组合作用下的截面抗弯刚度即短期刚度,用 B_s 表示;考虑荷载长期作用影响后的刚度即长期刚度,用 B 表示。构件在使用阶段的最大挠度计算取长期刚

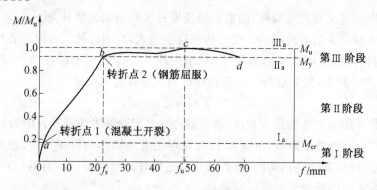

图 4.2　梁的弯矩与挠度的关系曲线

度值,而长期刚度是通过短期刚度计算得来的。因此,在求得截面抗弯刚度(长期刚度 B)后,构件的挠度就可按匀质弹性材料的挠度公式进行计算。

4.1.2 截面弯曲刚度

1.受弯构件的短期刚度 B_s

在正常使用阶段,钢筋混凝土梁是处于带裂缝工作阶段的。在纯弯段内,钢筋和混凝土的应变分布具有如下特征(图 4.3):

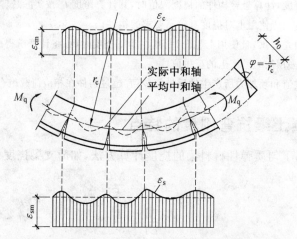

图 4.3　钢筋混凝土梁纯弯段的应变分布图

(1)受拉钢筋的拉应变沿梁是不均匀分布的。在受拉区的裂缝截面处,混凝土已退出工作,其拉应力为零,钢筋的拉应力最大,其拉应变 ε_s 也最大;而在裂缝之间由于钢筋与混凝土之间的黏结作用,混凝土拉应力逐渐增大,钢筋拉应力逐渐减小,钢筋拉应变沿梁轴线方向呈波浪形变化。以 ε_{sm} 代表纯弯段裂缝截面间钢筋的平均拉应变,显然 ε_{sm} 小于裂缝截面处的钢筋拉应变 ε_s,取

$$\varepsilon_{sm} = \psi \cdot \varepsilon_s \tag{4.5}$$

式中　ψ——裂缝之间纵向受拉钢筋应变的不均匀系数,用以反映受拉区混凝土参与受力的程度。

(2)受压区边缘混凝土的压应变沿梁长也呈波浪形分布。在裂缝截面处,混凝土的应变 ε_c 较大,裂缝之间变小,但其变化幅度不大。混凝土的平均应变为

$$\varepsilon_{cm} = \psi_c \varepsilon_c \tag{4.6}$$

式中　ψ_c——混凝土应变不均匀系数。

(3)混凝土受压区高度 x 在各截面也是变化的。在裂缝截面处受压区高度较小,裂缝之间受压区高度较大,故中和轴呈波浪形曲线。计算时取该区段各截面受压区高度的平均值 $\bar{x}$(即平均中和轴)及相应的平均曲率 $1/r_c$。

(4)平均应变沿截面高度基本上呈直线分布,平截面假定仍然符合。

综合应用截面应变的几何关系、材料应变与应力的物理关系以及截面内力的平衡关系建立了短期刚度表达式。

① 几何关系：由平均应变 ε_{sm}、ε_{cm} 及平均受压区高度 $\bar{x}$ 的关系符合平截面假定，可得平均曲率为

$$\frac{1}{r_c} = \frac{\varepsilon_{sm} + \varepsilon_{cm}}{h_0} \tag{4.7}$$

由材料力学公式（4.4），可将短期刚度表达为

$$B_s = \frac{M_q}{\dfrac{1}{r_c}} = M_q h_0 / (\varepsilon_s + \varepsilon_c) \tag{4.8}$$

② 物理关系：在荷载效应的准永久组合作用下，裂缝截面处纵向受拉钢筋的平均拉应变 ε_{sm} 和受压混凝土边缘的平均压应变 ε_{cm} 可按下列公式计算：

$$\varepsilon_{sm} = \psi \cdot \varepsilon_s = \psi \frac{\sigma_{sq}}{E_s} \tag{4.9}$$

$$\varepsilon_{cm} = \psi_c \frac{\sigma_{cq}}{E'_c} = \psi_c \frac{\sigma_{cq}}{v E_c} \tag{4.10}$$

式中　M_q——按荷载准永久组合计算的弯矩值，取计算区段内的最大弯矩值；

σ_{sq}、σ_{cq}——分别为按荷载效应的准永久组合（预应力构件为标准组合）计算的裂缝截面纵向受拉钢筋重心处的拉应力和受压区边缘混凝土的压应力；

E'_c、E_c——分别为混凝土的变形模量和弹性模量；

v——混凝土的弹性系数。

③ 平衡关系：如图4.4所示的应力计算图形，设裂缝截面的受压区高度为 ξh_0，截面的内力臂为 ηh_0，由截面内力的平衡关系可以得到：

$$\sigma_{sq} = \frac{M_q}{A_s \eta h_0} \tag{4.11}$$

$$\sigma_{cq} = \frac{M_q}{\xi \omega \eta b h_0^2} \tag{4.12}$$

式中　η——裂缝截面内力臂系数，可取 $\eta = 0.87$，或 $1/\eta = 1.15$；

ω——压应力图形完整系数；

ξ——裂缝截面相对受压区高度。

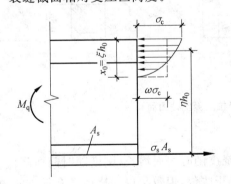 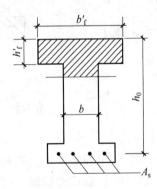

图4.4　裂缝截面的应力图

为了简化，取 $\zeta = \xi \omega \eta v$，称为受压边缘混凝土平均应变综合系数，并引入 $\alpha_E = E_s / E_c$ 及 $\rho = A_s / b h_0$，代入式（4.8），则有

$$B_s = \frac{M_q}{\dfrac{1}{r_c}} = \frac{1}{\dfrac{\psi}{E_s A_s \eta h_0^2} + \dfrac{1}{\zeta E_c b h_0^3}} = \frac{E_s A_s h_0^2}{\dfrac{\psi}{\eta} + \dfrac{\alpha_E \rho}{\zeta}} \tag{4.13}$$

根据试验资料分析，《混凝土结构设计规范》（GB 50010—2010）取

$$\frac{\alpha_E \rho}{\zeta} = 0.2 + \frac{6\alpha_E \rho}{1 + 3.5\gamma'_f} \tag{4.14}$$

将 $1/\eta = 1.15$ 及 $\frac{\alpha_E \rho}{\zeta}$ 的计算公式(4.14)代入式(4.13),最后得出钢筋混凝土受弯构件短期刚度 B_s 的计算公式为

$$B_s = \frac{E_s A_s h_0^2}{1.15\psi + 0.2 + \frac{6\alpha_E \rho}{1 + 3.5\gamma'_f}} \tag{4.15}$$

式中 ψ—— 纵向受拉钢筋应变不均匀系数。

$$\psi = 1.1 - 0.65 \frac{f_{tk}}{\rho_{te}\sigma_{sq}} \tag{4.16}$$

当 $\psi < 0.2$ 时,取 $\psi = 0.2$;当 $\psi > 1.0$ 时,取 $\psi = 1.0$;对直接承受重复荷载的构件,取 $\psi = 1.0$;f_{tk} 为混凝土轴心抗拉强度标准值;σ_{sq} 为按荷载效应的准永久组合 M_q 计算的受拉钢筋应力,对钢筋混凝土受弯构件按下式计算:

$$\sigma_{sq} = \frac{M_q}{0.87 h_0 A_s} \tag{4.17}$$

ρ_{te} 为按有效受拉混凝土截面面积 A_{te} 计算的纵向受拉钢筋配筋率,当 $\rho_{te} < 0.01$ 时,取 $\rho_{te} = 0.01$;ρ_{te} 可按下式计算:

$$\rho_{te} = \frac{A_s}{A_{te}} \tag{4.18}$$

A_{te} 为有效受拉混凝土截面面积,如图 4.5 所示,可按下式计算:

$$A_{te} = 0.5bh + (b_f - b)h_f \tag{4.19}$$

γ'_f 为受压翼缘挑出面积与腹板有效面积之比,按下式计算:

$$\gamma'_f = \frac{(b'_f - b)h'_f}{bh_0} \tag{4.20}$$

当 $h'_f > 0.2h_0$ 时,取 $h'_f = 0.2h_0$;当截面受压区为矩形时,$\gamma'_f = 0$。

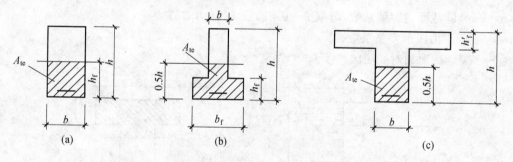

图 4.5　有效受拉混凝土截面面积

2. 受弯构件的长期刚度 B

在荷载长期作用下,钢筋混凝土受弯构件的挠度随时间而增长,刚度随时间而降低。试验表明,前六个月挠度增长较快,以后逐渐减缓,一年后趋于收敛,但数年以后挠度仍有很小的增长。荷载长期作用下影响挠度增长的因素较多,也较复杂,但其中主要影响因素有:

(1) 由于受压区混凝土的徐变,压应变将随时间而增长。

(2) 由于裂缝间受拉混凝土出现应力松弛以及钢筋混凝土之间产生滑移徐变,会使受拉混凝土不断退出工作,因而受拉钢筋平均应变将随时间而增大。

上述都将导致构件的刚度随时间而降低。另外,混凝土收缩、环境的温湿度、加载时混凝土的龄期、配筋率和截面形式等对刚度都有不同程度的影响。

受弯构件考虑荷载长期作用影响的挠度计算方法有两种:第一种用不同方式和在不同程度上考

虑混凝土徐变和收缩以计算荷载在长期作用影响的刚度；第二种为根据试验结果确定挠度增大的影响系数计算构件的长期刚度 B。我国《混凝土结构设计规范》(GB 50010—2010)采用第二种方法，用挠度增大系数来考虑荷载长期作用的影响计算受弯构件挠度，即 $\theta = f_1/f_s$，其中 f_1 为考虑荷载长期作用影响计算的挠度，f_s 为按构件短期刚度计算的挠度，则

$$\theta = \frac{f_1}{f_s} = \frac{\alpha M l_0^2 / B}{\alpha M l_0^2 / B_s} = \frac{B_s}{B} \tag{4.21}$$

挠度增大系数 θ 值根据试验结果确定。对于单筋矩形、T 形和工字形截面，可取 $\theta = 2.0$。对于双筋截面梁，由于受压钢筋对混凝土的徐变起约束作用，因而可减小荷载长期作用下的挠度的增长。减小的程度与受压钢筋与受拉钢筋的相对数量有关。《混凝土结构设计规范》(GB 50010—2010)规定：对钢筋混凝土受弯构件，当 $\rho' = 0$，取 $\theta = 2.0$；当 $\rho' = \rho$ 时，取 $\theta = 1.6$；当 ρ' 为中间数值时，θ 按线性内插取用，即

$$\theta = 2.0 - 0.4 \frac{\rho'}{\rho} \geqslant 1.6 \tag{4.22}$$

式中　ρ'、ρ——分别为纵向受压及受拉钢筋的配筋率，$\rho' = \dfrac{A_s'}{bh_0}$，$\rho = \dfrac{A_s}{bh_0}$。

上述 θ 值适用于一般情况下的矩形、T 形和工字形截面梁。对于翼缘位于受拉区的倒 T 形梁，由于在荷载短期作用下，受拉混凝土参加工作较多，在长期荷载作用下受拉翼缘退出工作的影响较大，从而使挠度增大较多，《混凝土结构设计规范》(GB 50010—2010)规定：对翼缘在受拉区的倒 T 形截面梁，θ 值应增大 20%。

由此可得到钢筋混凝土受弯构件考虑荷载长期作用影响的刚度 B，即

$$B = \frac{B_s}{\theta} \tag{4.23}$$

4.1.3　受弯构件挠度计算

钢筋混凝土受弯构件在正常使用极限状态下的挠度，可根据构件的刚度用结构力学方法计算。但上面讲的刚度计算公式都是指纯弯段内平均的截面抗弯刚度。对于等截面受弯构件，各截面的弯矩 M 是变化的，所以截面抗弯刚度也是变化的。如图 4.6 所示的简支梁，在靠近支座的剪跨范围内，各截面的弯矩是不相等的，越靠近支座，弯矩 M 越小，因而，其刚度越大。由此可见，沿梁长不同区段的平均刚度是变值，这就给挠度计算带来了一定的复杂性。为了简化计算，《混凝土结构设计规范》(GB 50010—2010)规定：在等截面构件中，可假定各同号弯矩作用区段内的刚度相等，并取用该区段内最大弯矩处的刚度。即采用各同号弯矩区段内最大弯矩处的最小截面刚度作为该区段内的刚度 B 按等刚度梁来计算构件的挠度，即受弯构件挠度计算的"最小刚度原则"。

采用最小刚度原则计算挠度时，靠近支座处的曲率，由于多算了两小块阴影线所示的面积(图 4.6)，其计算值 M/B_{min} 比实际值较大，致使计算的挠度值偏大，但由于阴影面积不大，且靠近支座，故影响很小。同时，在按上述方法计算挠度时，只考虑弯曲变形的影响，未考虑剪跨段出现斜裂缝后剪切变形的影响，这样计算的挠度值将偏小。试验结果表明，一般情况下，上述使计算值偏大和偏小的因素可以相互抵消。因此，在挠度计算中采用最小刚度 B_{min} 简化计算的结果与实测结果比较误差较小，可满足工程要求。

钢筋混凝土受弯构件的挠度计算，可按一般材料力学公式进行，但抗弯刚度 EI 应以长期刚度 B 代替，即

$$f = \alpha \frac{M_k l_0^2}{B} \leqslant f_{min} \tag{4.24}$$

式中　f——受弯构件的最大挠度；

　　　f_{min}——受弯构件的挠度限值，见表 4.1。

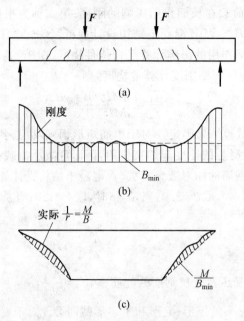

图 4.6　沿梁长的刚度和曲率分布图

当钢筋混凝土梁产生的挠度值不满足《混凝土结构设计规范》(GB 50010—2010)规定的限值要求时,可采取提高刚度的措施,即增大截面高度 h、增大受拉钢筋配筋率、选择合理的截面形式(T 形、工字形)、采用双筋截面以及提高混凝土的强度等级等,其中最有效的措施是增大截面高度 h。如果还不能满足要求,可采取预应力混凝土构件。

【例 4.1】　某办公楼钢筋混凝土矩形截面简支梁,截面尺寸 $b \times h = 200$ mm $\times 500$ mm,计算跨度 $l_0 = 6$ m;承受均布荷载,其中永久荷载标准值(含自重)$g_k = 6.5$ kN/m,可变荷载标准值 $q_k = 8$ kN/m,准永久值系数 $\psi_q = 0.4$;采用 C30 混凝土,配置 HRB400 级 3 根直径为 18 mm 的纵向受拉钢筋($A_s = 763$ mm^2);梁的允许挠度$[f_{\lim} = l_0/200]$。试验算该梁的跨中最大挠度是否满足要求。

解　(1)求梁内最大弯矩值

按荷载标准值组合计算的弯矩值:

$$M_k = \frac{1}{8}(g_k + q_k)l_0^2 = \left[\frac{1}{8} \times (6.5 + 8) \times 6^2\right]\text{kN·m} = 65.25 \text{ kN·m}$$

按荷载准永久组合计算的弯矩值:

$$M_q = \frac{1}{8}(g_k + \psi_c q_k)l_0^2 = \left[\frac{1}{8} \times (6.5 + 0.4 \times 8) \times 6^2\right]\text{kN·m} = 43.65 \text{ kN·m}$$

(2)计算钢筋应变不均匀系数

$$h_0 = (500 - 40)\text{mm} = 460 \text{ mm}$$

C30 混凝土:$f_{tk} = 2.01$ N/mm^2,$E_c = 3.00 \times 10^4$ N/mm^2;HRB400 级钢筋:$E_s = 2.00 \times 10^5$ N/mm^2

$$\rho_{te} = \frac{A_s}{0.5bh} = \frac{763}{0.5 \times 200 \times 500} = 0.015 > 0.01$$

$$\sigma_{sq} = \frac{M_q}{0.87h_0 A_s} = \frac{43.65 \times 10^6}{0.87 \times 460 \times 763}\text{N/mm}^2 = 142.9 \text{ N/mm}^2$$

$$\psi = 1.1 - 0.65\frac{f_{tk}}{\rho_{te}\sigma_{sq}} = 1.1 - 0.65 \times \frac{2.01}{0.015 \times 142.9} = 0.490 > 0.2 \text{ 且} < 1.0$$

(3)计算短期刚度 B_s

因为矩形截面 $\gamma'_f = 0$,则

$$\alpha_E = \frac{E_s}{E_c} = \frac{2.00 \times 10^5}{3.00 \times 10^4} = 6.67$$

$$\rho = \frac{A_{\mathrm{s}}}{bh_0} = \frac{763}{200 \times 460} = 0.008\,3$$

$$B_{\mathrm{s}} = \frac{E_{\mathrm{s}}A_{\mathrm{s}}h_0^2}{1.15\psi + 0.2 + \dfrac{6\alpha_{\mathrm{E}}\rho}{1 + 3.5\gamma'_{\mathrm{f}}}} =$$

$$\frac{2.00 \times 10^5 \times 763 \times 460^2}{1.15 \times 0.490 + 0.2 + 6 \times 6.67 \times 0.008\,3}\,\mathrm{N \cdot mm^2} = 2.95 \times 10^{13}\,\mathrm{N \cdot mm^2}$$

（4）计算长期刚度 B

因为 $\rho' = 0$，故 $\theta = 2.0$，则

$$B = \frac{B_{\mathrm{s}}}{\theta} = \frac{2.95 \times 10^{13}}{2.0}\,\mathrm{N \cdot mm^2} = 1.475 \times 10^{13}\,\mathrm{N \cdot mm^2}$$

（5）计算跨中挠度 f

$$f = \frac{5}{48}\frac{M_{\mathrm{k}}l_0^2}{B} = \frac{5}{48} \times \frac{65.25 \times 10^6 \times 6\,000^2}{1.475 \times 10^{13}}\,\mathrm{mm} = 17\,\mathrm{mm} < f_{\lim} = (6\,000/200)\,\mathrm{mm} = 30\,\mathrm{mm}$$

故梁的挠度满足要求。

 # 4.2　钢筋混凝土受弯构件的裂缝宽度验算

4.2.1　裂缝形成过程

混凝土结构出现裂缝有多种原因，可以概括为两大类，一类是由荷载直接作用引起的；另一类是由于温度变化、混凝土收缩、地基不均匀沉降、钢筋锈蚀、冻融循环、碱骨料反应等非荷载原因引起的。大量工程实践表明，在正常设计、正常施工和正常使用条件下，荷载的直接作用往往不是形成过大裂缝的主要原因，很多裂缝一般是几种原因组合作用的结果，对于由荷载直接作用引起的裂缝，主要通过计算加以控制；对于由非荷载原因引起的裂缝，可通过构造措施加以控制。下面介绍的裂缝宽度验算均指由荷载引起的裂缝。

1. 裂缝的发生及其分布

现以受弯构件纯弯段为例，我们来研究垂直裂缝的出现、开展及其分布特点。

设 M 为外荷载产生的截面弯矩，M_{cr} 为构件正截面的开裂弯矩。

（1）当 $M < M_{\mathrm{cr}}$ 时，即裂缝未出现前，在纯弯曲段内，由于这时钢筋与混凝土之间的黏结没有被破坏，受拉区混凝土和钢筋的拉应力（拉应变）沿构件的轴线方向基本是均匀分布的，且混凝土拉应力 σ_{ct} 小于混凝土抗拉强度 f_{tk}。由于混凝土的离散性，实际抗拉能力沿构件的轴线长度分布并不均匀。

（2）当 $M = M_{\mathrm{cr}}$ 时，即混凝土的拉应力 σ_{ct} 达到其抗拉强度 f_{tk}，从理论上讲，各截面受拉区外边缘混凝土的应力均达到其抗拉强度 f_{tk}，各截面进入裂缝即将出现的极限状态，即"将裂未裂"的状态，由于混凝土实际抗拉强度分布的不均匀性，将在抗拉能力最薄弱的截面出现第一条（批）裂缝，位置是随机的，如图 4.7（a）中的 a—a 截面或同时出现 c—c 截面。裂缝出现后，该截面上受拉混凝土退出工作，应力应变为零；同时，该截面上钢筋的应力突然增加，钢筋应力的变化使钢筋与混凝土之间产生黏结力和相对滑移，原来受拉的混凝土各自向裂缝两侧回缩，促成裂缝的开展。随着离开裂缝截面距离的增大，黏结力把钢筋的应力逐渐传递给混凝土，混凝土拉应力逐渐增大，钢筋应力逐渐减小，直到距裂缝截面 $l_{\mathrm{cr,min}}$ 处，混凝土的拉应力 σ_{ct} 再次增加到 f_{tk}，有可能出现新的裂缝。显然，在距第一条（批）裂缝两侧 $l_{\mathrm{cr,min}}$ 范围内由于 $\sigma_{\mathrm{ct}} < f_{\mathrm{tk}}$，不会出现新的裂缝。

（3）当 $M > M_{\mathrm{cr}}$ 时，将在距离裂缝截面大于 $l_{\mathrm{cr,min}}$ 的另一薄弱截面处出现新的第二条（批）裂缝，如图 4.7（b）中的 b—b 截面处。第二条（批）裂缝两侧的混凝土同样向两侧回缩滑移并产生黏结应力，混凝土的拉应力又逐渐增大直至 f_{tk} 时，又有可能出现新的裂缝。依此类推，新的裂缝不断产生，裂缝间

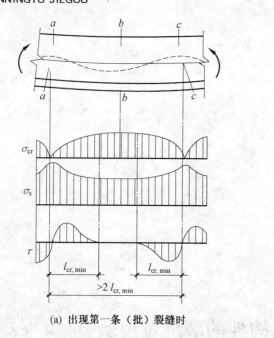
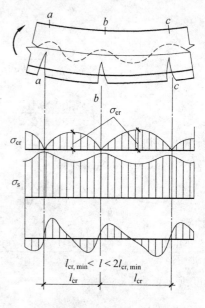

(a) 出现第一条（批）裂缝时　　　　　　　(b) 出现第二条（批）裂缝时

图 4.7　梁中裂缝的发生、分布及应力变化

距不断减小，直到裂缝之间混凝土拉应力 σ_{ct} 无法达到混凝土抗拉强度 f_{tk}，即裂缝的间距介于 $l_{cr,min} \sim 2l_{cr,min}$ 之间时，就不会再出现新的裂缝，裂缝分布处于稳定状态。这个过程称之为裂缝出现和分布过程。

2. 裂缝控制等级

钢筋混凝土结构构件的裂缝控制等级主要是依据其耐久性要求确定的。与结构的功能要求、环境条件对钢筋的腐蚀影响、钢筋的种类对腐蚀的敏感性和荷载作用时间等因素有关。控制等级是对裂缝控制的严格程度而言，设计者可根据具体情况选用不同的等级。我国《混凝土结构设计规范》(GB 50010—2010)对混凝土构件正截面的受力裂缝控制等级分为三级，等级划分及要求应符合下列规定：

(1) 一级：严格要求不出现裂缝的构件，按荷载标准组合计算时，构件受拉边缘混凝土不应产生拉应力。

$$\sigma_{ck} - \sigma_{pc} \leqslant 0 \qquad (4.25)$$

(2) 二级：一般要求不出现裂缝的构件，按荷载标准组合计算时，构件受拉边缘混凝土拉应力不应大于混凝土轴心抗拉强度标准值。

$$\sigma_{ck} - \sigma_{pc} \leqslant f_{tk} \qquad (4.26)$$

(3) 三级：允许出现裂缝的构件。对钢筋混凝土构件，按荷载准永久组合并考虑长期作用影响计算时；对预应力混凝土构件，按荷载标准组合并考虑长期作用影响计算时，构件的最大裂缝宽度 w_{max} 不应超过规定的最大裂缝宽度限值 w_{lim}，即

$$w_{max} \leqslant w_{lim} \qquad (4.27)$$

对环境类别为二 a 类的预应力混凝土构件，在荷载准永久组合下，受拉边缘应力尚应符合下列规定：

$$\sigma_{cq} - \sigma_{pc} \leqslant f_{tk} \qquad (4.28)$$

式中　σ_{ck}、σ_{cq}——荷载标准组合、准永久组合下抗裂验算边缘的混凝土法向应力；

　　　　σ_{pc}——扣除全部预应力损失后在抗裂验算边缘混凝土的预压应力；

　　　　f_{tk}——混凝土轴心抗拉强度标准值；

　　　　w_{max}——按荷载标准组合或准永久组合并考虑长期作用影响计算的最大裂缝宽度；

w_{lim}——最大裂缝宽度限值,按表 4.2 采用。

结构构件应根据结构类型和环境类别,按表 4.2 的规定选用不同的裂缝控制等级及最大裂缝宽度限值 w_{lim}。

表 4.2　结构构件的裂缝控制等级及最大裂缝宽度限值

环境类别	钢筋混凝土结构		预应力混凝土结构	
	裂缝控制等级	w_{lim}/mm	裂缝控制等级	w_{lim}/mm
一		0.30(0.40)	三级	0.20
二 a	三			0.10
二 b		0.20	二级	—
三 a、三 b			一级	—

注:1.对处于年平均相对湿度小于 60% 地区一类环境下的受弯构件,其最大裂缝宽度可采用括号内的数值。

2.在一类环境下,对于钢筋混凝土屋架、托架及需做疲劳验算的吊车梁,其最大裂缝宽度限值应取为 0.20 mm;对钢筋混凝土屋面梁和托梁,其最大裂缝宽度限值应取为 0.30 mm。

3.在一类环境下,对预应力混凝土屋架、托架及双向板体系,应按二级裂缝控制等级进行验算;对一类环境下预应力混凝土屋架、托架、单向板,按表中二 a 类环境的要求进行验算;在一类和二 a 类环境下的需做疲劳验算的预应力混凝土吊车梁,应按裂缝控制等级不低于二级的构件进行验算。

4.表中规定的预应力混凝土构件的裂缝控制等级和最大裂缝宽度限值仅适用于正截面的验算;预应力混凝土构件的斜截面裂缝控制验算应符合规范的要求。

5.对于烟囱、筒仓和处于液体压力下的结构,其裂缝控制要求应符合专门标准的有关规定。

6.对处于四、五类环境下的结构构件,其裂缝控制要求应符合专门标准的有关规定。

7.表中的最大裂缝宽度限值为用于验算荷载作用引起的最大裂缝宽度。

4.2.2　裂缝宽度的计算

1.平均裂缝间距 l_m

大量试验和理论分析表明,平均裂缝间距不仅与钢筋和混凝土的黏结特性有关,而且还与混凝土保护层厚度、纵向钢筋的直径及配筋率等因素有关,《混凝土结构设计规范》(GB 50010—2010)采用下式计算构件的平均裂缝间距:

$$l_m = \beta\left(1.9c_s + 0.08\frac{d_{eq}}{\rho_{te}}\right) \tag{4.29}$$

式中　β——与构件受力状态有关系数:对轴心受拉构件,取 $\beta=1.1$;对其他受力构件,取 $\beta=1.0$;

c_s——最外层纵向受拉钢筋外边缘至受拉区底边的距离:当 $c_s<20$ mm 时,取 $c_s=20$ mm;当 $c_s>65$ mm 时,取 $c_s=65$ mm;

ρ_{te}——按有效受拉混凝土截面面积 A_{te} 计算的纵向受拉钢筋配筋率:对无黏结后张构件,仅取纵向受拉钢筋计算配筋率;

d_{eq}——受拉区纵向钢筋的等效直径(mm),可按下式计算:

$$d_{eq} = \frac{\sum n_i d_i^2}{\sum n_i v_i d_i} \tag{4.30}$$

式中　d_i——受拉区第 i 种纵向钢筋的公称直径,mm;

n_i——受拉区第 i 种纵向钢筋的根数;

v_i——受拉区第 i 种纵向钢筋的相对黏结特性系数,对光面钢筋,取 $v_i=0.7$;对带肋钢筋,取 $v_i=1.0$。

2.平均裂缝宽度 w_m

平均裂缝宽度 w_m 是指纵向受拉钢筋重心水平处的构件侧表面的裂缝宽度,由于裂缝的产生是混凝土的回缩造成的,因此,纵向受拉钢筋重心处的平均裂缝宽度 w_m 应等于钢筋与混凝土在平均裂缝间距 l_m 之间的平均伸长值 $\bar{\varepsilon}_s l_m$ 与 $\bar{\varepsilon}_c l_m$ 的差值(图 4.8),即

$$w_m = \bar{\varepsilon}_s l_m - \bar{\varepsilon}_c l_m = \bar{\varepsilon}_s l_m (1 - \frac{\bar{\varepsilon}_c}{\bar{\varepsilon}_s}) \tag{4.31}$$

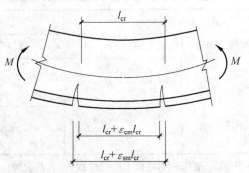

图 4.8 受弯构件开裂后的平均裂缝宽度

令 $\alpha_c = 1 - \bar{\varepsilon}_c / \bar{\varepsilon}_s$,$\alpha_c$ 为考虑裂缝间混凝土伸长对裂缝宽度的影响系数,根据试验资料分析,受弯构件取 $\alpha_c = 0.77$,其他构件取 $\alpha_c = 0.85$,再引入裂缝间纵向受拉钢筋应变不均匀系数 ψ,则 $\bar{\varepsilon}_s = \psi \sigma_s / E_s$,将 α_c、$\bar{\varepsilon}_s$ 代入式(4.31),则可得

$$w_m = 0.85 \psi \frac{\sigma_s}{E_s} l_m \tag{4.32}$$

式中 ψ—— 裂缝之间纵向受拉钢筋应变的不均匀系数,当 $\psi < 0.2$ 时,取 $\psi = 0.2$;当 $\psi > 1.0$ 时,取 $\psi = 1.0$;对直接承受重复荷载的构件,取 $\psi = 1.0$。ψ 可按下式计算:

$$\psi = 1.1 - 0.65 \frac{f_{tk}}{\rho_{te} \sigma} \tag{4.33}$$

式中 σ_s—— 按荷载准永久组合计算的构件裂缝截面处纵向受拉钢筋应力,按式(4.17)计算。

3. 最大裂缝宽度 w_{max}

最大裂缝宽度由平均裂缝宽度乘以扩大系数得到。扩大系数主要考虑以下两个方面:一是裂缝宽度是一个随机变量,应根据数理统计分析得出在某一超越概率下的相对最大裂缝宽度。通过对国内大量的钢筋混凝土受弯构件试验的裂缝宽度的统计分析,引入扩大系数 τ_s,对受弯构件取 $\tau_s = 1.66$;二是在荷载长期作用下,由于受拉混凝土的应力松弛、钢筋和混凝土间的滑移徐变、混凝土收缩等原因,将使裂缝宽度进一步增大,引入扩大系数 τ_1,取 $\tau_1 = 1.50$。因此,综合上述因素,《混凝土结构设计规范》(GB 50010—2010)中给出的最大裂缝宽度 w_{max} 的计算公式为

$$w_{max} = \alpha_{cr} \psi \frac{\sigma_s}{E_s} \left(1.9 c_s + 0.08 \frac{d_{eq}}{\rho_{te}} \right) \tag{4.34}$$

式中 σ_s—— 按荷载准永久组合计算的钢筋混凝土构件纵向受拉普通钢筋应力(4.17)公式计算;

α_{cr}—— 构件受力特征系数,对于受弯构件,$\alpha_{cr} = 2.1$。

4. 影响裂缝宽度的主要因素

从式(4.34)中可看出,影响由荷载直接作用所产生的裂缝宽度的主要因素如下:

(1)受拉区纵向钢筋应力。纵向受拉钢筋应力越大,裂缝宽度也越大,反之越小。因此为了控制裂缝宽度,在普通混凝土结构中,不宜采用高强度钢筋。

(2)受拉区纵向受力钢筋直径。当其他条件相同时,裂缝宽度随受拉纵筋直径 d 的增大而增大。当构件内纵向受拉钢筋截面面积相同时,采用细而密的钢筋会增大钢筋表面积,因而使黏结力增大,裂缝宽度变小。

(3)受拉区纵向钢筋表面形状。由于带肋钢筋的黏结强度较光面钢筋大得多,当其他条件相同时,配置带肋钢筋时的裂缝宽度比配置光面钢筋的裂缝宽度小。

（4）受拉区纵向钢筋配筋率 ρ_{te}。构件受拉区混凝土截面的纵筋配筋率越大，裂缝宽度越小。

（5）受拉区纵向钢筋的混凝土保护层厚度。当其他条件相同时，保护层厚度值越大，裂缝宽度也越大，因而增加保护层厚度对构件表面裂缝宽度是不利的。但另一方面，较大的混凝土保护层厚度对耐久性是有利的。而实际上，一般构件的保护层厚度与构件截面高度比值的变化范围不大。

（6）荷载性质。荷载长期作用下的裂缝宽度较大，反复荷载或动力荷载作用下的裂缝宽度有所增大。

研究还表明，混凝土强度等级对裂缝宽度的影响不大。

由于上述（2）、（3）两个原因，施工中用粗钢筋代替细钢筋、光圆钢筋代替带肋钢筋时，应重新验算裂缝宽度。

当裂缝宽度验算不能满足式（4.27）时，说明裂缝宽度过大，应采取措施后重新验算。减小裂缝宽度的有效措施主要有：在钢筋截面面积不变的情况下，采用较小直径的钢筋，或采用变形钢筋，也可采用预应力混凝土，它能使构件在荷载作用下不产生裂缝或减小裂缝宽度。

【例 4.2】 某矩形截面简支梁，已知条件同例 4.1，最大裂缝宽度限值 w_{lim} 为 0.3 mm，试对该梁进行裂缝宽度验算。

解 查取基本参数 $E_s = 2.00 \times 10^5$ N/mm²，混凝土保护层厚度 $c_s = 30$ mm，因受力钢筋为同一直径，故 $d_{eq} = 18$ mm。

由例 4.1 已求得有：$\rho_{te} = 0.015$，$\sigma_{sq} = 142.9$ N/mm²，$\psi = 0.490$。则计算最大裂缝宽度为

$$w_{max} = 2.1\psi\frac{\sigma_s}{E_s}\left(1.9c_s + 0.08\frac{d_{eq}}{\rho_{te}}\right) =$$

$$2.1 \times 0.490 \times \frac{142.9}{2.00 \times 10^5}\left(1.9 \times 30 + 0.08 \times \frac{18}{0.015}\right) \text{ mm} = 0.11 \text{ mm} < w_{lim} = 0.3 \text{ mm}$$

裂缝宽度满足要求。

【知识链接】

1.《建筑结构荷载规范》(GB 50009—2012)第三章第 3.2 节的相关内容对正常使用极限状态验算的荷载组合效应进行了规定。

2.《混凝土结构设计规范》(GB 50010—2010)第三章第 3.4 节和第七章第 7.1 节、7.2 节的相关内容对正常使用极限状态验算进行了规定。

在学习本模块时，要会查阅上述规范，以提高学生查阅工具书的能力。

【重点串联】

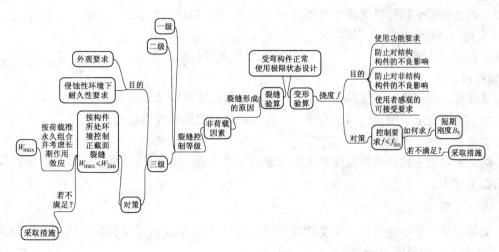

拓展与实训

基础训练

一、填空题

1. 某钢筋混凝土楼梯产生了影响使用的颤动,这表明该楼梯此时已经超过了_____使用极限状态。

2. 减小单筋矩形截面梁由于混凝土收缩徐变而引起的挠度增大时,最有效的方法是_____。

3. 《混凝土结构设计规范》(GB 50010—2010)规定的最大裂缝宽度限值是针对由荷载引起的_____裂缝。

4. 长期荷载作用下,钢筋混凝土梁的挠度会随时间而增大,其主要原因受压混凝土产生_____。

二、单项选择题

1. 某钢筋混凝土梁,在其他条件不变的情况下,并且不增加用钢量,用细钢筋代替粗钢筋,则( )。

  A. 承载能力不变,裂缝宽度减小,挠度不变

  B. 承载能力不变,裂缝宽度变大,挠度增大

  C. 承载能力不变,裂缝宽度减小,挠度变小

  D. 承载能力减小,裂缝宽度减小,挠度也减小

2. 受拉钢筋应变不均匀系数 φ 越大,表明( )。

  A. 裂缝间受拉混凝土参与工作程度大

  B. 裂缝间受拉混凝土参与工作程度小

  C. 裂缝间钢筋平均应变小

  D. 与受拉混凝土参与工作程度无关

3. 下列情况哪一种超出了正常使用极限状态( )。

  A. 混凝土局压承载力不足

  B. 梁的裂缝宽度超过规范限值

  C. 受拉钢筋已经达到屈服强度

  D. 轴向压力作用下柱子失去稳定

4. 减小钢筋混凝土构件裂缝宽度的措施有若干条,不正确的说法是( )。

  A. 采用直径较粗的钢筋   B. 增加钢筋用量

  C. 采用预应力混凝土   D. 采用直径较细的钢筋

三、简答题

1. 裂缝及变形验算是属于哪种极限状态?它与承载能力极限状态有什么不同?

2. 影响钢筋混凝土梁刚度的因素有哪些?提高构件刚度的有效措施是什么?

3. 什么是最小刚度原则?

4. 影响钢筋混凝土构件裂缝宽度的主要因素有哪些?若 $w_{max} > w_{lim}$,可采取哪些措施?最有效的措施是什么?

工程模拟训练

1. 某钢筋混凝土轴心受压柱在承受荷载一年后卸载,卸载后出现了与柱纵向轴线垂直的裂缝,试分析出现裂缝的原因。

2.已知一预制 T 形截面简支梁,处于室内正常环境,安全等级为二级,计算跨度 $l_0=$ 6.0 m,截面尺寸 $b=200$ mm,$h=500$ mm,$b'_f=600$ mm,$h'_f=80$ mm。采用 C30 强度等级混凝土,HRB400 级钢筋。跨中截面所受的各种荷载引起的弯矩为:(永久荷载:$M_{Gk}=43$ kN·m;可变荷载:$M_{Q1k}=35$ kN·m,准永久值系数 $\psi_{q1}=0.4$;雪荷载:$M_{Q2k}=8.0$ kN·m,准永久值系数 $\psi_{q2}=0.2$)。

求:(1)受弯正截面受拉钢筋面积,并选用钢筋直径(在 18~22 mm 之间选择)。

(2)验算挠度是否满足要求?(梁的允许挠度 $f_{lim}=l_0/250$)

(3)验算裂缝宽度是否满足要求?(梁的允许宽度 $w_{lim}=0.3$ mm)

链接职考

1.关于简支梁变形大小的影响因素,下列表述正确的是(　　)。(2006 年一级建造师试题:多选题)

A.跨度越大,变形越大　　　　　　B.截面的惯性矩越大,变形越大

C.截面积越大,变形越大　　　　　　D.材料弹性模量越大,变形越大

E.外荷载越大,变形越大

2.结构正常使用极限状态包括(　　)。(2007 年一级建造师试题:多选题)

A.变形　　　B.位移　　　C.振幅　　　D.裂缝　　　E.保温

3.根据场景选题。(2008 年二级建造师试题:单选题)

场景:某幼儿园教学楼三层混合结构,基础采用 M5 水泥砂浆砌筑,主体结构用 M5 水泥石灰混合砂浆砌筑;二层有一外伸阳台。采用悬挑梁加端头梁结构。悬挑梁外挑长度为 2.4 m,阳台栏板高度为 1.1 m。为了增加幼儿的活动空间,幼儿园在阳台增铺花岗岩石地面,厚度为 100 mm 将阳台改为幼儿室外活动场地。另外有一广告公司与幼儿园协商后,在阳台端头梁栏板上加挂了一个灯箱广告牌,但经设计院验算,悬挑梁受力已接近荷载,要求将广告牌立即拆除。

请问:拆除广告牌是为了悬挑梁能够满足(　　)要求。

A.适用性　　　B.安全性　　　C.耐疲劳性　　　D.耐久性

模块 **5**

受压构件承载能力极限状态设计计算

【模块概述】

受压构件是建筑结构的主要组成构件之一,是建筑物或构筑物的重要组成部分。由于受压构件一旦破坏将危及结构的安全性,所以,保证受压构件设计的安全可靠尤为重要。

本模块以受压构件承载力极限状态设计内容与步骤为主线,以不同类型的受压构件为例,主要介绍受压构件的一般构造要求,受压构件的破坏类型、破坏形态及承载力极限状态设计计算等知识;针对不同类型的受压构件进行承载能力极限状态设计。通过对受压构件设计与计算的解读和分析,进一步掌握受压构件的设计方法。

【知识目标】

1. 掌握受压构件的一般构造要求;
2. 了解螺旋箍筋柱的基本原理和应用;
3. 掌握受压构件正截面破坏的类型、特征及承载力计算方法;
4. 掌握受压构件斜截面破坏的类型、特征及承载力计算方法。

【技能目标】

1. 能对受压构件进行承载力设计;
2. 能根据受压构件的破坏现象分析构件受损机理;
3. 具有读识和绘制钢筋混凝土受压构件施工图的能力。

【课时建议】

10课时

某办公楼建筑的结构平面图布置如图 5.1 所示,采用钢筋混凝土框架结构。请对该结构各柱进行设计。

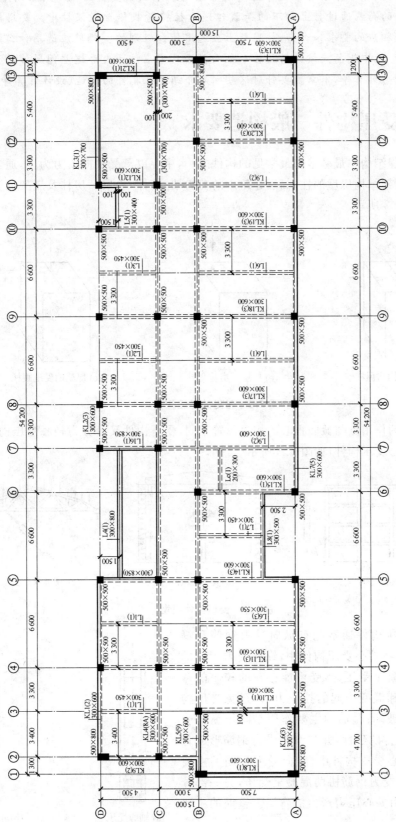

图 5.1 某办公楼建筑的结构平面图布置

【工程导读】

　　建筑结构是由多个单元,按照一定的组成规则,通过有效地连接方式连接而成的具有承受并传递荷载的骨架体系。组成骨架体系的单元即为建筑结构的基本构件。在图5.0的案例中,楼盖结构中的主要构件梁、板中的荷载通过自上向下的荷载传递途径将荷载传至框架柱中。要想楼盖正常的工作,框架柱必须满足相应的要求。比如,柱混凝土应选用什么级别的? 钢筋应选用什么级别的? 柱中应该配置多少钢筋? 柱中钢筋应该如何放置? 柱的截面尺寸应该多大? 这些问题涉及受压构件柱的一般构造要求、承载力计算等,本章主要针对这些问题介绍受压构件的构造、设计计算等内容。

5.1　受压构件一般构造要求

　　受压构件是工程结构中最基本和最常见的构件之一,主要以承受轴向压力为主,通常还作用有弯矩和剪力。例如,框架结构房屋的柱,高层建筑中的剪力墙、筒体,单层厂房柱及屋架的受压腹杆等均为受压构件,如图5.2所示。

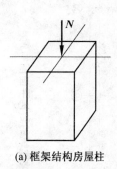
(a) 框架结构房屋柱

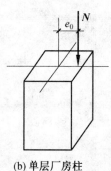
(b) 单层厂房柱

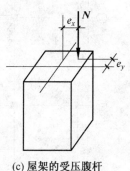
(c) 屋架的受压腹杆

图5.2　常见的受压构件

　　根据轴向压力的作用点与截面重心的相对位置不同,受压构件又可分为轴心受压构件、单向偏心受压构件及双向偏心受压构件,如图5.3所示。

(a) 轴心受压

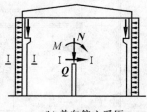
(b) 单向偏心受压

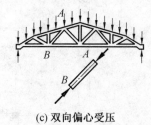
(c) 双向偏心受压

图5.3　受压构件类型

　　钢筋混凝土受压构件通常配有纵向受力钢筋和箍筋,如图5.4所示。在轴心受压构件中,纵向受力钢筋的主要作用是协助混凝土受压,承受可能存在的较小的弯矩以及混凝土收缩和温变引起的拉应力,并避免受压构件产生突然的脆性破坏;箍筋的主要作用是防止纵向受力钢筋压屈,改善构件的延性,并与纵向受力钢筋形成骨架以便施工。在偏心受压构件中,纵向受力钢筋的主要作用是:一部分纵向受力钢筋协助混凝土受压,另一部分纵向受力钢筋抵抗由偏心压力产生的弯矩。箍筋的主要作用是承受剪力。

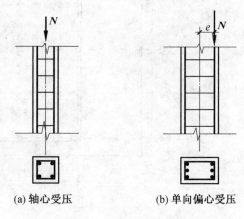

(a) 轴心受压　　　　(b) 单向偏心受压

图5.4　受压构件的配筋

5.1.1　截面形式及尺寸

轴心受压构件的截面多采用方形或矩形,有时也采用圆形或多边形。偏心受压构件一般为矩形截面,矩形截面长边与弯矩作用方向平行。为了节约混凝土和减轻柱的自重,特别是在装配式柱中,较大尺寸的柱常常采用工字形截面。采用离心法制造的柱、桩、电杆以及烟囱、水塔支筒等常用环形截面。方形柱的截面尺寸不宜小于 250 mm×250 mm。为了使受压构件不致因长细比(构件的计算长度 l_0 与构件的截面回转半径 i 之比)过大而使承载力降低过多,常取 $l_0/b \leqslant 30$,$l_0/h \leqslant 25$。根据构件长细比的不同,轴心受压构件可分为短柱(对一般截面 $l_0/i \leqslant 28$,对矩形截面 $l_0/b \leqslant 8$)和长柱,此处 b 为矩形截面短边边长,h 为矩形截面长边边长。对于工字形截面,翼缘厚度不宜小于 120 mm,因为翼缘太薄,会使构件过早出现裂缝,同时在靠近柱底处的混凝土容易在生产过程中碰坏,影响柱的承载力和使用年限。腹板厚度不宜小于 100 mm,抗震区使用工字形截面柱时,其腹板宜再加厚些。此外,柱截面尺寸宜符合模数,800 mm 及以下的,取 50 mm的倍数;800 mm 以上的,一般取 100 mm 的倍数。

5.1.2　材料强度等级

混凝土强度等级对受压构件的承载能力影响较大,为了减小构件的截面尺寸,节省钢材,宜采用强度等级较高的混凝土。一般采用 C25、C30、C35、C40 等,对于高层建筑的底层柱,必要时可采用更高强度等级的混凝土。纵向钢筋一般采用 HRB400、HRB500、HRBF400、HRBF500 钢筋。由于高强度钢筋与混凝土共同受压时,不能充分发挥其作用,故不宜采用。箍筋一般采用 HPB300、HRB400、HRB500、HRBF400、HRBF500 钢筋,也可采用 HRB335、HRBF335 钢筋。

5.1.3　纵筋

轴心受压构件的纵向受力钢筋应沿截面的四周均匀放置,偏心受压构件的纵向受力钢筋应放置在偏心方向截面的两边,如图 5.3 所示。钢筋根数不得少于 4 根,纵筋的最小配筋率见表 3.11。纵向钢筋直径不宜小于 12 mm,通常在 16～32 mm 范围内选用,为了减少钢筋在施工时可能产生的纵向弯曲,宜采用较粗的钢筋。从经济、施工以及受力性能等方面来考虑,全部纵筋配筋率不宜超过 5%。纵筋净距不应小于 50 mm。在水平位置上浇注的预制柱,其纵筋最小净距可减小,但不应小于 30 mm 和 1.5d(d 为钢筋的最大直径)。纵向受力钢筋彼此间的中距不应大于 350 mm。偏心受压构件,当截面高度 $h \geqslant 600$ mm 时,在侧面应设置直径为 10～16 mm 的纵向构造钢筋,并相应地设置附加箍筋或拉筋。纵筋的连接接头宜设置在受力较小处。钢筋的接头可采用机械连接接头,也可采用焊接接头和搭接接头。但直径大于 28 mm 的受压钢筋、直径大于 25 mm 的受拉钢筋,不宜采用绑扎的搭接接头。

5.1.4　箍筋

柱中箍筋应符合下列规定:为防止纵筋压曲,柱中箍筋须做成封闭式;箍筋间距不应大于 400 mm及构件截面的短边尺寸,且不大于 15d,d 为纵筋最小直径;箍筋直径不应小于 $d/4$,且不应小于6 mm,d 为纵向钢筋最大直径。当柱中全部纵筋配筋率大于 3% 时,箍筋直径不应小于 8 mm,其间距不应大于 10d,且不应大于 200 mm,d 为纵筋最小直径。箍筋末端应做 135° 弯钩,且弯钩末端平直段长度不应小于 10d,d 为纵筋最小直径。当截面短边大于 400 mm 且各边纵筋多于 3 根时,或当截面短边小于 400 mm 但各边纵筋多于 4 根时,应设置复合箍筋,如图 5.5(a) 所示。

在纵筋搭接长度范围内,箍筋的直径不宜小于搭接钢筋直径的 0.25 倍;箍筋间距不应大于 5d,且不应大于 100 mm(d 为受力钢筋中的最小直径)。当搭接的受压钢筋直径大于 25 mm 时,应在搭接接头两个端面外 100 mm 范围内各设置两根箍筋。

截面形状复杂的构件,不可采用具有内折角的箍筋,避免产生向外的拉力,致使折角处的混凝土破损,如图 5.5(b) 所示。

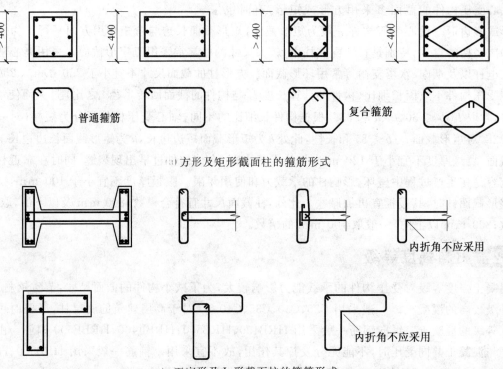

图 5.5　截面柱的箍筋形式

在配有螺旋式或焊接环式箍筋的柱中,如在正截面受压承载力计算中考虑间接钢筋的作用时,箍筋的间距不应大于 80 mm 及 $d_{cor}/5$,且不小于 40 mm,d_{cor} 为按箍筋内表面确定的核心截面直径。

5.2　轴心受压构件承载力计算

在实际工程结构中,由于材料本身的不均匀性、施工的尺寸误差以及荷载作用位置的偏差等原因,很难使轴向压力精确地作用在截面重心上,所以理想的轴心受压构件几乎不存在,但是,由于轴心受压构件计算简单,有时可把初始偏心距较小的构件(如:以承受恒载为主的等跨多层房屋的内柱、屋架中的受压腹杆等)近似按轴心受压构件计算;此外,单向偏心受压构件垂直于弯矩作用平面的受压承载力按轴心受压验算。

钢筋混凝土轴心受压构件箍筋的配置方式有两种:普通箍筋和螺旋箍筋(或焊接环式箍筋),如图 5.6 所示。由于这两种配箍对混凝土的约束作用不同,因而相应的轴心受压构件的承载力也不同。习惯上把配有普通箍筋的轴心受压构件称为普通箍筋柱,配有螺旋箍筋(或焊接环式箍筋)的轴心受压构件称为螺旋箍筋柱。

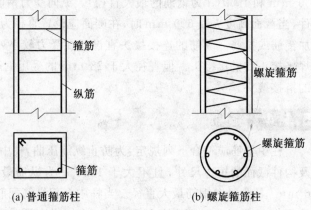

(a) 普通箍筋柱　　　　　(b) 螺旋箍筋柱

图 5.6　轴心受压构件箍筋的两种配置方式

5.2.1 轴心受压柱的受力特点和破坏形态

1. 短柱的受力特点和破坏形态

典型的钢筋混凝土轴心受压短柱应力—荷载曲线如图 5.7 所示,在轴心压力作用下,截面应变是均匀分布的。由于钢筋与混凝土之间黏结力的存在,使两者的应变相同。当荷载较小时,混凝土和钢筋均处于弹性工作阶段,柱子压缩变形的增加与荷载的增加成正比,混凝土压应力 x 和钢筋压应力 σ'_s 增加与荷载增加也成正比;当荷载较大时,由于混凝土塑性变形的发展,压缩变形的增加速度快于荷载增加速度,另外,在相同荷载增量下,钢筋压应力 σ'_s 比混凝土压应力 σ_c 增加得快,亦即钢筋和混凝土之间的应力出现了重分布现象;随着荷载的继续增加,柱中开始出现微细裂缝,在临近破坏荷载时,柱四周出现明显的纵向裂缝,箍筋间纵筋压屈,向外凸出,混凝土被压碎,柱子即告破坏,如图 5.8 所示。

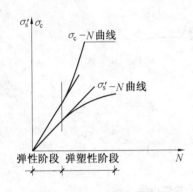

图 5.7 应力—荷载曲线图

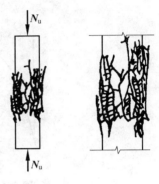

图 5.8 短柱的破坏

2. 长柱的受力特点和破坏形态

如前所述,由于材料本身的不均匀性、施工的尺寸误差等原因,轴心受压构件的初始偏心是不可避免的。由于初始偏心距的存在,在构件中会产生附加弯矩和相应的侧向挠度,而侧向挠度又加大了原来的初始偏心距。这样相互影响的结果,必然导致构件承载能力的降低。试验表明,对粗短受压构件,初始偏心距对构件承载力的影响并不明显,而对细长柱,这种影响是不可忽略的。细长柱轴心受压构件的破坏,实质上已具有偏心受压构件强度破坏的典型特征。破坏时,首先在凹侧出现纵向裂缝,随后混凝土被压碎,纵筋压屈向外凸出;凸侧混凝土出现垂直纵轴方向的横向裂缝,侧向挠度迅速增大,构件破坏,如图 5.9 所示。对于长细比很大的细长受压构件,甚至还可能发生失稳破坏。在长期荷载作用下,由于徐变的影响,使细长柱的侧向挠度增加更大,因而,构件的承载力降低更多。

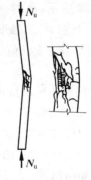

图 5.9 长柱的破坏

3. 螺旋箍筋柱的受力特点和破坏形态

当柱子需要承受较大的轴向压力,而截面尺寸又受到限制,增加钢筋和提高混凝土强度均无法满足要求的情况下,可以采用螺旋箍筋或焊接环形箍筋(统称为间接钢筋)以提高柱子的承载力。螺旋箍筋柱的构造形式如图 5.10 所示。

螺旋箍筋柱的受力性能与普通箍筋柱有很大不同,如图 5.11 所示为螺旋箍筋柱与普通箍筋柱的荷载—应变曲线的对比。图中可见,荷载不大($\sigma_c \leqslant 0.8 f_c$)时,两条曲线并无明显区别,当荷载增加至应变达到混凝土的峰值应变 ε_0 时,混凝土保护层开始剥落,由于混凝土截面减小,荷载有所下降。但由于核芯部分混凝土产生较大的横向变形,使螺旋箍筋产生环向拉力,亦即核芯部分混凝土受到螺旋箍筋的径向压力,处在三向受压的状态,其抗压强度超过了 f_c,曲线逐渐回升。随着荷载的不断增大,箍筋的环向拉力随核芯混凝土横向变形的不断发展而提高,对核芯混凝土的约束也不断增大。当螺旋箍筋达到屈服时,不再对核芯混凝土有约束作用,混凝土抗压强度也不再提高,混凝土被压碎,构件破坏。破坏时,螺旋箍筋柱的承载力及应变都要比普通箍筋柱大(压应变达到 0.01 以上)。试验资料表明,螺旋箍筋的配箍率越大,柱的承载力越高,延性越好。

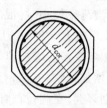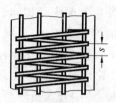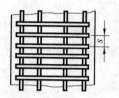

图 5.10　螺旋箍筋与焊接环式箍筋柱

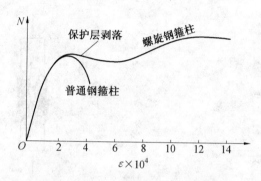

图 5.11　轴心受压柱的荷载—应变曲线

5.2.2　轴心受压构件的基本计算公式

1.普通箍筋柱正截面受压承载力计算公式

如前所述,粗短轴心受压构件达到承载能力极限状态时的截面应力情况如图 5.12 所示,此时,混凝土应力达到轴心抗压强度设计值 f_c,纵向钢筋应力达到抗压强度设计值 f'_y。

(1)短柱的承载力设计值 N_{us} 为

$$N_{us} = f_c A + f'_y A'_s \tag{5.1}$$

式中　　f_c——混凝土轴心抗压强度设计值;

　　　　f'_y——纵向钢筋抗压强度设计值;

　　　　A——构件截面面积;

　　　　A'_s——全部纵向钢筋的截面面积。

对细长柱,如前所述,其承载力要比短柱低,《混凝土结构设计规范》采用稳定系数 φ 来考虑细长柱承载力降低的程度,则细长柱的承载力设计值 N_{ul} 为

$$N_{ul} = \varphi N_{us} \tag{5.2}$$

式中　　φ——钢筋混凝土构件的稳定系数。

轴心受压构件承载力设计值为

$$N_u = 0.9\varphi(f_c A + f'_y A'_s) \tag{5.3}$$

式中　　0.9——可靠度调整系数。

写成设计表达式,即为

$$N \leqslant N_u = 0.9\varphi(f_c A + f'_y A'_s) \tag{5.4}$$

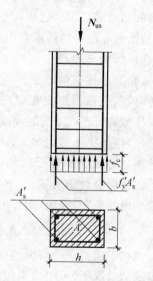

图 5.12　轴心受压构件应力图

式中 N——轴向压力设计值。

当纵向钢筋配筋率大于 3% 时,式(5.4)中的 A 应改用 $A_c = (A - A'_s)$ 代替。

(2)稳定系数:稳定系数 φ 主要与构件的长细比 l_0/i(l_0 为构件的计算长度,i 为截面的最小回转半径)有关。当为矩形截面时,长细比用 l_0/b 表示(b 为截面短边)。长细比越大,φ 值越小。根据原国家建委建筑科学研究院的试验结果,并参考国外有关试验结果得到的 $A_s = A'_s$ 与 $A_s = A'_s$、$f_y = f'_y$ 的关系曲线如图 5.13 所示。《混凝土结构设计规范》(GB 50010—2010)给出的 φ 值见表 5.1。

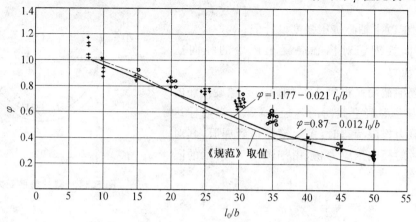

图 5.13 $\varphi - l_0/b$ 关系曲线

表 5.1 钢筋混凝土轴心受压构件稳定系数

l_0/b	$\leqslant 8$	10	12	14	16	18	20	22	24	26	28
l_0/d	$\leqslant 7$	8.5	10.5	12	14	15.5	17	19	21	22.5	24
l_0/i	$\leqslant 28$	35	42	48	55	62	69	76	83	90	97
φ	1.00	0.98	0.95	0.92	0.87	0.81	0.75	0.70	0.65	0.60	0.56
l_0/b	30	32	34	36	38	40	42	44	46	48	50
l_0/d	26	28	29.5	31	33	34.5	36.5	38	40	41.5	43
l_0/i	104	111	118	125	132	139	146	153	160	167	174
φ	0.52	0.48	0.44	0.40	0.36	0.32	0.29	0.26	0.23	0.21	0.19

注:1. l_0 为构件的计算长度;

2. b 为矩形截面的短边尺寸,d 为圆形截面的直径,i 为截面的最小回转半径。

(3)柱的计算长度:求稳定系数 φ 时,要确定构件的计算长度 l_0。l_0 与构件两端的支承情况有关:《混凝土结构设计规范》(GB 50010—2010)根据不同结构的受力变形特点,按下述规定确定偏心受压柱和轴心受压柱的计算长度 l_0。

一般多层房屋中梁柱为刚接的框架结构,各层柱的计算长度 l_0 见表 5.2。

表 5.2 框架结构各层柱的计算长度 l_0

项次	楼盖类型	柱的类别	计算长度 l_0
1	现浇楼盖	底层柱	$1.0H$
		其余各层柱	$1.25H$
2	装配式楼盖	底层柱	$1.25H$
		其余各层柱	$1.5H$

注:表中 H 为底层柱从基础顶面到一层楼盖顶面的高度;对其余各层柱为上下两层楼盖顶面之间的高度。

当需用公式计算 φ 值时,对矩形截面也可近似用 $\varphi = \left[1 + 0.002 \left(\dfrac{l_0}{b} - 8 \right)^2 \right]^{-1}$ 代替查表取值。当

l_0/b 不超过 40 时,公式计算值与表列数值误差不超过 3.5%。对任意截面可取 $b=\sqrt{12}\,i$,对圆形截面可取 $b=\sqrt{3}\,d/2$。

2. 螺旋箍筋柱正截面受压承载力计算公式

根据混凝土圆柱体在三向受压状态下的试验结果,约束混凝土的轴心抗压强度 f_{c1} 可近似按下列公式计算:

$$f_{c1}=f_c+4\sigma_c \tag{5.5}$$

式中　f_c——混凝土轴心抗压强度设计值;

　　　σ_c——间接钢筋对核心混凝土产生的径向压应力。

设螺旋箍筋的截面面积为 A_{ss1},间距为 s,螺旋箍筋的内径为 d_{cor}(即核芯混凝土截面的直径)。螺旋箍筋柱达到轴心受压承载力极限状态时,螺旋箍筋达到屈服,其对核芯混凝土产生的径向压应力 σ_c,由如图 5.14 所示的隔离体平衡条件得到

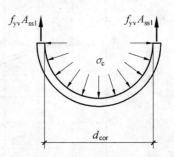

图 5.14　螺旋箍筋受力情况

$$\sigma_c=\frac{2f_{yv}A_{ss1}}{sd_{cor}} \tag{5.6}$$

代入式(5.5)得

$$f_{c1}=f_c+\frac{8f_{yv}A_{ss1}}{sd_{cor}} \tag{5.7}$$

由于箍筋屈服时,混凝土保护层已经剥落,所以混凝土的截面面积应取核芯混凝土的截面面积 A_{cor}。根据螺旋箍筋柱达到承载力极限状态时混凝土和钢筋的应力情况,可得螺旋箍筋柱的承载力 N_u 为

$$N_u=f_{c1}A_{cor}+f'_yA'_s=f_cA_{cor}+f'_yA'_s+\frac{8f_yA_{ss1}}{sd_{cor}}A_{cor} \tag{5.8}$$

按体积相等的原则将间距 s 范围内的螺旋箍筋换算成相当的纵向钢筋面积 A_{ss0},即

$$\pi d_{cor}A_{ss1}=sA_{ss0}$$

$$A_{ss0}=\frac{\pi d_{cor}A_{ss1}}{s} \tag{5.9}$$

式(5.8)可写成:

$$N_u=f_cA_{cor}+f'_yA'_s+2f_{yv}A_{ss0} \tag{5.10}$$

试验表明,当混凝土强度等级大于 C50 时,径向压应力对构件承载力的影响有所降低,因此,上式中的第三项应乘以折减系数 α。另外,与普通箍筋柱类似,取可靠度调整系数为 0.9。于是,螺旋箍筋柱承载能力极限状态设计表达式为

$$N\leqslant N_u=0.9(f_cA_{cor}+2\alpha f_{yv}A_{ss0}+f'_yA'_s) \tag{5.11}$$

式中　N——轴向压力设计值;

　　　α——螺旋箍筋对混凝土约束的折减系数:当混凝土强度等级不大于 C50 时,取 1.0,当混凝土强度等级为 C80 时,取 0.85,其间按直线内插法确定。

应用公式(5.11)设计时,应注意以下几个问题:

(1)按式(5.11)算得的构件受压承载力不应比按式(5.4)算得的大 50%。这是为了保证混凝土保护层在正常使用荷载下不过早剥落,不会影响正常使用。

(2)当 $l_0/d>12$ 时,不考虑螺旋箍筋的约束作用,应用式(5.4)进行计算。这是因为长细比较大时,构件破坏时实际处于偏心受压状态,截面不是全部受压,螺旋箍筋的约束作用得不到有效发挥。由于长细比较小,式(5.11)没考虑稳定系数 φ。

(3)当螺旋箍筋的换算截面面积 A_{ss0} 小于纵向钢筋的全部截面面积的 25% 时,不考虑螺旋箍筋的

约束作用,应用公式(5.4)进行计算。这是因为螺旋箍筋配置得较少时,很难保证它对混凝土发挥有效的约束作用。

(4) 按式(5.11)算得的构件受压承载力不应小于按式(5.4)算得的受压承载力。

配置有螺旋箍筋或焊接环形钢筋的柱用钢量大,施工复杂,造价较高,一般较少采用。

5.2.3 轴心受压构件的基本计算公式应用

轴心受压构件的设计问题可分为截面设计和截面复核两类。

(1) 截面设计:一般已知轴向压力设计值(N),材料强度等级(f_c、f'_y),构件的计算长度 l_0,求构件截面面积(A 或 $b \times h$)及纵向受压钢筋面积(A'_s)。

由式(5.4)知,仅有一个公式需求解三个未知量(φ、A、A'_s),无确定解,故必须增加或假设一些已知条件。一般可以先选定一个合适的配筋率 ρ'(即 A'_s/A),通常可取 ρ' 为 $1.0\% \sim 1.5\%$(柱的常用配筋率是 $0.8\% \sim 2.0\%$),再假定 $\varphi = 1.0$,然后代入式(5.4)求解 A。根据 A 来选定实际的构件截面尺寸($b \times h$)。构件截面尺寸确定以后,由长细比 l_0/b 查表 5.1 确定 φ,再代入式(5.4)求实际的 A'_s。当然,最后还应检查是否满足最小配筋率要求。

(2) 截面复核

截面复核比较简单,只需将有关数据代入式(5.4),如果式(5.4)成立,则满足承载力要求。

【例 5.1】 某钢筋混凝土轴心受压柱,计算长度 $l_0 = 3.6$ m,承受轴向压力设计值 $N = 3\ 000$ kN,采用 C30 混凝土和 HRB400 级钢筋,柱截面尺寸 $b \times h = 400$ mm $\times 400$ mm,求纵筋截面面积 A'_s,选择箍筋并绘制配筋截面图。

解 (1) 确定基本参数

查表 1.3 和表 1.8 及表 3.9,可知 C30 混凝 $f_c = 14.3$ MPa;HRB400 级钢筋 $f_y = 360$ MPa。

(2) 求稳定系数

$\dfrac{l_0}{b} = \dfrac{3600}{400} = 9$,查表 5.2 得 $\varphi = 0.99$。

(3) 求纵筋面积

由式(5.4)得

$$A'_s \geq \frac{\dfrac{N}{0.9\varphi} - f_c A}{f'_y} = \frac{\dfrac{2\ 500 \times 10^3}{0.9 \times 0.99} - 14.3 \times 400 \times 400}{360}\ \text{mm}^2 = 1\ 438.4\ \text{mm}^2$$

(4) 验算配筋率

$$总配筋率 \ \rho' = \frac{1\ 438.4}{400 \times 400} = 0.9\% > \rho'_{min} = 0.5\%$$

实选 4 Φ 22 钢筋($A'_s = 1\ 520$ mm²)。

(5) 选择箍筋

箍筋选 $\phi 8@300$,符合直径不小于 $d/4 = 22$ mm$/4 = 5.5$ mm,且不小于 6 mm;间距不大于 $15d = (15 \times 22)$ mm $= 330$ mm,且不大于 400 mm,也不大于短边尺寸 400 mm 的要求。

(6) 截面配筋图

截面配筋如图 5.15 所示。

【例 5.2】 某展示厅内一根钢筋混凝土柱,按建筑设计要求截面为圆形,直径不大于 600 mm。该柱承受的轴心压力设计值 $N = 9\ 000$ kN,柱的计算长度 $l_0 = 6.6$ m,混凝土强度等级

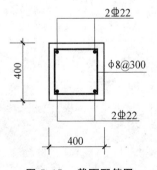

图 5.15 截面配筋图

为 C30，纵筋用 HRB400 级钢筋，箍筋用 HRB335 级钢筋。试进行该柱的设计。

解 （1）确定基本参数

查表 1.3 和表 1.8 及表 3.9，可知 C30 混凝 $f_c = 14.3$ MPa；HRB400 级钢筋 $f_y = 360$ MPa。

（2）按普通箍筋柱设计

由 $l_0/d = 6\ 600/600 = 11$，查表 5.2 得 $\varphi = 0.965$，代入公式（5.4）得

$$A'_s = \frac{1}{f'_y}\left(\frac{N}{0.9\varphi} - f_c A\right) = \frac{1}{360} \times \left(\frac{9\ 000 \times 10^3}{0.9 \times 0.965} - 14.3 \times \frac{\pi \times 600^2}{4}\right) \text{mm}^2 = 17\ 554\ \text{mm}^2$$

$$\rho' = \frac{A'_s}{A} = \frac{17\ 554}{\dfrac{\pi \times 600^2}{4}} = 6.2\%$$

由于配筋率太大，且长细比又满足 $l_0/d < 12$ 的要求，故考虑按螺旋箍筋柱设计。

（3）按螺旋箍筋柱设计

假定纵筋配筋率 $\rho' = 4\%$，则 $A'_s = 0.04 \times \dfrac{\pi \times 600^2}{4}\ \text{mm}^2 = 11\ 310\ \text{mm}^2$，选 23 ⌀ 25，$A'_s =$

$11\ 272.3\ \text{mm}^2$。取混凝土保护层为 30 mm，则 $d_{cor} = (600 - 30 \times 2)\text{mm} = 540\ \text{mm}$，$A_{cor} = \dfrac{\pi d^2_{cor}}{4} =$

$\dfrac{\pi \times 540^2}{4}\ \text{mm}^2 = 229\ 022\ \text{mm}^2$。混凝土 C25 < C50，$\alpha = 1.0$。由（5.13）得

$$A_{ss0} = \frac{\dfrac{N}{0.9} - (f_c A_{cor} + f'_y A'_s)}{2 f_y} =$$

$$\frac{\dfrac{9\ 000 \times 10^3}{0.9} - (14.3 \times 229\ 022 + 360 \times 11\ 272.3)}{2 \times 300}\ \text{mm}^2 = 4\ 445\ \text{mm}^2$$

$$A_{ss0} = 4\ 445\ \text{mm}^2 > 0.25 A'_s = 2\ 812\ \text{mm}^2 \text{（可以）}$$

假定螺旋箍筋直径 $d = 12$ mm，则 $A_{ss1} = 113.1\ \text{mm}^2$，由公式（5.11）得

$$s = \frac{\pi d_{cor} A_{ss1}}{A_{ss0}} = \frac{3.14 \times 540 \times 113.1}{4445}\ \text{mm} = 43\ \text{mm}$$

实取螺旋箍筋为 ⌀12@40，箍筋直径和间距均满足构造要求。

按公式（5.4）求普通箍筋柱的承载力为

$$N_u = 0.9\varphi(f_c A + f'_y A'_s) = 0.9 \times 0.965 \times \left(14.3 \times \frac{\pi \times 600^2}{4} + 360 \times 11\ 272.3\right)\text{N} =$$

$$7\ 036 \times 10^3\ \text{N}$$

$$1.5 \times 7\ 036\ \text{kN} = 10\ 554\ \text{kN} > 9\ 000\ \text{kN（可以）}$$

（4）截面配筋图

截面配筋图如图 5.16 所示。

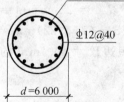

23⌀25 沿截面周边均匀对称布置

⌀12@40

$d = 6\ 000$

图 5.16　截面配筋图

5.3　矩形截面非对称配筋偏心受压构件正截面承载力计算

工程中偏心受压构件应用颇为广泛,如常见的多高层框架柱、单层刚架柱、单层厂房排架柱;大量的实体剪力墙和联肢剪力墙中的大部分墙肢;水塔、烟囱的筒壁和屋架、托架的上弦杆等均为偏心压构件。偏心受压构件包括单向偏心受压构件和双向偏心受压构件,本教材介绍单向偏心受压构件。

5.3.1　矩形截面非对称配筋偏心受压构件的受力特点和破坏形态

偏心受压构件是处于轴心受压与受弯之间的一种受力状态。当弯矩较小时,接近轴心受压受力状态;当弯矩较大而轴力很小时,接近受弯状态。偏心受压构件的纵向钢筋,分别集中布置于弯矩作用方向截面的两端,对于单向偏心受压构件,在偏心压力 N 的作用下,离偏心压力 N 较近一侧的纵向钢筋受压,其截面面积用 A'_s 表示,另一侧的纵向钢筋随轴向压力 N 偏心距的大小可能受拉也可能受压。钢筋混凝土偏心受压构件正截面的受力特点和破坏特征与轴向压力偏心距的大小、纵向钢筋的数量、钢筋强度和混凝土强度等因素有关,一般分为大偏心受压破坏和小偏心受压破坏两类(图5.17)。

1. 大偏心受压破坏

大偏心受压破坏又称受拉破坏,它发生于轴向压力 N 的偏心距较大,且受拉钢筋配置得不太多时。这类构件由于 e_0 较大,即弯矩 M 的影响较为显著,在偏心距较大的轴向压力 N 作用下,远离轴向压力一侧截面受拉,另一侧受压。随着荷载的增加,首先在受拉区产生垂直于构

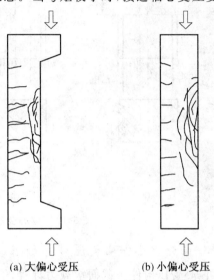

(a) 大偏心受压　　(b) 小偏心受压

图 5.17　偏心受压构件的破坏

件轴线的裂缝,裂缝截面处的拉力全部转由受拉钢筋承担。随着荷载的增大,受拉钢筋首先屈服,随着钢筋屈服后的塑性伸长,裂缝将明显加宽并进一步向受压一侧延伸,从而使受压区面积减小,受压边缘的压应变逐步增大。最后当受压边缘混凝土达到其极限压应变 ε_{cu} 时,受压区混凝土被压碎导致构件的最终破坏。这类构件的混凝土压碎区一般都不太长,破坏时受拉区形成一条较宽的主裂缝,如图5.17(a)所示。只要受压区相对高度不致过小,混凝土保护层不是太厚,即受压钢筋不是过分靠近中和轴,而且受压钢筋的强度等级也不是太高,在混凝土开始压碎时,受压钢筋应力一般都能达到受压屈服强度。大偏心受压破坏时截面中的应变及应力分布图形如图5.18(a)所示。

2. 小偏心受压破坏

小偏心受压破坏又称受压破坏,截面破坏是从受压区开始的。有以下三种破坏情况:

(1)当构件截面中轴向压力的偏心距较小或虽然偏心距较大,但配置过多的受拉钢筋时,截面可能处于大部分受压而少部分受拉状态。随着荷载的增加,受拉边缘混凝土将达到其极限拉应变,从而在受拉边出现一些垂直于构件轴线的裂缝。在构件破坏时,中和轴距受拉钢筋较近,钢筋中的拉应力较小,受拉钢筋应力达不到屈服强度,不会形成明显的主拉裂缝。构件的破坏是由受压区混凝土的压碎所引起,而且压碎区的长度较大。在混凝土压碎时,受压一侧的纵向钢筋只要强度等级不是过高,其压应力一般都能达到受压屈服强度。破坏阶段截面中的应变及应力分布图形如图5.18(b)所示。

(2)当轴向压力的偏心距很小时,构件截面将全部受压,一侧压应变较大,另一侧压应变较小;这类构件在整个受力过程中不会出现与构件轴线垂直的裂缝。构件的破坏是由压应变较大一侧的混凝土压碎所引起。在混凝土压碎时,靠近轴向力一侧的纵向钢筋只要强度等级不是过高,其压应力一般

均能达到屈服强度。破坏阶段截面中的应变及应力分布图形如图 5.18(c) 所示。

（3）当轴向压力的偏心距很小，而远离轴向压力一侧的钢筋配置得过少，靠近轴向压力一侧的钢筋配置较多时，截面的实际重心和构件的几何形心不重合，重心向轴向压力方向偏移，且越过轴向压力作用线。破坏阶段截面中的应变和应力分布图形如图 5.18(d) 所示。出现反向破坏，即远离轴向压力一侧边缘混凝土的应变先达到极限压应变，这一侧受压钢筋屈服，混凝土被压碎，导致构件破坏；靠近轴向压力一侧钢筋达不到受压屈服强度。

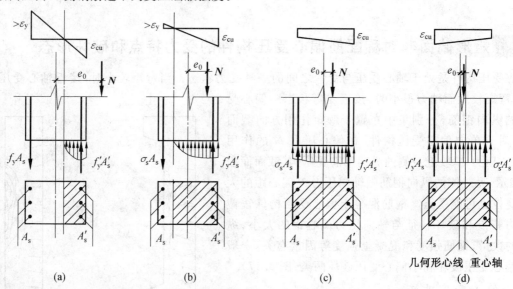

图 5.18　偏心受压构件破坏时截面中的应变及应力分布图

3. 区分大小偏心受压破坏形态的界限

偏心受压构件正截面承载力计算的基本假定与受弯构件相同。偏心受压构件随着轴向压力偏心距的增大，破坏形态由受压破坏过渡到受拉破坏，受压破坏和受拉破坏的界限称为界限破坏。界限破坏时，受拉钢筋达到屈服的同时受压混凝土边缘压应变达到极限压应变，受压钢筋屈服。偏心受压构件正截面在各种破坏情况下，沿截面高度的平均应变分布如图 5.19 所示，其中，ε_{cu} 表示受压区边缘混凝土极限应变值；ε_y 表示受拉纵筋在屈服时的应变值；ε'_y 表示受压纵筋屈服时的应变值；x_{cb} 表示界限状态时截面受压区的实际高度。

从图 5.19 看出，当受压区达到 x_{cb} 时，受拉纵筋达到屈服，因此相应于界限破坏形态的相对受压区高度 ξ_b 与受弯构件相同。显然，当 $\xi \leqslant \xi_b$ 时为大偏心受压破坏，$\xi > \xi_b$ 时为小偏心受压破坏。

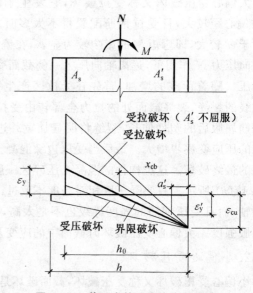

图 5.19　截面中的平均应变分布图

4. 附加偏心距和初始偏心距

考虑到因荷载的作用位置和大小的不定性、施工误差以及混凝土质量的不均匀性等原因，有可能使轴向压力的偏心距大于 e_0。为了考虑这一不利影响，在原有偏心距 e_0 的情况下增加一附加偏心距 e_a，作为轴向压力的初始偏心距 e_i。我国《混凝土结构设计规范》(GB 50010—2010)e_a 取 20 mm 和偏心方向截面高度的 1/30 两者中的较大值，初始偏心距 e_i 按下式计算：

$$e_i = e_0 + e_a \tag{5.12}$$

5.弯矩增大系数

对于有侧移和无侧移结构的偏心受压杆件,若杆件的长细比较大时,在轴向力作用下,会产生纵向弯曲变形,即产生侧向挠度,所以,应考虑由于杆件自身挠曲对截面弯矩产生的不利影响,即 $P-\delta$ 效应(如图 5.20 所示), $P-\delta$ 效应通常会增大杆件中间区段截面的一阶弯矩(通常把 Ne_0 称为初始弯矩或一阶弯矩),特别是当杆件较细长、杆件两端弯矩同号且两端弯矩的比值接近 1.0 时,可能出现杆件中间区段截面考虑 $P-\delta$ 效应后的弯矩值超过杆端弯矩的情况,从而使杆件中间区段的截面成为设计的控制截面。

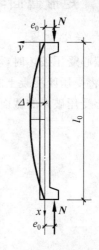

图 5.20　偏心受压柱的侧向挠曲

长细比很大(矩形截面柱 $l_0/h > 30$、环形及圆形截面柱 $l_0/d > 26$、任意截面柱 $l_0/i > 104$)时,为细长柱。当偏心压力达到某一定值时,侧向挠度 Δ 会突然剧增,构件由于纵向弯曲失去平衡而引起破坏,此时材料还未达到其强度极限,属于失稳破坏。由于失稳破坏与材料破坏有本质的区别,且承载力低,因此工程中一般不采用细长柱。

实际工程中最常遇到的是长柱,在计算中需考虑 $P-\delta$ 效应。规范采用弯矩增大系数 η_{ns} 考虑 $P-\delta$ 效应的影响,规定除排架结构以外的偏心受压构件,在其偏心方向上考虑杆件自身挠曲影响的控制截面弯矩设计值可按下列公式计算:

$$M = C_m \eta_{ns} M_2 \tag{5.13}$$

$$C_m = 0.7 + 0.3 \frac{M_1}{M_2} \tag{5.14}$$

$$\eta_{ns} = 1 + \frac{1}{1\,300(M_2/N + e_a)/h_0} \left(\frac{l_c}{h}\right)^2 \zeta_c \tag{5.15}$$

根据试验结果和理论分析,截面曲率修正系数 ζ_c 按下列公式计算:

$$\zeta_c = \frac{0.5 f_c A}{N} \tag{5.16}$$

式中　C_m——柱端弯矩偏心矩调节系数,当小于 0.7 时取 0.7;

　　　A——构件的截面面积;

　　　η_{ns}——弯矩增大系数;

　　　h——截面高度,对环形截面取外直径,对圆形截面取直径;

　　　N——与弯矩设计值 M_2 相应的轴向压力设计值。

当 $\zeta_c > 1.0$ 时,取 $\zeta_c = 1.0$;当 $C_m \eta_{ns}$ 小于 1.0 时取 1.0。

式(5.15)适用于矩形、工字形、T 形、环形和圆形截面偏心受压构件。

需要说明的是,若弯矩作用平面内截面对称(矩形截面为双轴对称截面,T 形和工字形截面为单轴对称截面)的偏心受压构件,当同一主轴方向的杆端弯矩比 M_1/M_2 不大于 0.9 且设计轴压比不大于 0.9 时,若构件的长细比满足式(5.17)的要求,可不考虑该方向构件自身挠曲产生的附加弯矩影响。

$$l_c/i \leqslant 34 - 12(M_1/M_2) \tag{5.17}$$

式中　M_1、M_2——分别为偏心受压构件两端截面按结构分析确定的对同一主轴的弯矩设计值,绝对值较大端为 M_2,绝对值较小端为 M_1,当构件按单曲率弯曲时,M_1/M_2 为正,否则为负;

　　　l_c——构件的计算长度,可近似取偏心受压构件相应主轴方向两支撑点之间的距离;

　　　i——偏心方向的截面回转半径。

5.3.2 矩形截面非对称配筋偏心受压构件正截面承载力计算公式

1.大偏心受压

大偏心受压破坏时,承载能力极限状态下截面的实际应力和应变图如图 5.21(a) 所示。与受弯构件相同,将受压区混凝土曲线应力图用等效矩形应力分布图来代替,应力值为 $\alpha_1 f_c$,受压区高度为 x,则大偏心受压破坏的截面计算简图如图 5.21(b) 所示。

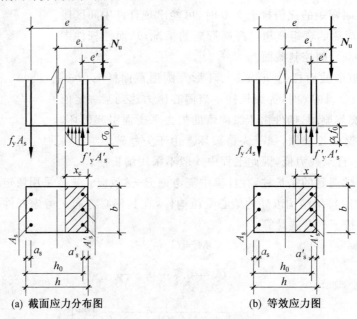

(a) 截面应力分布图　　　　　(b) 等效应力图

图 5.21　大偏心受压应力图

(1) 计算公式

由力的平衡条件及各力对受拉钢筋合力点取矩的力矩平衡条件,得到下面两个基本计算公式:

$$N_u = \alpha_1 f_c bx + f'_y A'_s - f_y A_s \tag{5.18}$$

$$N_u e = \alpha_1 f_c bx \left(h_0 - \frac{x}{2}\right) + f'_y A'_s (h_0 - a'_s) \tag{5.19}$$

设计表达式为

$$N \leqslant N_u = \alpha_1 f_c bx + f'_y A'_s - f_y A_s \tag{5.20}$$

$$Ne \leqslant N_u e = \alpha_1 f_c bx \left(h_0 - \frac{x}{2}\right) + f'_y A'_s (h_0 - a'_s) \tag{5.21}$$

式中　　N—— 偏心压力设计值;

N_u—— 偏心受压承载力设计值;

α_1—— 系数,当混凝土强度等级不大于 C50 时,取 1.0;混凝土强度等级为 C80 时,取 0.94;其间按线性内插法确定;

x—— 受压区计算高度;

a'_s—— 纵向受压钢筋合力点至受压区边缘的距离;

e_0—— 轴向压力对截面重心的偏心距:e_0 取为 M/N,其中 M 按式(5.13) 计算;

e—— 轴向力作用点到受拉钢筋 A_s 合力点之间的距离。

$$e = e_i + \frac{h}{2} - a_s \tag{5.22}$$

(2) 适用条件

① 为保证构件破坏时受拉钢筋应力先达到屈服强度,要求:

$$x \leqslant \xi_b h_0 （或 \xi \leqslant \xi_b） \tag{5.23}$$

② 为了保证构件破坏时，受压钢筋应力能达到抗压强度设计值 f'_y，与双筋受弯构件相同，要求满足：

$$x \geqslant 2a'_s \tag{5.24}$$

2. 小偏心受压

小偏心受压破坏时，远离压力作用一侧的钢筋无论受拉还是受压，其应力都达不到屈服强度，承载能力极限状态下截面的应力图形如图 5.22(a)、(b) 所示。建立计算公式时，假设截面有受拉区，受压区的混凝土曲线应力图仍然用等效矩形应力图来代替，小偏心受压破坏的截面计算简图如图 5.22(c) 所示，如果算得的 σ_s 为负值，则为全截面受压的情况。

根据力的平衡条件及力矩平衡条件得

$$N_u = \alpha_1 f_c bx + f'_y A'_s - \sigma_s A_s \tag{5.25}$$

$$N_u e = \alpha_1 f_c bx\left(h_0 - \frac{x}{2}\right) + f'_y A'_s(h_0 - a'_s) \tag{5.26}$$

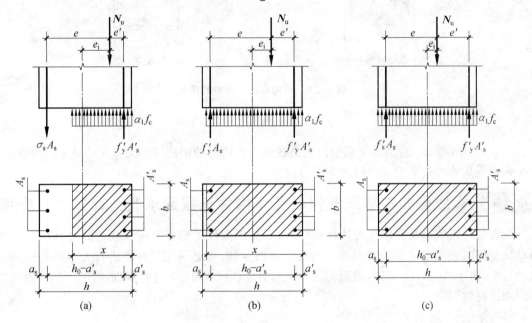

图 5.22 小偏心受压应力图

设计表达式为

$$N \leqslant N_u = \alpha_1 f_c bx + f'_y A'_s - \sigma_s A_s \tag{5.27}$$

$$Ne \leqslant N_u e = \alpha_1 f_c bx\left(h_0 - \frac{x}{2}\right) + f'_y A'_s(h_0 - a'_s) \tag{5.28}$$

式中　σ_s——钢筋 A_s 的应力值，可根据截面应变保持平面的假定计算，也可根据截面应力的边界条件（$\xi = \xi_b$ 时，$\sigma_s = f_y$；$\xi = \beta_1$ 时，$\sigma_s = 0$），近似取：

$$\sigma_s = \frac{\xi - \beta_1}{\xi_b - \beta_1} f_y \tag{5.29}$$

σ_s 应满足 $f'_y \leqslant \sigma_s < f_y$。

当偏心距很小，且 A_s 配置不足，有可能出现远离轴向压力的一侧混凝土首先达到受压破坏的情况（如图 5.23(a) 所示）。为避免发生这种反向破坏的发生，《混凝土结构设计规范》（GB 50010—2010）规定：当 $N > f_c bh$ 时，尚应按下列公式进行验算：

$$Ne' \leqslant f_c bh\left(h'_0 - \frac{h}{2}\right) + f'_y A_s(h'_0 - a_s) \tag{5.30}$$

此时，取初始偏心距 $e_i = e_0 - e_a$，以确保安全。故

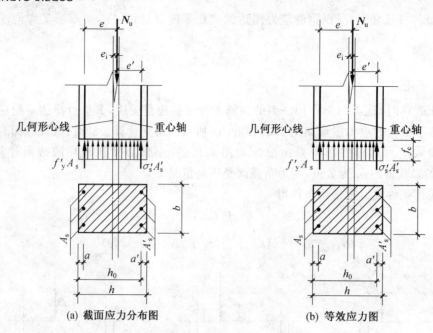

(a) 截面应力分布图　　　　　　　　(b) 等效应力图

图 5.23　小偏心的一种特殊情况

$$e' = \frac{h}{2} - a'_s - (e_0 - e_a) \tag{5.31}$$

式中　h'_0——钢筋 A_s 合力点至离轴向压力较远一侧边缘的距离,即 $h'_0 = h - a'_s$。

小偏心受压构件计算公式的适用条件为:$\xi > \xi_b$。

5.3.3　矩形截面非对称配筋偏心受压构件正截面承载力计算公式应用

与受弯构件正截面受弯承载力计算一样,偏心受压构件正截面受压承载力的计算也分为截面设计与截面复核两类问题。无论是截面设计还是截面复核,都必须先对构件进行大小偏心的判别。在截面设计时,由于 A_s 和 A'_s 未知,因而无法利用相对受压区高度 ξ 来进行判别。计算时,一般可以先用偏心距来进行判别。

1. 大、小偏心判别

取界限情况 $x = \xi_b h_0$ 代入大偏心受压的计算公式(5.20),并取 $a_s = a'_s$,可得界限破坏时的抗压承载力 N_b 为

$$N_b = \alpha_1 f_c b \xi_b h_0 + f'_y A'_s - f_y A_s \tag{5.32}$$

再根据力矩平衡条件(对截面中心轴取矩)得界限破坏时的抗弯承载力 M_b 为

$$M_b = 0.5\alpha_1 f_c b \xi_b h_0 (h - \xi_b h_0) + 0.5(f'_y A'_s + f_y A_s)(h_0 - a_s) \tag{5.33}$$

从而可得相对界限偏心距为

$$\frac{e_{ib}}{h_0} = \frac{M_b}{N_b h_0} = \frac{0.5\alpha_1 f_c b \xi_b h_0 (h - \xi_b h_0) + 0.5(f'_y A'_s + f_y A_s)(h_0 - a)}{(\alpha_1 f_c b \xi_b h_0 + f'_y A'_s - f_y A_s) h_0} \tag{5.34}$$

当截面尺寸和材料强度给定时,界限相对偏心距 e_{ib}/h_0 就取决于截面配筋面积 A_s 和 A'_s。随着 A_s 和 A'_s 的减小,e_{ib}/h_0 也减小。大量的计算分析表明,对于 HRB335、HRB400 和 HRB500 级钢筋以及常用的各种混凝土强度等级,相对界限偏心距的 e_{ib}/h_0 在 0.3 附近变化。对于常用材料,可取 $e_{ib} = 0.3h_0$ 作为大、小偏心受压的界限偏心距。设计时可按下列条件进行初步判别:

当 $e_i > 0.3h_0$ 时,可能为大偏心受压,也可能为小偏心受压,可先按大偏心受压设计;

当 $e_i \leqslant 0.3h_0$ 时,按小偏心受压设计。

2. 大偏心受压截面设计

截面设计时,截面尺寸($b \times h$)、材料强度以及内力设计值 N 和 M 均已知,欲求纵向钢筋截面面积

A_s 和 A'_s。求解时可先判断构件是否考虑轴向压力产生的附加弯矩的影响,再判断构件的偏心类型:当 $e_i > 0.3h_0$ 时,先按大偏心受压计算,求出钢筋截面面积和 x 后,若 $x \leqslant x_b$,说明原假定大偏心受压是正确的,否则需按小偏心受压重新计算。在所有情况下,A_s 和 A'_s 均需满足最小配筋率要求,同时,$(A_s + A'_s)$ 不宜大于 $0.05bh$。最后,要按轴心受压构件验算垂直于弯矩作用平面的受压承载力。

(1) 第一种情况:A_s 和 A'_s 均未知

此时,有 A_s、A'_s 和 x 三个未知数,只有式(5.20)和(5.21)两个基本公式,因而无唯一解。与双筋受弯构件类似,为使总钢筋面积 $(A_s + A'_s)$ 最小,可取 $x = \xi_b h_0$,并将其代入式(5.21),得计算 A'_s 的公式为

$$A'_s = \frac{Ne - \alpha_1 f_c b h_0^2 \xi_b (1 - 0.5\xi_b)}{f'_y(h_0 - a'_s)} \tag{5.35}$$

若算得的 $A'_s \geqslant \rho_{min} bh = 0.002bh$,则将 A'_s 值和 $x = \xi_b h_0$ 代入式(5.23),则得

$$A_s = \frac{\alpha_1 f_c b \xi_b h_0 + f'_y A'_s - N}{f_y} \tag{5.36}$$

若算得的 $A'_s < \rho_{min} bh = 0.002bh$,应取 $A'_s = \rho_{min} bh = 0.002bh$,按 A'_s 已知的第二种情况计算。

(2) 第二种情况:已知 A'_s,求 A_s

此类问题往往是因为承受变号弯矩或如上所述需要满足 A'_s 最小配筋率等构造要求,必须配置截面面积为 A'_s 的钢筋,然后求 A_s 的截面面积。这时,两个基本公式两个未知数(A_s 与 x),有唯一解。按下式直接求出 x:

$$x = h_0 - \sqrt{h_0^2 - \frac{2[Ne - f'_y A'_s(h_0 - a'_s)]}{\alpha_1 f_c b}} \tag{5.37}$$

若 $2a'_s \leqslant x \leqslant \xi_b h_0$,则将 x 代入式(5.20)得

$$A_s = \frac{\alpha_1 f_c bx + f'_y A'_s - N}{f_y} \tag{5.38}$$

若 $x > \xi_b h_0$,说明原有的 A'_s 过少,应按 A_s 和 A'_s 均未知的第一种情况重新计算。

若 $x < 2a'_s$,则可偏于安全地近似取 $x = 2a'_s$,对 A'_s 合力重心取矩后,得 A_s 的计算公式如下:

$$A_s = \frac{N\left(e_i - \frac{h}{2} + a'_s\right)}{f_y(h_0 - a'_s)} \tag{5.39}$$

3. 小偏心受压截面设计

当 $e_i \leqslant 0.3h_0$ 时,按小偏心受压设计。小偏心受压构件截面设计时,两个基本公式,共有 A_s、A'_s、ξ(或 x)三个未知数,故无唯一解。对于小偏心受压,$\xi > \xi_b$,$\sigma_s < f_y$,A_s 未达到受拉屈服;而由式(5.29)知,若 A_s 的应力 σ_s 达到 $-f'_y$,且 $f'_y = f_y$ 时,其相对受压区高度为 $\xi = \xi_{cy} = 2\beta_1 - \xi_b$,若 $\xi < 2\beta_1 - \xi_b$,则 $\sigma_s > -f'_y$,即 A_s 未达到受压屈服。由此可见,当 $\xi_b < \xi < 2\beta_1 - \xi_b$ 时,A_s 无论受拉还是受压,无论配筋多少,都不能达到屈服,因而可取 $A_s = 0.002bh$,这样算得的总用钢量 $(A_s + A'_s)$ 一般为最少。

此外,当 $N > f_c bh$ 时,为使 A_s 配置不致过少,据式(5.30)得 A_s 应满足:

$$A_s \geqslant \frac{Ne' - f_c bh\left(h'_0 - \frac{h}{2}\right)}{f'_y(h'_0 - a_s)} \tag{5.40}$$

式中,e' 由式(5.31)算得。

综上所述,当 $N > f_c bh$ 时,A_s 应取 $0.002bh$ 和按式(5.40)算得的两数值中较大者。

A_s 确定后,代入式(5.27)和(5.28),即可求出 ξ 和 A'_s 的唯一解。

根据算出的 ξ 值,可分为以下三种情况:

(1) 若 $\xi < \xi_{cy}$,则所得的 A'_s 值即为所求受压钢筋面积;

(2) 若 $\xi_{cy} \leqslant \xi \leqslant h/h_0$,此时 $\sigma_s = -f'_y$,式(5.27)和(5.28)转化为

$$N \leqslant \alpha_1 f_c b \xi h_0 + f'_y A'_s + f'_y A_s \tag{5.41}$$

159

$$Ne \leqslant \alpha_1 f_c b h_0^2 \xi(1 - 0.5\xi) + f'_y A'_s(h_0 - a'_s) \qquad (5.42)$$

将 A_s 值代入以上两式,重新求解 ξ 和 A'_s;

(3) 若 $\xi > h/h_0$,此时为全截面受压,应取 $x = h$,同时取混凝土应力图形系数 $\alpha_1 = 1.0$,代入式 (5.28) 直接解得

$$A'_s = \frac{Ne - f_c b h(h_0 - 0.5h)}{f'_y(h_0 - a'_s)} \qquad (5.43)$$

设计小偏心受压构件时,还应注意须满足 $A'_s \geqslant 0.002bh$ 的要求。

4. 截面复核

在实际工程中,对已制作或已设计的偏心受压构件,有时需要进行截面承载力复核,求构件能承受的荷载作用。此时,已知截面尺寸 $b \times h$,配筋面积 A_s 和 A'_s,混凝土强度等级与钢筋级别,构件长细比 l_0/h,轴向力设计值 N 及偏心距 e_0,验算截面能承受的 N 值,或已知 N 值时,求所能承受的弯矩设计值 M。

(1) 已知轴向力设计值 N,求弯矩设计值 M

可先假设为大偏心受压,由式 (5.20) 算得 x 值,即

$$x = \frac{N - f'_y A'_s + f_y A_s}{\alpha_1 f_c b} \qquad (5.44)$$

若 $x \leqslant \xi_b h_0$,为大偏心受压,此时的截面复核方法为:将 x 代入式 (5.21) 求出 e,由式 (5.22) 算 e_i,从而求得 e_0 值,则所求的弯矩设计值 $M = Ne_0$。

若 $x > \xi_b h_0$,按小偏心受压进行截面复核:由式 (5.27) 和式 (5.29) 求 x,将 x 代入式 (5.28) 算得 e,亦按 (式 5.22) 算 e_i,然后求出 e_0,则所求的弯矩设计值 $M = Ne_0$。

(2) 已知轴向力作用的偏心距 e_0,求轴力设计值 N

亦先假定为大偏心受压,按图 5.22,对 N 作用点取矩求 x:

$$\alpha_1 f_c b x(e_i - 0.5h + 0.5x) = f_y A_s(e_i + 0.5h - a_s) - f'_y A'_s(e_i - 0.5h + a'_s) \qquad (5.45)$$

按式 (5.45) 求出 x。若 $x \leqslant \xi_b h_0$,为大偏心受压,将 x 等数据代入式 (5.18) 便可求得 N。若 $x > \xi_b h_0$,则为小偏心受压,将式 (5.45) 的 f_y 改为 σ_s 得

$$\alpha_1 f_c b x(e_i - 0.5h + 0.5x) = \sigma_s A_s(e_i + 0.5h - a_s) - f'_y A'_s(e_i - 0.5h + a'_s) \qquad (5.46)$$

将式 (5.29) 代入式 (5.46) 即可求出 x,将 x 等数据代入式 (5.27) 便可算得 N。

【例 5.3】 某钢筋混凝土偏心受压柱,截面尺寸 $b = 400\ \text{mm}$,$h = 500\ \text{mm}$,计算长度 $l_c = 4.0\ \text{m}$,内力设计值:$N = 1\ 250\ \text{kN}$,$M_2 = 250\ \text{kN·m}$,$M_1 = 20\ \text{kN·m}$。混凝土采用 C30,纵筋采用 HRB400 级钢筋。求钢筋截面面积 A_s 和 A'_s。

解 (1) 确定基本参数

查表 1.3、表 1.8 及表 3.9,可知 C30 混凝土 $f_c = 14.3\ \text{N/mm}^2$,$\alpha_1 = 1.0$,$\beta_1 = 0.8$;钢筋的设计强度 $f_y = f'_y = 360\ \text{N/mm}^2$,$\xi_b = 0.518$;取 $a_s = a'_s = 40\ \text{mm}$,$h_0 = (500 - 40)\ \text{mm} = 460\ \text{mm}$。

(2) 判别是否考虑附加弯矩的影响

$$M_1/M_2 = 200/250 = 0.8$$

$$i = \sqrt{\frac{I}{A}} = \sqrt{\frac{\frac{1}{12}bh^3}{bh}} = \sqrt{\frac{1}{12}h^2} = \frac{h}{6}\sqrt{3}\ \text{mm} = \frac{500\ \text{mm}}{6}\sqrt{3} = 144\ \text{mm}$$

$$l_c/i = \frac{4\ 000}{144} = 27.8 > 34 - 12(M_1/M_2) = 24.4$$

需考虑附加弯矩的影响:

$$e_a = 20\ \text{mm} > h/30 = 500\ \text{mm}/30 = 16.67\ \text{mm}$$

$$C_m = 0.7 + 0.3\frac{M_1}{M_2} = 0.7 + 0.3 \times 0.8 = 0.94$$

$$\zeta_c = \frac{0.5f_c A}{N} = \frac{0.5 \times 14.3 \times 400 \times 500}{1\,250 \times 10^3} = 1.144 > 1,\ \text{取}\ \zeta_c = 1.0$$

$$\eta_{ns} = 1 + \frac{1}{1\,300(M_2/N + e_a)/h_0}\left(\frac{l_c}{h}\right)^2 \zeta_c = 1 + \frac{1}{1\,300 \times (250\,000/1\,250 + 20)/460}\left(\frac{4\,000}{500}\right)^2 \times 1.0 = 1.103$$

$$C_m \eta_{ns} = 0.94 \times 1.103 = 1.037 > 1.0$$

$$M = C_m \eta_{ns} M_2 = (1.037 \times 250)\,\text{kN} \cdot \text{m} = 259.3\ \text{kN} \cdot \text{m}$$

（3）判别大小偏心

$$e_0 = \frac{M}{N} = \frac{259\,300}{1\,250}\,\text{mm} = 207.4\ \text{mm}$$

$$e_i = e_0 + e_a = (207.4 + 20)\,\text{mm} = 227.4\ \text{mm}$$

$$0.3 \times h_0 = (0.3 \times 460)\,\text{mm} = 138\ \text{mm} < e_i$$

先按大偏心受压计算。

（4）配筋计算

令 $\xi = \xi_b$，则

$$e = e_i + \frac{h}{2} - a_s = (227.4 + \frac{500}{2} - 40)\,\text{mm} = 437.4\ \text{mm}$$

$$A'_s = \frac{Ne - \alpha_1 f_c b h_0^2 \xi_b (1 - 0.5\xi_b)}{f'_y(h_0 - a')} =$$

$$\frac{1\,250 \times 10^3 \times 437.4 - 1.0 \times 14.3 \times 400 \times 460^2 \times 0.517\,6 \times (1 - 0.5 \times 0.517\,6)}{360 \times (460 - 40)}\,\text{mm}^2 = 545\ \text{mm}^2$$

$$A'_s > 0.002bh = (0.002 \times 400 \times 500)\,\text{mm}^2 = 400\ \text{mm}^2$$

$$A_s = \frac{\alpha_1 f_c b h_0 \xi_b + f'_y A'_s - N}{f_y} =$$

$$\frac{1.0 \times 14.3 \times 400 \times 460 \times 0.517\,6 + 360 \times 545 - 1\,250 \times 10^3}{360}\,\text{mm}^2 = 856\ \text{mm}^2$$

$$A_s > 0.002bh = (0.002 \times 400 \times 500)\,\text{mm}^2 = 400\ \text{mm}^2$$

选配 3 Φ 18 受压钢筋（$A'_s = 763\ \text{mm}^2$）；

选配 3 Φ 20 受拉钢筋（$A_s = 941\ \text{mm}^2$）。

$$0.55\% < (A_s + A'_s)/A = (941 + 763)/(400 \times 500) = 0.85\% < 5\%$$

（5）垂直于弯矩作用平面的承载力验算

$$\frac{l_0}{b} = \frac{4\,000}{400} = 10,\ \text{查表 5.1 得}\ \varphi = 0.98,\ \text{则}$$

$$N_u = 0.9\varphi(f_c A + f'_y A'_s) = 0.9 \times 0.98 \times [14.3 \times 400 \times 500 + 360 \times (763 + 941)]\,\text{N} = 3\,063.5\ \text{kN}$$

$$N_u > N = 1\,250\ \text{kN}$$

满足要求。

（6）截面配筋图

截面配筋图如图 5.24 所示。

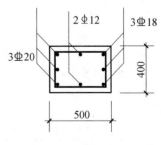

图 5.24 截面配筋图

【**例 5.4**】 某钢筋混凝土偏心受压柱，截面尺寸 $b = 400\ \text{mm}$，$h = 500\ \text{mm}$，计算长度 $l_c = 3.75\ \text{m}$，内力设计值 $N = 2\,500\ \text{kN}$，$M_2 = 150\ \text{kN} \cdot \text{m}$，$M_1 = 120\ \text{kN} \cdot \text{m}$。混凝土采用 C30，纵筋采用 HRB400 级钢筋。求钢筋截面面积 A_s 和 A'_s。

解 （1）确定基本参数

查表 1.3、1.8 及表 3.9，可知 C30 混凝土 $f_c = 14.3\ \text{N/mm}^2$，$\alpha_1 = 1.0$，$\beta_1 = 0.8$；钢筋的设计强度 $f_y = f'_y = 360\ \text{N/mm}^2$，$\xi_b = 0.518$；取 $a_s = a'_s = 40\ \text{mm}$，$h_0 = (500 - 40)\,\text{mm} = 460\ \text{mm}$。

（2）判别是否考虑附加弯矩的影响

$$M_1/M_2 = 120/150 = 0.8$$

$$i = \sqrt{\frac{I}{A}} = \sqrt{\frac{\frac{1}{12}bh^3}{bh}} = \sqrt{\frac{1}{12}h^2} = \frac{h}{6}\sqrt{3} = \frac{500 \text{ mm}}{6}\sqrt{3} = 144 \text{ mm}$$

$$l_c/i = \frac{3750}{144} = 26.04 > 34 - 12(M_1/M_2) = 24.4$$

需考虑附加弯矩的影响：

$$e_a = 20 \text{ mm} > h/30 = 500 \text{ mm}/30 = 16.67 \text{ mm}$$

$$C_m = 0.7 + 0.3\frac{M_1}{M_2} = 0.7 + 0.3 \times 0.8 = 0.94$$

$$\zeta_c = \frac{0.5f_cA}{N} = \frac{0.5 \times 14.3 \times 400 \times 500}{2500 \times 10^3} = 0.572 < 1.0$$

$$\eta_{ns} = 1 + \frac{1}{1300(M_2/N + e_a)/h_0}\left(\frac{l_c}{h}\right)^2\zeta_c = 1 + \frac{1}{1300 \times (150000/2500 + 20)/460}\left(\frac{4000}{500}\right)^2 \times 0.572 = 1.142$$

$$C_m\eta_{ns} = 0.94 \times 1.142 = 1.073 > 1.0$$

$$M = C_m\eta_{ns}M_2 = (1.073 \times 150)\text{kN} \cdot \text{m} = 160.95 \text{ kN} \cdot \text{m}$$

（3）判别大小偏心

$$e_0 = \frac{M}{N} = \frac{160950}{2500}\text{mm} = 64.38 \text{ mm}$$

$$e_i = e_0 + e_a = (64.38 + 20)\text{mm} = 84.38 \text{ mm}$$

$$0.3 \times h_0 = (0.3 \times 460)\text{mm} = 138 \text{ mm} > e_i$$

先按小偏心受压计算。

（4）配筋计算

根据已知条件，有 $\xi_b = 0.518, \alpha_1 = 1.0, \beta_1 = 0.8, 2\beta_1 - \xi_b = 1.082$。

由于 $N = 2500 \text{ kN} < f_cbh = (14.3 \times 400 \times 500)\text{N} = 2860000 \text{ N} = 2860 \text{ kN}$

所以，取

$$A_s = \rho_{min}bh = (0.002 \times 400 \times 500)\text{mm}^2 = 400 \text{ mm}^2$$

$$e = e_i + \frac{h}{2} - a = (84.38 + 250 - 40)\text{mm} = 294.38 \text{ mm}$$

将 A_s 代入式（5.27）、（5.28）和（5.29）：

$$N = \alpha_1 f_cbx + f'_yA'_s - \sigma_sA_s$$

$$Ne = \alpha_1 f_cbx(h_0 - 0.5x) + f'_yA'_s(h_0 - a')$$

$$\sigma_s = \frac{\xi - \beta_1}{\xi_b - \beta_1}f_y$$

得

$$2500 \times 10^3 = 1.0 \times 14.3 \times 400x + 360A'_s - \sigma_s \times 400$$

$$2500 \times 10^3 \times 300.56 = 1.0 \times 14.3 \times 400x(460 - 0.5x) + 360A'_s(460 - 40)$$

$$\sigma_s = \frac{x/460 - 0.8}{0.518 - 0.8} \times 360$$

解得

$$x = 366 \text{ mm}, \xi = 0.796$$

因 $\xi_b < \xi < 2\beta_1 - \xi_b$，故

$$A'_s = \frac{2500 \times 10^3 \times 294.38 - 1.0 \times 14.3 \times 400 \times 366 \times (460 - 0.5 \times 366)}{360 \times (460 - 40)}\text{mm}^2 = 1032.04 \text{ mm}^2$$

$$A'_s > \rho_{min}bh = (0.002 \times 400 \times 500)\text{mm}^2 = 400 \text{ mm}^2$$

选配 2Φ16 的受拉钢筋（$A_s = 402 \text{ mm}^2$）；

选配 $3 \Phi 22$ 的受压钢筋 ($A'_s = 1\ 140\ \mathrm{mm}^2$)。

$$0.6\% < (A_s + A'_s)/A = (402 + 1\ 140)/(400 \times 500) = 0.77\% < 5\%$$

（5）截面配筋图

截面配筋图如图 5.25 所示。

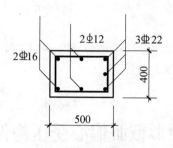

图 5.25　截面配筋图

【**例 5.5**】　某钢筋混凝土矩形截面偏心受压柱，截面尺寸 $b = 400\ \mathrm{mm}$，$h = 500\ \mathrm{mm}$，取 $a_s = a'_s = 40\ \mathrm{mm}$，柱的计算长度 $l_0 = 3.75\ \mathrm{m}$，轴向力设计值 $N = 500\ \mathrm{kN}$。配有 $4 \Phi 22$($A_s = 1\ 520\ \mathrm{mm}^2$) 的受拉钢筋及 $3 \Phi 20$($A'_s = 942\ \mathrm{mm}^2$) 的受压钢筋，如图 5.26 所示。混凝土采用 C25，求截面在 h 方向能承受的弯矩设计值 M。

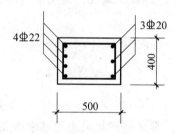

图 5.26　截面配筋图

解　（1）确定基本参数

查表 1.3、1.8 及表 3.9 可知 C25 混凝土 $f_c = 11.9\ \mathrm{N/mm}^2$，$\alpha_1 = 1.0$，$\beta_1 = 0.8$，钢筋的设计强度 $f_y = f'_y = 360\ \mathrm{N/mm}^2$，$\xi_b = 0.518$；因 $a_s = a'_s = 40\ \mathrm{mm}$，$h_0 = (500 - 40)\mathrm{mm} = 460\ \mathrm{mm}$。

（2）判别大小偏心

先假设为大偏心受压，将已知数据代入式(5.20)：

$$N = \alpha_1 f_c b x + f'_y A'_s - f_y A_s$$

得

$$x = \frac{N - f'_y A'_s + f_y A_s}{\alpha_1 f_c b} = \frac{500 \times 10^3 - 360 \times 942 + 360 \times 1\ 520}{1.0 \times 11.9 \times 400}\mathrm{mm} = 148.76\ \mathrm{mm}$$

$$x = 148.76\ \mathrm{mm} < \xi_b h_0 = (0.518 \times 460)\mathrm{mm} = 238.28\ \mathrm{mm}$$

为大偏心受压。

（3）求偏心距 e_0

因为 $x > 2a'_s = 80\ \mathrm{mm}$，由式(5.21)：

$$Ne = \alpha_1 f_c b x \left(h_0 - \frac{x}{2}\right) + f'_y A'_s (h_0 - a')$$

得

$$e = \frac{\alpha_1 f_c b x \left(h_0 - \dfrac{x}{2}\right) + f'_y A'_s (h_0 - a'_s)}{N} =$$

$$\frac{1.0 \times 11.9 \times 400 \times 148.76 \times (460 - 148.76/2) + 360 \times 942 \times (460 - 40)}{500 \times 10^3}\mathrm{mm} = 830.97\ \mathrm{mm}$$

由
$$e = e_i + \frac{h}{2} - a_s$$

得
$$e_i = e - \frac{h}{2} + a_s = (830.97 - 250 + 40)\,\mathrm{mm} = 620.97\,\mathrm{mm}$$

$$e_0 = e_i - e_a = (602.88 - 20)\,\mathrm{mm} = 582.88\,\mathrm{mm}$$

(4) 求弯矩设计值 M

$$M = Ne_0 = (500 \times 10^3 \times 582.88)\,\mathrm{N \cdot mm} = 291\,441\,747.6\,\mathrm{N \cdot mm} = 291.44\,\mathrm{kN \cdot m}$$

(5) 垂直于弯矩作用平面的承载力验算

略。

5.4 对称配筋矩形截面偏心受压构件正截面受压承载力计算

5.4.1 矩形截面对称配筋偏心受压构件正截面承载力计算公式

实际工程中,偏心受压构件截面在各种不同内力组合下,可能承受相反方向的弯矩,当两个方向的弯矩相差不大,或即使相差较大,但按对称配筋设计求得的纵向钢筋总用量比按不对称配筋设计增加不多时,均宜采用对称配筋($A_s = A'_s$)。装配式柱为避免吊装出错,一般采用对称配筋。

1. 判别大小偏心类型

对称配筋时,$A_s = A'_s$,$f_y = f'_y$,$a_s = a'_s$ 代入式(5.18)得

$$x = \frac{N}{\alpha_1 f_c b} \tag{5.47}$$

当 $x \leqslant \xi_b h_0$ 时,按大偏心受压构件计算;当 $x > \xi_b h_0$ 时,按小偏心受压构件计算。

大小偏心受压构件设计,A_s 和 A'_s 都必须满足最小配筋率的要求。

2. 大偏心受压

若 $2a'_s \leqslant x \leqslant \xi_b h_0$,则将 x 代入式(5.24) 得

$$A_s = A'_s = \frac{Ne - \alpha_1 f_c bx(h_0 - 0.5x)}{f'_y(h_0 - a'_s)} \tag{5.48}$$

式中
$$e = e_i + \frac{h}{2} - a_s$$

若 $x < 2a'_s$,按不对称配筋大偏心受压计算方法,由式(5.39) 得

$$A_s = A'_s = \frac{N\left(e_i - \dfrac{h}{2} + a'_s\right)}{f_y(h_0 - a'_s)} \tag{5.49}$$

3. 小偏心受压

对于小偏心受压破坏,将 $A_s = A'_s$,$f_y = f'_y$,代入式(5.27)、(5.28)和(5.29)并整理可得到《混凝土结构设计规范》(GB 50010—2010) 给出的 ξ 的近似公式。

$$\xi = \frac{N - \xi_b \alpha_1 f_c b h_0}{\dfrac{Ne - 0.43\alpha_1 f_c b h_0^2}{(\beta_1 - \xi_b)(h_0 - a'_s)} + \alpha_1 f_c b h_0} + \xi_b \tag{5.50}$$

将 ξ 代入式(5.28) 即可得

$$A_s = A'_s = \frac{Ne - \alpha_1 f_c b h_0^2 \xi(1 - 0.5\xi)}{f'_y(h_0 - a'_s)} \tag{5.51}$$

5.4.2 矩形截面对称配筋偏心受压构件正截面承载力计算公式应用

1. 截面设计

(1) 大偏心受压构件

大偏心受压构件的截面设计,可按以下步骤进行:

① 按式(5.47)计算 x,判断偏心受压类型,如判定为大偏心受压时。

② 根据 x 值的大小,分情况计算 A'_s。

a. 若 $2a'_s \leqslant x \leqslant \xi_b h_0$,将 x 代入式(5.48)得到 $A_s = A'_s$;

b. 若 $x < 2a'_s$,说明受压钢筋 A'_s 不能屈服,按式(5.39)计算 A_s,取 $A_s = A'_s$;

c. 若 $x > \xi_b h_0$,说明为小偏心受压,若按大偏心受压设计,需加大截面尺寸重新设计。

③ 按轴心受压验算垂直于弯矩作用平面的受压承载力。

【例 5.6】 已知条件同例 5.3,采用对称配筋,求钢筋截面面积 A_s 和 A'_s。

解 (1) 确定基本参数

查表 1.3、1.8 及表 3.9 可知 C30 混凝土 $f_c = 14.3 \text{ N/mm}^2$,$\alpha_1 = 1.0$,$\beta_1 = 0.8$;钢筋的设计强度 $f_y = f'_y = 360 \text{ N/mm}^2$,$\xi_b = 0.518$;取 $a_s = a'_s = 40 \text{ mm}$,$h_0 = (500 - 40)\text{mm} = 460 \text{ mm}$。

(2) 判别大小偏心

由式(5.47)得

$$x = \frac{N}{\alpha_1 f_c b} = \frac{1\,250 \times 10^3}{1.0 \times 14.3 \times 400}\text{mm} = 218.53 \text{ mm}$$

$$x < \xi_b h_0 = (0.518 \times 460)\text{mm} = 238.28 \text{ mm}$$

故为大偏心受压。

(3) 配筋计算

由例 5.3 求得:$e = 437.4 \text{ mm}$。因 $x > 2a'_s = 80 \text{ mm}$,故将 x 代入式(5.51):

$$A_s = A'_s = \frac{Ne - \alpha_1 f_c bx(h_0 - 0.5x)}{f'_y(h_0 - a'_s)}$$

得

$$A_s = A'_s = \frac{1\,250 \times 10^3 \times 437.4 - 1.0 \times 14.3 \times 400 \times 218.53 \times (460 - \frac{218.53}{2})}{360 \times (460 - 40)}\text{mm}^2 = 716.5 \text{ mm}^2$$

$$A_s = A'_s > 0.002bh = (0.002 \times 400 \times 500)\text{mm}^2 = 400 \text{ mm}^2$$

A_s 和 A'_s 均选配 2Φ20 + 1Φ18 的钢筋($A_s = A'_s = 628 \text{ mm}^2 + 254.5 \text{ mm}^2 = 882.5 \text{ mm}^2$)。

$$0.6\% < (A_s + A'_s)/A = 2 \times 882.5/(400 \times 500) = 0.88\% < 5\%$$

(4) 垂直于弯矩作用平面的承载力验算

$\frac{l_0}{b} = \frac{4\,000}{400} = 10$,查表 5.1 得 $\varphi = 0.98$,则

$$N_u = 0.9\varphi(f_c A + f'_y A'_s) = 0.9 \times 0.98 \times (14.3 \times 400 \times 500 + 360 \times 716.5 \times 2)\text{N} = 2\,977\,526 \text{ N} = 2\,977.5 \text{ kN}$$

$$N_u > N = 1\,250 \text{ kN}$$

满足要求。

(5) 截面配筋图

截面配筋图如图 5.27 所示。

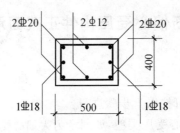

图 5.27 截面配筋图

（2）小偏心受压构件

小偏心受压构件的截面设计的步骤如下：

① 按式（5.47）计算 x，判断偏心受压类型，如判定为小偏心受压时；

② 根据 x 值的大小，由式（5.50）计算 ξ，根据式（5.51）计算 A_s 和 A'_s；

③ 按轴心受压验算垂直于弯矩作用平面的受压承载力。

【例5.7】 已知某钢筋混凝土偏心受压柱，截面尺寸 $b=400$ mm，$h=500$ mm，取 $a=a'=40$ mm，计算长度 $l_c=3.75$ m，内力设计值，$M_2=150$ kN·m，$M_1=120$ kN·m，$N=3\,000$ kN，混凝土采用 C30，纵筋采用 HRB400 级钢筋，采用对称配筋，求钢筋截面面积 A_s 和 A'_s。

解 （1）确定基本参数

查表 1.3、1.8 及表 3.9 可知 C30 混凝土 $f_c=14.3$ N/mm²，$\alpha_1=1.0$，$\beta_1=0.8$；钢筋的设计强度 $f_y=f'_y=360$ N/mm²，$\xi_b=0.518$；取 $a_s=a'_s=40$ mm，$h_0=(500-40)$ mm $=460$ mm。

（2）判别大小偏心

由式（5.47）得

$$x=\frac{N}{\alpha_1 f_c b}=\frac{2\,500\times10^3}{1.0\times14.3\times400}\text{mm}=437.06\text{ mm}$$

$$x>\xi_b h_0=(0.518\times460)\text{mm}=238.28\text{ mm}$$

故为小偏心受压。

（3）配筋计算

将已知数据代入近似式（5.50）得

$$\xi=\frac{N-\xi_b\alpha_1 f_c b h_0}{\dfrac{Ne-0.43\alpha_1 f_c b h_0^2}{(\beta_1-\xi_b)(h_0-a'_s)}+\alpha_1 f_c b h_0}+\xi_b=$$

$$\frac{2\,500\times10^3-0.518\times1.0\times14.3\times400\times460}{\dfrac{2\,500\times10^3\times300.56-0.43\times1.0\times14.3\times400\times460^2}{(0.8-0.518)\times(460-40)}+1.0\times14.3\times400\times460}+0.518=0.766$$

将 ξ 值代入式（5.51）得

$$A_s=A'_s=\frac{Ne-\alpha_1 f_c b h_0^2\xi(1-0.5\xi)}{f'_y(h_0-a'_s)}=$$

$$\frac{2\,500\times10^3\times300.56-1.0\times14.3\times400\times460^2\times0.766\times(1-0.5\times0.766)}{360\times(460-40)}=$$

$1\,186.25$ mm²

$$A_s=A'_s>0.002bh=(0.002\times400\times500)\text{mm}^2=400\text{ mm}^2$$

根据以上计算结果，A_s 和 A'_s 均选配 3 Φ22 的钢筋（$A_s=A'_s=1\,140$ mm²）。

$$0.6\%<(A_s+A'_s)/A=2\times1\,140/(400\times500)=1.14\%<5\%$$

（4）垂直于弯矩作用平面的承载力验算

略。

（5）截面配筋图

截面配筋图如图 5.28 所示。

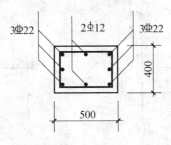

图 5.28　截面配筋图

2．截面承载力复核

对称配筋偏心受压构件截面承载力复核方法与非对称配筋时相同。计算时在有关公式中取 $A_s = A'_s$，$f_y = f'_y$ 即可。此外，在复核小偏心受压构件时，因采用了对称配筋，故仅须考虑靠近轴向压力一侧的混凝土先破坏的情况。

 ## 5.5　工字形截面偏心受压构件正截面承载力计算

5.5.1　工字形截面对称配筋偏心受压构件正截面承载力计算公式

为了节省混凝土和减轻柱的自重，对于单层工业厂房中较大尺寸的装配式柱往往采用工字形截面。由于排架柱会承担正、负两个方向的弯矩，所以这种工字形截面柱一般都采用对称配筋。工字形截面偏心受压构件的受力性能、破坏形态及计算原理与矩形截面偏心受压构件相同，同样分为大小偏心受压构件进行承载力设计。由于截面形状不同，计算公式稍有区别。

1．大偏心受压构件

对于工字形截面对称配筋大偏心受压构件，构件受力破坏时中和轴的位置可能在受压翼缘内或腹板内。因此，计算公式及适用条件为：

（1）当 $x > h'_f$ 时，受压区为 T 形截面（图 5.29（a）），由平衡条件可得

$$N \leqslant N_u = \alpha_1 f_c [bx + (b'_f - b)h'_f] \tag{5.52}$$

$$Ne \leqslant N_u e = \alpha_1 f_c \left[bx \left(h_0 - \frac{x}{2} \right) + (b'_f - b)h'_f \left(h_0 - \frac{h'_f}{2} \right) \right] + f'_y A'_s (h_0 - a'_s) \tag{5.53}$$

（2）当 $x \leqslant h'_f$ 时，按宽度 b'_f 的矩形截面计算（图 5.29（b））

$$N \leqslant N_u = \alpha_1 f_c b'_f x \tag{5.54}$$

$$Ne \leqslant N_u e = \alpha_1 f_c b'_f x \left(h_0 - \frac{x}{2} \right) + f'_y A'_s (h - a'_s) \tag{5.55}$$

式中　b'_f——工字形截面受压翼缘宽度；

h'_f——工字形截面受压翼缘高度。

（3）适用条件

为了保证上述公式中的受拉钢筋 A_s 及受压钢筋 A'_s 都能达到屈服强度，要满足下列条件：

$$x \leqslant \xi_b h_0$$
$$x \geqslant 2a'_s$$

2．小偏心受压构件

对于工字形截面对称配筋小偏心受压构件，构件受力破坏时中和轴的位置可能在受拉翼缘内或腹板内。因此，计算公式及适用条件为：

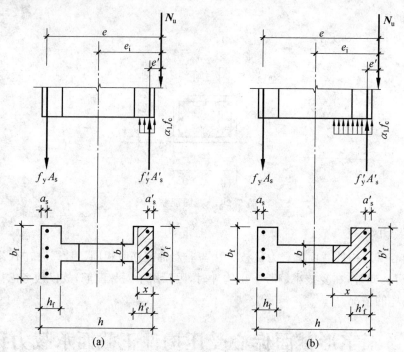

图 5.29　工字形截面大偏心受压计算图形

(1) 当 $h-h_f > x > h'_f$ 时，受压区为 T 形截面(图 5.30)，由平衡条件可得

$$N \leqslant N_u = \alpha_1 f_c [bx + (b'_f - b)h'_f] + f'_y A'_s - \sigma_s A_s \tag{5.56}$$

$$Ne \leqslant N_u e = \alpha_1 f_c \left[bx \left(h_0 - \frac{x}{2} \right) + (b'_f - b)h'_f \left(h_0 - \frac{h'_f}{2} \right) \right] + f'_y A'_s (h_0 - a'_s) \tag{5.57}$$

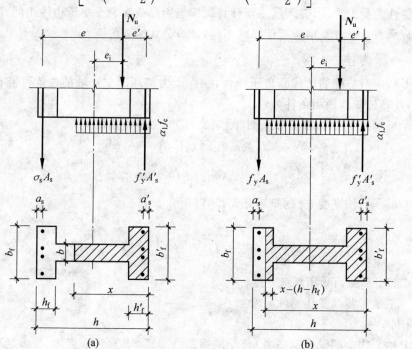

图 5.30　工字形截面小偏心受压计算图形

(2) 当 $x > h - h_f$ 时，在计算时应考虑受拉翼缘 h_f 的作用，由平衡条件可得

$$N \leqslant N_u = \alpha_1 f_c [bx + (b'_f - b)h'_f + (b_f - b)(h_f + x - h)] + f'_y A'_s - \sigma_s A_s \tag{5.58}$$

$$Ne \leqslant N_u e = \alpha_1 f_c \left[bx \left(h_0 - \frac{x}{2} \right) + (b'_f - b)h'_f \left(h_0 - \frac{h'_f}{2} \right) + \right.$$

$$(b_f - b)(h_f + x - h)\left(h_f - \frac{h_f + x - h}{2} - a_s\right)\Big] + f'_y A'_s (h_0 - a'_s) \tag{5.59}$$

当式(5.59)中的 $x > h$ 时，取 $x = h$，$\sigma_s = \dfrac{\xi - \beta_1}{\xi_b - \beta_1} f_y$ 计算。

对于小偏心受压构件，尚应满足下列条件：

$$N_u\left[\frac{h}{2} - a'_s - (e_0 - e_a)\right] \leqslant \alpha_1 f_c\left[bh\left(h'_0 - \frac{h}{2}\right) + (b_f - b)h_f\left(h'_0 - \frac{h_f}{2}\right) + (b'_f - b)h'_f(h'_f/2 - a'_s)\right] +$$
$$f'_y A_s(h'_0 - a_s) \tag{5.60}$$

式中　h'_0——钢筋 A'_s 合力点至离纵向力 N 较远一侧边缘的距离，即 $h'_0 = h - a_s$。

（3）适用条件

$$x \geqslant \xi_b h_0$$

5.5.2　工字形截面对称配筋偏心受压构件正截面承载力计算公式应用

工字形截面对称配筋偏心受压构件正截面承载力计算分为截面设计与承载力复核两类问题。工字形截面对称配筋偏心受压构件承载力复核的计算与矩形截面对称配筋偏心受压构件相似；截面设计按照两类偏心构件的不同有所区别。

1. 大、小偏心受压的判别

根据前述分析，工字形截面对称配筋大偏心受压构件，中和轴的位置可能在受压翼缘内或腹板内；工字形截面对称配筋小偏心受压构件，中和轴的位置可能在腹板内或受拉翼缘内。因此，可判定当 $x \leqslant h'_f$ 时，为大偏心受压；当 $x > h - h_f$ 时，为小偏心受压；只有当中和轴位于腹板内时，才需根据 $\xi \leqslant \xi_b$ 或 $\xi > \xi_b$ 判断为大偏心受压或小偏心受压。

2. 大偏心受压构件

对称配筋的大偏心受压构件，可按以下步骤进行判别和计算。先假定 $x \leqslant h'_f$，由大偏心受压构件计算式(5.54)求得

$$x = \frac{N}{\alpha_1 f_c b'_f}$$

根据 x 的大小分以下几种情况：

（1）当 $x > h'_f$ 时，由式(5.52)、式(5.53)，可求得钢筋截面面积且要求 $x \leqslant x_b$；

（2）当 $2a'_s < x \leqslant h'_f$ 时，由式(5.55)可求得钢筋截面面积；

（3）当 $x < 2a'_s$ 时，如同双筋受弯构件一样取 $x = 2a'_s$，可得

$$A_s = A'_s = \frac{N\left(e_i - \dfrac{h}{2} + a'_s\right)}{f_y(h_0 - a'_s)}$$

同时，再按不考虑受压钢筋 A'_s 的情况，取 $A'_s = 0$，按非对称配筋构件计算 A_s 与上述计算的值比较取小值。

（4）按轴心受压验算垂直于弯矩作用平面的受压承载力。

3. 小偏心受压构件

对称配筋的小偏心受压构件，可按以下步骤进行判别和计算：

（1）按式(5.47)计算 x，判断偏心受压类型，如判定为小偏心受压时；

（2）可由式(5.56)、式(5.57)或式(5.58)、式(5.59)计算 ξ、A_s 和 A'_s，也可采用《混凝土结构设计规范》(GB 50010—2010)的简化计算方法类似矩形截面的方法由式(5.50)、式(5.51)变形得到的下列公式：

$$\xi = \frac{N - \xi_b \alpha_1 f_c b h_0 - \alpha_1 f_c(b'_f - b)h'_f}{\dfrac{Ne - 0.43\alpha_1 f_c b h_0^2 - \alpha_1 f_c(b'_f - b)h'_f(h_0 - h'_f/2)}{(\beta_1 - \xi_b)(h_0 - a'_s)} + \alpha_1 f_c b h_0} + \xi_b \tag{5.61}$$

$$A_s = A'_s = \frac{Ne - \alpha_1 f_c \left[bx \left(h_0 - \frac{x}{2} \right) + (b'_f - b) h'_f (h_0 - h'_f/2) \right]}{f'_y (h_0 - a'_s)} \tag{5.62}$$

（3）按轴心受压验算垂直于弯矩作用平面的受压承载力。

【例 5.8】 工字形截面钢筋混凝土偏心受压排架柱，截面 $b \times h = 100 \text{ mm} \times 900 \text{ mm}$，$b_f = b'_f = 400 \text{ mm}$，$h_f = h'_f = 150 \text{ mm}$，$a_s = a'_s = 45 \text{ mm}$。下柱承受的轴向压力设计值 $N = 1\,000 \text{ kN}$，下柱两端截面的弯矩设计值 $M_1 = 820 \text{ kN} \cdot \text{m}$，$M_2 = 1\,050 \text{ kN} \cdot \text{m}$。下柱的变形为单曲率，计算长度 $l_0 = 5.5 \text{ m}$，混凝土强度等级为 C40，纵筋采用 HRB500 级钢筋。采用对称配筋，求受拉钢筋的面积 A_s 和受压钢筋的面积 A'_s。

解 （1）确定基本参数

查表 1.3、1.8 及表 3.9 知 C30 混凝土 $f_c = 19.1 \text{ N/mm}^2$，$\alpha_1 = 1.0$，$\beta_1 = 0.8$，钢筋的设计强度 $f_y = 435 \text{ N/mm}^2$，$f'_y = 410 \text{ N/mm}^2$，$\xi_b = 0.428$；因 $a_s = a'_s = 45 \text{ mm}$，$h_0 = (900 - 45) \text{ mm} = 855 \text{ mm}$。

（2）弯矩二阶效应

$$A = bh + 2(b_f - b) h_f = [100 \times 900 + 2 \times (400 - 100) \times 150] \text{ mm}^2 = 18 \times 10^4 \text{ mm}^2$$

$$I_y = \frac{1}{12} bh^3 + 2 \left[\frac{1}{12} (b_f - b) h_f^3 + (b_f - b) h_f \left(\frac{h}{2} - \frac{h_f}{2} \right)^2 \right] =$$

$$\frac{1}{12} \times 100 \times 900^3 \text{ mm}^4 + 2 \times$$

$$\left[\frac{1}{12} \times (400 - 100) \times 150^3 + (400 - 100) \times 150 \times \left(\frac{900}{2} - \frac{150}{2} \right)^2 \right] \text{ mm}^4 =$$

$$189 \times 10^8 \text{ mm}^4$$

$$i_y = \sqrt{\frac{I_y}{A}} = \sqrt{\frac{189 \times 10^8}{18 \times 10^4}} \text{ mm} = 324 \text{ mm}, \quad \frac{l_0}{i_y} = \frac{5\,500}{324} = 17$$

根据《混凝土结构设计规范》（GB 50010—2010）附录 B.0.4 排架结构柱考虑二阶效应的弯矩计算有

$$\frac{h}{30} = \frac{900}{30} \text{ mm} = 30 \text{ mm} > 20 \text{ mm}, \text{取 } e_a = 30 \text{ mm}, M_0 = 1\,050 \text{ kN} \cdot \text{m}$$

$$\zeta_c = \frac{0.5 f_c A}{N} = \frac{0.5 \times 19.1 \times [100 \times 900 + 2 \times (400 - 100) \times 150]}{1\,000 \times 10^3} = 1.719 > 1.0 \text{（取 } \zeta_c = 1.0\text{）}$$

$$\eta_s = 1 + \frac{1}{1\,500 e_i/h_0} \left(\frac{l_0}{h} \right)^2 \zeta_c = 1 + \frac{1}{1\,500 \times \left(\frac{1\,050 \times 10^3}{1\,000} + 30 \right)} \times \left(\frac{5\,500}{900} \right)^2 \times 1 = 1.02$$

$$M = \eta_s M_0 = 1\,071 \text{ kN} \cdot \text{m}$$

$$e_i = e_0 + e_a = \frac{M}{N} + e_a = \frac{1\,071 \times 10^6}{1\,000 \times 10^3} \text{ mm} + 30 \text{ mm} = 1\,101 \text{ mm}$$

$$e = e_i + \frac{h}{2} - a_s = \left(1\,101 + \frac{900}{2} - 45 \right) \text{ mm} = 1\,506 \text{ mm}$$

（3）判别偏压类型，计算 A_s 和 A'_s

先假定中和轴在受压翼缘内，按式（5.54）计算受压区高度，即

$$x = \frac{N}{\alpha_1 f_c b'_f} = \frac{1\,000 \times 10^3}{1 \times 19.1 \times 400} \text{ mm} = 131 \text{ mm} < h'_f = 150 \text{ mm}$$

且
$$x > 2a'_s = 2 \times 45 \text{ mm} = 90 \text{ mm}$$

所以，为大偏心受压构件，受压区在受压翼缘内，将 x 代入公式（5.55）得

$$A_s = A'_s = \frac{Ne - \alpha_1 f_c b'_f x \left(h_0 - \frac{x}{2} \right)}{f'_y (h - a'_s)} =$$

$$\frac{1\,000 \times 10^3 \times 1\,506 - 1 \times 19.1 \times 400 \times 131 \times \left(855 - \frac{131}{2}\right)}{410 \times (855 - 45)} \ \mathrm{mm}^2 = 1\,921 \ \mathrm{mm}^2 > \rho_{\min} A$$

选用 2 Φ 28 + 2 Φ 25 ($A_s = A'_s = 2\,214 \ \mathrm{mm}^2$)，截面总配筋率 $\rho = \dfrac{A_s + A'_s}{A} = \dfrac{2214 \times 2}{18 \times 10^4} = 0.025 >$

0.005，满足要求。

(4) 验算垂直于弯矩作用平面的受压承载力

$$I_x = \frac{1}{12}(h - 2h'_f)b^3 + 2 \times \frac{1}{12}h_f b_f^3 = \frac{1}{12} \times (900 - 2 \times 150) \times 100^3 \ \mathrm{mm}^4 +$$

$$2 \times \frac{1}{12} \times 150 \times 400^3 \ \mathrm{mm}^4 = 16.5 \times 10^8 \ \mathrm{mm}^4$$

$$i_x = \sqrt{\frac{I_x}{A}} = \sqrt{\frac{16.5 \times 10^8}{18 \times 10^4}} \ \mathrm{mm} = 95.7 \ \mathrm{mm}$$

$\dfrac{l_0}{i_x} = \dfrac{5\,500}{95.7} = 57.5$，查表 5.1. 得 $\varphi = 0.849$，则

$$N_u = 0.9\varphi(f_c A + f'_y A'_s) = 0.9 \times 0.849 \times (19.1 \times 18 \times 10^4 + 410 \times 2\,214 \times 2) \ \mathrm{N} =$$
$$4014.18 \times 10^3 \ \mathrm{N} > N = 1\,000 \ \mathrm{kN}$$

满足要求。

5.6 偏心受压构件斜截面承载力计算

5.6.1 轴向压力对受剪承载力的影响

一般情况下偏心受压构件的剪力值相对较小，可不进行斜截面承载力计算；但对于有较大水平力作用的框架柱，有横向力作用的桁架上弦压杆等，剪力影响较大，必须进行斜截面受剪承载力计算，其计算方法与受弯构件相同。但与受弯构件相比，轴向压力的存在有利于斜截面的承载力。

试验表明，轴向压力对构件抗剪起有利作用，主要是因为轴向压力的存在不仅能阻滞斜裂缝的出现和开展，而且能增加混凝土剪压区的高度，使剪压区的面积增大，从而提高剪压区混凝土的抗剪能力。但是，轴向压力对构件抗剪承载力的有利作用是有限度的，图 5.31 为一组构件的试验结果。在轴压比 $N/(f_c bh)$ 较小时，构件的抗剪承载力随轴压比的增大而提高，当轴压比 $N/(f_c bh) = 0.3 \sim 0.5$ 时，抗剪承载力达到最大值。若再增大轴向压力，构件抗剪承载力会随着轴向压力的增大而降低。

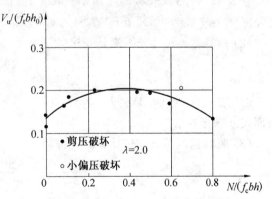

图 5.31 抗剪承载力与轴向压力的关系

5.6.2 偏心受压构件斜截面承载力计算公式

《混凝土结构设计规范》(GB 50010—2010) 给出矩形、T 形和工字形截面偏心受压构件斜截面承载力计算公式：

$$V \leqslant \frac{1.75}{\lambda + 1.0} f_t bh_0 + 1.0 f_{yv} \frac{A_{sv}}{s} h_0 + 0.07N \tag{5.63}$$

式中　λ—— 偏心受压构件计算截面的剪跨比；

　　　N—— 与剪力设计值 V 相应的轴向压力设计值，当 $N > 0.3 f_c A$ 时，取 $N = 0.3 f_c A$，A 为构件

截面面积。

计算截面的剪跨比应按下列规定取用：

(1) 对各类结构的框架柱，取 $\lambda = M/(Vh_0)$；当框架结构中柱的反弯点在层高范围内时，取 $\lambda = H_n/(2h_0)$（H_n 为柱净高）；当 $\lambda < 1$ 时，取 $\lambda = 1$；当 $\lambda > 3$ 时，取 $\lambda = 3$，此处，M 为计算截面上与剪力设计值 V 相应的弯矩设计值。

(2) 对其他偏心受压构件，当承受均布荷载时，取 $\lambda = 1.5$；当承受集中荷载时（包括作用有多种荷载，其集中荷载对支座截面或节点边缘所产生的剪力值占总剪力值的 75% 以上的情况），取 $\lambda = a/h_0$；当 $\lambda < 1.5$ 时，取 $\lambda = 1.5$；当 $\lambda > 3$ 时，取 $\lambda = 3$，此处，a 为集中荷载到支座或节点边缘的距离。

与受弯构件类似，为防止斜压破坏，《混凝土结构设计规范》(GB 50010—2010) 规定矩形、T 形和工字形截面框架柱的截面必须满足下列条件：

当 $h_w/b \leqslant 4$ 时： $\qquad V \leqslant 0.25\beta_c f_c bh_0$ (5.64)

当 $h_w/b \geqslant 6$ 时： $\qquad V \leqslant 0.2\beta_c f_c bh_0$ (5.65)

当 $4 < h_w/b < 6$ 时，按线性内插法确定。

式中 β_c——混凝土强度影响系数：当混凝土强度等级不超过 C50 时，取 $\beta_c = 1.0$；当混凝土强度等级为 C80 时取 $\beta_c = 0.8$；其间按线性内插法确定；

$\qquad h_w$——截面的腹板高度，取值同受弯构件。

此外，当符合下列公式要求时，则可不进行斜截面受剪承载力计算，而仅需按构造要求配置箍筋。

$$V \leqslant \frac{1.75}{\lambda + 1.0} f_t bh_0 + 0.07N$$ (5.66)

【例 5.9】 某偏心受压的框架柱，截面尺寸 $b = 400$ mm，$h = 500$ mm，柱净高 $H_n = 2.5$ m，取 $a_s = a'_s = 40$ mm，混凝土强度等级 C30，箍筋用 HRB335 级钢筋。在柱端作用剪力设计值 $V = 300$ kN，相应的轴向压力设计值 $N = 2\,500$ kN。确定该柱所需的箍筋数量。

解 (1) 确定基本参数

查表 1.3、1.8 及表 3.9，可知 C30 混凝土 $f_c = 14.3$ N/mm²，$f_t = 1.43$ N/mm²，$\beta_c = 1.0$，钢筋的设计强度 $f_y = f'_y = 300$ N/mm²，$\xi_b = 0.428$；因 $a_s = a'_s = 40$ mm，$h_0 = (500 - 40)$ mm $= 460$ mm。

(2) 验算截面尺寸是否满足要求

$$\frac{h_w}{b} = \frac{460}{400} = 1.15 < 4$$

$0.25\beta_c f_c bh_0 = (0.25 \times 1.0 \times 14.3 \times 400 \times 460)\text{N} = 657\,800 \text{ N} = 657.8 \text{ kN} > V = 300 \text{ kN}$

截面尺寸满足要求。

(3) 验算截面是否需按计算配置箍筋

$$\lambda = \frac{H_n}{2h_0} = \frac{2\,500}{2 \times 460} = 2.717 \,(1 < \lambda < 3)$$

$0.3f_c A = 0.3 \times 14.3 \times 400 \times 500 = 858\,000 \text{ N} = 858 \text{ kN} < N = 2\,500 \text{ kN}$

$$\frac{1.75}{\lambda + 1} f_t bh_0 + 0.07N = \left(\frac{1.75}{2.717 + 1} \times 1.43 \times 400 \times 460 + 0.07 \times 858\,000\right)\text{N} =$$

$$183\,939.47 \text{ N} = 183.9 \text{ kN} < V = 300 \text{ kN}$$

应按计算配箍筋。

(4) 计算箍筋用量

由 $V \leqslant \dfrac{1.75}{\lambda + 1} f_t bh_0 + f_{yv} \dfrac{A_{sv}}{s} h_0 + 0.07N$，得

$$\frac{nA_{sv1}}{s} \geqslant \frac{V - \left(\dfrac{1.75}{\lambda + 1} f_t bh_0 + 0.07N\right)}{f_{yv} h_0} = \frac{300\,000 - 183\,939.47}{300 \times 460} \text{ mm}^2/\text{mm} = 0.841 \text{ mm}^2/\text{mm}$$

采用 $\phi 10@150$ 双肢箍筋,则

$$\frac{nA_{sv1}}{s} = \frac{2 \times 78.5}{150} = 1.05 > 0.841$$

满足要求。

【知识链接】

《钢筋混凝土设计规范》(GB 50010—2010)第六章第 6.1、6.2、6.3 节对受弯及受压构件承载力计算进行了详细的规定,第九章第 9.3 节对柱的构造要求进行了详细的规定。

《钢筋混凝土结构施工质量验收规范》(GB 50204—2010)第五章、第七章对钢筋工程、混凝土工程质量验收做出了详细的规定。

《国家建筑标准设计图集》(11G101—1)重点讲解了柱的平法施工图制图规则及构造详图,是我们学习和工作中不可缺少的参考书。

以上规范和图集可与本教材参考学习,以提高学生查阅工具书的能力。

【重点串联】

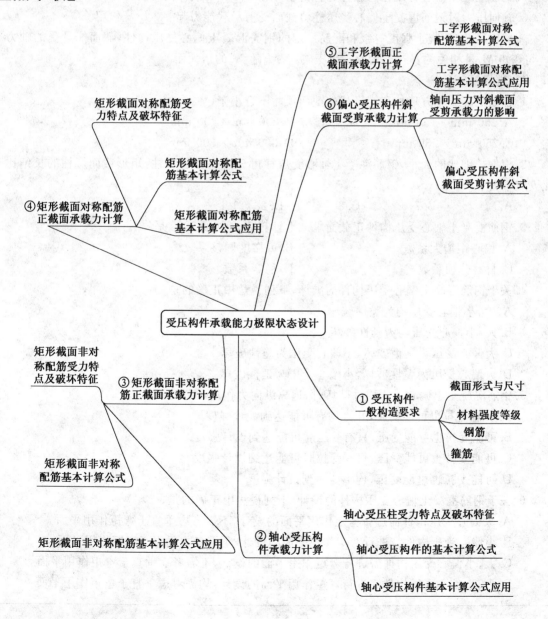

拓展与实训

基础训练

一、填空题

1. 钢筋混凝土受压构件宜采用强度等级_____的混凝土。

2. 钢筋混凝土受压构件的箍筋宜采用_____钢筋。

3. 根据_____大小可将钢筋混凝土轴心受压柱分为短柱和长柱。

4. 轴心受压螺旋箍筋柱的核心混凝土处于三向受压状态,与普通箍筋柱相比,变形能力_____。

5. 对于截面形状复杂的钢筋混凝土受压构件,为避免产生向外的拉力,而使折角处混凝土保护层崩脱,不应采用_____箍筋。

6. 钢筋混凝土偏心受压柱的对称配筋指_____。

7. 钢筋混凝土偏心受压柱的破坏有材料破坏和_____破坏两种。

8. 轴向压力对钢筋混凝土偏心受压柱斜截面受剪承载能力起_____作用。

9. 截面尺寸、混凝土强度等级和配筋一定的钢筋混凝土偏心受压构件,截面能承受的轴力 N_u 与弯矩 M_u 是相关的。对于大偏心受压破坏,M_u 随 N_u 的增大而_____。

二、选择题

1. 钢筋混凝土正方形柱和矩形柱的截面尺寸不宜小于( )。
   A. 150 mm×150 mm   B. 200 mm×200 mm
   C. 250 mm×250 mm   D. 300 mm×300 mm

2. 根据长细比的大小,钢筋混凝土轴心受压柱可分为短柱和长柱,矩形截面短柱的长细比 l_0/b 应不大于( )。
   A. 5   B. 7   C. 8   D. 28

3. 钢筋混凝土轴心受压构件正截面承载力计算公式中,系数 φ 是( )。
   A. 偏心距增大系数   B. 可靠度调整系数
   C. 材料分项系数   D. 稳定系数

4. 关于钢筋混凝土偏心受压构件的破坏,下列说法中正确的是( )。
   A. 大、小偏心受压均为脆性破坏
   B. 大、小偏心受压均为延性破坏
   C. 大偏心受压为延性破坏,小偏心受压为脆性破坏
   D. 大偏心受压为脆性破坏,小偏心受压为延性破坏

5. 钢筋混凝土小偏心受压构件破坏时,远离纵向力作用一侧的钢筋( )。
   A. 可能受拉也可能受压,并且均有可能达到设计强度
   B. 可能受拉也可能受压,只有受压时可能达到设计强度
   C. 可能受拉也可能受压,只有受拉时可能达到设计强度
   D. 可能受拉也可能受压,均不能达到设计强度

6. 关于钢筋混凝土偏心受压构件的设计,下列说法中正确的是( )。
   A. 大偏心受压构件需进行弯矩作用平面的设计,不需考虑垂直于弯矩作用平面
   B. 小偏心受压构件需进行弯矩作用平面的设计,不需考虑垂直于弯矩作用平面
   C. 大、小偏心受压构件需进行弯矩作用平面的设计,不需考虑垂直于弯矩作用平面
   D. 大、小偏心受压构件需进行弯矩作用平面的设计,均需考虑垂直于弯矩作用平面

7.关于钢筋混凝土偏心受压构件的对称配筋,下列说法中正确的是(　　)。

　　A.装配式柱都应采用对称配筋柱

　　B.偏心受压构件对称配筋时钢筋总量一般比非对称配筋钢筋用量大很多

　　C.偏心受压构件当可能存在变号内力作用时宜采用对称配筋

　　D.大偏心受压宜采用对称配筋形式,小偏心受压应采用对称配筋形式

8.关于钢筋混凝土偏心受压工字形截面柱,下列说法正确的是(　　)。

　　A.当不能采用矩形截面时应采用工字形截面柱

　　B.工字形截面柱必须采用对称配筋柱

　　C.工字形截面柱一般采用对称配筋柱

　　D.以上说法均不正确

9.关于偏心受压构件斜截面受剪破坏的机理,下列说法正确的是(　　)。

　　A.偏心受压构件斜截面一般可不进行承载力计算

　　B.轴向压力的存在对斜截面受剪承载力无影响

　　C.轴向拉力的存在对斜截面受剪承载力无影响

　　D.以上说法均不正确

三、简答题

1.什么是轴心受压构件?

2.轴心受压普通箍筋柱与螺旋箍筋柱的正截面受压承载力计算有何不同?

3.纵向钢筋与箍筋在受压构件中的作用是什么?

4.受压构件的纵向钢筋与箍筋有哪些主要的构造要求?

5.什么是偏心受压构件?

6.偏心受压构件按破坏形态分为哪几类?

7.何为 $p-\delta$ 效应,什么情况下考虑 $p-\delta$ 效应?

8.怎样区分大、小偏心受压破坏的界限?

9.怎样计算偏心受压构件的斜截面受剪承载力?

四、计算题

1.某现浇钢筋混凝土轴心受压柱,截面尺寸为 $b \times h = 400 \text{ mm} \times 400 \text{ mm}$,计算长度 $l_0 = 4.5 \text{ m}$,混凝土强度等级为C25,箍筋采用$\phi 8@250$,配有 8 Φ 20 的纵向受力钢筋。求该柱所能承受的最大轴向力设计值。

2.某多层现浇钢筋混凝土框架结构,底层中柱高 $H = 5.2 \text{ m}$,该柱承受的轴向力设计值 $N = 3\ 000 \text{ kN}$,截面尺寸 $b \times h = 500 \text{ mm} \times 500 \text{ mm}$。混凝土强度等级为C30,钢筋为 HRB400 级钢筋。求所需纵向钢筋。

3.已知圆形截面现浇钢筋混凝土柱,因建筑使用要求,其直径不能超过 400 mm。承受轴心压力设计值 $N = 2\ 900 \text{ kN}$,计算长度 $l_0 = 4.2 \text{ m}$。混凝土强度等级为C25,纵向受力钢筋采用 HRB335 级钢筋,箍筋采用 HPB300 级钢筋。试设计该柱。

4.某矩形截面钢筋混凝土偏心受压柱,其截面尺寸为 $b = 300 \text{ mm}, h = 500 \text{ mm}, a_s = a'_s = 40 \text{ mm}$,计算长度 $l_0 = 3.3 \text{ m}$。混凝土强度等级为C25,纵向受力钢筋采用 HRB335 级钢筋。弯矩设计值 $M_2 = 250 \text{ kN} \cdot \text{m}, M_1 = 220 \text{ kN} \cdot \text{m}$,承受的轴向压力设计值 $N = 800 \text{ kN}$。

(1)计算当采用非对称配筋时的 A_s 和 A'_s;

(2)如果受压钢筋已配置了 4 Φ 20,计算 A_s;

(3)计算当采用对称配筋时的 A_s 和 A'_s;

(4)比较上述三种情况的钢筋用量。

5. 矩形截面偏心受压柱，$b=400$ mm，$h=600$ mm，轴向力设计值 $N=3\,000$ kN，弯矩设计值 $M_2=180$ kN·m，$M_1=150$ kN·m，混凝土强度等级 C30，纵向受力钢筋用 HRB400 级钢筋，构件的计算长度 $l_0=4.8$ m。求纵向受力钢筋数量。

6. 一偏心受压构件，截面为矩形，$b=350$ mm，$h=550$ mm，$a=a'=40$ mm，计算长度 $l_0=5$ m。混凝土强度等级为 C30，纵向受力钢筋采用 HRB400 级钢筋。当其控制截面中作用的轴向压力设计值 $N=3\,000$ kN，弯矩设计值 $M_2=100$ kN·m，$M_1=90$ kN·m 时，计算所需的 A_s 和 A'_s。

7. 已知一偏心受压柱，截面尺寸为 $b\times h=300$ mm$\times 600$ mm，柱的计算长度为 $l_0=4.8$ m，轴向力设计值 $N=1\,000$ kN，弯矩设计值 $M=300$ kN·m，混凝土采用 C25，纵向受力钢筋采用 HRB400 级钢筋，求截面采用对称配筋时纵向受力钢筋的配置。

8. 工字形截面钢筋混凝土偏心受压排架柱，下柱承受的轴向压力设计值 $N=960$ kN，截面尺寸 $b=100$ mm，$h=700$ mm，$b_f=b'_f=400$ mm，$h_f=h'_f=120$ mm，$a_s=a'_s=40$ mm，下柱两端截面弯矩设计值 $M_1=305$ kN·m，$M_2=365$ kN·m。柱挠曲变形为单曲率。弯矩作用平面内柱上下两端的支撑长度为 7.8 m；弯矩作用平面外柱的计算长度 $l_0=7.8$ m。混凝土强度等级为 C35，纵筋采用 HRB500 级钢筋。采用对称配筋，求受拉和受压钢筋。

9. 某偏心受压柱，截面尺寸 $b=400$ mm，$h=400$ mm，柱净高 $H_n=2.9$ m，取 $a_s=a'_s=40$ mm，混凝土强度等级采用 C25，箍筋采用 HRB335 级钢筋。在柱端作用剪力设计值 $V=250$ kN，相应的轴向压力设计值 $N=680$ kN。确定该柱所需的箍筋数量。

工程模拟训练

1. 抄绘一框架结构柱网平面结构布置图。

2. 参照图纸或标准图集抄绘框架柱施工图。

链接职考

1. 某梯柱承受的轴力设计值 $N=150$ kN，弯矩设计值 $M=35$ kN·m，试问，进行正截面受压承载力计算时，轴向压力作用点至纵向受压钢筋合力点的距离，应与下列何项最为接近？（   ）(2006 年二级注册结构工程师试题)

提示：对称配筋，$a=a'=40$ mm，$\eta=1.2$。

    A. 116   B. 194   C. 306   D. 416

2. 对于钢筋混凝土轴心受压构件，由于混凝土的徐变产生的应力变化，应为下列何项所述？（   ）(2008 年二级注册结构工程师试题)

    A. 混凝土应力减小，钢筋应力增大   B. 混凝土应力增大，钢筋应力减小

    C. 混凝土应力减小，钢筋应力减小   D. 混凝土应力增大，钢筋应力增大

3. 某钢筋混凝土单层单跨厂房，有吊车，屋面为刚性屋盖，其排架柱的上柱高 3.3 m，下柱高 11.5 m。试问，在进行有吊车荷载参与组合的计算时，该厂房柱在排架方向上、下柱的计算长度应与下列何组数值最为接近？（   ）(2009 年二级注册结构工程师试题)

    A. 4.1，9.2   B. 5.0，11.5   C. 6.6，11.5   D. 8.3，11.5

4. 某钢筋混凝土偏心受压构件，截面尺寸为 400 mm$\times$400 mm，纵筋为 8ϕ20，箍筋 ϕ8@100，混凝土强度等级为 C30。已知轴向压力设计值 $N=300$ kN，偏心距增大系数 $\eta=1.16$，$a=a'=40$ mm。（   ）(2009 年一级注册结构工程师试题)

当按偏心受压计算承载力时，试问，轴向压力作用点至受压区纵向普通钢筋合力点距离的最大值，应与下列何项数值最为接近？（   ）

    A. 280   B. 290   C. 300   D. 310

假定轴向压力作用点至受压区纵向普通钢筋合力点的距离最大值为 305 mm，试问，按单向偏心受压计算时，该柱受弯承载力设计值 M 应与下列何项最为接近？（   ）

    A. 114   B. 120   C. 130   D. 140

模块 6

预应力混凝土结构概述

【模块概述】

预应力混凝土结构是最近几年发展起来的一项新技术,现在世界各国都在普遍应用,它能跨越较大的跨度,能提高构件的刚度和抗裂度,增强结构的耐久性,节约材料,减少构件自重。但制作工艺复杂,成本较高。

本模块主要讲述预应力混凝土的基本概念、预应力的施工方法、预应力施加的工具、预应力混凝土构件的材料、张拉控制应力及预应力损失。

【知识目标】

1. 掌握预应力混凝土的概念和预应力结构的特点;
2. 掌握先张法和后张法的主要工序及其适用范围;
3. 掌握预应力混凝土构件的材料要求及选用;
4. 了解预应力施加的工具、张拉控制应力及预应力损失;
5. 了解预应力混凝土构件的构造要求。

【技能目标】

1. 能正确选用先张法和后张法制作构件所需的锚具及设备;
2. 具有预应力混凝土构件施工图识读的能力;
3. 能判断哪些构件适合采用预应力混凝土构件。

【课时建议】

6 课时

【工程导入】

某学校图书馆采用了双向无黏结预应力混凝土框架扁梁加密肋板的结构形式,结构平面图如图 6.1 所示,最大的柱网尺寸为 12.0 m×9.5 m,预应力混凝土框架扁梁截面尺寸为 $b×h=925$ mm× 370 mm,板厚 70 mm,比普通双向板密肋楼板节约造价 1/3 左右。

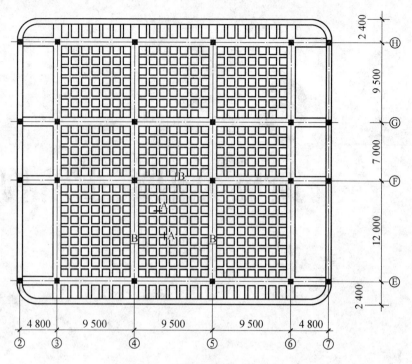

图 6.1 某学校图书馆结构平面图

【工程导读】

对于工程结构中跨度较大的构件,由于刚度和裂缝的限制,普通的钢筋混凝土构件难以满足要求,此时可以采用钢结构和预应力混凝土构件代替普通混凝土构件。在图 6.1 的案例中,楼盖结构就采用了预应力混凝土结构。那么什么是预应力混凝土结构?它与普通的钢筋混凝土结构相比有哪些不同?预应力是如何施加的?这些问题涉及预应力混凝土结构的相关知识,本章主要对预应力混凝土结构知识作一个简单的介绍。

6.1 预应力混凝土结构的基本概念及分类

6.1.1 预应力混凝土结构的基本概念

从受力性能的角度而言,所谓预应力混凝土结构,就是在结构承受外荷载作用之前,在其可能开裂的部位预先人为地施加压应力,以抵消或减少外荷载所引起的拉应力,使结构在正常使用和在荷载作用下不开裂或者裂缝开展宽度小一些的结构。

预应力的作用可用图 6.2 所示的简支梁的受力情况来说明。在外荷载作用下,梁下边缘产生拉应力 σ_3,如图 6.2(b)所示。如果在荷载作用以前,给梁先施加一偏心压力 N,使得梁下边缘产生预压应力 σ_1,如图 6.2(a)所示,那么在外荷载作用后,截面的应力分布将是两者的叠加,如图 6.2(c)所示。梁的下边缘应力可为压应力($\sigma_1-\sigma_3>0$)或数值很小的拉应力($\sigma_1-\sigma_3<0$)。

因此,预应力混凝土的基本原理是:预先对混凝土或钢筋混凝土结构或构件的受拉区施加压应力,使之处于一种人为的应力状态。这种应力的大小和分布可能部分抵消或全部抵消使用荷载作用下产生的拉应力 σ_{ct},从而使结构或构件在使用荷载作用下不至于开裂,或推迟开裂,或减小裂缝开展的宽度,提高构件的抗裂度和刚度,有效利用了混凝土抗压强度高这一特点来间接提高混凝土的抗拉强度。多数情况下,预加应力是由张拉后的预应力钢筋提供的,使预应力混凝土构件可利用高强钢筋和高强混凝土,从而取得节约钢材、减轻构件自重的效果,克服普通钢筋混凝土的主要缺点。为高强材料的应用开辟了新的途径。

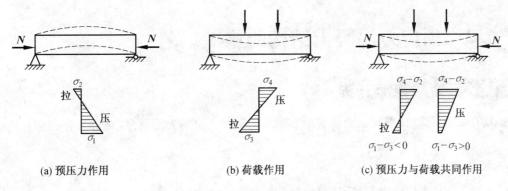

图 6.2　预应力混凝土简支梁的受力情况

相对于钢筋混凝土结构,预应力混凝土结构具有如下特点:

(1)自重轻,节约工程材料。预应力混凝土充分发挥了混凝土抗压强度高、钢筋抗拉强度高的优点,利用高强混凝土和高强钢筋建立合理的预应力,提高了结构构件的抗裂度和刚度,有效地减小构件截面尺寸和减轻自重。因此节约了工程材料,适用于建造大跨度、大悬臂等有变形控制要求的结构。

(2)改善结构的耐久性。由于对结构构件的可能开裂部位施加了预压应力,避免了使用荷载作用下的裂缝,使结构中预应力钢筋和普通钢筋免受外界有害介质的侵蚀,大大提高了结构的耐久性。对于水池、压力管道、污水沉淀池和污泥消化池等,施加预应力后还提高了其抗渗性能。

(3)提高结构的抗疲劳性能。承受重复荷载的结构或构件,如吊车梁、桥梁等,由于荷载经常往复地作用,结构长期处于加载与卸载的变化之中,当这种反复变化超过一定次数时,材料就会发生低于静力强度的破坏。预应力可以降低钢筋的疲劳应力变化幅度,从而提高结构或构件的抗疲劳性能。

(4)增强结构或构件的抗剪能力。大跨、薄壁结构构件,如薄壁箱形、T 形、工字形等截面构件,靠近搁置处的薄壁往往由于剪力或扭矩作用产生斜向裂缝,预应力可提高斜截面的抗裂性和抗扭性,并可延迟裂缝出现、约束裂缝宽度开展,因此提高了抗剪能力。

6.1.2 预应力混凝土的分类

根据制作、设计和施工的特点,预应力混凝土可以有不同的分类。

(1)先张法和后张法

先张法是制作预应力混凝土构件时,先张拉预应力钢筋后浇灌混凝土的一种方法;而后张法是先浇灌混凝土,待混凝土达到规定强度后再张拉预应力钢筋的一种预加应力方法。

(2)全预应力和部分预应力

全预应力是在使用荷载作用下,构件截面混凝土不出现拉应力,即为全截面受压。部分预应力是在使用荷载作用下,构件截面混凝土允许出现拉应力或开裂,即只有部分截面受压。部分预应力又分为 A、B 两类,A 类是指在使用荷载作用下,构件预压区混凝土正截面的拉应力不超过规定的容许值;B 类则是指在使用荷载作用下,构件预压区混凝土正截面的拉应力允许超过规定的限制,但当裂缝出现时,其宽度不超过容许值。可见,以上是按照构件中预加应力大小的程度划分的。

(3)有黏结预应力与无黏结预应力

有黏结预应力是指沿预应力筋全长其周围均与混凝土黏结、握裹在一起的预应力混凝土结构。先张预应力结构及预留孔道穿筋压浆的后张预应力结构均属此类。

无黏结预应力是指预应力筋伸缩、滑动自由,不与周围混凝土黏结的预应力混凝土结构。这种结构的预应力筋表面涂有防锈材料,外套防老化的塑料管,防止与混凝土黏结。无黏结预应力混凝土结构通常与后张预应力工艺相结合。

6.2 预应力混凝土结构的施工工艺

6.2.1 预应力的施加方法

预应力的施加方法,按混凝土浇筑成型和预应力钢筋张拉的先后顺序,可分为先张法和后张法两大类。

1. 先张法

先张法即先张拉预应力钢筋,后浇筑混凝土的方法。其施工的主要工序(图 6.3)如下:

(1)在台座上按设计规定的拉力张拉钢筋,并用锚具临时固定于台座上(图 6.3(a))。

(2)支模、绑扎非预应力钢筋、浇筑混凝土构件(图 6.3(b))。

(3)待构件混凝土达到一定的强度后(一般不低于混凝土设计强度等级的75%,以保证预应力钢筋与混凝土之间具有足够的黏结力),切断或放松钢筋,预应力钢筋的弹性回缩受到混凝土阻止而使混凝土受到挤压,产生预压应力(图 6.3(c))。

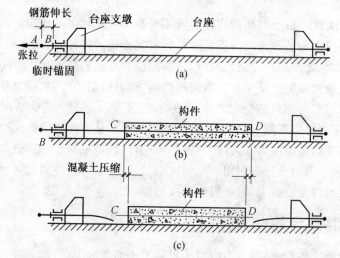

图 6.3 先张法构件施工工序

先张法是将张拉后的预应力钢筋直接浇筑在混凝土内,依靠预应力钢筋与周围混凝土之间的黏结力来传递预应力。先张法需要有用来张拉和临时固定钢筋的台座,因此初期投资费用较大。但先张法施工工序简单,钢筋靠黏结力自锚,在构件上不需设永久性锚具,临时固定的锚具都可以重复使用。因此在大批量生产时先张法构件比较经济,质量易保证。为了便于吊装运输,先张法一般宜于生产中小型构件。

2. 后张法

后张法是先浇筑混凝土构件,当构件混凝土达到一定的强度后,在构件上张拉预应力钢筋的方法。按照预应力钢筋的形式及其与混凝土的关系,具体分为有黏结和无黏结两类。

(1)后张有黏结

其施工的主要工序(图 6.4)如下:

①浇筑混凝土构件,并在预应力钢筋位置处预留孔道(图 6.4(a))。

②待混凝土达到一定强度(不低于混凝土设计强度等级的75%)后,将预应力钢筋穿过孔道,以构件本身作为支座张拉预应力钢筋(图 6.4(b)),此时,构件混凝土将同时受到压缩。

③当预应力钢筋张拉至要求的控制应力时,在张拉端用锚具将其锚固,使构件的混凝土受到预压应力(图 6.4(c))。

④在预留孔道中压入水泥浆,以使预应力钢筋与混凝土黏结在一起。

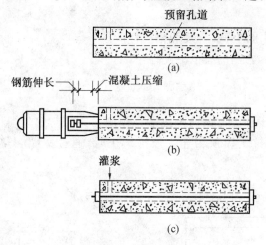

图 6.4 后张法构件施工工序

（2）后张无黏结

预应力钢筋沿全长与混凝土接触表面之间不存在黏结作用,可产生相对滑移,一般做法是预应力钢筋外涂防腐油脂并设外包层。现使用较多的是钢绞线外涂油脂并外包 PE 塑料管的无黏结预应力钢筋,将无黏结预应力钢筋按配置的位置固定在钢筋骨架上浇筑混凝土,待混凝土达到规定强度后即可张拉。

后张无黏结预应力混凝土与后张有黏结预应力混凝土相比,有以下特点:

①无黏结预应力混凝土不需要留孔、穿筋和灌浆,简化施工工艺,又可在工厂制作,减少现场施工工序。

②如果忽略摩擦的影响,无黏结预应力混凝土中预应力钢筋的应力沿全长是相等的,在单一截面上与混凝土不存在应变协调关系,当截面混凝土开裂时对混凝土没有约束作用,裂缝疏而宽,挠度较大,需设置一定数量的非预应力钢筋以改善构件的受力性能。

③无黏结预应力混凝土的预应力钢筋完全依靠端头锚具来传递预压力,所以对锚具的质量及防腐蚀要求较高。

后张法构件是靠设置在钢筋两端的锚固装置来传递和保持预加应力的。用后张法生产预应力混凝土构件,需要永久性安装在构件上的工作锚具(千斤顶、制孔器、压浆机等设备)不能重复使用,成本高,但不需要台座,施工工艺较复杂。后张法更适用于在现场成型的大型预应力混凝土构件。后张法的预应力筋可按照设计需要做成曲线或折线形状以适应荷载的分布状况,使支座处部分预应力筋可以承受部分剪力。

先张法与后张法虽然以张拉钢筋在浇筑混凝土的前后来区分,但其本质差别却在于对混凝土构件施加预压力的途径。先张法通过预应力筋与混凝土之间的黏结力施加预应力;而后张法则通过钢筋两端的锚具施加预应力。在后张法中张拉钢筋可用千斤顶,也可用电热张拉法。

6.2.2 施加预应力的工具

1.锚具和夹具

锚具和夹具是指预应力混凝土构件锚固预应力钢筋的装置,对构件建立有效预应力起着至关重要的作用。通常把在构件制作完毕后,能够取下重复使用的称为夹具;锚固在构件端部,与构件联成一体共同受力,不能取下重复使用的称为锚具。

锚具的制作和选用应满足下列要求:

①锚具零部件选用的钢材性能要满足规定指标,加工精度高,受力安全可靠,预应力损失小。

②构造简单,加工方便,节约钢材,成本低。

③施工简便,使用安全。

④锚具性能满足结构要求的静载和动载锚固性能。

锚具和夹具的种类很多,常用的有以下几种:

(1)支承式锚具

①螺丝端杆锚具

如图6.5所示,主要用于预应力钢筋张拉端。预应力钢筋与螺丝端杆直接对焊连接或通过套筒连接,螺丝端杆另一端与张拉千斤顶相连。张拉终止时,通过螺帽和垫板将预应力钢筋锚固在构件上。

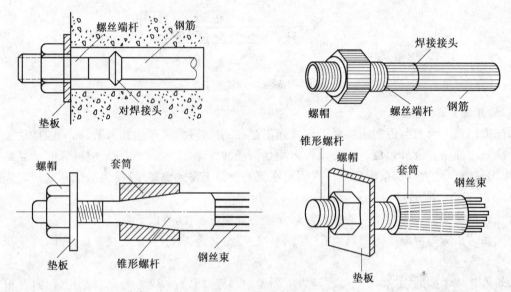

图6.5 螺丝端杆锚具

这种锚具的优点是比较简单、滑移小和便于再次张拉;缺点是对预应力钢筋长度的精度要求高,不能太长或太短,否则螺纹长度不够用。需要特别注意焊接接头的质量,以防止发生脆断。

②镦头锚具

如图6.6所示,这种锚具用于锚固钢丝束。张拉端采用锚杯,固定端采用锚板。先将钢丝端头镦粗成球形,穿入锚杯孔内,边张拉边拧紧锚杯的螺帽。每个锚具可同时锚固几根到一百多根5～7 mm的高强钢丝,也可用于单根粗钢筋。这种锚具的锚固性能可靠,锚固力大,张拉操作方便,但要求钢筋(丝)的长度有较高的精确度,否则会造成钢筋(丝)受力不均。

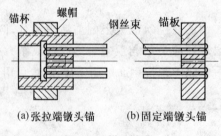

(a)张拉端镦头锚　　(b)固定端镦头锚

图6.6 镦头锚具

(2)锥形锚具

如图6.7所示,这种锚具是用于锚固多根直径为5 mm、7 mm、8 mm、12 mm的平行钢丝束,或者锚固多根直径为12.7 mm、15.2 mm的平行钢绞线束。锚具由锚环和锚塞两部分组成,锚环在构件混凝土浇灌前埋置在构件端部,锚塞中间有小孔作锚固后灌浆用。由双作用千斤顶张拉钢丝后又将锚塞顶压入锚圈内,利用钢丝在锚塞与锚圈之间的摩擦力锚固钢丝。

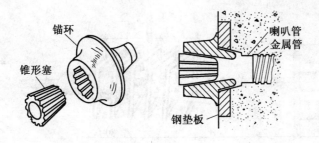

图 6.7 锥形锚具

（3）夹片式锚具

如图 6.8 所示，每套锚具是由一个锚环和若干个夹片组成，钢绞线在每个孔道内通过有牙齿的钢夹片夹住。可以根据需要，每套锚具锚固数根直径为 15.2 mm 或 12.7 mm 的钢绞线。国内常见的热处理钢筋夹片式锚具有 JM－12 和 JM－15 等，预应力钢绞线夹片式锚具有 OVM、QM、XM 等。

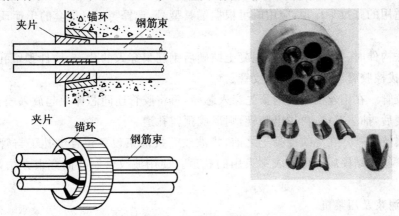

图 6.8 夹片式锚具

（4）固定端锚具

①H 型锚具。利用钢绞线梨形（通过压花设备成型）自锚头与混凝土的黏结进行锚固（图 6.9）。适用于 55 根以下钢绞线束的锚固。

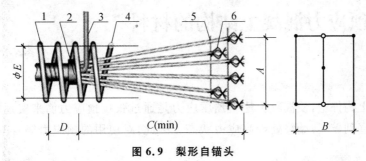

图 6.9 梨形自锚头

1—波纹管；2—约束圈；3—出浆管；4—螺纹筋；5—支架；6—钢绞线梨形自锚头

②P 型锚具。由挤压筒和锚板组成，利用挤压筒对钢绞线的挤压握裹力进行锚固（图 6.10）。适用于锚固 19 根以下的钢绞线束。

2.预应力设备

预应力混凝土生产中所使用的机具设备种类较多，主要可分为张拉设备、预应力筋（丝）镦粗设备、刻痕及压波设备、对焊设备、灌浆设备及测力设备等。现将千斤顶、制孔器、压浆机等设备简要介绍如下。

（1）千斤顶

张拉机具是制作预应力混凝土构件时，对预应力筋施加张拉力的专用设备。常用的有各种液压

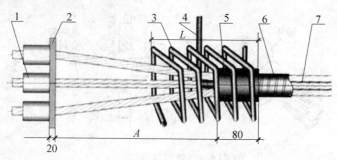

图 6.10　P 型自锚头

1—挤压头；2—固定端锚板；3—螺旋筋；4—出浆管；5—约束圈；6—扁波纹管；7—钢绞线

拉伸机(由千斤顶、油泵、连接油管三部分组成)及电动或手动张拉机等。液压千斤顶按其作用可分为单作用、双作用和三作用三种形式,按其构造特点则可分为台座式、拉杆式、穿心式和锥锚式等四种形式。按后者构造特点分类,有利于产品系列化和选择应用,并配合锚夹具组成相应的张拉体系。各种锚具都有各自适用的张拉千斤顶,应用时可根据锚具型号,选择与锚具配套的千斤顶设备。

(2)制孔器

预制后张法构件时,需预先留好待混凝土结硬后钢筋束穿入的孔道,构件预留孔道所用的制孔器主要有两种:抽拔橡胶管与螺旋金属波纹管。

①抽拔橡胶管。在钢丝网胶管内预先穿入芯棒,再将胶管连同芯棒一起放入模板内,待浇筑混凝土达到一定强度后,抽去芯棒,再拔出胶管,则形成预留孔道。

②螺旋金属波纹管。在浇筑混凝土之前,将波纹管按筋束设备位置绑扎于与管筋焊连的钢筋托架上,再浇筑混凝土,结硬后即可形成穿束用的孔道。使用波纹管制孔的穿束方法,有先穿法与后穿法两种。

(3)灌孔水泥浆及压浆机

在后张法预应力混凝土结构中,为了保证预应力钢筋与构件混凝土结合成为一个整体,一般在钢筋张拉完毕之后,即需向预留孔道内压注水泥浆。压浆机是孔道灌浆的主要设备,它主要由灰浆搅拌桶、贮浆桶和压浆送灰浆的灰浆泵以及供水系统组成。压浆机的最大工作压力可达到 1.5 MPa,可压送的最大水平距离为 150 m,最大竖直高度为 40 m。

6.3　预应力混凝土结构的材料

6.3.1　钢筋

在预应力混凝土构件中,使混凝土建立预压应力是通过张拉预应力筋来实现的。预应力筋在构件中,从制造开始,直到破坏,始终处于高应力状态。因此,对使用的预应力筋有较高的要求,归纳有五个方面:

(1)强度高。混凝土预压应力的大小,取决于预应力钢筋张拉应力的大小。若使混凝土中建立起较高的预压应力,预应力筋必须在混凝土发生弹性回缩、收缩、徐变以及预应力筋本身的应力松弛发生后仍存在较高的应力,需要采用较高的张拉应力,这就要求预应力筋要有较高的抗拉强度。

(2)具有一定的塑性。为了避免预应力混凝土构件发生脆性破坏,要求预应力钢筋在拉断时,具有一定的伸长率。当构件处于低温或受到冲击荷载及在抗震结构中,此点更为重要。《混凝土结构设计规范》(GB 50010—2010)规定:预应力筋在最大拉力下总伸长率 $\delta_{gt} \geqslant 3.5\%$。

(3)良好的加工性能。要求有良好的可焊性,同时要求钢筋"镦粗"后并不影响原来的物理力学性能等。

(4)与混凝土之间有良好的黏结强度。这一点对先张法预应力混凝土构件尤为重要,因为在传递长度内钢筋与混凝土间的黏结强度是先张法构件建立预应力的保证。

（5）钢筋的应力松弛要低。预应力钢材的发展趋势是高强度、粗直径、低松弛和耐腐蚀。目前预应力钢材产品的主要种类有高强度钢丝（碳素钢丝、刻痕钢丝）、钢绞线和预应力螺纹钢筋等。对于中小型预应力构件的预应力钢筋也可采用冷拔中强度钢丝、冷拔低碳钢和冷轧带肋钢筋等。

6.3.2 混凝土

预应力混凝土结构构件所用的混凝土，需满足下列要求：

（1）高强度。预应力混凝土结构中，采用高强度混凝土配合采用高强度钢筋，即所用预应力筋的强度越高，混凝土等级相应要求越高，从而由预应力筋获得的预压应力值越大，更有效地减小构件截面尺寸，减轻构件自重，使建造跨度较大的结构在技术、经济上成为可能。高强度混凝土的弹性模量较高，混凝土的徐变较小；高强度混凝土有较高的黏结强度，可减少先张法预应力混凝土构件的预应力筋的锚固长度，高强度混凝土也具有较高的抗拉强度，使高强度的预应力混凝土结构具有较高的抗裂强度；同时后张法构件，采用高强度混凝土，可承受构件端部强大的预压力。

（2）收缩、徐变小。因而可减少由于收缩，徐变引起的预应力损失。

（3）快硬、早强。混凝土能较快地获得强度，尽早地施加预应力，以提高台座、模具、夹具、张拉设备的周转率，加快施工进度，降低间接管理费用。

选择预应力混凝土强度等级时，应综合考虑施加预应力的制作方法、构件跨度的大小、使用条件以及预应力筋类型等因素。从施加预应力的方法看，先张法构件中的混凝土等级一般比后张法构件高（因为先张法构件预应力损失值比后张法构件大；并且，为了使施加预压力的龄期早，以致台座、模具、夹具的周转率高）。从构件的跨度看，大跨度构件比小跨度构件选用的混凝土强度高（因为大跨度构件的自重是主要荷载）。从使用条件看，受到动力荷载的构件应比受静力荷载的构件选用的混凝土强度等级高（因为前者的黏结力易遭破坏，如吊车梁）。《混凝土结构设计规范》（GB 50010—2010）规定预应力混凝土结构的混凝土强度等级不宜低于 C40，且不应低于于 C30。

6.4 张拉控制应力和预应力损失

6.4.1 预应力钢筋的张拉控制应力

张拉控制应力是指预应力钢筋张拉时需要达到的最大应力值，即用张拉设备所控制施加的张拉力除以预应力钢筋截面面积所得到的应力，用 σ_{con} 表示。

张拉控制应力的取值对预应力混凝土构件的受力性能影响很大。张拉控制应力越高，混凝土所受到的预压应力越大，构件的抗裂性能越好，还可以节约预应力钢筋，所以张拉控制应力不能过低。但张拉控制应力过高会造成构件在施工阶段的预拉区拉应力过大，甚至开裂；过大的预压应力还会使构件开裂荷载值与极限荷载值很接近，使构件破坏前无明显预兆，构件的延性较差；此外，为了减小预应力损失，往往进行超张拉，过高的张拉应力可能使个别预应力钢筋超过它的实际屈服强度，使钢筋产生塑性变形，对高强度硬钢，甚至可能发生脆断。

张拉控制应力值大小主要与张拉方法及钢筋种类有关。先张法的张拉控制应力值高于后张法。后张法在张拉预应力钢筋时，混凝土即产生弹性压缩，所以张拉控制应力为混凝土压缩后的预应力钢筋应力值；而先张法构件，混凝土是在预应力钢筋放张后才产生弹性压缩，故需考虑混凝土弹性压缩引起的预应力值的降低。消除应力钢丝和钢绞线这类钢材材质稳定，对后张法张拉时的高应力，在预应力钢筋锚固后降低很快，不会发生拉断，故其张拉控制应力值较高些。

根据设计和施工经验，并参考国内外的相关规范，《混凝土结构设计规范》（GB 50010—2010）规定，预应力钢筋的张拉控制应力不宜超过表 6.1 规定的限值，且不应小于 $0.4f_{ptk}$。f_{ptk} 为预应力钢筋抗拉强度标准值,见表1.2。

表 6.1 张拉控制应力限值

钢筋种类	张拉方法	
	先张法	后张法
消除应力钢丝、钢绞线	$0.75f_{ptk}$	$0.75f_{ptk}$
热处理钢筋	$0.70f_{ptk}$	$0.65f_{ptk}$
预应力螺纹钢筋	$0.85f_{pyk}$	$0.80f_{pyk}$

注:1.表中 f_{ptk} 及 f_{pyk} 均表示预应力钢筋的强度标准值,碳素钢丝、刻痕钢丝、钢绞线、甲级冷拔低碳钢丝和热处理钢筋的强度标准值系指极限抗拉强度(f_{ptk}),热轧钢筋和冷拉钢筋的强度标准值系指屈服强度(f_{pyk})。

2.表中所列 $[\sigma_{con}]$ 值,在下列情况下允许提高 $0.05f_{ptk}$ 和 $0.05f_{pyk}$:

a.为了提高构件在施工阶段的抗裂性能而在使用阶段受压区内设置的预应力钢筋;

b.为了部分抵消由于应力松弛、摩擦、钢筋分批张拉以及预应力筋与张拉台座间的温差因素。

6.4.2 预应力损失

在预应力混凝土构件施工及使用过程中,预应力钢筋的张拉应力值由于张拉工艺和材料特性等原因逐渐降低。这种现象称为预应力损失。预应力损失会降低预应力的效果,因此,尽可能减小预应力损失并对其进行正确的估算,对预应力混凝土结构的设计是非常重要的。

引起预应力损失的因素很多,而且许多因素之间相互影响,所以要精确计算预应力损失非常困难。对预应力损失的计算,我国规范采用的是将各种因素产生的预应力损失值分别计算然后叠加的方法。下面对这些预应力损失分项进行讨论。

1.锚具变形和钢筋内缩引起的预应力损失 σ_{l1}

预应力钢筋张拉完毕后,用锚具锚固在台座或构件上。由于锚具压缩变形、垫板与构件之间的缝隙被挤紧以及钢筋和楔块在锚具内的滑移等因素的影响,将使预应力钢筋产生预应力损失,以符号 σ_{l1} 表示。计算这项损失时,只需考虑张拉端,不需考虑锚固端,因为锚固端的锚具变形在张拉过程中已经完成。

(1)直线形预应力钢筋

直线形预应力钢筋 σ_{l1} 可按下式计算:

$$\sigma_{l1} = \frac{a}{l}E_s \tag{6.1}$$

式中 a——张拉端锚具变形和钢筋内缩值,mm,按表6.2取用;

l——张拉端至锚固端之间的距离,mm;

E_s——预应力钢筋弹性模量,N/mm²。

表 6.2 锚具变形和钢筋内缩值 a(mm)

锚具类别		a
支撑式锚具(钢丝束镦头锚具等)	螺帽缝隙	1
	每块后加垫板的缝隙	1
夹片式锚具	有预压时	5
	无预压时	6~8

对于块体拼成的结构,其预应损失尚应计及块体间填缝的预压变形。当采用混凝土或砂浆为填缝材料时,每条填缝的预压变形值可取 1 mm。

（2）后张法曲线预应力钢筋

对后张法曲线预应力钢筋，当锚具变形和钢筋内缩引起钢筋回缩时，钢筋与孔道之间产生反向摩擦力，阻止钢筋的回缩（图 6.11）。因此，锚固损失在张拉端最大，沿预应力钢筋向内逐步减小，直至消失。对圆心角 $\theta \leqslant 45°$ 的圆弧形（抛物线形）曲线预应力钢筋的锚固损失可按下式计算：

$$\sigma_{l1} = 2\sigma_{con} l_f \left(\frac{\mu}{r_c} + \kappa \right) \left(1 - \frac{x}{l_f} \right) \tag{6.2}$$

反向摩擦影响长度 l_f（mm）可按下式计算：

$$l_f = \sqrt{\frac{\alpha E_s}{1\,000 \sigma_{con} (\mu / r_c + \kappa)}} \tag{6.3}$$

式中　r_c——圆弧形曲线预应力钢筋的曲率半径，m；

　　　μ——预应力钢筋与孔道壁之间的摩擦系数，按表 6.3 取用；

　　　κ——考虑孔道每米长度局部偏差的摩擦系数，按表 6.3 取用；

　　　x——张拉端至计算截面的距离，m；

　　　E_s——预应力钢筋弹性模量，N/mm²；

　　　a——张拉端锚具变形和钢筋内缩值，mm，按表 6.2 取用。

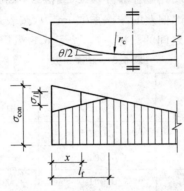

图 6.11　圆弧形曲线预应力钢筋的预应力损失

当一端张拉时，锚具变形和钢筋回缩引起的预应力损失值 σ_{l1}，只需考虑张拉端，而不必考虑固定端，因为非张拉端的锚具变形在张拉过程中已经完成，为了减少锚具变形和钢筋回缩引起的预应力损失值 σ_{l1}，可采用以下措施：

① 尽量少用垫板，因为每增加一块垫板，a 值就增加 1 mm；

② 注意选用变形值小的锚具、夹具；

③ 增加台座长度，因为 σ_{l1} 值与台座长度 L 成反比。采用先张法生产的构件，当台座长度为 100 m 以上时，σ_{l1} 可忽略不计；

④ 采用超张拉的方法张拉钢筋。超张拉的张拉工艺如下（后张法预应力筋时）：

$$1.1\sigma_{con} \xrightarrow{\text{持荷 2 分钟}} 0.85\sigma_{con} \xrightarrow{\text{持荷 2 分钟}} \sigma_{con}$$

由于超张拉，预应力构件中钢筋在各个截面的应力会相应提高，当张拉应力降至张拉控制应力 σ_{con} 时，钢筋因要回缩而受到反向摩阻力的影响，可减少 σ_{l1}。

2. 预应力钢筋与孔道壁之间的摩擦引起的预应力损失 σ_{l2}

采用后张法张拉预应力钢筋时，钢筋与孔道壁之间产生摩擦力，使预应力钢筋的应力从张拉端向里逐渐降低（图 6.12）。预应力钢筋与孔道壁间摩擦力产生的原因为：① 直线预留孔道因施工原因发生凹凸和轴线的偏差，使钢筋与孔道壁产生法向压力而引起摩擦力；② 曲线预应力钢筋与孔道壁之间的法向压力引起的摩擦力。

预应力钢筋与孔道壁之间的摩擦引起的预应力损失 σ_{l2}，按下列公式计算：

$$\sigma_{l2} = \sigma_{con} (1 - e^{-(\kappa x + \mu \theta)}) \tag{6.4}$$

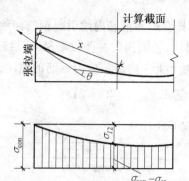

图 6.12　预应力摩擦损失 σ_{l2} 计算简图

当 $(\kappa x + \mu\theta) \leqslant 0.3$ 时，σ_{l2} 可按下近似公式计算：

$$\sigma_{l2} = (\kappa x + \mu\theta)\sigma_{con} \tag{6.5}$$

式中　x——张拉端至计算截面的孔道长度，m，可近似取该段孔道在纵轴上的投影长度；

θ——张拉端至计算截面曲线孔道各部分切线（或法线）的夹角之和，rad；

κ——考虑孔道每米长度局部偏差的摩擦系数（m^{-1}），按表 6.3 采用；

μ——预应力钢筋与孔道壁之间的摩擦系数，按表 6.3 采用。

表 6.3　摩擦系数

孔道成型方式	κ /（m^{-1}）	μ	
		钢绞线、钢丝束	预应力螺纹钢筋
预埋金属波纹管	0.001 5	0.25	0.50
预埋塑料波纹管	0.001 5	0.15	—
预埋钢管	0.001 0	0.30	—
橡胶管或钢管抽芯成型	0.001 4	0.55	0.60
无黏结预应力筋	0.004 0	0.09	—

为了减少预应力筋与孔道壁间摩擦引起的预应力损失，可采用以下措施：

① 采用两端张拉。由图 6.13(a)、(b) 可见，采用两端张拉时孔道长度可取构件长度的 1/2 计算，其摩擦损失也减小一半。

② 采用超张拉。当张拉至 $1.1\sigma_{con}$ 时，预应力钢筋中的应力分布曲线为 EHD（图 6.13(c)）；当卸荷至 $0.85\sigma_{con}$ 时，由于孔道与钢筋之间的反向摩擦，预应力钢筋中的应力沿 $FGHD$ 分布；再次张拉至 σ_{con} 时，预应力钢筋中应力沿 $CGHD$ 分布。

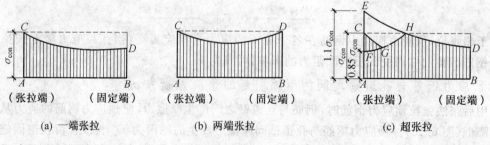

（a）一端张拉	（b）两端张拉	（c）超张拉

图 6.13　一端张拉、两端张拉及超张拉时预应力钢筋的应力分布

3. 预应力钢筋与台座之间温差引起的预应力损失 σ_{l3}

为了缩短生产周期，先张法构件在浇筑混凝土后采用蒸气养护。在养护的升温阶段钢筋受热伸长,台座长度不变,故钢筋应力值降低,而此时混凝土尚未硬化。降温时,混凝土已经硬化并与钢筋产生了黏结,能够一起回缩,由于这两种材料的线膨胀系数相近,原来建立的应力关系不再发生变化。

预应力钢筋与台座之间的温差为 Δt,钢筋的线膨胀系数 $\alpha = 0.000\,01/\text{℃}$,则预应力钢筋与台座之间的温差引起的预应力损失为

$$\sigma_{l3} = \varepsilon_s E_s = \frac{\Delta l}{l} E_s = \frac{\alpha l \Delta t}{l} E_s = \alpha E_s \Delta t = 0.000\,01 \times 2.0 \times 10^5 \times \Delta t = 2\Delta t \tag{6.6}$$

为了减小温差引起的预应力损失 σ_{l3},可采取以下措施:

① 采用二次升温养护方法。先在常温或略高于常温下养护,待混凝土达到一定强度后,再逐渐升温至养护温度,这时因为混凝土已硬化与钢筋黏结成整体,能够一起伸缩而不会引起应力变化。

② 采用整体式钢模板。预应力钢筋锚固在钢模上,因钢模板与构件一起加热养护,不会引起此项预应力损失。

4. 预应力钢筋应力松弛引起的预应力损失 σ_{l4}

在高拉应力作用下,随时间的增长,钢筋中将产生塑性变形,在钢筋长度保持不变的情况下,钢筋的拉应力会随时间的增长而逐渐降低,这种现象称为钢筋的应力松弛。钢筋的应力松弛与下列因素有关:

① 时间。受力开始阶段松弛发展较快,1 h 和 24 h 松弛损失分别达总松弛损失的 50% 和 80% 左右,以后发展缓慢。

② 钢筋品种。热处理钢筋的应力松弛值比钢丝、钢绞线小。

③ 初始应力。初始应力越高,应力松弛越大。当钢筋的初始应力小于 $0.7f_{ptk}$ 时,松弛与初始应力呈线性关系;当钢筋的初始应力大于 $0.7f_{ptk}$ 时,松弛显著增大。

由于预应力钢筋的应力松弛引起的应力损失按下列公式计算:

(1) 普通松弛的预应力钢丝、钢绞线为:

$$\sigma_{l4} = 0.4\left(\frac{\sigma_{con}}{f_{ptk}} - 0.5\right)\sigma_{con} \tag{6.7}$$

(2) 低松弛的预应力钢丝、钢绞线

当 $\sigma_{con} \leqslant 0.7f_{ptk}$ 时:

$$\sigma_{l4} = 0.125\left(\frac{\sigma_{con}}{f_{ptk}} - 0.5\right)\sigma_{con} \tag{6.8}$$

当 $0.7f_{ptk} < \sigma_{con} \leqslant 0.8f_{ptk}$ 时:

$$\sigma_{l4} = 0.2\left(\frac{\sigma_{con}}{f_{ptk}} - 0.575\right)\sigma_{con} \tag{6.9}$$

对于预应力螺纹钢筋,取 $\sigma_{l4} = 0.03\sigma_{con}$,对于中强度预应力钢丝,取 $\sigma_{l4} = 0.08\sigma_{con}$。当 $\sigma_{con}/f_{ptk} \leqslant 0.5$ 时,预应力钢筋应力松弛损失值可取为零。当需考虑不同时间的松弛损失时,可参考《混凝土结构设计规范》(GB 50010—2010) 附录 K。

为减小预应力钢筋应力松弛损失可采用超张拉,先将预应力钢筋张拉至 $1.05\sigma_{con}$,持荷 2 min,再卸荷至张拉控制应力 σ_{con}。因为在高应力状态下,短时间所产生的应力松弛值即可达到在低应力状态下较长时间才能完成的松弛值。所以,经超张拉后部分松弛已经完成,锚固后的松弛值即可减小。

5. 混凝土收缩和徐变引起的预应力损失 σ_{l5}

混凝土在硬化时发生体积收缩,在压应力作用下,混凝土还会产生徐变。混凝土收缩和徐变都使构件长度缩短,预应力钢筋也随之回缩,造成预应力损失。混凝土收缩和徐变虽是两种性质不同的现象,但它们的影响是相似的,为了简化计算,将此两项预应力损失一起考虑。

混凝土收缩、徐变引起受拉区和受压区预应力钢筋的预应力损失 σ_{l5}、σ'_{l5},《混凝土结构设计规范(GB 50010—2010)》规定可按下列公式计算:

对先张法构件:

$$\sigma_{l5} = \frac{60 + 340 \frac{\sigma_{pc}}{f'_{cu}}}{1 + 15\rho} \tag{6.10}$$

$$\sigma'_{l5} = \frac{60 + 340 \frac{\sigma'_{pc}}{f'_{cu}}}{1 + 15\rho'} \tag{6.11}$$

对后张法构件:

$$\sigma_{l5} = \frac{55 + 300 \frac{\sigma_{pc}}{f'_{cu}}}{1 + 15\rho} \tag{6.12}$$

$$\sigma'_{l5} = \frac{55 + 300 \frac{\sigma'_{pc}}{f'_{cu}}}{1 + 15\rho'} \tag{6.13}$$

式中　σ_{pc}、σ'_{pc}——在受拉区、受压区预应力钢筋在各自合力点处的混凝土法向压应力;

f'_{cu}——施加预应力时的混凝土立方体抗压强度;

ρ、ρ'——分别为受拉区、受压区预应力钢筋和非预应力钢筋的配筋率。对先张法构件,
$\rho = \dfrac{A_p + A_s}{A_0}$，$\rho' = \dfrac{A'_p + A'_s}{A_0}$;对后张法构件,$\rho = \dfrac{A_p + A_s}{A_n}$，$\rho' = \dfrac{A'_p + A'_s}{A_n}$。其中 A_0 为
构件混凝土换算截面面积,A_n 为构件混凝土净截面面积。对于对称配置预应力钢筋
和非预应力钢筋的构件,配筋率 ρ、ρ' 应按钢筋总截面面积的一半计算。

计算受拉区、受压区预应力钢筋合力点处的混凝土法向压应力 σ_{pc}、σ'_{pc} 时,预应力损失值仅考虑混凝土预压前(第一批)的损失,其非预应力中的应力 σ_{l5}、σ'_{l5} 值应取为零。σ_{pc}、σ'_{pc} 的值不得大于 $0.5f'_{cu}$;当 σ'_{pc} 为拉应力时,式(6.11)、式(6.13)中的 σ'_{pc} 应取为零。计算混凝土法向压应力 σ_{pc}、σ'_{pc} 时,可根据构件制作情况考虑自重的影响。

在结构处于年平均相对湿度低于 40% 的环境下,σ_{l5} 及 σ_{l5}' 值应增加 30%。当采用泵送混凝土时,宜根据实际情况考虑混凝土收缩、徐变引起应力损失值的增大。对重要的结构构件,当需要考虑与时间相关的混凝土收缩、徐变损失值时,可参考《混凝土结构设计规范》(GB 50010—2010)附录 K 进行计算。

混凝土收缩和徐变引起的预应力损失 σ_{l5} 在预应力总损失中占的比重较大,约为 40%～50%,在设计中应注意采取措施减少混凝土的收缩和徐变。可采取的措施有:① 采用高标号水泥,以减少水泥用量;② 采用高效减水剂,以减小水灰比;③ 采用级配好的骨料,加强振捣,提高混凝土的密实性;④ 加强养护,以减小混凝土的收缩。

6. 环形构件用螺旋式预应力钢筋作配筋时所引起的预应力损失 σ_{l6}

采用螺旋式预应力钢筋作配筋的环形构件,由于预应力钢筋对混凝土的挤压,使构件的直径减小(图 6.14),从而引起预应力损失 σ_{l6}。

σ_{l6} 的大小与构件的直径成反比,直径越小,损失越大。《混凝土结构设计规范》(GB 50010—2010)规定:

当构件直径 $d \leqslant 3$ m 时,$\sigma_{l6} = 30$ N/mm^2;当 $d > 3$ m 时,$\sigma_{l6} = 0$。

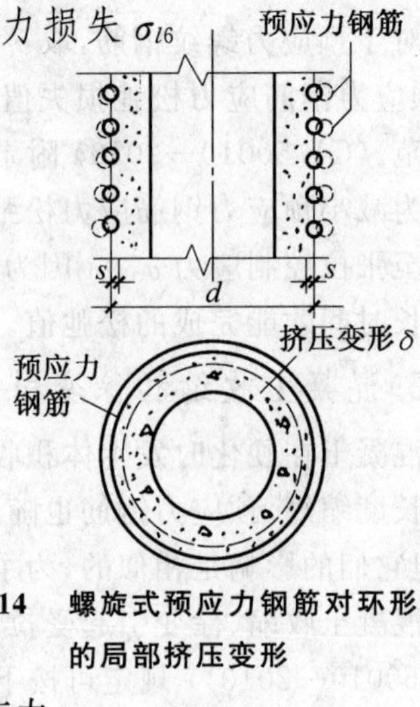

除上述六种损失外,后张法构件采用分批张拉预应力钢筋时,应考虑后批张拉钢筋所产生的混凝土弹性压缩(或伸长)对先批张拉钢筋的影响,将先批张拉钢筋的张拉控制应力值 σ_{con} 增加(或减小)$\alpha_E \sigma_{pci}$($\alpha_E = E_s / E_c$ 钢筋与混凝土弹性模量之比)。此处,σ_{pci} 为后批张拉钢筋在先批张拉钢筋重心处产生的混凝土法向应力。

图 6.14　螺旋式预应力钢筋对环形构件的局部挤压变形

7.预应力损失值的组合

上述预应力损失有的只发生在先张法中,有的则发生于后张法中,有的在先张法和后张法中均有,而且是分批出现的。为了便于分析和计算,设计时可将预应力损失分为两批:(1)混凝土预压完成前出现的损失,称第一批损失 $\sigma_{l\mathrm{I}}$;(2)混凝土预压完成后出现的损失,称第二批损失 $\sigma_{l\mathrm{II}}$。先、后张法预应力构件在各阶段的预应力损失组合见表 6.4,其中先张法构件由于钢筋应力松弛引起的损失值 σ_{l4} 在第一批和第二批损失中所占的比例,如需区分,可根据实际情况定;先张法构件的 σ_{l2} 是对折线预应力钢筋,考虑钢筋转向装置处摩擦引起的应力损失,其数值按实际情况确定。

表 6.4 各阶段的预应力损失组合

预应力的损失组合	先张法构件	后张法构件
混凝土预压前(第一批)损失	$\sigma_{l1} + \sigma_{l2} + \sigma_{l3} + \sigma_{l4}$	$\sigma_{l1} + \sigma_{l2}$
混凝土预压后(第二批)损失	σ_{l5}	$\sigma_{l4} + \sigma_{l5} + \sigma_{l6}$

考虑到预应力损失的计算值与实际值可能存在一定差异,为确保预应力构件的抗裂性,《混凝土结构设计规范》规定,当计算求得的预应力总损失 $\sigma_l = \sigma_{l\mathrm{I}} + \sigma_{l\mathrm{II}}$ 小于下列数值时,应按下列数据取用:先张法构件为 100 N/mm²;后张法构件为 80 N/mm²。

6.5 预应力混凝土结构构件的构造要求

6.5.1 截面形式和尺寸

预应力混凝土构件的截面形式应根据构件的受力特点进行合理选择。对于轴心受拉构件,通常采用正方形或矩形截面;对于受弯构件,宜选用 T 形、工字形或其他空心截面形式。此外,沿受弯构件纵轴,其截面形式可以根据受力要求改变,如屋面大梁和吊车梁,其跨中可采用工字形截面,而在支座处,为了承受较大的剪力及提供足够的面积布置锚具,往往做成矩形截面。

由于预应力混凝土构件具有较好的抗裂性能和较大的刚度,其截面尺寸可比钢筋混凝土构件小一些。对一般的预应力混凝土受弯构件,截面高度一般可取跨度的 1/20 ~ 1/14,最小可取 1/35,翼缘宽度一般可取截面高度的 1/3 ~ 1/2,翼缘厚度一般可取截面高度的 1/10 ~ 1/6,腹板厚度尽可能薄一些,一般可取截面高度的 1/15 ~ 1/8。

6.5.2 纵向非预应力钢筋

当配置一定的预应力钢筋已能使构件符合抗裂或裂缝宽度要求时,则按承载力计算所需的其余受拉钢筋可以采用非预应力钢筋。非预应力纵向钢筋宜采用 HRB400 级钢筋,对于施工阶段不允许出现裂缝的构件,为了防止由于混凝土收缩、温度变形等原因在预拉区产生裂缝,要求预拉区还需配置一定数量的纵向钢筋,其配筋率 $(A'_s + A'_p)/A$ 不应小于 0.2%,其中 A 为构件截面面积。对后张法构件,则仅考虑 A'_s 而不计入 A'_p 的面积,因为在施工阶段,后张法预应力钢筋和混凝土之间没有黏结力或黏结力尚不可靠。

对于施工阶段允许出现裂缝而在预拉区不配置预应力钢筋的构件,当 $\sigma_{ct} = 2f'_{tk}$ 时,预拉区纵向钢筋的配筋率 A'_s/A 不应小于 0.4%;当 $f'_{tk} < \sigma_{ct} < 2f'_{tk}$ 时,则在 0.2% 和 0.4% 之间按直线内插法取用。

预拉区的纵向非预应力钢筋的直径不宜大于 14 mm,并应沿构件预拉区的外边缘均匀配置。

6.5.3 先张法构件的要求

(1)预应力钢筋的净间距应根据便于浇灌混凝土、保证钢筋与混凝土的黏结锚固以及施加预应力

（夹具及张拉设备的尺寸要求）等要求来确定。预应力钢筋之间的净间距不应小于其公称直径或等效直径的 2.5 倍和混凝土粗骨料最大直径的 1.25 倍，且应符合下列规定：对预应力钢丝，不应小于 15 mm；对三股钢绞线，不应小于 20 mm；对七股钢绞线，不应小于 25 mm。

（2）若采用钢丝按单根方式配筋有困难时，可采用相同直径钢丝并筋的配筋方式。并筋的等效直径，对双并筋应取为单筋直径的 1.4 倍，对三并筋应取为单筋直径的 1.7 倍。并筋的保护层厚度、锚固长度、预应力传递长度及正常使用极限状态验算均应按等效直径考虑。

（3）为防止放松预应力钢筋时构件端部出现纵向裂缝，对预应力钢筋端部周围的混凝土应采取下列加强措施：

① 对单根配置的预应力钢筋（如板肋的配筋），其端部宜设置螺旋筋（图 6.15(a)）；当有可靠经验时，也可利用支座垫板上的插筋代替螺旋筋，但插筋数量不应少于 4 根，其长度不宜小于 120 mm。

② 对分散布置的多根预应力钢筋，在构件端部 $10d$（d 为预应力钢筋的公称直径）且不小于 100 mm 范围内应设置 3～5 片与预应力钢筋垂直的钢筋网（图 6.15(b)）。

③ 对采用预应力钢丝配筋的薄板（如 V 形折板），在端部 100 mm 范围内应适当加密横向钢筋。

④ 对槽形板类构件，应在构件端部 100 mm 范围内沿构件板面设置附加横向钢筋，其数量不应少于 2 根（图 6.15(c)）。

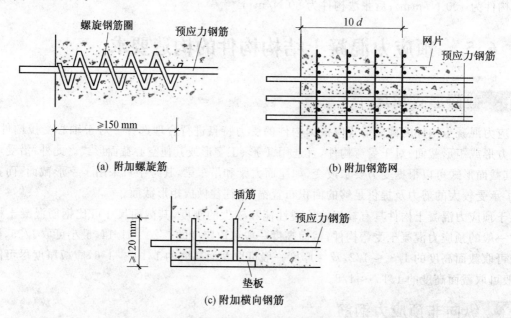

(a) 附加螺旋筋   (b) 附加钢筋网

(c) 附加横向钢筋

图 6.15　先张法构件端部加强措施

（4）对预制肋形板构件，宜设置加强整体性和横向刚度的横肋。端横肋的受力钢筋应弯入纵肋内，当采用先张法生产有端横肋的预应力混凝土肋形板时，应在设计和制作上采取防止放张预应力筋时端横肋产生裂缝的有效措施。

（5）在预应力混凝土屋面梁、吊车梁等构件靠近支座的斜向主拉应力较大部位，宜将一部分预应力钢筋弯起。

对预应力钢筋在构件端部全部弯起的受弯构件或直线配筋的先张法构件，当构件端部与下部支承结构焊接时，应考虑混凝土收缩、徐变及温度变化所产生的不利影响，宜在构件端部可能产生裂缝的部位设置足够的非预应力纵向构造钢筋。

6.5.4　后张法构件的要求

（1）预留孔道的构造要求

后张法构件要在预留孔道中穿入预应力钢筋。截面中孔道的布置应考虑到张拉设备的尺寸、锚具尺寸及构件端部混凝土局部受压的强度要求等因素。

① 孔道的内径应比预应力钢丝束或钢绞线束外径及需要穿过孔道的连接器外径、钢筋对焊接头处外径及锥形螺杆锚具的套筒等的外径大 6 ~ 15 mm,且孔道的截面面积宜为穿入预应力钢筋截面面积的 3 ~ 4 倍。

② 对预制构件,孔道之间的水平净间距不宜小于 50 mm,且不宜小于粗骨料直径的 1.25 倍;孔道至构件边缘的净间距不宜小于 30 mm,且不宜小于孔道半径一半。

③ 在现浇混凝土梁中,预留孔道在竖直方向的净间距不应小于孔道外径,水平方向的净间距不应小于 1.5 倍孔道外径,且不宜小于粗骨料直径的 1.25 倍;从孔壁算起的混凝土保护层厚度,梁底不宜小于 50 mm,梁侧不宜小于 40 mm;裂缝控制等级为三级的梁,上述间距分别不宜小于 70 mm 和 50 mm。

④ 在构件两端及跨中应设置灌浆孔或排气孔,其孔距不宜大于 20 m。

⑤ 凡制作时需要预先起拱的构件,预留孔道宜随构件同时起拱。

在现浇楼板中采用扁形锚固体系时,穿过每个预留孔道的预应力筋数量宜为 3 ~ 4 束;在常用荷载情况下,孔道在水平方向的净间距不应超过 8 倍板厚及 1.5 m 中的较大值。

(2) 曲线预应力钢筋的曲率半径

① 曲线预应力钢丝束、钢绞线束的曲率半径不宜小于 4 m。

② 对折线配筋的构件,在预应力钢筋弯折处的曲率半径可适当减小。

(3) 端部钢筋布置

① 对后张法预应力混凝土构件的端部锚固区,应按局部受压承载力计算,并配置间接钢筋,其体积配筋率 $\rho_v \geqslant 0.5\%$。为防止沿孔道产生劈裂,在局部受压间接钢筋配置区以外,在构件端部长度 l 不小于 $3e$(e 为截面重心线上部或下部预应力钢筋的合力点至邻近边缘的距离)但不大于 $1.2h$(h 为构件端部截面高度)、高度为 $2e$ 的附加配筋区范围内,应均匀配置附加箍筋或网片,其体积配筋率不应小于 0.5%(图 6.16)。

② 当构件在端部有局部凹进时,为防止在预加应力过程中,端部转折处产生裂缝,应增设折线构造钢筋(图 6.17)。

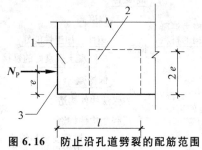

图 6.16 防止沿孔道劈裂的配筋范围
1—局部受压间接钢筋配置区;2—附加配筋区;3—构件端面

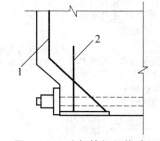

图 6.17 端部转折处构造配筋
1—折线构造钢筋;2—竖向构造钢筋

③ 为防止施加预应力时构件端部产生沿截面中部的纵向水平裂缝,宜将一部分预应力钢筋在靠近支座区段弯起,弯起的预应力钢筋宜沿构件端部均匀布置。

④ 当预应力钢筋在构件端部需集中布置在截面的下部或集中布置在上部和下部时,应在构件端部 $0.2h$(h 为构件端部截面高度)范围内设置附加竖向焊接钢筋网、封闭式箍筋或其他形式的构造钢筋。

附加竖向钢筋宜采用带肋钢筋,其截面面积应符合下列要求:

$$A_{sv} = \frac{T_s}{f_{yv}} \qquad (6.14)$$

$$T_s = [0.25 - (e/h)]P \qquad (6.15)$$

式中　A_{sv}——竖向附加钢筋截面面积；

　　　T_s——锚固端端面拉力；

　　　f_{yv}——附加竖向钢筋的抗拉强度设计值；

　　　e——截面重心线上部或下部预应力钢筋的合力点至截面近边缘的距离；

　　　h——构件端部截面高度。

当端部截面上部和下部均有预应力钢筋时，附加竖向钢筋的总截面面积应按上部和下部的预应力合力分别计算的数值叠加后采用。

(4)其他构造要求

①在后张法预应力混凝土构件的预拉区和预压区中，应设置纵向非预应力构造钢筋；在预应力钢筋弯折处，应加密箍筋或沿弯折处内侧设置钢筋网片。

②构件端部尺寸应考虑锚具的布置、张拉设备的尺寸和局部受压的要求，必要时应适当加大。在预应力钢筋锚具下及张拉设备的支承处，应设置预埋钢板并按局部承压设置间接钢筋和附加构造钢筋。

③对外露金属锚具，应采取可靠的防锈措施。

【知识链接】

《混凝土结构设计规范》(GB 50010—2010)第十章第 10.1 节对预应力混凝土结构构件的设计做出了一般规定的要求。

《混凝土结构设计规范》(GB 50010—2010)第十章第 10.2 节对预应力混凝土构件的预应力损失值计算做出了详细的规定。

《混凝土结构设计规范》(GB 50010—2010)第十章第 10.3 节对预应力混凝土构件的构造要求做出了详细的规定。

以上规范可与本教材参考学习，以提高学生查阅工具书的能力。

【重点串联】

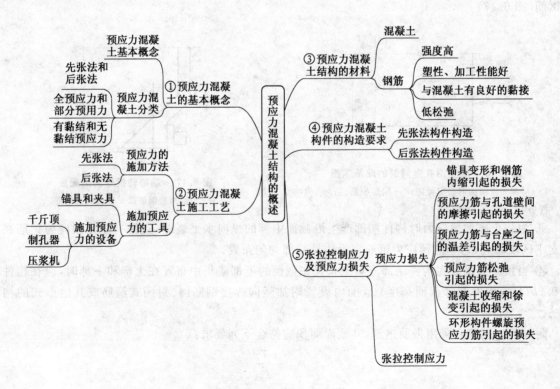

拓展与实训

基础训练

一、填空题

1. 相同的钢筋混凝土轴拉构件和预应力混凝土轴拉构件相比较（   ）。

    A. 前者的承载能力高于后者

    B. 前者的抗裂度比后者好

    C. 前者的承载能力低于后者

    D. 前者的抗裂度比后者差

2. 预应力混凝土构件所用的混凝土不应满足（   ）的要求。

    A. 具有较高的强度　　　B. 弹性模量低　　　　C. 收缩徐变小　　　　D. 快硬早强

3. 预应力混凝土构件所用的钢筋不应满足（   ）的要求。

    A. 具有较高的强度　　　　　　　　　B. 具有良好的加工性能

    C. 具有较低的塑性　　　　　　　　　D. 与混凝土之间有良好的黏结强度

4. 减少预应力损失 σ_{l1} 不可以（   ）。

    A. 选择变形小或使预应力筋内缩小的锚具或夹具

    B. 选择预应力筋内缩小的锚具或夹具

    C. 增加垫板数量

    D. 增加台座强度

5. 减少预应力损失 σ_{l2} 不可以（   ）。

    A. 采用两端张拉　　　　　　　　　　B. 采用超张拉

    C. 采用使孔道壁较光滑的抽芯成型材料　　D. 采用使孔道壁较粗糙的抽芯成型材料

6. 减少预应力损失 σ_{l3} 不可以（   ）。

    A. 采用分段升温养护的方法　　　　　B. 采用快速升温养护的方法

    C. 采用自然升温养护的方法　　　　　D. 增大水灰比

7. 减少预应力损失 σ_{l5} 不可以（   ）。

    A. 采用强度等级高的水泥　　　　　　B. 采用干硬性混凝土

    C. 采用级配好的　　　　　　　　　　D. 增大水灰比

二、简答题

1. 什么是预应力混凝土构件？与普通钢筋混凝土相比，它有什么特点？

2. 为什么在普通钢筋混凝土构件中一般不采用高强钢筋，而在预应力混凝土结构中则必采用高强钢筋？

3. 比较先张法和后张法的不同点。

4. 什么是张拉控制应力 σ_{con}？为什么取值不能过高或过低？

5. 什么是预应力损失？怎样划分它们的损失阶段？如何减小预应力损失？

链接职考

1. 先张法和后张法的预应力混凝土构件，其传递预应力方法的区别是（   ）。（2008 年一级建筑师试题：单选题）

    A. 先张法靠钢筋与混凝土之间的黏结力来传递预应力，后张法则靠工作锚具来保持预应力

　　B.后张法靠钢筋与混凝土之间的黏结力来传递预应力,先张法则靠工作锚具来保持预
　　　应力

　　C.先张法依靠传力架保持预应力,而后张法则靠千斤顶来保持预应力

　　D.先张法依靠夹具来保持预应力,而后张法则靠工作锚具来保持预应力

2.对构件施加预应力的目的是为了(　　)。(2009年一级建造师试题:单选题)

　　A.提高构件的承载力　　　　　　　　　B.提高构件的承载力和抗裂度

　　C.提高构件的抗裂性或减少裂缝宽度　　D.减少构件的混凝土收缩

3.当设计无要求时,关于无黏结预应力筋张拉施工的做法,正确的是(　　)。(2010年一
级建造师试题:单选题)

　　A.先张拉楼面梁,后张拉楼板

　　B.梁中的无黏结筋可按顺序张拉

　　C.板中的无黏结筋可按顺序张拉

　　D.当曲线无黏结预应力筋长度超过30 m时宜采用两端张拉

模块 7

钢筋混凝土梁板结构

【模块概述】

楼盖是建筑中必不可少的组成部分,占建筑物总造价相当大的比例。钢筋混凝土梁板结构是较长用到的屋(楼)盖结构。钢筋混凝土梁板结构是由梁和板这两种受弯构件组成的结构体系,被广泛应该用于工业和民用建筑中,它即可用来建造房屋中的楼盖、屋盖、楼梯、阳台等,也可用来建造基础、挡土墙、顶板等结构。

本模块以单向板肋梁楼盖设计思路为主线,主要介绍肋梁楼盖的平面布置、计算简图确定、荷载和内力计算、截面设计以及梁板结构的构造要求等知识;通过单向板肋梁楼盖的学习掌握梁板平法施工图读识,并能绘制肋梁楼盖施工图。

【知识目标】

1. 掌握单向板肋梁楼盖的设计方法;
2. 掌握单向板肋梁楼盖梁板构造要求;
3. 掌握梁板施工图读识方法。

【技能目标】

1. 能对简单单向板肋梁楼盖进行设计;
2. 具有识读和绘制单向板肋梁楼盖施工图的能力;
3. 能处理建筑工程施工过程中单向板肋梁楼盖的简单结构问题。

【课时建议】

14～16 课时

【工程导入】

某单层工业建筑,其楼盖平面图如图 7.1 所示,楼面拟采用现浇钢筋混凝土单向板肋梁楼盖,对此楼面进行设计。

楼面做法:30 mm 厚水磨石地面;钢筋混凝土现浇板;20 mm 厚底板石灰砂浆抹灰。

楼面荷载:均布的活荷载标准值为 6 kN/m²。

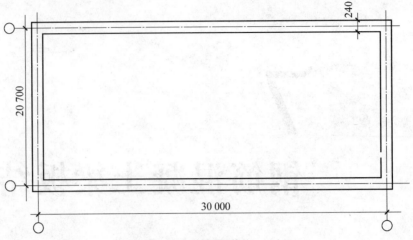

图 7.1　标准层楼面(单位:mm)

【工程导读】

在图 7.1 中进给出了楼盖的平面尺寸,竖向受力构件采用何种形式? 楼盖中梁、板如何布置? 梁、板的厚度为多大? 材料选用什么强度? 配筋情况如何? 有没有构造钢筋? 施工图如何表达? 这些问题涉及肋梁楼盖的平面布置、构造、设计计算等内容,本章将针对这些问题展开介绍。

 # 7.1　梁板结构概述

7.1.1　梁板结构的分类

钢筋混凝土梁板结构按施工方法不同可分为现浇楼盖、装配式楼盖和装配整体式楼盖。按结构组成形式可分为肋梁楼盖、井字楼盖、密肋楼盖和无梁楼盖等形式。按照楼板的形式可把肋梁楼盖分为单向板肋梁楼盖和双向板肋梁楼盖。楼盖的类型如图 7.2 所示。

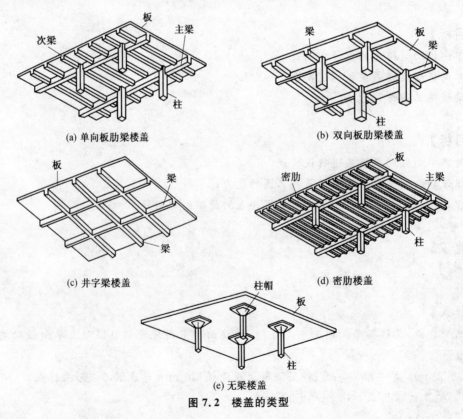

(a) 单向板肋梁楼盖　　　　　　　　　(b) 双向板肋梁楼盖

(c) 井字梁楼盖　　　　　　　　　(d) 密肋楼盖

(e) 无梁楼盖

图 7.2　楼盖的类型

7.1.2 肋梁楼盖

肋梁楼盖一般是由板、次梁、主梁组成，板的四边支承在梁（墙）上，次梁支承在主梁上。根据梁之间板的传力路径不同，肋梁楼盖又分为单向板肋梁楼盖和双向板肋梁楼盖。

1. 单向板、双向板的划分

楼板承受竖向荷载，当板面较大时，可将梁板划分为多个区格。对每一个区格的板，一般四边都有梁或墙作为起支撑边。当板两对边支撑时，竖向荷载将通过板的弯曲将荷载传给两边的梁或墙上。对于四边支撑的板，竖向荷载将通过板的双向弯曲将荷载传递给四边的支撑，荷载沿两个方向传递的多少和板两个方向的跨度有关；板的长短边之比较小时，板沿两个方向传力，当长短边之比较大时，板主要沿短跨方向传力。将主要沿一个方向传力的板称为单向板，沿两个方向传力的板称为双向板。

《混凝土结构设计规范》(GB 50010—2010)规定，对两边支承的板，应按单向板计算。对于四边支承的板长短边之比小于等于 2 时，应按双向板计算；长短边之比大于等于 2 小于等于 3 时，宜按双向板计算，当按沿短边方向受力的单向板计算时，应沿长边方向布置足够数量的构造钢筋；长短边之比大于等于 3 时，可按沿短边方向受力的单向板计算。

2. 单向板肋梁楼盖

如图 7.3 所示，单向板的长边 l_2 与短边 l_1 之比较大（按弹性理论，$l_2/l_1 > 2$ 时；按塑性理论，$l_2/l_1 > 3$ 时），所以单向板是沿单向（短向）传递荷载。其传力途径为板上荷载传至次梁（墙），次梁荷载传至主梁（墙），最后总荷载由墙、柱传至基础和地基。

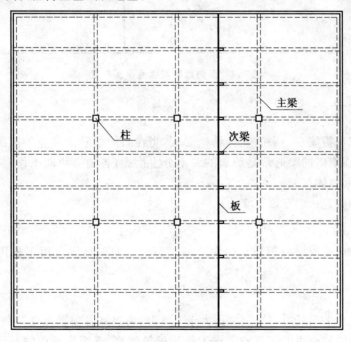

图 7.3 单向板肋梁楼盖平面布置

在单向板肋梁楼盖中主梁跨度一般为 5～8 m，次梁跨度一般为 4～6 m，板常用跨度一般为1.7～2.7 m。板厚不小于 60 mm，且不小于板跨的 1/30。为了增强房屋的横向刚度，主梁一般沿房屋的横向布置（也可纵向布置），次梁则沿纵向布置，主梁必须避开门窗洞口。梁格布置应力求整齐、贯通并有规律性，其荷载传递应直接。梁、板最好是等跨布置，由于边跨梁的内力要比中间跨梁的内力大一些，边跨梁的跨度可略小于中间跨梁的跨度（一般在 10% 以内）。板厚和梁高尽量统一，这样便于设计和施工。单向板肋梁楼盖一般适用于较大跨度的公共建筑和工业建筑。

3.双向板肋梁楼盖

如图 7.4 所示,双向板肋梁楼盖是指板的长边 l_2 与短边 l_1 之比小于或等于 2 的肋梁楼盖,双向板在两个方向均受力工作。其传力途径为板上荷载传至次梁(墙)和主梁(墙),次梁和主梁上荷载传至墙、柱最后传至基础和地基。双向板肋梁楼盖的跨度可达 12 m 或更大,适用于较大跨度的公共建筑和工业建筑,同跨时板厚比单向板为薄。

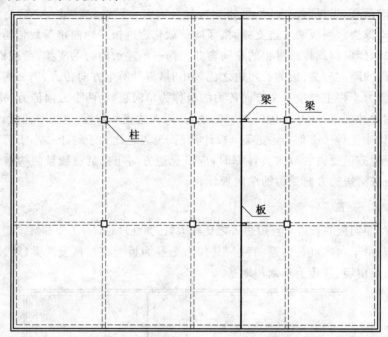

图 7.4 双向板肋梁楼盖平面布置

7.1.3 井字楼盖

井字楼盖是从双向板演变而来的一种结构形式,当在双向板肋梁楼盖的范围内不设柱则组成井字梁楼盖,井字梁楼盖双向的梁通常是等高的。不分主次梁,各项梁协同工作,共同承担和分配楼面荷载,具有良好的空间整体性能。

井式梁板结构的布置一般有以下 5 种:

1.正向网格梁

网格梁的方向与屋盖或楼板矩形平面两边相平行。正向网格梁宜用于长边与短边之比不大于 1.5 的平面,且长边与短边尺寸越接近越好。

2.斜向网格梁

当屋盖或楼盖矩形平面长边与短边之比大于 1.5 时,为提高各项梁承受荷载的效率,应将井式梁斜向布置。该布置的结构平面中部双向梁均为等长度等效率,于矩形平面的长度无关。当斜向网格梁用于长边与短边尺寸较接近的情况时,平面四角的梁短而刚度大,对长梁起到弹性支承的作用,有利于长边受力。为构造及计算方便,斜向梁的布置应与矩形平面的纵横轴对称,两向梁的交角可以是正交也可以是斜交。此外斜向矩形网格对不规则平面也有较大的适应性。

3.三向网格梁

当楼盖或屋盖的平面为三角形或六边形时,可采用三向网格梁。这种布置方式具有空间作用好、刚度大、受力合理、可减小结构高度等优点。

4.设内柱的网格梁

当楼盖或屋盖采用设内柱的井式梁时,一般情况沿柱网双向布置主梁,再在主梁网格内布置次梁,主次梁高度可以相等也可以不等。

5.有外伸悬挑的网格梁

单跨简支或多跨连续的井式梁板有时可采用有外伸悬挑的网格梁,这种布置方式可减少网格梁的跨中弯矩和挠度。

7.1.4 密肋楼盖

在前述的肋梁楼盖或无梁楼盖中,如果用模壳在板底形成规则的"挖空"部分,没有挖空的部分在两个方向形成高度相等的肋(梁),当肋梁间距很小时,一般小于 1.5 m,就形成了密肋梁楼盖。密肋梁楼盖的楼板可以设计得很薄,一般为 60~130 mm,但不得小于 40 mm。在我国的工程实践中,钢筋混凝土密肋梁楼盖的跨度一般不超过 9 m,预应力混凝土密肋梁楼盖的跨度一般不超过 12 m。

7.1.5 无梁楼盖

当楼板直接支撑在柱上而不设梁时,成为无梁楼盖。整个无梁楼盖由板、柱帽和柱组成。无梁楼盖的板一般采用等厚的钢筋混凝土平板,其厚度由计算确定,一般比有梁楼盖的板厚,常用的厚度约为跨度的 1/30。为了保证板应有足够的刚度,板厚一般不宜小于柱网长边尺寸的 1/35,且不得小于150 mm。为了改善板的受冲切性能,适应传力的需要,在柱的顶端尺寸放大,形成"柱帽"。也可设计成无柱帽的无梁楼盖。无梁楼盖的柱网布置以正方形最为经济,每一方向的跨数不少于 3 跨,柱距一般大于等于 6 m。

在维持同样的净空高度时,无梁楼盖可以降低建筑物的高度,故较为经济。无梁楼盖板底平整美观;施工时可采用升板法施工,施工进度快。

无梁楼盖适用于各种多层的工业和民用建筑,如厂房、仓库、商场、冷藏库等,但有很大的集中荷载时则不宜采用。

7.2 单向板肋梁楼盖设计

现浇单向板肋梁楼盖由板、次梁、主梁组成,其荷载传递的路线是:荷载作用于板→次梁→主梁→柱(墙)→基础→地基,即柱(墙)是主梁的支座,主梁是次梁的支座,次梁是板的支座。

现浇单向板肋梁楼盖的设计步骤:

(1)结构平面布置(梁、板、柱布置),确定构件尺寸。

(2)结构内力计算:

①确定梁、板计算简图;

②计算荷载;

③内力计算及组合。

(3)梁、板的承载力即配筋计算、构造。

(4)特殊梁、板还需验算裂缝、变形。

(5)画施工图。

7.2.1 结构的平面布置图

结构的平面布置包括柱网、承重墙、梁和板的布置。为使得结构的布置合理应按下列原则进行:第一,应满足建筑物的正常使用要求;第二,应考虑结构受力是否合理;第三,应考虑节约材料、降低造价的要求。

在现浇单向板肋梁楼盖中,柱(墙)的间距决定了主梁的跨度,主梁的间距决定了次梁的跨度,次梁的间距决定了板的跨度。根据工程经验,单向板的常用跨度:1.7~2.5 m,一般不宜超过 3 m,荷载大时取较小值;次梁的常用跨度:4~6 m;主梁的常用跨度:5~8 m。另外,应尽量将整个柱网布置成正方形或长方形,板梁应尽量布置成等跨度的,以使板的厚度和梁的截面尺寸都统一,便于计算,有利于施工。

常用的单向板肋梁楼盖的结构平面布置方案有以下 3 种:

(1)主梁横向布置,次梁纵向布置,如图 7.5(a)所示。主梁和柱可形成横向框架,提高房屋的横向抗侧移刚度,而各榀横向框架间由纵向的次梁联系,故房屋的整体性较好。此外,由于外纵墙处仅布置次梁,窗户高度、宽度可开的大些,这样有利于房屋室内的采光和通风。

(2)主梁纵向布置,次梁横向布置,如图 7.5(b)所示。这种布置方案适用于横向柱距大得多的情况,这样可以减小主梁的截面高度,增加室内净空。

(3)只布置次梁,不设主梁,如图 7.5(c)所示。这种布置仅适用于有中间走廊的砌体墙承重的混合结构房屋。

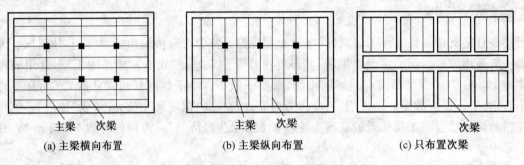

(a) 主梁横向布置   (b) 主梁纵向布置   (c) 只布置次梁

图 7.5 梁的平面布置

在进行楼盖的结构布置时,应注意以下问题:

(1)受力处理。荷载传递要简洁、明确,梁宜拉通,避免凌乱;尽量避免将梁,特别是主梁搁置在门、窗过梁上,否则会增大过梁的荷载,影响门窗的开启;在楼、屋面上有机器设备、冷却塔、悬吊装置和隔墙等荷载比较大的地方,宜设次梁承重;主梁跨内最好不要只放置一根次梁,以减少主梁跨内弯矩的不均匀;楼板上开有较大尺寸(大于 800 mm)的洞口时,应在洞口边设置小梁。

(2)满足建筑要求。不封闭的阳台、厨房和卫生间的板面标高宜低于相邻板面 30~50 mm;当房间不做吊顶时,一个房间平面内不宜只放一根梁,否则会影响美观。

(3)方便施工。梁的布置尽可能规则,梁的截面类型不宜过多,梁的截面尺寸应考虑支模的方便。

7.2.2 梁、板的计算简图

梁板的计算简图主要解决支撑条件、计算跨度、计算跨数及荷载几个方面的问题。在确定计算简图时,现浇楼盖中板和梁按多跨连续板、多跨连续梁考虑,为了简化计算,通常做如下简化假定:

第一,梁板能自由转动,支座处没有竖向位移;第二,不考虑薄膜效应对板内力的影响;第三,在确定传递荷载时,忽略板、次梁的连续性,每一跨都按简支构件来计算支座竖向反力。

下面对支撑条件、计算单元及从属面积、计算跨数、计算跨度、荷载进行讨论。

1. 支座简化

单向板肋梁楼盖中,梁、板的支座有两种构造形式:一种是支承在砖墙或砖柱上;另一种是与支承梁、柱整体连接。当梁、板支承在砖墙或砖柱上时,可视为铰支座;当梁、板的支座与支承梁、柱整体连接时,为简化计算,仍可视为铰支座,并忽略支座宽度的影响。板、次梁、主梁均可简化为支承在相应支座上的多跨连续梁。如果主梁的支座为截面较大的钢筋混凝土柱,当主梁与柱的线刚度比小于 4 时,以及柱的两边主梁跨度相差较大(>10%)时,由于柱对梁的转动有较大的约束和影响,故不能再按铰支座考虑,而应将梁、柱视作框架来计算。

在确定计算简图时,我们认为连续板在次梁处,次梁在主梁处均为铰支座,没有考虑次梁对板,主梁对次梁转动的弹性约束作用。当板受荷发生弯曲转动时，将带动次梁产生扭转，次梁的抗扭刚度则将部分地阻止板自由转动，这就与理想的铰支座不同。此时板支座截面转角 $\theta' < \theta$，相当于降低了板跨中的弯矩值，类似的情况也发生在次梁和主梁之间。计算中难以十分准确地考虑次梁对板及主梁对次梁的这种约束影响，采用增大永久荷载和减小可变荷载的办法，以折算荷载代替实际荷载近似地考虑这一约束影响。

折算荷载的取值：

连续板：
$$g' = g + \frac{1}{2}q,\ q' = \frac{1}{2}q$$

连续次梁：
$$g' = g + \frac{1}{4}q,\ q' = \frac{3}{4}q$$

式中　　g'、q'——折算后的恒载设计值和折算后的活载设计值；

　　　　g、q——折算前的恒载设计值和折算前的活载设计值。

也可通过调整梁的支座截面弯矩设计值和剪力设计值的方法来弥补。当采用塑性内力计算法时，内力系数的取值已经考虑了该荷载调整。

主梁较重要，且支座对主梁的约束作用一般较小，故主梁不考虑这种荷载问题。

2.计算单元及荷载

结构内力分析时，常常不是对整个结构进行分析计算，而是从实际结构中选取有代表性的一部分作为计算对象，称为计算单元，如图 7.6 所示。

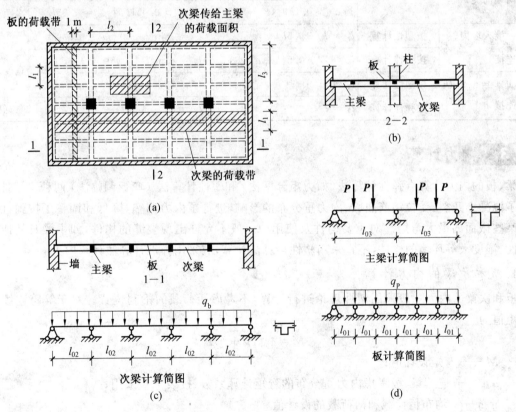

图 7.6　梁、板的计算范围

对于板取 1 m 宽的板带作为计算单元，板承受楼面均布活荷载及楼面自重（楼面均布恒荷载）。次梁取任一根作为计算单元，次梁的承荷范围取梁两侧各延伸 1/2 梁间距的范围即一个板跨，次梁承受板传来的一个板跨范围内的楼面恒载和楼面活载以及次梁自重，荷载以线荷载的形式作用在次梁上。主梁取任一根作为计算单元，主梁的承荷范围取梁两侧各延伸 1/2 梁间距的范围即一个次梁跨度，主梁承受次梁传来的一个次梁范围内的恒载和活载以及主梁自重，次梁传来的是集中荷载，主梁自重为均布荷载,为方便计算,一般将主梁自重折算成集中荷载。

3. 计算跨数

在连续梁中任意一跨上施加荷载,仅对相邻两跨的梁有影响,所以对于五跨和五跨以内的连续梁、板,按实际跨数计算;对于实际跨数超过五跨的等跨连续板、梁,可按五跨计算。因为中间各跨的内力与第三跨的内力非常接近,为了减少计算工作量,所有中间跨的内力和配筋均可按第三跨处理;对于非等跨连续梁、板,但跨度相差不超过 10% 的连续梁、板可以按等跨计算。

4. 计算跨度

梁、板的计算跨度 l_0 是指在内力计算时所采用的计算简图中支座之间的长度,该值与构件的支撑长度和构件的抗弯刚度有关,按表 7.1 选取。

表 7.1　板和梁的计算跨度

跨数	支座情形		计算跨度 l_0		符号意义
			板	梁	
单跨	两端简支		$l_0 = l_n + h$	$l_0 = \min\{l_n + a, 1.05l_n\}$	l—支座中心线间的距离; l_0—计算跨度; l_n—支座净距; h—板厚; a—边支座宽度; a'—中间支座宽度
	一端简支;一端与梁整体连接		$l_0 = l_n + 0.5h$		
	两端与梁整体连接		$l_0 = l_n$		
多跨	两端简支		当 $a' \leqslant 0.1l$ 时,$l_0 = l_n$	当 $a' \leqslant 0.05l$ 时,$l_0 = l_n$	
			当 $a' > 0.1l$ 时,$l_0 = 1.1l_n$	当 $a' > 0.05l$ 时,$l_0 = 1.05l_n$	
	一端入墙内、一端与梁整体连接	按塑性计算	$l_0 = l_n + 0.5h$	$l_0 = \min\{l_n + 0.5a, 1.025l_n\}$	
		按弹性计算	$l_0 = l_n + 0.5(h + a')$	$l_0 = \min\{l, 1.025l_n + 0.5a'\}$	
	两端与梁整体连接	按塑性计算	$l_0 = l_n$	$l_0 = l_n$	
		按弹性计算	$l_0 = l$	$l_0 = l$	

7.2.3　内力计算

梁、板的内力计算有弹性计算法(如力矩分配法)和塑性计算法(弯矩调幅法)两种。塑性计算法考虑了混凝土开裂、受拉钢筋屈服、内力重分布的影响,进行了内力调幅,降低和调整了按弹性理论计算的某些截面的最大弯矩。对重要构件及使用中一般不允许出现裂缝的构件,如主梁及其他处于有腐蚀性、湿度大等环境的构件,不宜采用塑性计算法计算,应采用弹性计算法计算内力。

1. 板和次梁的内力计算

板和次梁的内力一般采用塑性理论进行计算,不考虑活荷载的不利位置。对于等跨连续板、梁,其弯矩值为

$$M = \alpha_{mb}(g + q)l_0^2 \tag{7.1}$$

式中　　M——弯矩设计值;

　　　　α_{mb}——连续梁、板考虑内力重分布的弯矩计算系数,按表 7.2 采用;

　　　　g、q——均布恒荷载和活荷载的设计值;

　　　　l_0——计算跨度,计算跨中弯矩和支座剪力时取本跨跨度,计算支座弯矩时取相邻两跨较大跨度。

对于四周与梁整体连接的单向板,由于存在着拱的作用,因而跨中弯矩和中间支座截面的弯矩可减少 20%,但边跨及离板端的第二支座不可以减少。

次梁的剪力按下式计算:

$$V = \alpha_{vb}(g + q)l_n \tag{7.2}$$

式中　V——剪力设计值；

　　　α_{vb}——连续梁、板考虑内力重分布的剪力计算系数，按表 7.3 采用；

　　　g、q——均布恒荷载和活荷载的设计值；

　　　l_n——净跨度。

表 7.2　连续梁和连续单向板考虑塑性内力重分布的弯矩计算系数 α_{mb}

端支座支撑情况		截面位置					
		端支座	边跨跨中	离端第 2 支座	离端第 2 跨跨中	中间支座	中间跨跨中
		A	Ⅰ	B	Ⅱ	C	Ⅲ
梁、板搁置在墙上		0	1/11	两跨连续 $-1/10$ 三跨以上连续 $-1/11$	1/16	$-1/14$	1/16
板	与梁整浇连接	$-1/16$	1/14				
梁	与梁整浇连接	$-1/24$	1/14				
梁与柱整浇连接		$-1/16$	1/14				

表 7.3　连续梁考虑塑性内力重分布的剪力计算系数 α_{vb}

荷载情况	端支座支撑情况	截面位置				
		端支座右侧	离端第 2 支座左侧	离端第 2 支座右侧	中间支座左侧	中间支座右侧
均布荷载	梁搁置在墙上	0.45	0.60	0.55	0.55	0.55
	梁与梁或梁与柱整浇连接	0.50	0.55			
集中荷载	梁搁置在墙上	0.42	0.65	0.60	0.55	0.55
	梁与梁或梁与柱整浇连接	0.50	0.60			

2. 主梁的内力计算

（1）活荷载不利布置。主梁的内力应按弹性理论进行计算。假定梁为理想的弹性体系，可按力学方法计算其内力，此时要考虑活荷载的不利组合。恒荷载作用于结构上，其分布不会发生变化，而活荷载的布置可以变化。活荷载的分布方式不同，梁的内力也不同。为了保证结构的安全性，就需要找出产生最大内力的活荷载布置方式及内力，并与恒荷载产生的内力叠加作为设计的依据，这就是荷载不利组合的概念。

如图 7.7 所示为一连续梁活荷载分别作用于第一跨、第二跨和第三跨的内力图。该梁恒荷载满布时，第一跨跨中为正弯矩，欲求第一跨跨中最大正弯矩，则活荷载作用下应使第一跨正弯矩不断增大，在图 7.7 中可以看出，活载作用于第一跨时第一跨跨中弯矩为正，可以使恒载满布时的弯矩增大，活载作用于第二跨时第一跨跨中弯矩为负，可以使恒载满布时的弯矩减小，所以求第一跨的跨中最大正弯矩时，活荷载应作用于在第一跨、第三跨和第五跨。

总结可以得出活荷载不利布置的规律如下：

① 欲求跨中截面最大正弯矩时，除应在该跨布置活荷载外，其余各跨则隔一跨布置活荷载，如图 7.8(a)、(b) 所示；

② 欲求某支座截面最大负弯矩时，除应在该支座左、右两跨布置活荷载外，其余各跨则隔一跨布置活荷载，如图 7.8(c)、(d) 所示；

③ 欲求某支座截面（包括左或右二截面）最大剪力时，其活荷载布置与导致该支座截面出现最大负弯矩的活荷载布置相同；

④ 欲求某跨跨中最小正弯矩或最大负弯矩，在该跨左、右跨布置活荷载，然后隔跨布置。

活荷载的最不利位置确定后，对于等跨（包括跨差 $\leqslant 10\%$ 的不等跨）连续梁，可直接利用附录 2 中

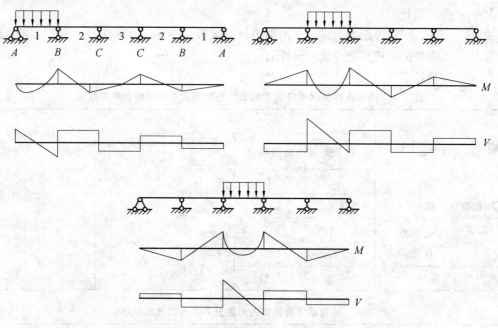

图 7.7　活荷载作用下的内力图

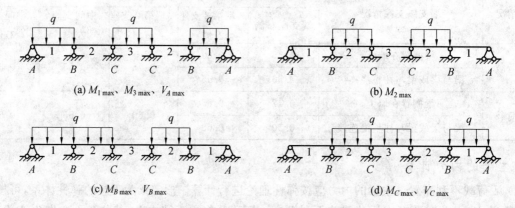

图 7.8　连续梁最不利活荷载位置

附表 2.1 查得在恒荷载和各种活荷载作用下梁的内力系数,求出梁有关截面的弯矩和剪力。

在均布荷载及三角形荷载作用下:

$$M = k_1 g l_0^2 + k_2 q l_0^2 ; V = k_3 g l_0 + k_4 q l_0 \tag{7.3}$$

在集中荷载作用下:

$$M = k_5 G l_0 + k_6 Q l_0 ; V = k_7 g l + k_8 q l \tag{7.4}$$

式中　g、q——均布恒荷载和活荷载的设计值;

　　　　G、Q——集中恒荷载和活荷载的设计值;

　　　　l_0——计算跨度;

　　　　k_1、k_2、k_5、k_6——按附录 2 附表 2.1 相应栏中的弯矩系数;

　　　　k_3、k_4、k_7、k_8——按附录 2 附表 2.1 相应栏中的剪力系数。

（2）内力包络图。对连续梁来说,恒荷载满布的情况下,活荷载位置不同,画出的弯矩图和剪力图也不同。内力包络图就是将恒荷载满布和不同的活荷载不利布置下的内力图画在同一轴线上,内力图叠合图形的外包线即是内力包络图,如图 7.9 所示。

内力包络图反映出各截面可能产生的最大内力值,是设计时选择截面和布置钢筋的依据。

3. 控制截面内力

主梁按弹性理论计算内力时,中间跨的计算跨度取为支座中心线间的距离,忽略了支座宽度,这样求得的支座截面负弯矩和剪力值都是支座中心位置的。实际上危险截面位于支座边缘,内力设计值应按支座边缘截面确定,则支座弯矩和剪力设计值应按下式修正。

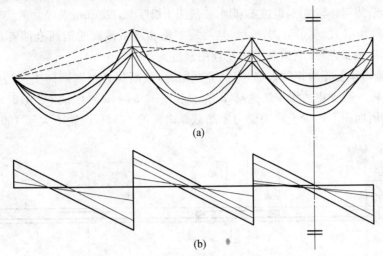

(a)

(b)

图 7.9 均布荷载作用下五跨连续梁的内力包络图

支座边缘截面的弯矩设计值:

$$M = M_c - V_0 \frac{b}{2} \tag{7.5}$$

支座边缘截面的剪力设计值:

均布荷载时:

$$V = V_c - (g + q) \frac{b}{2} \tag{7.6}$$

集中荷载时:

$$V = V_c \tag{7.7}$$

式中　　M_c、V_c——支座中心处的弯矩和剪力设计值;

　　　　V_0——按简支梁计算支座中心处的剪力设计值,取绝对值;

　　　　b——支座宽度。

7.2.4 配筋计算

梁和板都是受弯构件,内力求出后,可按钢筋混凝土受弯构件正截面强度计算和斜截面强度计算基本公式进行配筋计算。板较薄且截面宽度较大,一般可不进行斜截面设计,仅进行正截面设计。考虑板的拱作用效应,四周与梁整体连接的板区格,计算所得的弯矩值,可根据下列情况予以减少:中间跨的跨中及中间支座截面弯矩折减 20%,边跨的跨中及第一内支座截面不折减,角区格不应减少。主、次梁截面设计时考虑板参与其工作,在支座位置取为矩形截面,在跨中位置取为 T 形截面。

7.2.5 构造要求

1. 板的构造要求

(1) 板的厚度。板的厚度不仅要满足强度、刚度和裂缝等方面的要求,还要考虑使用、施工和经济方面的因素。具体可参考模块 3 板的构造。

(2) 板的支撑长度。板的支承长度应满足其受力钢筋在支座内的锚固要求,且一般不小于板厚及 120 mm。

(3) 受力钢筋布置。受力钢筋的直径与间距,参见模块 3 板的构造。连续板中受力钢筋的配置可采用弯起式和分离式两种。

① 弯起式配筋，如图 7.10(a)、(b) 所示，是将跨中一部分受力钢筋(一般为 $1/2\sim1/3$ 全部受力钢筋)在支座附近 $l_n/6$ 弯起(弯起角度一般为 $30°$)作为支座负弯矩筋，若面积不足则再另加直筋。弯起式配筋具有钢筋锚固好、节约钢材等优点，但施工麻烦，一般用于板厚 $\geqslant 120$ mm 及经常承受动荷载的板。

② 分离式配筋，如图 7.10(c)、(d) 所示，是将板支座和跨中截面的钢筋全部各自单独配置，分离式配筋最大的优点是施工方便，但钢筋锚固差且用钢量大。

钢筋的截断：跨内承受正弯矩的钢筋，当部分截断时，截断位置可取距离支座边缘 $l_n/10$ 处；支座承受负弯矩的钢筋可在距支座边缘 a 处截断，a 值：当 $q/g\leqslant 3$ 时，$a=1/4l_n$；当 $q/g>3$ 时，$a=1/3l_n$；伸入支座的钢筋截面面积不得少于跨中受力钢筋截面面积的 $1/3$，且间距不大于 400 mm。

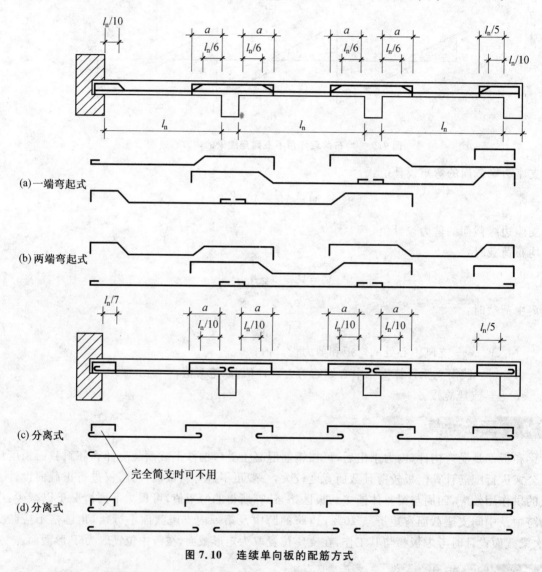

图 7.10　连续单向板的配筋方式

(4) 分布钢筋。分布钢筋布置于受力钢筋内侧，与受力钢筋垂直放置并互相绑扎(或焊接)。起着固定受力钢筋位置、抵抗混凝土的温度应力和收缩应力、承担并分散板上局部荷载产生的内力的作用。分布钢筋的单位长度上的面积不少于单位长度上受力钢筋面积的 10%，其间距不应大于 300 mm。现浇板的分布钢筋的直径及间距可按表 7.4 选用。

(5) 板面构造钢筋。板面构造钢筋包括嵌入承重墙内的板面构造钢筋、垂直于梁肋的板面构造钢筋、板的温度收缩钢筋等。嵌入承重墙内的板面构造钢筋的构造要求同模块 3 中板的构造。

在单向板中，当板的受力钢筋与主梁平行时，在主梁附近的板由于受主梁的约束，将产生一定的负弯矩。为了防止板与主梁连接处的顶部产生裂缝，应在板面沿主梁方向每米长度内配置不少于

5ϕ8 与主梁垂直的构造钢筋,且单位长度内的总截面面积不应小于板单位长度内受力钢筋截面面积的 1/3,伸入板的长度从主梁边缘算起不小于板计算跨度的 1/4,如图 7.11 所示。

表 7.4   现浇式板的分布钢筋的直径及间距(单位:mm)

受力钢筋直径	受 力 钢 筋 间 距													
	70	75	80	85	90	95	100	110	120	130	140	150	160	170~200
6~8	ϕ6@300													
10	ϕ6@250					ϕ6@300								
12	ϕ8@300						ϕ6@250			ϕ6@300				
14	ϕ8@200			ϕ8@250			ϕ8@300			ϕ6@250			ϕ6@300	
16	ϕ8@150				ϕ8@200					ϕ8@250				
	ϕ10@250				ϕ10@250					ϕ8@300				

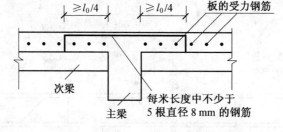

图 7.11   垂直于梁肋的板面构造钢筋

2. 次梁的构造要求

次梁在砖墙上的支承长度不应小于 240 mm,并应满足墙体局部受压承载力的要求。次梁的钢筋直径、净距、混凝土保护层、钢筋锚固、弯起及纵向钢筋的搭接、截断等,均按受弯构件的有关规定。

次梁的剪力一般较小,斜截面强度计算中一般仅需设置箍筋即可。

次梁的纵筋有两种配置方式:一种是跨中正弯矩钢筋全部伸入支座,不设弯起筋,支座负弯矩钢筋全部另设。此时,跨中纵筋伸入支座的长度不小于规定的受压钢筋的搭接长度 l_{as},所有伸入支座的纵向钢筋均可在同一截面上搭接。支座负弯矩钢筋的切断位置与一次切断数量,对承受均布荷载的次梁,当 $q/g \leqslant 3$ 且跨度差不大于 20% 时,可按图 7.12(a) 所示构造要求确定。另一种方式是将跨中部分正弯矩钢筋在支座处弯起,但靠近支座(距支座边缘 $\leqslant h_0/2$)第一排弯筋不得作为支座负弯矩钢筋,而第二、三排弯筋可计入抵抗支座负弯矩钢筋面积中,如仍需另加直筋,则直筋不宜少于两根。位于梁两侧的跨中正弯矩钢筋不宜弯起,且至少应有两根伸入支座。弯筋的位置及支座负弯矩钢筋的切断按图 7.12(b) 所示构造要求确定。支座负弯矩钢筋切断后,应设架立钢筋,架立钢筋的截面面积不少于支座负弯矩钢筋截面面积的 1/4,且不少于两根,搭接长度一般为 150~200 mm。

3. 主梁的构造要求

主梁支承在砌体上的长度不应小于 370 mm,并应满足砌体局部受压承载力的要求。主梁的截面尺寸、钢筋选择等应按基本受弯构件的规定。主梁受力钢筋的弯起和截断应通过在弯矩包络图上作抵抗弯矩图确定。

在主梁与次梁的交接处,由于主梁与次梁的负弯矩钢筋彼此相交,且次梁的钢筋置于主梁的钢筋之上,如图 7.13 所示,因而计算主梁支座的负弯矩钢筋时,其截面有效高度应按下列规定减小:当单排钢筋时,$h_0 = h - 60$ mm;当为双排钢筋时,$h_0 = h - 80$ mm。

在次梁和主梁相交处,次梁的集中荷载传至主梁的腹部,有可能引起斜裂缝,如图 7.14 所示。为防止斜裂缝的发生引起局部破坏,应在次梁支承处的主梁内设置附加横向钢筋,将上述集中荷载有效地传至主梁的上部。

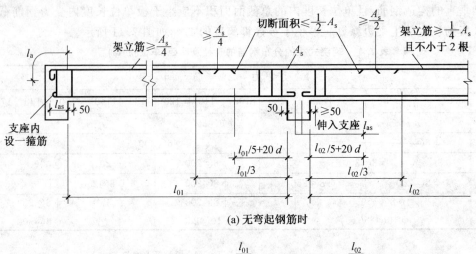

(a) 无弯起钢筋时

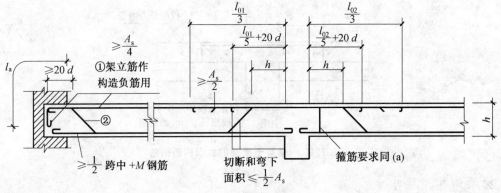

(b) 设弯起钢筋时

图 7.12　次梁的配筋构造要求

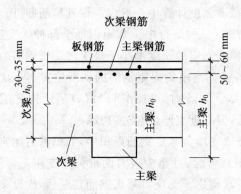

图 7.13　主梁支座处受力钢筋的布置

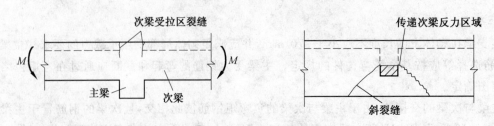

图 7.14　主次梁交接处集中荷载作用下变形

　　附加的横向钢筋包括箍筋和吊筋,如图 7.15 和图 7.16 所示,布置在长度 s 范围内,其中 $s=2h_1+3b$,h_1 为主梁与次梁的高度差,b 为次梁腹板宽度。附加横向钢筋宜优先采用箍筋,其截面面积可按下列公式计算。

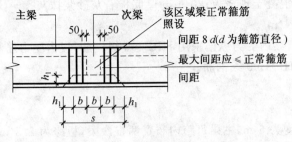

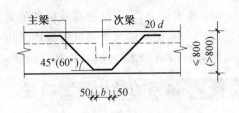

图 7.15　主次梁交接处设附加箍筋　　　　　**图 7.16　主次梁交接处设吊筋**

仅设附加箍筋时：

$$G + P \leqslant m f_{yv} \cdot A_{sv1} \cdot n \tag{7.8}$$

仅设吊筋时：

$$G + P \leqslant 2 f_y \cdot A_{sb} \cdot \sin \alpha \tag{7.9}$$

式中　$G + P$——由次梁传来的恒荷载和活荷载；

　　　f_{yv}、f_y——分别为附加箍筋和附加吊筋抗拉强度设计值；

　　　A_{sv1}——附加箍筋的单肢截面面积；

　　　n——附加箍筋的肢数；

　　　m——在 s 长范围内箍筋的总根数；

　　　A_{sb}——吊筋的截面面积；

　　　α——吊筋与梁轴线间的夹角，一般取 $45°$。

吊筋不得小于 $2\phi 12$ mm。

 # 7.3　单向板肋梁楼盖实例设计

7.3.1　设计资料

　　某多层工业建筑采用混合结构方案，其标准层楼面布置如图 7.17 所示，楼面拟采用现浇钢筋混凝土单向板肋梁楼盖，对此楼面进行设计。

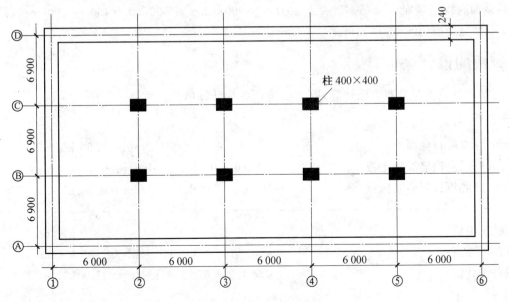

图 7.17　标准层楼面（单位：mm）

(1)楼面做法:30 mm 厚水磨石地面;钢筋混凝土现浇板;20 mm 厚底板石灰砂浆抹灰。

(2)楼面荷载:均布的活荷载标准值为 6 kN/m²。

(3)材料:梁板混凝土强度等级均采用 C30,梁内受力纵筋采用 HRB400 级钢筋,板内受力筋和梁内箍筋均采用 HRB335 级钢筋,其余钢筋采用 HPB300 级钢筋。

7.3.2 楼面的结构平面布置

主梁横向布置,跨度为 6.9 m,则次梁的跨度为 6 m,主梁每跨内布置两根次梁,板跨为 2.3 m,楼面的结构平面布置如图 7.18 所示。

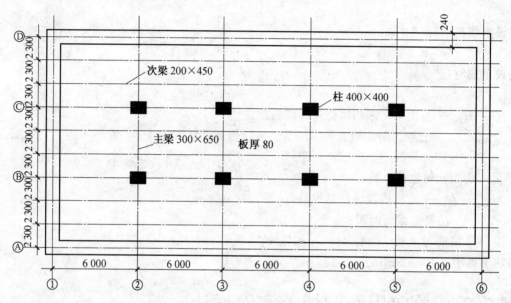

图 7.18 楼盖结构平面布置图(单位:mm)

板厚:工业建筑楼板的最小厚度为 70 mm,取 $h=80$ mm,$2\ 300/80=28.75<30$,满足高厚比条件。

次梁:截面高度应满足 $h=(1/18\sim1/12)l=6\ 000/18\sim6\ 000/12=333\sim500$ mm,取 $h=450$ mm,截面宽度取为 $b=200$ mm。

主梁:截面高度应满足 $h=(1/15\sim1/10)l=6\ 900/15\sim6\ 900/10=460\sim690$ mm,取 $h=650$ mm,截面宽度取为 $b=300$ mm。

7.3.3 板的设计

板按考虑塑性内力重分布方法计算,取 1 m 宽板带为计算单元。

1. 荷载计算

30 mm 厚水磨石地面	$(1.0\times0.03\times22)$kN/m$=0.66$ kN/m
80 mm 厚现浇钢筋混凝土板	$(1.0\times0.08\times25)$kN/m$=2.0$ kN/m
20 mm 厚底板石灰砂浆抹灰	$(1.0\times0.02\times17)$kN/m$=0.34$ kN/m

恒荷载标准值:	3.0 kN/m
活荷载标准值:	(1.0×6)kN/m$=6$ kN/m
荷载总设计值:	$g+q=(3.0\times1.2+6\times1.3)kN/m=11.4$ kN/m

2. 计算简图

板在墙上的支承长度取为 $a=120$ mm,次梁的截面为 $b\times h=200$ mm$\times450$ mm,则板的计算跨

度为:

① 边跨:

$$l_{01} = l_n + h/2 = (2\ 300 - 120 - 100 + 80/2)\,\text{mm} = 2\ 120\,\text{mm}$$
$$< l_c + a/2 = [(2\ 300 - 60 - 100) + 120/2]\,\text{mm} = 2\ 290\,\text{mm}$$

取 $l_{01} = 2\ 120\,\text{mm}$。

② 中跨:

$$l_{02} = l_n = (2\ 300 - 200)\,\text{mm} = 2\ 100\,\text{mm}$$

跨度相差小于10%,可按等跨连续板计算,计算简图如图7.19所示。

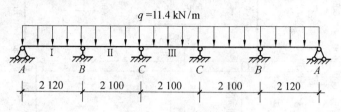

图 7.19　板的计算简图

3. 内力计算

内力计算采用塑性内力计算法,计算结果见表7.5。

表 7.5　板的弯矩设计值计算

截面	边跨跨中(Ⅰ)	离端第二支座(B)	离端第二跨跨中(Ⅱ) 和中间跨跨中(Ⅲ)	中间支座(C)
弯矩系数 α	1/11	−1/11	1/16	−1/14
$M = \alpha(g+q)l^2/(\text{kN}\cdot\text{m})$	4.66	−4.66	3.14	−3.59

4. 正截面承载力计算

板宽 1 000 mm,板厚 80 mm,$h_0 = (80-20)\,\text{mm} = 60\,\text{mm}$。C30 混凝土,$\alpha_1 = 1$,$f_c = 14.3\,\text{N/mm}^2$,$f_t = 1.43\,\text{N/mm}^2$,HRB335级钢筋,$f_y = 300\,\text{N/mm}^2$。

$$\rho_{\min} = 0.45\frac{f_t}{f_y} = 0.45 \times \frac{1.43}{300} = 0.215\% > 0.2\%$$

则

$$A_{s\min} = \rho_{\min}bh = (0.215\% \times 1\ 000 \times 80)\,\text{mm}^2 = 172\,\text{mm}^2$$

考虑到②~④轴线间板与次梁整浇,则其中跨中和中间支座截面的弯矩设计值可折减20%。板的配筋计算过程见表7.6。配筋图如图7.20所示。

表 7.6　板的配筋计算

截面位置	Ⅰ	B	Ⅱ(Ⅲ)		C	
			①~②轴线	②~④轴线	①~②轴线	②~④轴线
$M/(\text{kN}\cdot\text{m})$	4.66	−4.66	3.14	3.14×0.8	−3.59	−3.59×0.8
$\alpha_s = \dfrac{M}{\alpha_1 f_c b h_0^2}$	0.090 5	0.090 5	0.061 0	0.048 8	0.069 7	0.055 8
$\xi = 1 - \sqrt{1-2\alpha_s}$	0.095 0	0.095 0	0.063 0	0.050 1	0.072 3	0.057 5
$A_s = \dfrac{\xi b h_0 \alpha_1 f_c}{f_y}/\text{mm}^2$	271.73	271.73	180.18	143.29	206.78	164.45
选用配筋	Φ8@180	Φ8@180	Φ6/8@190	Φ6/8@190	Φ6/8@190	Φ6/8@190
实际配筋面积/mm²	279	279	207	207	207	207

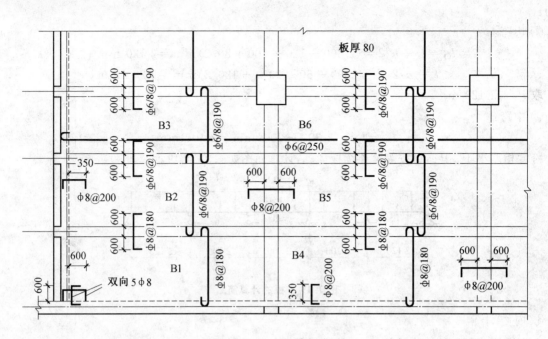

图 7.20　板的配筋图

7.3.4　次梁设计

次梁按考虑塑性内力重分布方法计算,此工程为工业建筑,根据实际使用的情况不考虑活荷载的折减。

1.荷载计算

由板传来恒载	$(3.0 \times 2.3)\text{kN/m} = 6.90\ \text{kN/m}$
次梁自重	$[25 \times 0.2 \times (0.45 - 0.08)]\text{kN/m} = 1.85\ \text{kN/m}$
次梁粉刷	$[17 \times 0.02 \times (0.45 - 0.08) \times 2]\text{kN/m} = 0.25\ \text{kN/m}$

恒载标准值	$9.0\ \text{kN/m}$
活载标准值	$(2.3 \times 6)\text{kN/m} = 13.8\ \text{kN/m}$
荷载总设计值	

$$g + q = (9.0 \times 1.2 + 13.8 \times 1.3)\text{kN/m} = 28.74\ \text{kN/m}$$

2.计算简图

次梁在墙上的支承长度取为 240 mm,主梁的截面为 $b \times h = 300\ \text{mm} \times 650\ \text{mm}$,则次梁的计算跨度为:

① 边跨:

$$l_{01} = l_n + a/2 = [(6\ 000 - 120 - 150) + 240/2]\text{mm} =$$
$$5\ 850\ \text{mm} < 1.025 l_n = 5\ 873\ \text{mm}(取\ l_{01} = 5\ 850\ \text{mm})$$

② 中跨:

$$l_{02} = l_n = (6\ 000 - 300)\text{mm} = 5\ 700\ \text{mm}。$$

跨度相差小于 10%,可按等跨连续梁计算,计算简图如图 7.21 所示。

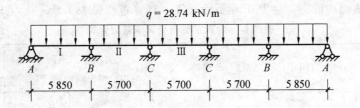

图 7.21　次梁的计算简图

3.内力计算

内力计算见表 7.7、表 7.8。

表 7.7　次梁的弯矩设计值计算

截面	边跨跨中（Ⅰ）	离端第二支座（B）	离端第二跨跨中（Ⅱ）和中间跨跨中（Ⅲ）	中间支座（C）
弯矩系数 α_{mb}	1/11	$-1/11$	1/16	$-1/14$
$M = \alpha_{mb}(g+q)l^2 /(kN \cdot m)$	89.41	-89.41	61.47	-70.25

表 7.8　次梁的剪力设计值计算

截面	边跨跨中（Ⅰ）	离端第二支座（B）	离端第二跨跨中（Ⅱ）和中间跨跨中（Ⅲ）	中间支座（C）
剪力系数 α_{vb}	0.45	0.6	0.55	0.55
$V = \alpha_{vb}(g+q)l_n /kN$	74.11	98.81	90.10	90.10

4.承载力计算

(1)正截面受弯承载力计算

纵向受力钢筋均布置一排，$h_0 = (450-45)\,mm = 405\,mm$。

支座按矩形截面计算；跨中按 T 形截面计算，翼缘高 $h'_f = 80\,mm$，翼缘宽度取为：

① 边跨：

按计算跨度 l_0 考虑：　　$b'_f = \dfrac{l_0}{3} = \dfrac{1}{3} \times 5\,850\,mm = 1\,950\,mm$

按梁肋净距 s_n 考虑：　　　$b'_f = b + s_n = 2\,300\,mm$

按翼缘高度 h'_f 考虑：　　$\dfrac{h'_f}{h_0} = \dfrac{80}{405} = 0.198 > 0.1（不考虑）$

取 $b'_f = 1\,950\,mm$。

② 中跨：

按计算跨度 l_0 考虑：　　$b'_f = \dfrac{l_0}{3} = \dfrac{1}{3} \times 5\,700\,mm = 1\,900\,mm$

按梁肋净距 s_n 考虑：　　　$b'_f = b + s_n = 2\,300\,mm$

按翼缘高度 h'_f 考虑：　　$\dfrac{h'_f}{h_0} = \dfrac{80}{405} = 0.198 > 0.1（不考虑）$

取 $b'_f = 1\,900\,mm$。

次梁采用 C30 混凝土，$\alpha_1 = 1$，$f_c = 14.3\,N/mm^2$，$f_t = 1.43\,N/mm^2$，纵筋采用 HRB400 级钢筋，$f_y = 360\,N/mm^2$，箍筋采用 HRB335 级钢筋，$f_{yv} = 300\,N/mm^2$。

$$\alpha_1 f_c b'_f h'_f \left(h_0 - \dfrac{h'_f}{2}\right) = \left[1.0 \times 14.3 \times 1950 \times 80 \times \left(405 - \dfrac{80}{2}\right)\right] kN \cdot m =$$

$$484.37\,kN \cdot m > 89.41\,kN \cdot m$$

所以次梁跨中截面均可按第一类 T 形截面计算。计算过程见表 7.9。

表 7.9　次梁正截面受弯承载力计算

截面位置	边跨跨中（Ⅰ）	离端第二支座（B）	离端第二跨跨中（Ⅱ）和中间跨跨中（Ⅲ）	中间支座（C）
$b(b'_f)/\text{mm}$	1 950	200	1 900	200
$M/(\text{kN}\cdot\text{m})$	89.41	-89.41	61.47	-70.25
$\alpha_s = M/(\alpha_1 f_c bh_0^2)$	0.020	0.190	0.014	0.149
$\xi = 1-\sqrt{1-2\alpha_s}$	0.020	0.213	0.014	0.162
$A_s = \dfrac{\xi bh_0\alpha_1 f_c}{f_y}/\text{mm}^2$	752.90	822.39	513.51	625.48
选用配筋	3Φ18(弯1)	2Φ20+1Φ18(弯1)	2Φ14+1Φ18(弯1)	2Φ16+1Φ18(弯1)
实际配筋面积/mm^2	763	882.5	562.5	656.5

（2）斜截面受剪承载力

① 验算截面尺寸

因为 $h_w = h - h'_f = (450 - 80)\text{mm} = 370\text{ mm}, h_w/b = 370/200 = 1.85 < 4$

所以 $0.25\beta_c f_c bh_0 = (0.25\times 1\times 14.3\times 200\times 405)\text{N} = 289.58\text{ kN} > V_{\max} = 98.81\text{ kN}$

故截面尺寸满足要求。

$$0.7f_t bh_0 = (0.7\times 1.43\times 200\times 405)\text{N} = 81.08\text{ kN} < V_{\max} = 98.81\text{ kN}$$

需按计算配置腹筋。

② 计算腹筋用量

采用 Φ6 双肢箍筋，按剪力最大的 B 支座左侧截面进行计算。

由

$$V_{BL} \leqslant V_{cs} = 0.7f_t bh_0 + f_{yv}\frac{A_{sv}}{s}h_0$$

可得

$$s \leqslant \frac{f_{yv}A_{sv}h_0}{V_{BL} - 0.7f_t bh_0} = \frac{300\times 57\times 405}{98\,810 - 0.7\times 1.43\times 200\times 405}\text{mm} = 391\text{ mm}$$

取 $s = 180$ mm。为了施工方便，梁沿全长均配置 Φ6@180 的箍筋。

③ 验算最小配箍率

考虑弯矩调幅的最小配箍率为

$$\rho_{sv,\min} = 0.24\times\frac{f_t}{0.8f_{yv}} = 0.3\times\frac{1.43}{300} = 0.143\%$$

实际配箍率　　$\rho_{sv} = \dfrac{A_{sv}}{bs} = \dfrac{2\times 28.3}{200\times 180} = 0.158\% > 0.143\%$（满足要求）

次梁配筋图如图 7.22 所示。

7.3.5　主梁设计

主梁按弹性理论设计。

1. 荷载计算

主梁的自重等效为集中荷载。

由次梁传来恒载　　　　　　　　　　　$(9.0\times 6.0)\text{kN/m} = 54.0\text{ kN/m}$

主梁自重　　　　　　　　$[25\times 0.3\times 2.3\times(0.65 - 0.08)]\text{kN/m} = 9.83\text{ kN/m}$

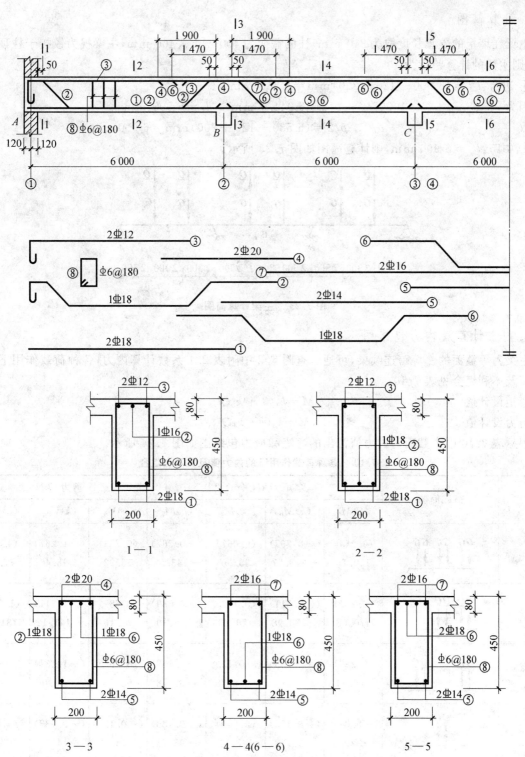

图 7.22 次梁配筋图(单位:mm)

主梁粉刷	$[17 \times 2.3 \times 0.02 \times (0.65 - 0.08) \times 2]$kN/m = 0.89 kN/m

恒载标准值	64.72 kN/m
活载标准值	$(6 \times 2.3 \times 6)$kN/m = 82.8 kN/m
恒载设计值	$G = (64.72 \times 1.2)$kN = 77.66 kN
活载设计值	$Q = (82.8 \times 1.3)$kN = 107.64 kN

2.计算简图

主梁在墙上的支承长度取为 240 mm,柱的截面为 400 mm×400 mm,主梁视为铰接于柱顶的连续梁,则主梁的计算跨度为:

① 边跨:$l_{n1} = (6\,900 - 120 - 200)\,\text{mm} = 6\,580\,\text{mm}$

因为　　　　　$1.025l_{n1} + b/2 = 6\,944.5\,\text{mm} > l_c = 6\,900\,\text{mm}$

取　　　　　　$l_{01} = l_c + a/2 + b/2 = (6\,580 + 120 + 200)\,\text{mm} = 6\,900\,\text{mm}$

② 中跨:$l_{02} = 6\,900\,\text{mm}$,则计算简图如图 7.23 所示。

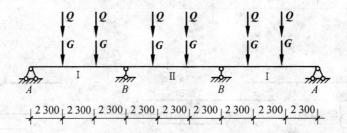

图 7.23　主梁计算简图

3.内力计算及内力包络图

主梁为等截面的三等跨连续梁,可通过查附录 2 中附表 2.1 系数计算内力,各种荷载作用下的内力计算及不利组合见表 7.10。

弯矩设计值　　　　　　　　　$M = k_1 Gl + k_2 Ql$

剪力设计值　　　　　　　　　$V = k_3 G + k_4 Q$

根据表 7.10 中个截面的内力值汇出的弯矩和剪力包络图如图 7.24 所示。

表 7.10　各种荷载作用下的内力值及其不利组合

项次	荷载简图	弯矩 /(kN·m)				剪力 /kN		
		$(k)M_1$	$(k)M_B$	$(k)M_2$	$(k)M_C$	$(k)V_A$	$(k)V_{BL}$	$(k)V_{BR}$
①	*GG GG GG*	(0.244) 130.75	(−0.267) −143.07	(0.067) 35.90	(−0.267) −143.07	(0.733) 56.92	(−1.267) −98.40	(1.00) 77.66
②	*QQ QQ*	(0.229) 170.08	(−0.311) −230.98	(0.170) 126.26	(−0.089) −66.10	(0.689) 74.16	(−1.311) −141.12	(1.222) 131.54
③	*QQ QQ*	(0.289) 214.64	(−0.133) −98.78	(−0.133) −98.78	(−0.133) −98.78	(0.866) 93.22	(−1.134) −122.06	(0) 0
④	*QQ*	(−0.044) −32.68	(−0.133) −98.78	(0.200) 148.54	(−0.133) −98.78	(−0.133) −14.32	(−0.133) −14.32	(1.00) 107.64
内力不利组合	①+②	300.83	−374.05	162.16	−209.17	131.08	−239.52	209.2
	①+③	345.39	−241.85	−62.88	−241.85	150.14	−220.46	77.66
	①+④	98.07	−241.85	184.44	−241.85	42.6	−112.72	185.3

4.承载力计算

主梁采用 C30 混凝土,$\alpha_1 = 1$,$f_c = 14.3\,\text{N/mm}^2$,$f_t = 1.43\,\text{N/mm}^2$,纵筋采用 HRB400 级钢筋,$f_y = 360\,\text{N/mm}^2$,箍筋采用 HRB335 级钢筋,$f_{yv} = 300\,\text{N/mm}^2$。

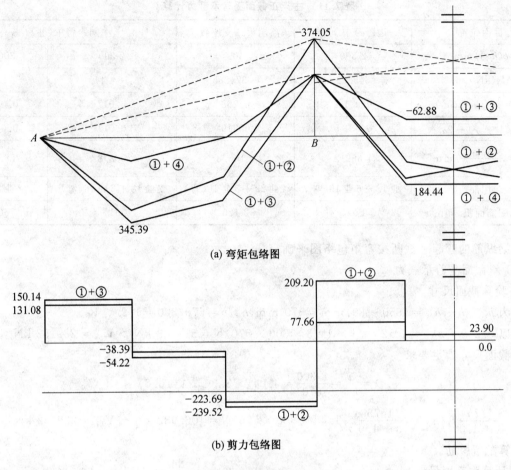

(a) 弯矩包络图

(b) 剪力包络图

图 7.24　主梁的内力包络图

(1) 正截面受弯承载力

支座按矩形截面计算;跨中按 T 形截面计算,翼缘高 $h'_f = 80$ mm,翼缘宽度取为:

按计算跨度 l_0 考虑:

$$b'_f = \frac{l_0}{3} = \frac{1}{3} \times 6\ 900\ \text{mm} = 2\ 300\ \text{mm}$$

按梁肋净距 s_n 考虑:

$$b'_f = b + s_n = 6\ 000\ \text{mm}$$

按翼缘高度 h'_f 考虑:

$$\frac{h'_f}{h_0} = \frac{80}{650} = 0.123 > 0.1(\text{不考虑})$$

取 $b'_f = 2\ 300$ mm。

V_0 为按简支梁计算的支座中心处的剪力设计值:

$$V_0 = 2(G + Q)/2 = (77.66 + 107.64)\text{kN} = 185.3\ \text{kN}$$

B 支座边缘的弯矩设计值:

$$M_B = M_{B\text{max}} - V_0 \frac{b}{2} = (374.05 - 185.3 \times 0.4/2)\text{kN} \cdot \text{m} = 336.99\ \text{kN} \cdot \text{m}$$

纵向受力钢筋均布置两排,跨中截面 $h_0 = (650 - 70)\text{mm} = 580$ mm,支座截面 $h_0 = (650 - 80)\text{mm} = 570$ mm;中跨上部纵向受力钢筋布置为一排,$h_0 = (650 - 45)\text{mm} = 605$ mm。跨中截面经判别均属于第一类 T 形截面。配筋计算见表 7.11。

表 7.11　主梁正截面受弯承载力计算

截面位置	边跨跨中（Ⅰ）	离端第二支座（B）	中间跨跨中（Ⅱ）	
$b(b'_f)/mm$	2 300	300	2 300	300
$M/(kN \cdot m)$	345.39	-374.05	184.44	-62.88
$\alpha_s = M/(\alpha_1 f_c bh_0^2)$	0.031 2	0.268	0.017	0.04
$\xi = 1 - \sqrt{1 - 2\alpha_s}$	0.031 5	0.319	0.017	0.04
$A_s = \dfrac{\xi bh_0 \alpha_1 f_c}{f_y}/mm^2$	1 669.2	2 166.8	908.8	288.4
选用配筋	2 Φ 18 + 6 Φ 16(弯2)	4 Φ 22 + 3 Φ 16(弯)	2 Φ 18 + 2 Φ 16(弯)	2 Φ 22
实际配筋面积 /mm²	1 715	2 123	911	760

主梁纵筋的弯起和截断按弯矩包络图来确定。

（2）斜截面受剪承载力

① 验算截面尺寸

因为 $h_w = h - h'_f = (650 - 80)mm = 570 \ mm, h_w/b = 570/300 = 1.9 < 4$

所以 $0.25\beta_c f_c bh_0 = (0.25 \times 1 \times 14.3 \times 300 \times 570)N = 611.33 \ kN > V_{BL} = 239.52 \ kN$

故截面尺寸满足要求。

$$\lambda = \frac{a}{h_0} = \frac{2\ 300}{570} = 4.04 > 3.0 （取 \lambda = 3.0）$$

$$\frac{1.75}{\lambda + 1.0} f_t bh_0 = (\frac{1.75}{3 + 1.0} \times 1.43 \times 300 \times 570)N = 106.982 \ kN < V_{BL} = 239.52 \ kN$$

需按计算配置腹筋。

② 计算腹筋用量

仅设置箍筋，采用 Φ 8 双肢箍筋，按剪力最大的 B 支座左侧截面进行计算。

由

$$V_{cs} = \frac{1.75}{\lambda + 1.0} f_t bh_0 + f_{yv} \frac{A_{sv}}{s} h_0$$

可得

$$s = \frac{f_{yv} A_{sv} h_0}{V_{BL} - \dfrac{1.75}{\lambda + 1} f_t bh_0} = \frac{300 \times 101 \times 570}{239\ 520 - 106\ 982} \ mm = 130.31 \ mm$$

取 $s = 130 \ mm$。为了施工方便，梁沿全长均配置 Φ 8@130 的箍筋。

③ 验算最小配箍率

最小配箍率 $\rho_{svmin} = 0.24 \times \dfrac{f_t}{f_y} = 0.24 \times \dfrac{1.43}{300} = 0.114\%$

实际配箍率 $\rho_{sv} = \dfrac{A_{sv}}{bs} = \dfrac{101}{300 \times 130} = 0.26\% > 0.114\%（满足要求）$

5. 附加横向钢筋的计算

次梁传来的集中力为：$F_L = (54 \times 1.2 + 107.64)kN = 172.44 \ kN, h_1 = (650 - 450)mm = 200 \ mm$。

附加横向钢筋的布置长度为：$s = 2h_1 + 3b = (2 \times 200 + 3 \times 200)mm = 1\ 000 \ mm$。在次梁的两侧各布置 3 排双肢 Φ 8 的箍筋，间距 200 mm，另加 1 Φ 16 的吊筋。则附加横向钢筋所能承受的集中力为

$$F = 2f_y A_{sb} \sin \alpha + mn f_{yv} A_{sv1} = (2 \times 360 \times 201.1 \times 0.707 + 6 \times 2 \times 300 \times 50.3)N =$$
$$283.45 \ kN > F_l = 172.44 \ kN（满足要求）$$

主梁配筋图如图 7.25 所示。该肋梁楼盖的平面平法施工图如图 7.26 所示。

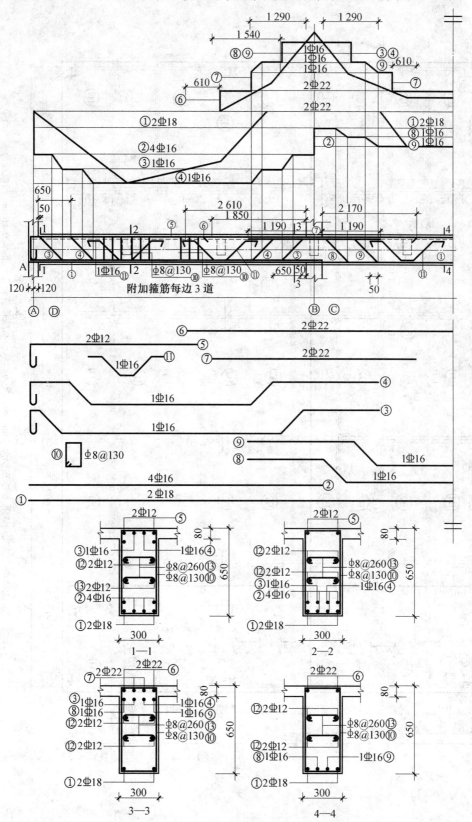

图 7.25　主梁配筋图(单位:mm)

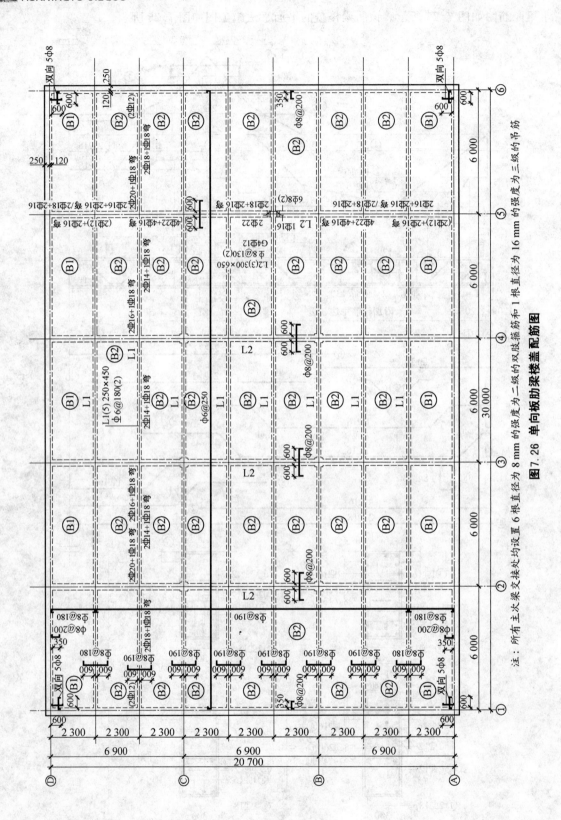

图 7.26 单向板肋梁楼盖配筋图

注：所有主次梁支接头处均设置 6 根直径为 8 mm 的强度为二级的双肢箍筋和 1 根直径为 16 mm 的强度为二级的吊筋

7.4 双向板肋梁楼盖设计简介

当四边支撑板的两向跨度之比小于等于2(按塑性计算小于等于3)时,即为双向板。双向板肋梁楼盖的梁格可以布置成正方形或接近正方形,外观整齐美观,常用于民用房屋的较大房间及门厅处。当楼盖为5 m左右的方形区格且使用荷载较大时,双向板楼盖比单向板楼盖经济,所以也常用于各工业房屋的楼盖。双向板的受力特点是两个方向传递荷载。板中因有扭矩存在,使板的四角有翘起的趋势,受到墙的约束后,使板的跨中弯矩减少,刚度增大。因此双向板的受力性能比单向板优越,其内力计算方法可分为弹性理论计算方法和塑性理论计算方法。

7.4.1 弹性法计算板的内力

弹性理论计算法,是将双向板视为均质弹性体,不考虑塑性,按弹性力学理论进行的内力计算。为了简化计算,计算时可查计算用表。直接承受动力和和重复荷载的结构以及在使用阶段不允许出现裂缝或对裂缝开展有严格限制的结构通常采用弹性理论方法计算内力。

1. 单区格双向板的内力计算

单区格双向板有6种支撑情况:四边简支;一边固定、三边简支;两对边固定、两对边简支;两邻边固定、两邻边简支;三边固定、一边简支;四边固定。

根据不同的支承情况,可在表中查得相应的弯矩系数,用公式(7.10)即可算出双向板跨中及支座弯矩。

$$M = 表中系数 \times ql^2 \tag{7.10}$$

式中 M——跨中或支座单位板宽内的弯矩;

　　　　q——板面均布荷载;

　　　　l——板的计算跨度,取 l_x 和 l 中较小者。

2. 多区格双向板的内力计算

多区格双向板的内力计算也应该考虑活荷载的最不利布置,其精确计算很复杂。在设计中,对两个方向均为等跨或在同一方向区格的跨度相差小于等于20%的不等跨双向板,可采用简化的实用计算法。

(1) 基本假定

① 支撑梁的抗弯刚度很大,其垂直变形可以忽略不计;

② 支撑梁的抗弯刚度很小,板可以绕梁转动;

③ 同一方向的相邻最大与最小跨度之差小于20%。

(2) 计算方法

区格跨中最大弯矩:当某区格跨中最大弯矩时,活荷载的最不利布置如图7.27所示,即为棋盘式布置。求跨中弯矩时,将荷载分解为各跨满布的对称荷载 $g + p/2$ 和各跨向上向下相间作用的反对称荷载 $\pm p/2$ 两部分。

在对称荷载 $(g + p/2)$ 作用下,中间支座均可视为固定支座,从而所有中间区格板均可视为四边固定双向板,而边、角区格的外边界条件按实际情况确定,例如楼盖周边可视为简支。按单跨双向板计算其弯矩 M_{x1} 和 M_{y1}。

在反对称荷载 $(\pm p/2)$ 作用下,可近似认为支座截面弯矩为零,即将所有中间支座均视为简支支座,如楼盖周边可视为简支,则所有各区格板均可视为四边简支板。按单跨双向板计算其弯矩 M_{x2} 和 M_{y2}。

最后将各区格板在上述两种荷载作用下的跨中弯矩相叠加,即得到各区格板跨中弯矩,即

$$M_x = M_{x1} + M_{x2}, \quad M_y = M_{y1} + M_{y2}$$

区格支座的最大负弯矩：为简化计算，不考虑活荷载的不利布置，可近似认为恒荷载和活荷载皆满布在连续双向板所有各区格时支座产生最大弯矩。于是，所有内区格板均按四边固定板来计算支座弯矩，受 $g+q$ 作用。外区格按实际支承情况考虑。

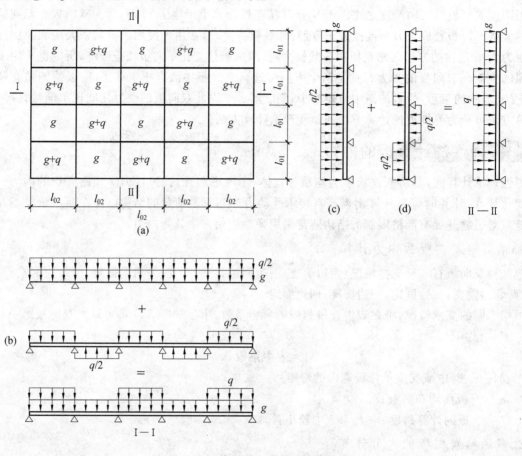

图 7.27　多区格双向板的计算简图

7.4.2　双向板支梁的计算

当双向板承受均布荷载作用时，传给梁的荷载可采用近似方法计算。即从每一区格的四角分别 45°线与平行于长边的中线相交板分成四块，每块板上的荷载由相邻的支撑梁承受。则传给长边的梁的荷载为梯形分布，传给短边梁的荷载为三角形分布，如图 7.28 所示。梯形即三角形分布荷载的最大值 q 等于板面均布荷载乘以短边集中梁的跨度 l_1，长边梁与短边梁可分别单独计算。

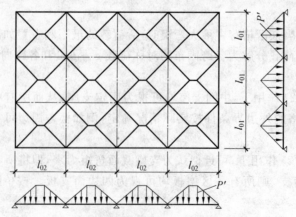

图 7.28　双向板支撑梁承受的荷载计算简图

为计算多跨连续梁的内力,可将梯形荷载及三角形荷载按支座弯矩相等的原则折算成等效均布荷载,等效荷载值如图7.29所示。按各种活荷载的最不利位置分别求出其支座弯矩,再根据梁上实际荷载按简支梁静力平衡条件计算跨中弯矩及支座剪力。

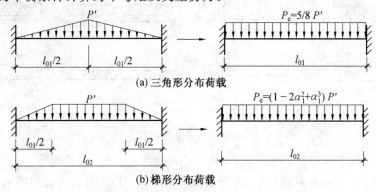

(a) 三角形分布荷载

(b) 梯形分布荷载

图 7.29　分布荷载转化为等效均布荷载

7.4.3 双向板的截面设计及构造要求

1. 截面设计

短跨方向的受力钢筋放在长跨方向受力钢筋的外侧,板的截面有效高度:短边 $h_0 = h - 20$ mm,长向 $h_0 = h - 30$ mm。内力臂系数 $\gamma_0 = 0.9 \sim 0.95$。

由于板的内拱作用,弯矩实际值在下述情况下可予以折减:

(1) 中间区格的跨中截面及中间支座截面上可减少 20%;

(2) 边区的跨中截面及楼板边缘算起的第二支座截面上:当 $l_b/l < 1.5$ 时,计算弯矩可减少 20%;当 $1.5 \leqslant l_b/l \leqslant 2.0$ 时,计算弯矩可减少 10%;当 $l_b/l > 2.0$ 时,弯矩不折减。其中 l_b 为沿板边缘方向的计算跨度,l 为垂直于板边缘方向的计算跨度。

(3) 对角区格,计算弯矩不应减少。

2. 构造要求

(1) 双向板的配筋方式类似于单向板,有分离式和弯起式两种。

(2) 双向板的板边若置于砖墙上时,其板边、板角应设置构造钢筋,其数量、长度等同于单向板。

 # 7.5　装配式楼盖简介

装配式楼盖是在构件预制场将各构件制作完成后,在现场拼装完成整个建筑,这种楼盖施工速度较快。为了实现建筑工业现代化,加快施工速度,楼盖结构也可采用装配式。

装配式楼盖主要有铺板式、密肋式和无梁式等,其中铺板式应用最广。铺板式楼盖的主要预制构件是预制板和预制梁。

铺板式楼盖的设计步骤为:

① 根据建筑平面图墙、柱位置等,确定楼盖结构平面布置方案,确定预制板、预制梁位置;

② 确定预制板、预制梁型号,并对个别非标准构件进行设计,或局部采用现浇;

③ 绘制施工图,设计各构件之间的连接构造,确保整体性。

7.5.1 预制板和预制梁

1. 预制板

(1) 预制板的形式。我国常用的预制铺板截面形式有空心板(图 7.30(a)、(b)、(c))、夹芯板(图

7.30(d))、槽形板(图 7.30(d)、(e))和平板(图 7.30(f)、(g))等,按支承条件可分为单向板和双向板。

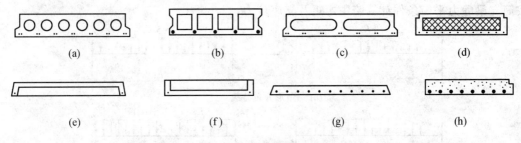

图 7.30   预制板的形式

实心板表面平整,利于地面及天棚处理,多用于小跨度的走道板、沟盖板等。

空心板板面平整,地面及天棚容易处理,隔音隔热效果好,大量用于楼盖和屋盖。其缺点是板面不能任意开洞。

槽形板混凝土用量较省,板上开洞自由,除用于普通楼板外,也适用于厕所、厨房的楼板。

夹芯板往往做成自防水保温屋面板。

(2)预制板的尺寸。板厚由承载能力和刚度要求等决定,确定方法同现浇楼板,但要考虑与砌体模数匹配。

板宽应根据板的制作、运输、起吊等具体条件确定,并要考虑房间排板的要求。考虑预制板的容许误差及板的整体性,板的实际宽度应比标志宽度略小,板缝用细石混凝土灌实。

预制板的标志长度一般根据房屋的开间或进深确定。

2. 预制梁

(1)预制梁的形式。预制梁的截面形式主要有矩形(图 7.31(a))、花兰形(图 7.31(b)、(c))、T 形(图 7.30(d))、倒 T 形(图 7.31(e))和叠合形(图 7.31(f))等。

(2)预制梁的尺寸。预制梁的尺寸确定同现浇梁一样,需考虑承载力及刚度条件。

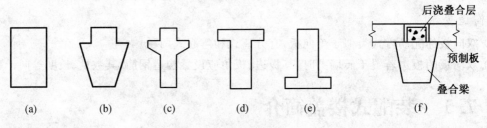

图 7.31   预制梁的形式

7.5.2   预制构件的计算

预制构件同现浇构件一样,应按规定进行承载能力极限状态和正常使用极限状态的计算。除此之外,预制构件尚应考虑制作、运输及安装时的验算。进行吊装时,还要确定吊装方案,确定起吊点,绘制吊装简图。

7.5.3   装配式楼盖的连接

装配式楼盖中,预制板一般简支在砖墙或大梁上,在荷载作用下,为保证各构件之间共同工作,将荷载有效传递,必须妥善处理各构件之间的连接。

装配式楼盖的连接包括板与板的连接、板与墙的连接和梁与墙的连接。

1. 板与板的连接

预制板下部板间缝宽约 20 mm,拼接上口宽度不应小于 30 mm,空心板端孔中应有堵头,深度不宜小于 60 mm,拼缝中应用强度等级不低于 C30 的细石混凝土浇灌,如图 7.32 和 7.33 所示。

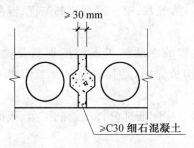

图 7.32 预制空心板拼缝

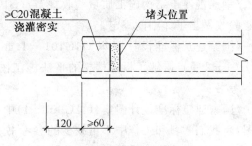

图 7.33 预制空心板堵头

2. 板与墙或梁连接

预制板端宜伸出锚固钢筋相互连接,该锚固钢筋宜与板的支承构件(墙或梁)伸出的钢筋相连,并宜与板端拼缝中设置的通长钢筋连接,如图 7.34 ~ 7.38 所示。

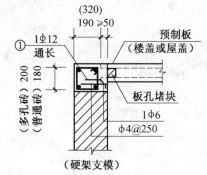

图 7.34 边支座墙板连接

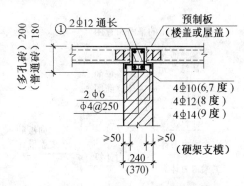

图 7.35 内墙中间支座墙板连接

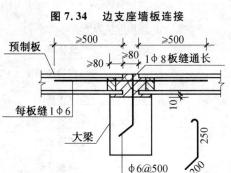

图 7.36 板与梁连接

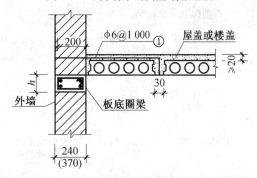

图 7.37 跨度大于 4.8 m 的预制板与外墙拉结

3. 墙与梁连接

梁在砖墙上的支承长度应考虑梁内受力钢筋在支座处的锚固长度的要求,并满足梁下砌体局部受压承载力的要求,当砌体局部受压承载力不足时,应按计算设置梁垫。预制梁的支承处应坐浆,必要时应在梁端设置拉结筋。

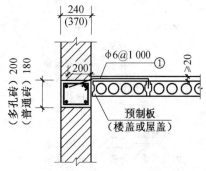

图 7.38 跨度大于 4.8 m 的预制板与圈梁拉结

【知识链接】

《钢筋混凝土设计规范》(GB 50010—2010)第九章第 9.1、9.2 节对受弯构件的构造要求进行了详细的规定;第 9.6 节对装配式结构的设计、构造做出了规定。

《钢筋混凝土结构施工质量验收规范》(GB 50204—2010)第五章、第七章对钢筋工程、混凝土工程质量验收做出了详细的规定。

《国家建筑标准设计图集》11G101－1 重点讲解了梁、板的平法施工图制图规则及构造详图,11G101－2 重点讲解了板式楼梯的平法施工图制图规则及构造详图,是我们学习和工作中不可缺少的参考书。

《国家建筑标准设计图集》(12G901－1)中一般构造和普通板配筋部分详细绘制了梁、板的钢筋排布图,是我们学习和工作中不可缺少的参考书。

《混凝土结构构造手册》第二章、第三章对梁板构造进行了详细介绍,第七章对装配式整体结构的连接进行了详细介绍,可作为我们学习和工作的参考书。

以上规范和图集可与本教材参考学习,以提高学生查阅工具书的能力。

【重点串联】

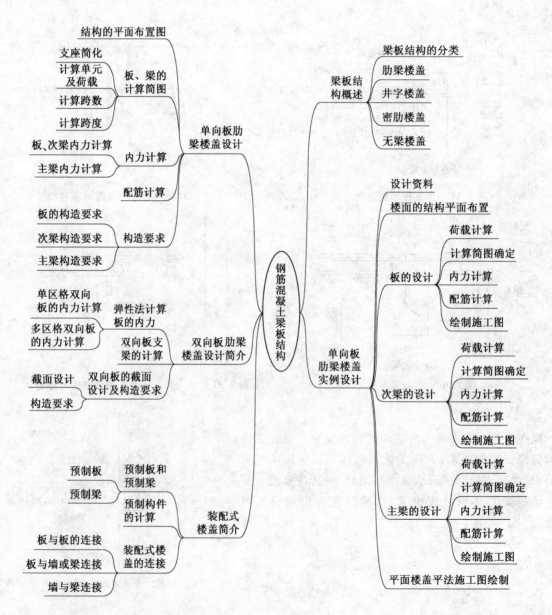

拓展与实训

基础训练

一、填空题

1. 钢筋混凝土单向板肋梁楼盖的传力途径为＿＿＿＿＿＿＿＿。

2. 肋梁楼盖设计中，板和次梁的内力用＿＿＿＿＿方法计算，主梁内力用＿＿＿＿＿方法计算。

3. 板角构造钢筋的直径取＿＿＿＿，间距不大于＿＿＿＿。

4. 主梁截面设计时，支座截面取＿＿＿＿形式，跨中截面取＿＿＿＿形式。

5. 主次梁交接处需设＿＿＿＿，以避免次梁传来的集中力作用引起主梁腹部裂缝。

二、选择题

1. 当板四边支承时，板的长边 l_1 与板的短边 l_2 之比为（　　）时，应按双向板计算。

　　A. $l_1/l_2 > 2$　　　　B. $l_1/l_2 \leqslant 3$　　　　C. $l_1/l_2 \leqslant 2$　　　　D. $l_1/l_2 > 3$

2. 采用弹性理论计算梁板的内力时，应考虑活荷载的最不利布置，当计算某跨跨中最大弯矩时，活荷载应（　　）。

　　A. 本跨布置，然后隔跨布置　　　　　　B. 满跨布置

　　C. 邻跨布置，然后隔跨布置　　　　　　D. 本跨及邻跨布置，然后隔跨布置

3. 当现浇板的受力钢筋与梁平行时，应沿梁长方向配置与梁垂直的上部构造钢筋，上部构造钢筋从梁边伸出长度应满足（　　）。

　　A. 如果 $q/g \geqslant 3$，取 $l_0/3$，如果 $q/g < 3$，取 $l_0/4$

　　B. 取 $l_0/7$

　　C. 取 $l_0/4$

　　D. 取 $l_0/5$

三、简答题

1. 钢筋混凝土楼盖有几种类型，说说它们各自的特点和适用范围。

2. 钢筋混凝土梁板结构设计的一般步骤是什么？

3. 什么是单向板？什么是双向板？如何判别？

4. 现浇单向板肋梁楼盖结构布置可从哪几个方面来体现结构的合理性？

5. 何为活荷载的最不利布置？规律是怎样的？

6. 单向板肋梁楼盖设计的步骤及计算要点是什么？

7. 单向板肋梁楼盖中板、次梁、主梁的构造要求有哪些？

8. 装配式楼盖中各构件之间的连接构造有哪些？

工程模拟训练

某厂房用楼盖，平面尺寸为 30 m×18 m，层高 4.5 m，四周为 370 mm 承重墙，室内设置 8 个立柱（柱截面尺寸取为 400 mm×400 mm），楼盖平面图如图 7.39 所示，楼盖采用现浇的钢筋混凝土单向板肋梁楼盖，试设计。

1. 设计资料

其中荷载及材料如下：

(1) 楼面均布活荷载标准值：$q_k = 5.5$ kN/m²；

(2) 楼面做法：楼面面层用 20 mm 厚水泥砂浆抹面（$\gamma = 20$ kN/m³），钢筋混凝土板、板底及梁用 15 mm 厚石灰砂浆抹底（$\gamma = 17$ kN/m³）；

(3)材料强度等级:混凝土强度等级采用 C30,主梁和次梁的纵向受力钢筋采用 HRB400 级钢筋或 HRB335 级钢筋,板钢筋、主次梁的箍筋采用 HPB300 级钢筋。

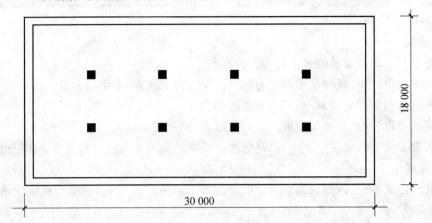

18 000

30 000

图 7.39　楼盖平面图

2.设计内容

(1)结构平面布置图:柱网、主梁、次梁及板的布置。

(2)板的强度计算(按塑性内力重分布计算)。

(3)次梁强度计算(按塑性内力重分布计算)。

(4)主梁强度计算(按弹性理论计算)。

(5)绘制结构施工图:

①结构平面布置图包含板的配筋图(1∶100);

②次梁的配筋图(1∶50;1∶25);

③主梁的配筋图(1∶40;1∶20)。

链接职考

1.关于钢筋混凝土结构楼板、次梁上层钢筋交叉处钢筋安装的通常做法,正确的是(　　)。(2012 年二级建筑师试题:单选题)

　　A.板的钢筋在下,次梁钢筋居中,主梁钢筋在上

　　B.板的钢筋在上,次梁钢筋居中,主梁钢筋在下

　　C.板的钢筋居中,次梁钢筋在下,主梁钢筋在上

　　D.板的钢筋在下,次梁钢筋在上,主梁钢筋居中

2.现浇肋形楼盖中的板、次梁和主梁,一般均为(　　)。(2007 年二级建筑师试题:单选题)

　　A.多跨连续梁　　　　B.简支梁　　　　C.悬臂梁　　　　D.不确定

模块 8

多层及高层钢筋混凝土房屋结构

【模块概述】

高层建筑是近代经济发展和科学技术进步的产物,至今已有 100 余年的历史。高层建筑中,水平荷载和地震作用对结构设计起着决定性的作用。高层建筑占地面积小,可以缓解城市用地紧张,可以节省市政投资费用,丰富城市艺术,同时它也反映了社会的发展和科技的进步。

本模块主要从建筑专业的角度介绍常用钢筋混凝土多、高层结构体系,剪力墙结构、框架—剪力墙结构体系的特点、适用范围及结构布置原则等。重点介绍多层框架结构体系的组成、分类、结构布置、截面尺寸的估算、框架结构的设计计算方法及框架柱的平法施工图识读。

【知识目标】

1. 了解多层及高层建筑的定义、分类及各类结构体系的特点;
2. 了解剪力墙结构、框架—剪力墙结构体系的特点、适用范围及结构布置原则;
3. 掌握框架结构体系的组成、分类及结构布置;
4. 掌握框架结构的设计计算方法。

【技能目标】

1. 初步具有对多层及高层建筑结构合理选型的能力;
2. 具有合理进行框架结构布置的能力及按照框架结构的构造要求正确指导施工的能力;
3. 具有识读框架结构平法施工图的能力。

【课时建议】

14 课时

【工程导入】

图 8.1 为某职业技术学校教学楼建筑平面图,请你选择适当结构形式并进行具体布置,同时说明其理由。

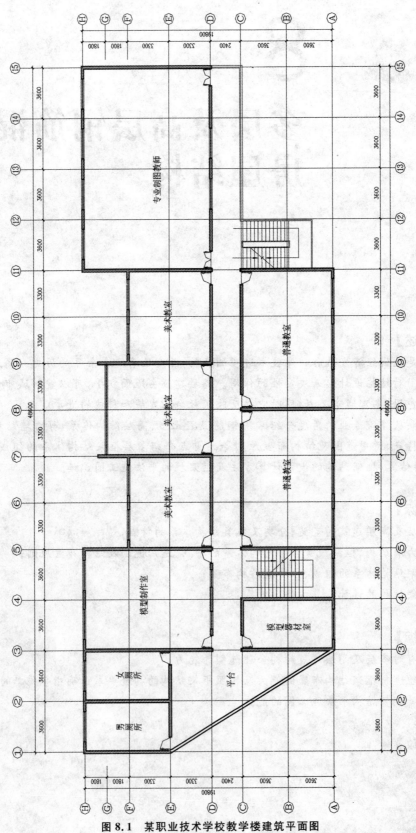

图 8.1 某职业技术学校教学楼建筑平面图

【工程导读】

多层及高层建筑结构的常用结构体系有：混合结构、框架结构、剪力墙结构、框架—剪力墙结构、筒体结构等。在图 8.1 的案例中，要能合理地选择该建筑的结构体系，学生就必须了解多层及高层建筑结构常用结构体系的特点、适用范围、布置原则等内容的相关知识。对最基本的框架结构体系还应掌握其设计计算方法。本章主要针对这些问题介绍多层及高层钢筋混凝土房屋结构体系的特点以及框架结构设计计算等内容。

 # 8.1 概述

近年来，随着社会的发展，多层和高层建筑越来越多，关于高层建筑的定义，在国际上至今尚无统一的划分标准，不同国家、不同地区、不同时期，均有不同的规定。我国《民用建筑设计通则》(GB 50352—2005)将住宅建筑依层数划分为：1~3 层为低层住宅，4~6 层为多层住；除住宅建筑之外的民用建筑高度不大于 24 m 者为单层和多层建筑。《高层建筑混凝土结构技术规程》(JGJ3—2010)中，将 10 层和 10 层以上或高度超过 28 m 的钢筋混凝土房屋，称之为高层建筑。

常用钢筋混凝土多、高层结构体系有：

1. 混合结构体系

混合结构体系是由两种或两种以上不同材料的承重结构所共同组成的结构体系。这种房屋结构的墙体通常是由砖、石、各种砌块材料砌筑而成的，而屋盖和楼盖则用钢筋混凝土或木料建造，一般只用于多层民用建筑和一般的中小型工业厂房。

2. 框架结构体系

框架结构体系是由梁、柱组成框架共同抵抗使用过程中出现的水平荷载和竖向荷载的结构体系。

框架结构中的墙体属于填充墙，一般采用轻质材料填充，起保温、隔热、分隔室内空间等作用。因而它的平面布置灵活，可提供较大的室内空间，立面处理上易于表现建筑艺术的要求，适用于各种多层工业厂房和仓库。在民用建筑中常用于办公楼、旅馆、医院、学校、商店及住宅建筑中。框架体系抗侧移刚度小，在水平荷载作用下位移大，抗震性能较差，故亦称框架结构为"柔性结构"。因此，这种体系在房屋高度和地震区使用受到限制。一般认为，框架结构房屋高度不宜超过 50 m。图 8.2 为一些框架结构的平面布置形式。

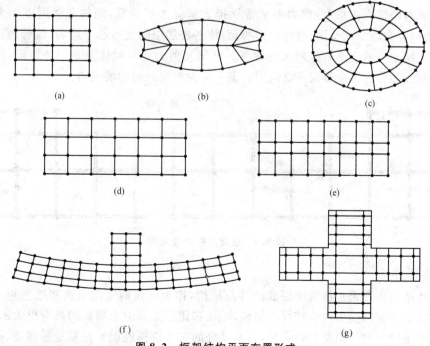

(a)　　　　(b)　　　　(c)

(d)　　　　(e)

(f)　　　　(g)

图 8.2　框架结构平面布置形式

3. 剪力墙结构体系

剪力墙结构体系是利用建筑物的墙体作为竖向承重和抵抗侧向力的结构体系。墙体同时也作为围护及房间分隔构件。

剪力墙结构是由一系列纵向、横向剪力墙及楼盖所组成的空间结构,承受竖向荷载和水平荷载,是高层建筑中常用的结构形式。由于纵、横向剪力墙在其自身平面内的刚度都很大,在水平荷载作用下,侧移较小,因此这种结构抗震及抗风性能都较强,承载力要求也比较容易满足,适宜于建造层数较多的高层建筑。

剪力墙结构墙体多,不容易布置面积较大的房间。为了满足布置门厅、餐厅、会议室等大面积公用房间的要求,以及在住宅楼布置商店和公用设施的要求,可以将剪力墙结构的底部一层或几层取消部分剪力墙,代之以框架,形成框支剪力墙结构。这种结构体系的抗侧移刚度有所削弱,另外由于框架和剪力墙连接部位刚度突变而导致应力集中。因此,底部被取消的剪力墙数目不应过多。图 8.3 为一些剪力墙结构体系。

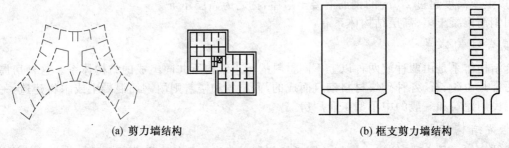

(a) 剪力墙结构　　　　　　　　　　　(b) 框支剪力墙结构

图 8.3　剪力墙结构

4. 框架—剪力墙结构体系

框架—剪力墙结构体系是将框架和剪力墙结构有机地结合在一起,组成一种共同抵抗竖向、水平荷载和作用的结构体系。它利用剪力墙抗侧移刚度和承载力大的优点,弥补了框架结构柔性大和侧移大的缺点,同时只在部分位置上设置剪力墙,保持了框架结构具有较大空间和立面易于变化等优点。

在框架—剪力墙结构体系中,剪力墙常常承担大部分水平荷载,结构总体刚度加大,侧移减小。同时,由于框架和剪力墙协同作用,通过变形协调,使各楼层层间变形趋于均匀,改善纯框架体系和纯剪力墙体系中上部和下部变形差异较大的缺点。框架—剪力墙结构体系是一种比较好的结构体系,在公共建筑和办公楼等建筑中得到广泛应用。图 8.4 为框架—剪力墙结构。

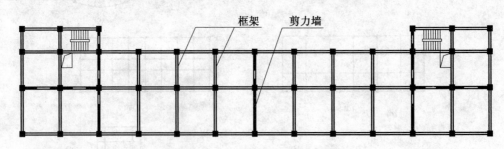

图 8.4　框架—剪力墙结构

5. 筒体结构体系

筒体结构体系是由若干片剪力墙围成的井筒结构,作为建筑的竖向承重和抵抗侧向力的结构体系。筒体结构是一种空间受力性能较好的结构体系,它比框架或剪力墙结构具有更大的强度和刚度,犹如一个固定于基础的封闭箱型悬臂构件,具有良好的抗弯抗扭性能。根据房屋高度、水平荷载大小等将筒体结构分为框架—筒体、框筒、筒中筒及成束筒结构体系。

框架－筒体结构是利用房屋中部的电梯间、楼梯间、设备间等墙体做成剪力墙内筒，又称框架－核心筒结构，它适用于房屋平面为正方形、圆形、三角形、Y 字形或接近正方形的矩形平面的塔式高楼，如图 8.5 所示。

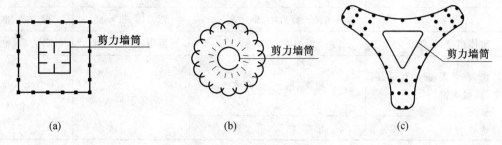

图 8.5　框架－筒体结构

框筒结构是指在外框筒内部布置只承受竖向荷载，水平荷载全部由外框筒承担的梁柱体系。它适用于房屋的平面接近于正方形或圆形的塔式建筑中。如图 8.6 所示筒中筒和成束筒两种结构体系都具有更大的抗水平力的能力。图 8.7 表示筒中筒结构的房屋，即由剪力墙内筒和外框筒两个筒体组合而成，故称为"筒中筒"体系。所谓"成束筒"体系的房屋，是指由几个连在一起的框筒组合而成。美国芝加哥的西尔斯大楼（图 8.8）就是采用成束筒结构建造的。

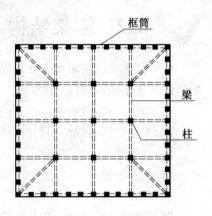

图 8.6　框筒结构

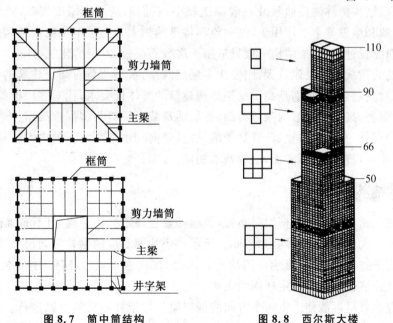

图 8.7　筒中筒结构　　图 8.8　西尔斯大楼

此外，还有其他一些高层建筑结构体系，如框架－核心筒－伸臂结构、巨型框架结构、巨型桁架结构以及悬挂结构体系等也得到广泛应用。但应用最广的还是框架结构、剪力墙结构、框架－剪力墙结构和筒体结构等结构体系。根据我国的经验，各类钢筋混凝土多高层建筑适用的结构体系见表 8.1。

表 8.1　各类高层建筑适用的结构体系

建筑物类型		无抗震设防要求	有抗震设防要求	
			≤50 m	>50 m
住宅楼		框架、剪力墙、框—剪	剪力墙、框—剪	剪力墙、框—剪
集体宿舍、旅馆		剪力墙、框—剪	剪力墙、框—剪	剪力墙、框—剪
公共建筑	办公楼、教学楼、科研楼、医院病房、高级旅馆	框架、框—剪、筒体	框—剪	框—剪 筒体
	综合楼	框架、框支、框—剪		

8.2　框架结构

框架结构是由横梁和立柱组成的杆件体系,节点全部或大部分为刚性连接。框架结构是最常见的竖向承重结构,具有以下优点:

(1)结构轻巧,便于布置。

(2)整体性比砖混结构和内框架承重结构好。

(3)可形成大的使用空间。

(4)施工方便。

(5)较为经济。

框架结构特别适合于在办公楼、教学楼、公共性与商业性建筑、图书馆、公寓以及住宅类建筑中采用。但是,由于框架结构构件的截面尺寸一般都比较小,它们的抗侧移刚度较弱,随着建筑物高度的增加,结构在风荷载和地震等水平作用下,侧向位移将迅速加大。为了不使框架结构构件的截面尺寸过大和截面内钢筋配置过密,框架结构一般只适用于层数不超过 20 层的建筑物中。

高层建筑承受的荷载比多层建筑大,刚度比多层建筑小,水平荷载对高层建筑的影响比多层建筑的影响大。因此,对高层建筑,特别是高层框架结构建筑的整体性要求,比对多层框架结构建筑更高。但是,从设计计算而言,高层框架结构除风荷载、楼面活荷载布置等与多层框架结构略有不同,水平荷载下应补充侧移验算外,在结构布置、计算简图的确定、竖向和水平荷载下的内力计算方法、内力组合原则、截面配筋计算及构造要求等方面,二者基本相同。

8.2.1　框架结构布置

框架结构布置包括柱网布置和框架梁布置(无梁楼盖也属于框架结构,可不布置框架梁)。

柱网布置可分为大柱网和小柱网,如图 8.9 所示。小柱网对应的梁柱截面尺寸可小些,结构造价亦低。但小柱网柱子过多,有可能影响使用功能。因此,在柱网布置时,应针对具体工程综合考虑建筑物的功能要求及经济合理性来确定柱网的大小。

框架梁布置应本着尽可能使纵横两个方向的框架梁与框架柱相交的原则进行。由于高层建筑纵横两个方向都承受较大水平力,因此在纵横两个方向都应按框架设计。框架梁、柱构件的轴线宜重合。如果二者有偏心,梁、柱中心线的偏心距:9 度抗震设计时不应大于柱截面在该方向宽度的 1/4;非抗震设计和 6~8 度抗震设计时不宜大于柱截面在该方向宽度的 1/4。

根据楼盖上竖向荷载的传力路线,框架结构又可分为横向承重、竖向承重及双向承重等几种布置方式,如图 8.10 所示。

房屋平面一般横向尺寸较短,纵向尺寸较长,横向刚度比纵向刚度弱。当框架结构横向布置时,可以在一定程度上改善房屋横向与纵向刚度相差较大的缺点,而且由于连系梁的截面高度一般比主

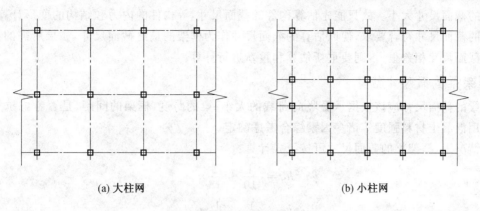

(a) 大柱网   (b) 小柱网

图 8.9 柱网布置

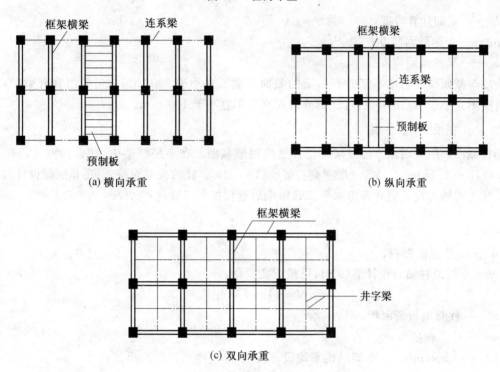

(a) 横向承重   (b) 纵向承重

(c) 双向承重

图 8.10 框架结构的布置

梁小,窗户尺寸可以设计得大一些,室内采光、通风较好。因此,在多层框架结构中,常采用这种结构布置形式。

框架结构纵向承重方案中,楼面荷载由纵向梁传至柱子,横梁高度一般较小,室内净高较大,而且便于管线沿纵向穿行。此外,当地基沿房屋纵向不够均匀时,纵向框架可在一定程度上调整这种不均匀性。纵向框架承重方案的最大缺点是房屋的横向抗侧移刚度小,因而工程中很少采用这种结构布置形式。

框架结构双向承重方案因在纵横两个方向都布置有框架,因此整体性和受力性能都很好。特别适合于对房屋结构的整体性要求较高和楼面荷载较大的情况下采用。高层建筑承受的水平荷载较大,也应设计为双向抗侧力体系,主要结构不应该采用铰接。

8.2.2 截面尺寸估算及混凝土强度等级

框架结构属于超静定结构。框架的内力和变形除取决于荷载的形式与大小之外,还与构件或截面的刚度有关,而构件或截面的刚度又取决于构件的截面尺寸,因此要先确定构件的截面尺寸。反过来,构件的截面尺寸又与荷载和内力的大小等有关,在构件内力没有计算出来以前,很难准确地确定构件的截面尺寸大小。故只能先估算构件的截面尺寸,等构件的内力和结构的变形计算好以后,如果估算的截面尺寸符合要求,便以估算的截面尺寸作为框架的最终截面尺寸,如果所需的截面尺寸与估算的截面尺寸相差很大,则要重新估算和重新进行计算。

1. 框架梁截面尺寸估算

框架梁的截面尺寸应该根据承受竖向荷载的大小、梁的跨度、框架的间距、是否考虑抗震设防要求以及选用混凝土材料强度等诸多因素综合考虑确定。

一般情况下,框架梁的截面尺寸可按下式计算:

$$h_b = (\frac{1}{10} \sim \frac{1}{18})l_b \tag{8.1}$$

$$b_b = (\frac{1}{2} \sim \frac{1}{4})h_b \tag{8.2}$$

式中　　l_b——梁的计算跨度;

　　　　h_b——梁的截面高度;

　　　　b_b——梁的截面宽度。

梁跨度与截面高度之比不宜小于 4,梁的截面宽度不宜小于 200 mm。当采用叠合梁时,预制部分截面高度不宜小于$(1/15)l_b$,后现浇部分截面高度不宜小于 100 mm。

2. 框架柱截面尺寸估算

框架柱截面一般采用正方形或接近正方形的矩形截面。在多层框架中,柱截面宽度可按层高估算,$b_c = (1/10 \sim 1/15)h_i$,$h_i$ 为第 i 层层高。$h_c = (1 \sim 2)b_c$。柱的截面面积 A_c 在非抗震设计时还可根据作用于柱上的轴力设计值并考虑水平荷载影响后近似按下式确定:

$$A_c \geqslant (1.1 \sim 1.2)\frac{N}{f_c} \tag{8.3}$$

式中　　A_c——柱截面面积;

　　　　N——框架柱轴力设计值(kN),可按下式预估:

$$N = (12 \sim 14)nF \tag{8.4}$$

式中　　F——柱每层负荷面积,m^2;

　　　　n——柱负荷层数;

　　　　$12 \sim 14$ kN/m^2——框架结构平均设计荷载,隔墙少而轻时取小值;

　　　　f_c——混凝土轴心抗压强度设计值。

在抗震设计时,柱的截面面积还应考虑轴压比 $N/(f_c A)$ 限值的影响。

框架柱的截面边长,非抗震设计时不宜小于 250 mm,抗震设计时不宜小于 300 mm;圆柱截面直径不宜小于 350 mm。柱剪跨比不宜大于 2;矩形截面柱,截面长短边之比不宜大于 3。

3. 混凝土强度等级

当结构抗震等级为一级时,现浇框架的混凝土强度等级不应低于 C30,抗震等级为二 ～ 四级和非抗震设计时,不应低于 C20。现浇混凝土梁的混凝土强度等级不宜大于 C40;框架柱的混凝土强度等级,抗震设防烈度为 9 度时不宜大于 C60,抗震设防烈度为 8 度不宜大于 C70。

8.2.3　计算单元及计算简图

1. 计算单元

框架结构为空间结构,应取整个结构作为计算单元,但对于平面布置较规则,柱距及跨数相差不多的大多数框架结构,在计算中可将三维框架简化为平面框架,每榀框架按其负荷面积承担外荷载。

各榀框架中(包括纵、横向框架),选出一榀或几榀有代表性的框架作为计算单元。对于结构及荷载相近的单元可以适当统一,以减少计算工作量,如图 8.11 所示。

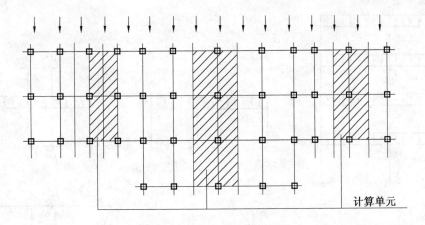

图 8.11 框架结构计算单元

2.计算简图

框架各构件在计算简图中均用单线条代表,如图 8.12 所示。各单线条代表各构件形心轴所在位置线。因此,梁的跨度等于该跨左、右两边柱截面形心轴线之间的距离。为简化起见,底层柱高可从基础顶面算至楼面标高处,中间层柱高可从下一层楼面标高算至上一层楼面标高,顶层柱高可从顶层楼面标高算至屋面标高。

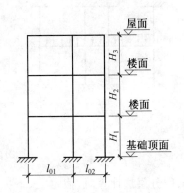

图 8.12 框架结构计算简图

当上、下柱截面发生改变时,取截面较小的截面形心轴线作为计算简图上的柱单元,待框架内力计算完成后,计算杆件内力时,要考虑荷载偏心的影响。

当框架梁的坡度 $i \leqslant \dfrac{1}{8}$ 时,可近似按水平梁计算;

当各跨跨度相差不大于 10% 时,可近似按等跨框架计算;

当梁在端部加腋,且端部截面高度与跨中截面高度之比小于 1.6 时,可不考虑加腋的影响,按等截面梁计算。

在计算模型中,各杆的截面惯性矩:柱按实际截面确定;框架梁则应考虑楼板的作用,一边有楼板,$I = 1.5 I_0$;两边有楼板,$I = 2I_0$(式中 I_0 为梁矩形部分的惯性矩)。

8.2.4 内力计算

框架结构的内力计算可分为竖向荷载作用下的内力计算和水平荷载作用下的内力计算。竖向荷载包括恒载、楼面和屋面活荷载、施工荷载等。水平荷载指风荷载,在抗震设计中还包括地震作用。

框架内力的近似计算方法很多,由于每种方法所采用的假定不同,其计算结果的近似程度也有区别,但一般都能满足工程设计所要求的精度。下面分别介绍近似计算方法中的分层法、反弯点法和 D 值法。

1.竖向荷载作用下内力的近似计算方法 —— 分层法

根据框架在竖向荷载作用下的精确解可知,一般规则框架侧移是极小的,而且每层梁上的荷载对其他各层梁内力的影响也很小。因此可以假定:

(1)框架在竖向荷载作用下,节点的侧移可忽略不计。

(2)每层梁上的荷载对其他各层梁内力的影响可忽略不计。

根据上述假定,多层框架在竖向荷载作用下可以分层计算,计算时可将各层梁及与其相连的上、下柱所组成的开口框架作为独立的计算单元,如图 8.13 所示。

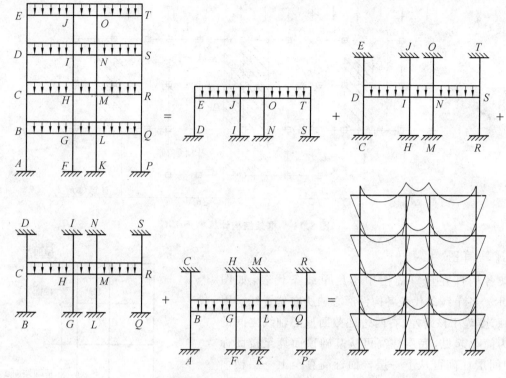

图 8.13　分层法计算框架内力

采用分层法计算时,假定上、下柱的远端为固定与实际情况有出入。因此除底层外,其余各层柱的线刚度乘以折减系数 0.9,并取弯矩传递系数 1/3;底层柱的线刚度不折减,传递系数取 1/2,如图 8.14 所示。按分层法计算的各梁弯矩为最终弯矩,各柱的最终弯矩为与各柱相连的两层计算弯矩叠加。

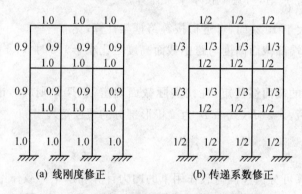

(a) 线刚度修正　　　　　　(b) 传递系数修正

图 8.14　框架各杆的线刚度修正系数与传递系数

需要指出一点,最后算得的各梁、柱弯矩在节点处可能不平衡,但一般误差不大,如有需要,可以将各节点不平衡力矩再分配一次。

2.水平荷载作用下内力的近似计算方法 —— 反弯点法

在工程设计中,通常将作用在框架上的风荷载或水平地震作用化为节点水平力。在节点水平力作用下,其弯矩分布规律如图 8.15 所示,各杆的弯矩都是直线分布的,每根柱都有一个零弯矩点,称为反弯点。在该点处,柱只有剪力作用(图 8.15 中的 V_1、V_2、V_3、V_4)。如果能求出各柱的剪力及反弯点的位置,用柱中剪力乘以反弯点至柱端的高度,即可求出柱端弯矩,再根据节点平衡条件又可求出梁端弯矩。所以反弯点法的关键是确定各柱剪力及反弯点位置。

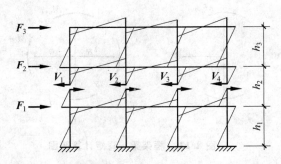

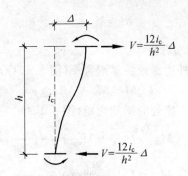

图 8.15   框架在节点水平力作用下弯矩分布规律   **图 8.16   柱剪力与位移的关系**

(1) 反弯点法的基本假定

对于层数不多、柱截面较小、梁柱线刚度比大于 3 的框架,可作如下假定:

① 在确定各柱剪力时,假定框架梁刚度无限大,即各柱端无转角,且同一层柱具有相同的水平位移。

② 最下层各柱的反弯点在距柱底 2/3 高度处,上面各层柱的反弯点在柱高度的中点。

(2) 柱剪力与位移的关系

根据假设 ① 可知,每层各柱受力状态如图 8.16 所示,柱剪力 V 与位移 Δ 之间的关系为

$$V = \frac{12i_c}{h^2}\Delta = D\Delta \tag{8.5}$$

式中 i_c——柱的线刚度;

   h——柱的高度;

   D——抗侧移刚度,即柱上下端产生单位相对位移时所需施加的水平力。

(3) 同层各柱剪力的确定

设同层各柱剪力为 $V_1, V_2, \cdots, V_j, \cdots$,根据平衡条件:

$$V_1 + V_2 + \cdots + V_j + \cdots = \sum F \tag{8.6}$$

将公式(8.5)代入公式(8.6),得

$$\Delta = \frac{\sum F}{D_1 + D_2 + \cdots + D_j + \cdots} = \frac{\sum F}{\sum D}$$

于是有

$$V_j = \frac{D_j}{\sum D}\sum F \tag{8.7}$$

式中 V_j——第 n 层第 j 根柱的剪力;

   D_j——第 n 层第 j 根柱的抗侧移刚度;

   $\sum D$——第 n 层各柱抗侧移刚度总和;

   $\sum F$——第 n 层以上所有水平荷载总和。

(4) 计算步骤

① 按公式(8.7)求出框架中各柱的剪力。

② 取底层柱反弯点在 $\dfrac{2}{3}h$ 处,其他各层柱反弯点在 $\dfrac{1}{2}h$ 处。

③ 柱端弯矩:

底层柱上端: $$M_{上} = V_j \times \frac{1}{3}h$$

底层柱下端: $$M_{下} = V_j \times \frac{2}{3}h$$

其余各层柱上、下端:

$$M = V_j \times \frac{1}{2}h$$

④ 梁端弯矩：

边跨外边缘处的梁端弯矩（图 8.17(a)）：

$$M = M_n + M_{n+1} \qquad (8.8)$$

中间支座处的梁端弯矩（图 8.17(b)）：

$$M_{左} = (M_n + M_{n+1})\frac{i_{左}}{i_{左} + i_{右}} \qquad (8.9)$$

$$M_{右} = (M_n + M_{n+1})\frac{i_{右}}{i_{左} + i_{右}} \qquad (8.10)$$

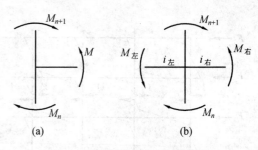

图 8.17　框架梁端弯矩计算简图

3. 水平荷载作用下内力的近似计算 D 值法

D 值法又称改进的反弯点法，是对柱的抗侧移刚度和柱的反弯点位置进行修正后计算框架内力的一种方法。由前述反弯点法可以看出：框架各柱中的剪力仅与各柱间的线刚度比有关，各柱的反弯点位置取为定值，这与框架结构的实际工作情况相差较大。事实上，柱的抗侧移刚度不但与柱本身的线刚度及层高有关，而且还与梁的线刚度有关。反弯点法假定框架横梁刚度无限大，这在层数较多的框架中是不合理的。另外，框架变形后节点必有转角，它既能影响柱中的剪力，也能影响柱中的反弯点位置。故柱的反弯点高度不应是定值，而应随该柱与梁线刚度比以及上下层层高的不同而不同，甚至与房屋的总层数等因素有关。因此，D 值法主要针对柱的抗侧移刚度及反弯点的高度进行改进，以求得更精确的内力值。

D 值法计算原理同反弯点法类似，也即先求出柱的反弯点高度和反弯点高度处的剪力，就可方便地求出框架的内力。D 值法是通过对反弯点法中的柱抗侧移刚度 D 和反弯点高度 h 进行修正来考虑节点转角对框架内力的影响。

（1）柱抗侧移刚度 D 值的修正

在反弯点法中，D 值是按柱梁端为固定端且无转角时确定的，但实际上框架节点是有转角的，考虑这个转角对框架内力的影响，根据转角位移方程可得

$$D = \alpha_c \frac{12i_c}{h^2} \qquad (8.11)$$

式中　　D——考虑梁柱线刚度比影响的柱抗侧移刚度；

α_c——节点转动影响系数，$\alpha_c < 1$，不同部位柱的节点转动影响系数见表 8.2。

表 8.2　节点转动影响系数

柱位 层位	边柱		中柱		α_c
一般层	i_c	$\bar{K} = \dfrac{i_1 + i_2}{2i_c}$	i_c	$\bar{K} = \dfrac{i_1 + i_2 + i_3 + i_4}{2i_c}$	$\alpha_c = \dfrac{\bar{K}}{2 + \bar{K}}$
底层	i_c	$\bar{K} = \dfrac{i_1 + i_2}{2i_c}$	i_c	$\bar{K} = \dfrac{i_1 + i_2 + i_3 + i_4}{2i_c}$	$\alpha_c = \dfrac{0.5\bar{K}}{1 + 2\bar{K}}$
	i_c	$\bar{K} = \dfrac{i_1}{i_c}$	i_c	$\bar{K} = \dfrac{i_1 + i_2}{i_c}$	$\alpha_c = \dfrac{0.5 + \bar{K}}{2 + \bar{K}}$

（2）柱的反弯点高度

梁、柱的线刚度之比不很大，上、下层横梁刚度不同，上、下层层高变化，计算柱所在楼层等，都对柱的反弯点高度有影响。考虑上述因素的影响，各层柱的反弯点高度（图8.18）可用统一的公式计算：

$$yh = (y_0 + y_1 + y_2 + y_3)h \qquad (8.12)$$

式中　yh——D 值法取的反弯点高度值，h 为该柱层高；

　　　y——柱反弯点高度比（某柱下部节点到反弯点距离与该柱高度的比值）；

　　　y_0——标准反弯点高度比，按表 8.3 查用；

　　　y_1——考虑上下层梁刚度不同时反弯点高度比的修正值，按表 8.4 查用；

　　　y_2、y_3——考虑上、下层层高变化时反弯点高度比的修正值，按表 8.5 查用。

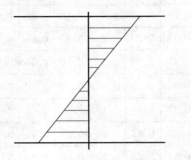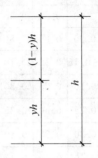

图 8.18　反弯点高度

表 8.3　规则框架承受均布水平荷载时标准反弯点高度比 y_0 值

m	n	K 0.1	0.2	0.3	0.4	0.5	0.6	0.7	0.8	0.9	1.0	2.0	3.0	4.0	5.0
1	1	0.80	0.75	0.70	0.65	0.65	0.60	0.60	0.60	0.60	0.55	0.55	0.55	0.55	0.55
2	2	0.45	0.40	0.35	0.35	0.35	0.35	0.40	0.40	0.40	0.40	0.45	0.45	0.45	0.45
	1	0.90	0.80	0.75	0.70	0.65	0.65	0.65	0.60	0.60	0.60	0.55	0.55	0.55	0.55
3	3	0.15	0.20	0.20	0.25	0.30	0.30	0.30	0.35	0.35	0.35	0.40	0.45	0.45	0.45
	2	0.55	0.50	0.45	0.45	0.45	0.45	0.45	0.45	0.45	0.45	0.45	0.50	0.50	0.50
	1	1.00	0.85	0.80	0.75	0.70	0.70	0.65	0.65	0.65	0.60	0.55	0.55	0.55	0.55
4	4	−0.05	0.05	0.15	0.20	0.25	0.30	0.30	0.35	0.35	0.35	0.40	0.45	0.45	0.45
	3	0.25	0.30	0.30	0.35	0.35	0.40	0.40	0.40	0.40	0.45	0.45	0.45	0.50	0.50
	2	0.65	0.55	0.50	0.50	0.45	0.45	0.45	0.45	0.45	0.45	0.45	0.50	0.50	0.50
	1	1.10	0.90	0.80	0.75	0.70	0.70	0.55	0.65	0.55	0.60	0.55	0.55	0.55	0.55
5	5	−0.20	0.00	0.15	0.20	0.25	0.30	0.30	0.30	0.35	0.35	0.40	0.45	0.45	0.45
	4	0.10	0.20	0.25	0.30	0.35	0.35	0.40	0.40	0.40	0.40	0.45	0.45	0.50	0.50
	3	0.40	0.40	0.40	0.40	0.40	0.45	0.45	0.45	0.45	0.45	0.50	0.50	0.50	0.50
	2	0.65	0.55	0.50	0.50	0.50	0.50	0.50	0.50	0.50	0.50	0.50	0.50	0.50	0.50
	1	1.20	0.95	0.80	0.75	0.75	0.70	0.70	0.65	0.65	0.65	0.55	0.55	0.55	0.55
6	6	−0.30	0.00	0.10	0.20	0.25	0.25	0.30	0.30	0.35	0.35	0.40	0.45	0.45	0.45
	5	0.00	0.20	0.25	0.30	0.35	0.35	0.40	0.40	0.40	0.40	0.45	0.45	0.50	0.50
	4	0.20	0.30	0.35	0.35	0.40	0.40	0.40	0.45	0.45	0.45	0.45	0.50	0.50	0.50
	3	0.40	0.40	0.40	0.45	0.45	0.45	0.45	0.45	0.45	0.45	0.50	0.50	0.50	0.50
	2	0.70	0.60	0.55	0.50	0.50	0.50	0.50	0.50	0.50	0.50	0.50	0.50	0.50	0.50
	1	1.20	0.95	0.85	0.80	0.75	0.70	0.70	0.65	0.65	0.65	0.55	0.55	0.55	0.55

续表 8.3

m	n \\ K	0.1	0.2	0.3	0.4	0.5	0.6	0.7	0.8	0.9	1.0	2.0	3.0	4.0	5.0
1	1	0.80	0.75	0.70	0.65	0.65	0.60	0.60	0.60	0.60	0.55	0.55	0.55	0.55	0.55
7	7	−0.35	−0.05	0.10	0.20	0.20	0.25	0.30	0.30	0.35	0.35	0.40	0.45	0.45	0.45
	6	−0.10	0.15	0.25	0.30	0.35	0.35	0.35	0.40	0.40	0.40	0.45	0.45	0.50	0.50
	5	0.10	0.25	0.30	0.35	0.40	0.40	0.40	0.45	0.45	0.45	0.50	0.50	0.50	0.50
	4	0.30	0.35	0.40	0.40	0.40	0.45	0.45	0.45	0.45	0.45	0.50	0.50	0.50	0.50
	3	0.50	0.45	0.45	0.45	0.45	0.45	0.45	0.45	0.45	0.50	0.50	0.50	0.50	0.50
	2	0.75	0.60	0.55	0.50	0.50	0.50	0.50	0.50	0.50	0.50	0.50	0.50	0.50	0.50
	1	1.20	0.95	0.85	0.80	0.75	0.70	0.70	0.65	0.65	0.65	0.55	0.55	0.55	0.55
8	8	−0.35	−0.15	0.10	0.10	0.25	0.25	0.30	0.30	0.35	0.35	0.40	0.45	0.45	0.45
	7	0.10	0.15	0.25	0.30	0.35	0.35	0.40	0.40	0.40	0.40	0.45	0.50	0.50	0.50
	6	0.05	0.25	0.30	0.35	0.40	0.40	0.45	0.45	0.45	0.45	0.45	0.50	0.50	0.50
	5	0.20	0.30	0.35	0.40	0.40	0.45	0.45	0.45	0.45	0.45	0.50	0.50	0.50	0.50
	4	0.35	0.40	0.40	0.45	0.45	0.45	0.45	0.45	0.45	0.45	0.50	0.50	0.50	0.50
	3	0.50	0.45	0.45	0.45	0.45	0.45	0.45	0.45	0.50	0.50	0.50	0.50	0.50	0.50
	2	0.75	0.60	0.55	0.55	0.50	0.50	0.50	0.50	0.50	0.50	0.50	0.50	0.50	0.50
	1	1.20	1.00	0.85	0.80	0.75	0.70	0.70	0.65	0.65	0.65	0.55	0.55	0.55	0.55
9	9	−0.40	−0.05	0.10	0.20	0.25	0.25	0.30	0.30	0.35	0.35	0.45	0.45	0.45	0.45
	8	−0.15	0.15	0.25	0.30	0.35	0.35	0.35	0.40	0.40	0.40	0.45	0.45	0.50	0.50
	7	0.05	0.25	0.30	0.35	0.40	0.40	0.40	0.45	0.45	0.45	0.45	0.50	0.50	0.50
	6	0.15	0.30	0.35	0.40	0.40	0.45	0.45	0.45	0.45	0.45	0.50	0.50	0.50	0.50
	5	0.25	0.35	0.40	0.40	0.45	0.45	0.45	0.45	0.45	0.45	0.50	0.50	0.50	0.50
	4	0.40	0.40	0.40	0.45	0.45	0.45	0.45	0.45	0.45	0.45	0.50	0.50	0.50	0.50
	3	0.55	0.45	0.45	0.45	0.45	0.45	0.45	0.45	0.50	0.50	0.50	0.50	0.50	0.50
	2	0.80	0.65	0.55	0.55	0.50	0.50	0.50	0.50	0.50	0.50	0.50	0.50	0.50	0.50
	1	1.20	1.00	0.85	0.80	0.75	0.70	0.70	0.65	0.65	0.65	0.55	0.55	0.55	0.55
10	10	−0.40	−0.05	0.10	0.20	0.25	0.30	0.30	0.30	0.30	0.35	0.40	0.45	0.45	0.45
	9	−0.15	0.15	0.25	0.30	0.35	0.35	0.40	0.40	0.40	0.40	0.45	0.45	0.50	0.50
	8	0.00	0.25	0.30	0.35	0.40	0.40	0.40	0.45	0.45	0.45	0.45	0.50	0.50	0.50
	7	0.15	0.30	0.35	0.40	0.40	0.40	0.45	0.45	0.45	0.45	0.50	0.50	0.50	0.50
	6	0.20	0.35	0.40	0.40	0.45	0.45	0.45	0.45	0.45	0.45	0.50	0.50	0.50	0.50
	5	0.30	0.40	0.40	0.45	0.45	0.45	0.45	0.45	0.45	0.45	0.50	0.50	0.50	0.50
	4	0.40	0.40	0.45	0.45	0.45	0.45	0.45	0.45	0.45	0.45	0.50	0.50	0.50	0.50
	3	0.55	0.50	0.45	0.45	0.45	0.50	0.50	0.50	0.50	0.50	0.50	0.50	0.50	0.50
	2	0.80	0.65	0.55	0.55	0.55	0.50	0.50	0.50	0.50	0.50	0.50	0.50	0.50	0.50
	1	1.30	1.00	0.85	0.80	0.75	0.70	0.70	0.65	0.65	0.65	0.60	0.55	0.55	0.55

续表 8.3

m	n	0.1	0.2	0.3	0.4	0.5	0.6	0.7	0.8	0.9	1.0	2.0	3.0	4.0	5.0
1	1	0.80	0.75	0.70	0.65	0.65	0.60	0.60	0.60	0.60	0.55	0.55	0.55	0.55	0.55
11	11	−0.40	−0.05	0.10	0.20	0.25	0.30	0.30	0.30	0.35	0.35	0.40	0.45	0.45	0.45
	10	−0.15	0.15	0.25	0.30	0.35	0.35	0.40	0.40	0.40	0.40	0.45	0.50	0.50	0.50
	9	0.00	0.25	0.30	0.35	0.40	0.40	0.40	0.45	0.45	0.45	0.45	0.50	0.50	0.50
	8	0.10	0.30	0.35	0.40	0.40	0.45	0.45	0.45	0.45	0.45	0.50	0.50	0.50	0.50
	7	0.20	0.35	0.40	0.45	0.45	0.45	0.45	0.45	0.45	0.45	0.50	0.50	0.50	0.50
	6	0.25	0.35	0.40	0.45	0.45	0.45	0.45	0.45	0.45	0.45	0.50	0.50	0.50	0.50
	5	0.35	0.40	0.40	0.45	0.45	0.45	0.45	0.45	0.45	0.50	0.50	0.50	0.50	0.50
	4	0.40	0.45	0.45	0.45	0.45	0.45	0.45	0.50	0.50	0.50	0.50	0.50	0.50	0.50
	3	0.55	0.50	0.50	0.50	0.50	0.50	0.50	0.50	0.50	0.50	0.50	0.50	0.50	0.50
	2	0.80	0.65	0.60	0.55	0.55	0.50	0.50	0.50	0.50	0.50	0.50	0.50	0.50	0.50
	1	1.30	1.00	0.85	0.80	0.75	0.70	0.70	0.65	0.65	0.65	0.60	0.55	0.55	0.55
12	自上 1	−0.40	−0.05	0.10	0.20	0.25	0.30	0.30	0.30	0.35	0.35	0.40	0.45	0.45	0.45
	2	−0.15	0.15	0.25	0.30	0.35	0.35	0.40	0.40	0.40	0.40	0.45	0.50	0.50	0.50
	3	0.00	0.25	0.30	0.35	0.40	0.40	0.40	0.45	0.45	0.45	0.50	0.50	0.50	0.50
	4	0.10	0.30	0.35	0.40	0.40	0.45	0.45	0.45	0.45	0.45	0.50	0.50	0.50	0.50
	5	0.20	0.35	0.40	0.45	0.45	0.45	0.45	0.45	0.45	0.45	0.50	0.50	0.50	0.50
	6	0.25	0.35	0.40	0.45	0.45	0.45	0.45	0.45	0.45	0.45	0.50	0.50	0.50	0.50
	7	0.30	0.40	0.40	0.45	0.45	0.45	0.45	0.45	0.45	0.50	0.50	0.50	0.50	0.50
	8	0.35	0.40	0.45	0.45	0.45	0.45	0.45	0.50	0.50	0.50	0.50	0.50	0.50	0.50
	中间	0.40	0.40	0.45	0.45	0.45	0.45	0.50	0.50	0.50	0.50	0.50	0.50	0.50	0.50
	4	0.45	0.45	0.45	0.45	0.50	0.50	0.50	0.50	0.50	0.50	0.50	0.50	0.50	0.50
	3	0.60	0.50	0.50	0.50	0.50	0.50	0.50	0.50	0.50	0.50	0.50	0.50	0.50	0.50
	2	0.80	0.65	0.60	0.55	0.50	0.50	0.50	0.50	0.50	0.50	0.50	0.50	0.50	0.50
	自下 1	1.30	1.00	0.85	0.80	0.75	0.70	0.70	0.65	0.65	0.65	0.55	0.55	0.55	0.55

表 8.4　上下梁相对刚度变化时修正值 y_1

y_1 ＼ $\bar{K}$	0.1	0.2	0.3	0.4	0.5	0.6	0.7	0.8	0.9	1.0	2.0	3.0	4.0	5.0
0.4	0.55	0.40	0.30	0.25	0.20	0.20	0.20	0.15	0.15	0.15	0.05	0.05	0.05	0.05
0.5	0.45	0.30	0.20	0.20	0.15	0.15	0.15	0.10	0.10	0.10	0.05	0.05	0.05	0.05
0.6	0.30	0.20	0.15	0.15	0.10	0.10	0.10	0.10	0.05	0.05	0.05	0.05	0.00	0.00
0.7	0.20	0.15	0.10	0.10	0.10	0.05	0.05	0.05	0.05	0.05	0.05	0.00	0.00	0.00
0.8	0.15	0.10	0.05	0.05	0.05	0.05	0.05	0.05	0.05	0.00	0.00	0.00	0.00	0.00
0.9	0.05	0.05	0.05	0.05	0.00	0.00	0.00	0.00	0.00	0.00	0.00	0.00	0.00	0.00

表 8.5　上下层柱高度变化时修正值 y_2 和 y_3

y_2	y_3 $\diagdown$ $\bar{K}$	0.1	0.2	0.3	0.4	0.5	0.6	0.7	0.8	0.9	1.0	2.0	3.0	4.0	5.0
2.0		0.25	0.15	0.15	0.10	0.10	0.10	0.10	0.10	0.05	0.05	0.05	0.05	0.00	0.00
1.8		0.20	0.15	0.10	0.10	0.10	0.05	0.05	0.05	0.05	0.05	0.05	0.00	0.00	0.00
1.6	0.4	0.15	0.10	0.10	0.05	0.05	0.05	0.05	0.05	0.05	0.05	0.05	0.00	0.00	0.00
1.4	0.6	0.10	0.05	0.05	0.05	0.05	0.05	0.05	0.05	0.05	0.05	0.00	0.00	0.00	0.00
1.2	0.8	0.05	0.05	0.05	0.05	0.00	0.00	0.00	0.00	0.00	0.00	0.00	0.00	0.00	0.00
1.0	1.0	0.00	0.00	0.00	0.00	0.00	0.00	0.00	0.00	0.00	0.00	0.00	0.00	0.00	0.00
0.8	1.2	−0.05	−0.05	−0.05	−0.05	0.00	0.00	0.00	0.00	0.00	0.00	0.00	0.00	0.00	0.00
0.6	1.4	−0.10	−0.05	−0.05	−0.05	−0.05	−0.05	−0.05	−0.05	−0.05	−0.05	0.00	0.00	0.00	0.00
0.4	1.6	−0.15	−0.10	−0.10	−0.05	−0.05	−0.05	−0.05	−0.05	−0.05	−0.05	−0.05	0.00	0.00	0.00
	1.8	−0.20	−0.15	−0.10	−0.10	−0.10	−0.05	−0.05	−0.05	−0.05	−0.05	−0.05	0.00	0.00	0.00
	2.0	−0.25	−0.15	−0.15	−0.10	−0.10	−0.10	−0.10	−0.10	−0.05	−0.05	−0.05	−0.05	0.00	0.00

4. 框架结构的侧移计算

在水平荷载作用下框架的侧移可以看作是梁、柱弯曲变形和轴向变形所引起的侧移之和。由于杆件中弯矩引起的框架侧移从总体变形规律上看(图 8.19(c))类似于一实体悬臂梁的剪切变形曲线,故称其为总体剪切变形,其特点是上部层间侧移小,下部层间侧移大($\Delta\mu_1 > \Delta\mu_2 > \cdots > \Delta\mu_m$);而由杆件轴力引起的框架侧移从总体变形规律上看,类似于一实体悬臂梁的弯曲变形(图 8.19(e)),故一般称其为总体弯曲变形,其特点是上部层间侧移大,下部层间侧移小。

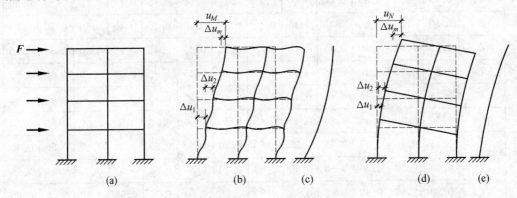

图 8.19　框架在水平荷载作用下的侧移

一般的多层框架,其侧移主要由梁、柱的弯曲变形引起的,及主要发生总体剪切变形,对于 $H >$ 50 m 或 $\dfrac{H}{B} > 4$ 的细高框架结构,则还要考虑总体弯曲变形。

(1) 梁柱弯曲变形引起的框架侧移 μ_M

由 D 值法可知,在水平荷载作用下,同一层柱的抗侧移刚度之和为 $\sum D$(即该层框架产生单位层间侧移所需要的层间剪力),当已知第 n 层的层间剪力为 V_n 时,则层间侧移应为

$$\Delta\mu_n = \frac{V_n}{\sum D} \tag{8.13}$$

式中　　$\Delta\mu_n$——层间侧移;

　　　　V_n——第 n 层的层间剪力,$V_n = \sum_{k=n}^{m} F_k$(即第 n 层以上所有水平荷载的总和,m 为框架的总层数);

　　　　$\sum D$——第 n 层各柱抗侧移刚度总和。

按上式求得每层框架的层间侧移之后,则框架的总侧移为

$$\mu_M = \Delta\mu_1 + \Delta\mu_2 + \cdots + \Delta\mu_m = \sum_{n=1}^{m}\Delta\mu_n$$

(2)柱轴向变形引起的框架侧移 μ_N

对于 $H > 50$ m 或 $\dfrac{H}{B} > 4$ 的细高框架结构除考虑梁、柱弯曲变形引起的侧移 μ_M 之外,还必须考虑由柱轴向变形引起的结构顶点侧移 μ_N。图 8.20 所示的框架在水平荷载作用下,框架一侧产生轴向拉力,而另一侧则产生轴向压力。根据结构力学知识,可得框架由轴向变形引起的侧移为

$$\mu_N = \frac{V_0 H^3}{EA_1 B^2}F(n) \tag{8.14}$$

式中　V_0 —— 框架底部总剪力,即作用于框架上所有水平外荷载之和;

　　　EA_1 —— 底层外柱的轴向刚度;

　　　$F(n)$ —— 系数,取决于荷载形式、顶层与底层柱的轴向刚度比 n,可由图 8.21 查得。

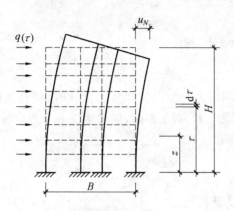

图 8.20　轴力引起的水平位移计算简图

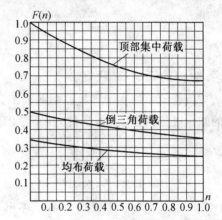

图 8.21　$F(n)$ 系数

8.2.5　框架结构的内力组合

1.构件的控制截面与最不利内力

框架在恒载、楼面活荷载、屋面活荷载、风荷载作用下的内力分别按上一节所述方法求出,要计算各主要截面可能发生的最不利内力。这种计算各主要截面可能发生的最不利内力的工作,称之为内力组合。

框架每一根杆件都有许多截面,但内力组合只需在每根杆件的几个主要截面进行。这几个主要截面的内力求出后,按此内力进行杆件的配筋便可以保证此杆件有足够的可靠度。这些主要截面称之为杆件的控制截面。

内力组合是针对控制截面的内力进行的。框架梁控制截面为梁端及跨中;框架柱控制截面为柱端。各控制截面内力类型见表 8.6。

表 8.6　最不利内力类型

构件	梁		柱
控制截面	梁端	跨中	柱端
最不利内力	$-M_{max}$	$+M_{max}$	$+M_{max}$ 及相应的 N、V
	$+M_{max}$	$-M_{max}$	$-M_{max}$ 及相应的 N、V
	$\|V\|_{max}$		N_{max} 及相应的 M、V
			N_{min} 及相应的 M、V

表梁端指柱边,柱端指梁底及梁顶,如图 8.22 所示。

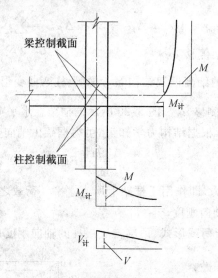

图 8.22 梁、柱端设计控制截面

2. 框架结构的荷载效应组合

荷载效应组合的目的在于寻找控制截面的最不利内力。多层框架结构设计时,荷载效应组合可按模块 2 的知识进行内力组合,因此,在不考虑抗震设计时,对于框架,应考虑以下几种荷载组合:

$$1.2 \times 永久荷载 + 1.4 \times 风荷载$$
$$1.2 \times 永久荷载 + 1.4 \times 活荷载$$
$$1.2 \times 永久荷载 + 1.4 \times 0.9(活荷载 + 风荷载)$$
$$1.35 \times 永久荷载 + 1.4 \times 0.7 活荷载$$

(1) 竖向活荷载的布置

永久荷载长期作用在结构上,任何时候都必须考虑,因此计算内力时采用满布的方式。而活荷载是可变的,各种不同的布置会产生不同的内力,因此应由最不利布置方式计算内力,以求得截面最不利内力。

考虑活荷载最不利布置有分跨计算组合法、最不利荷载位置法、分层组合法和满布荷载法等四种方法。

① 分跨计算组合法

将活荷载逐层逐跨单独地作用在结构上,分别计算出整个结构的内力,根据不同的构件、不同的截面、不同的内力种类,组合出最不利内力。以一个两跨三层的框架为例,逐层逐跨布置活荷载,共有 6 种(跨数×层数)不同的活荷载布置方式,以及需要计算 6 次结构的内力,其计算工作量比较大。但求出这些单跨荷载下框架的内力以后,即可求得任意截面上的最大内力,其过程较为简单,概念清楚。在运用计算机程序进行内力组合时,常采用这一方法。

为减少计算工作量,可不考虑屋面活荷载的最不利分布而按满布考虑。

② 最不利荷载位置法

为求某一指定截面的最不利内力,可以根据影响线方法,直接确定产生此最不利内力的活荷载布置。以图 8.23(a) 的四层四跨框架为例,欲求某跨梁 AB 的跨中 C 截面最大正弯矩 M_c 的活荷载最不利布置,可先作 M_c 的影响线,即解除 M_c 相应的约束(将 C 点改为铰),代之以正向约束力,使结构沿约束力的正向产生单位虚位移 $\theta_c = 1$,由此可得到整个结构的虚位移图,如图 8.23(b) 所示。

根据虚位移原理,为求梁 AB 跨中最大正弯矩,则须在图 8.23(b) 中,凡产生正向虚位移的跨间均布置活荷载。亦即除该跨必须布置活荷载外,其他各跨应相间布置,同时在竖向亦相间布置,形成棋盘形间隔布置,如图 8.23(c) 所示。可以看出,当 AB 跨达到跨中弯矩最大时的活荷载最不利布置,也正好使其他布置活荷载跨的跨中弯矩达到最大值。因此,只要进行两次棋盘形活荷载布置,便可求得整个框架中所有梁的跨中最大正弯矩。

梁端最大负弯矩或柱端最大弯矩的活荷载最不利布置,亦可用上述方法得到。但当框架结构各跨各层梁柱线刚度不一致时,要准确地作出其影响线是十分困难的。对于远离计算截面的框架节点往往难以准确地判断其虚位移(转角)的方向,但由于远离计算截面处的荷载,对于计算截面的内力影响很小,在实用中往往可以忽略不计。

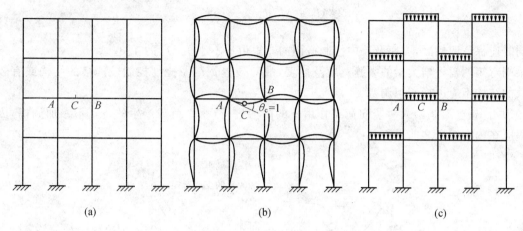

(a)   (b)   (c)

图 8.23 最不利荷载布置

③ 分层组合法

不论用分跨计算组合法还是用最不利荷载位置法求活荷载最不利布置时的结构内力,都非常繁冗。分层组合法以分层法为依据,比较简单,对活荷载的最不利布置作如下简化:

a. 对于梁,只考虑本层活荷载的不利布置,而不考虑其他层活荷载的影响。因此,其布置方法和连续梁的活荷载最不利布置方法相同。

b. 对于柱端弯矩,只考虑柱相邻上下层的活荷载的影响,而不考虑其他层活荷载的影响。

c. 对于柱最大轴力,则考虑在该层以上所有层中与该柱相邻的梁上满布活荷载的情况。

④ 满布荷载法

前三种方法计算工作量都很大,结果相对准确地反映了活荷载不利布置的影响,适用于竖向活荷载很大的多层工业厂房、多层图书馆和仓库建筑中,而在一般民用建筑中,由于竖向活荷载不会很大(一般小于 3.5 kN/m²),活荷载产生的内力远小于永久荷载及水平力所产生的内力时,可不考虑活荷载的最不利布置,而把活荷载同时作用于所有的框架梁上,即满布荷载法。

这样求得的内力在支座处与按最不利荷载位置法求得的内力极为相近,可直接进行内力组合。但求得的梁的跨中弯矩却比最不利荷载位置法的计算结果要小,因此对梁跨中弯矩应乘以 1.1 ～ 1.2 的系数予以增大。

当考虑地震作用组合时,重力荷载代表值作用下的效应,可不考虑活荷载的不利布置而按满布荷载计算。

(2)梁端弯矩调幅

按照框架结构在强震下的合理破坏模式,塑性铰应在梁端出现;同时,为了便于浇筑混凝土,也往往希望减少节点处梁的上部钢筋;而对于装配式或装配整体式框架,节点并非绝对刚性,梁端实际弯矩将小于弹性计算值。因此,在进行框架结构设计时,一般均对梁端弯矩进行调幅,即人为地减小梁端负弯矩,减少节点附近梁的上部钢筋。

设某框架梁 AB 在竖向荷载作用下,梁端最大负弯矩分别为 M_{A0}、M_{B0},梁跨中最大正弯矩为 M_{C0},则调幅后梁端弯矩可取

$$M_A = \beta M_{A0} \tag{8.15}$$
$$M_B = \beta M_{B0} \tag{8.16}$$

式中　β——弯矩调幅系数。

对于现浇框架,可取 $\beta=0.8\sim0.9$;对于装配整体式框架,由于框架端的实际弯矩比弹性计算值要小,弯矩调幅系数允许取得低一些,一般取 $\beta=0.7\sim0.8$。

支座弯矩降低后,经过塑性内力重分布,在相应荷载作用下的跨中弯矩将增加,如图 8.24 所示。这时应校核该梁的静力平衡条件,即调幅后梁端弯矩 M_A、M_B 的平均值与跨中最大正大弯矩 M_{C0} 之和应大于按简支梁计算的跨中弯矩值 M_0。

$$\frac{|M_A+M_B|}{2}+M_{C0}\geqslant M_0 \tag{8.17}$$

同时应保证调幅后,支座及跨中控制截面的弯矩值均不小于 M_0 的 $1/3$。

梁端弯矩调幅将增大梁的裂缝宽度及挠度,故对裂缝宽度及挠度控制较严格的结构或有较大振动荷载的结构不应进行弯矩调幅。

必须指出,弯矩调幅只对竖向荷载作用下的内力进行,水平荷载产生的弯矩不参加调幅,因此弯矩调幅应在内力组合之前进行。

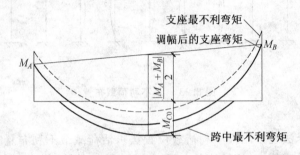

图 8.24　支座弯矩调幅

3. 多层框架的杆件设计

对无抗震设防要求的框架,按照上述方法得到控制截面的基本组合内力后,可进行梁柱截面设计。对框架梁来说,和基本构件截面承载力设计方法完全相同;而框架柱的截面设计需考虑侧向约束条件对计算长度的影响,按偏压构件计算。此处仅探讨框架柱的计算长度。

框架柱的计算长度应根据框架不同的侧向约束条件及荷载情况,并考虑柱的二阶效应(由轴向力与柱的挠曲变形所引起的附加弯矩,之所以成为二阶,是因为该现象是由二阶微分方程描述的)对柱截面设计的影响程度来确定。

按《混凝土结构设计规范》(GB 50010—2010)规定,柱的计算长度按下列三种情况取不同的值。

(1)无侧移的框架结构

无侧移框架是指具有非轻质隔墙等较强抗侧力体系,使框架几乎不承受侧向力而主要承担竖向荷载。例如,具有非轻质隔墙的多层房屋,当为三跨及三跨以上或为两跨且房屋的总宽度不小于房屋总高度的 $1/3$ 时,各层柱的计算长度可采取:

现浇楼盖:　　　　　　　　　　　$l_0=0.7H$
装配式楼盖:　　　　　　　　　　$l_0=1.0H$

这里,H 为柱所在层的框架结构层高。

(2)一般多层房屋的框架结构

有侧移框架指主要侧向力由框架本身承担。这类框架包括无任何墙体的空框架结构,或墙体可能拆除的框架结构;填充墙为轻质墙体的框架;仅在一侧设有刚性山墙,其余部分无抗侧刚性墙;刚性隔墙之间的距离过大(如现浇盖房屋中,大于 3 倍房屋宽度;装备式楼盖房屋中,大于 2.5 倍房屋宽度)的框架。

这类框架柱的计算长度可取为:

现浇楼盖:底层柱 $l_0=1.0H$;其他层柱 $l_0=1.25H$。

装配式楼盖：底层柱 $l_0=1.25H$；其他层柱 $l_0=1.5H$。

（3）特殊情况下的框架

柱的计算长度应根据可靠设计经验或按计算确定。例如，无楼板或楼板上开孔较大的多层钢筋混凝土框架以及无抗侧刚性墙的单跨钢筋混凝土框架等。

处理柱计算长度问题的一般方法是对结构进行考虑二阶效应的弹性分析，以此确定结构构件中各控制截面的内力设计值。得到的内力进行截面设计时无需考虑偏心距增大系数。《混凝土结构设计规范》(GB 50010—2010) 规定，对有侧移的非规则框架、柱梁线刚度比过大的有侧移框架、框剪结构和框架－核心筒结构，宜采用考虑二阶效应的弹性分析方法来确定内力设计值。此时，结构分析中应对结构构件的弹性抗弯刚度 E_cI 乘以下列修正系数：梁，0.4；柱，0.6；对已开裂的剪力墙及核心筒壁，取 0.4。

考虑二阶效应的分析方法当然也可用于规则框架结构。须注意，若框架内力分析时已采用考虑二阶效应的分析方法，则不必再考虑计算长度及偏心距增大系数。

4. 现浇多层框架节点设计

节点设计是框架结构设计中极重要的一环。节点设计应保证整个框架结构安全可靠、经济合理，且便于施工。在非地震区，框架节点的承载能力一般通过采取适当的构造措施来保证。对装配整体式框架的节点，还需保证结构的整体性，受力明确，构造简单，安装方便，又易于调整，在构件连接后能尽早地承受部分或全部设计荷载，使上部结构得以及时继续安装。

（1）一般要求

① 混凝土强度

框架节点区的混凝土强度等级，应不低于柱的混凝土强度等级。在装配整体式框架中，后浇节点的混凝土强度等级宜比预制柱的混凝土强度等级提高 5 N/mm²。

② 箍筋

在框架节点范围内应设置水平箍筋，间距不宜大于 250 mm，并应符合柱中箍筋的构造要求。对四边均有梁与之相连的中间节点，节点内可只设矩形箍筋，而不设复合箍筋。当顶层端节点内设有梁上部纵筋和柱外侧纵筋的搭接接头时，节点内水平箍筋的布置应依照纵筋搭接范围内箍筋的布置要求确定。

③ 截面尺寸

如节点截面过小，梁、柱负弯矩钢筋配置数量过高时，以承受静力荷载为主的顶层端节点将由于核心区斜压杆机构中压力过大而发生核心区混凝土的斜向压碎。因此，应对梁上部纵筋的截面面积加以限制，这也相当于限制节点的截面尺寸不能过小。《混凝土结构设计规范》(GB 50010—2010) 规定，在框架顶层端节点处，计算所需梁上部钢筋的面积 A_s 应满足下式要求：

$$A_s \leqslant \frac{0.35\beta_c f_c b_b h_0}{f_y} \tag{8.18}$$

式中　b_b——梁腹板宽度；

h_0——梁截面有效高度。

（2）梁柱纵筋在节点区的锚固与搭接

① 中间层中间节点或连续梁中间支座

梁的上部纵向钢筋应贯穿节点或支座，梁的下部纵向钢筋宜贯穿节点或支座。当必须锚固时，应符合下列锚固要求：当计算中不利用该钢筋的强度时，其伸入节点或支座的锚固长度对带肋钢筋不小于 $12d$，对光面钢筋不小于 $15d$，d 为钢筋的最大直径；当计算中充分利用钢筋的抗压强度时，钢筋应按受压钢筋锚固在中间节点或中间支座内，其直线锚固长度不应小于 $0.7l_a$；当计算中充分利用钢筋的抗拉强度时，钢筋可采用直线方式锚固在节点或支座内，锚固长度不应小于钢筋的受拉锚固长度 l_a（图 8.25(a)）；当柱截面尺寸不足时，宜按《混凝土结构设计规范》(GB 50010—2010) 第 9.3.4 条第 1

款的规定采用钢筋端部加锚头的机械锚固措施,也可采用90°弯折锚固的方式;钢筋可在节点或支座外梁中弯矩较小处设置搭接接头,搭接长度的起始点至节点或支座边缘的距离不应小于$1.5h_0$(图8.25(b))。

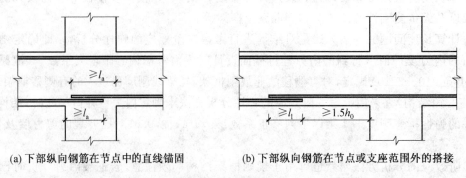

(a) 下部纵向钢筋在节点中的直线锚固　　　　(b) 下部纵向钢筋在节点或支座范围外的搭接

图 8.25　框架梁下部纵向钢筋在中间节点或中间支座范围的锚固与搭接

② 中间层端节点

梁上部纵向钢筋伸入节点的锚固:当采用直线锚固形式时,锚固长度不应小于l_a,且应伸过柱中心线,伸过的长度不宜小于$5d$,d为梁上部纵向钢筋的直径;当柱截面尺寸不满足直线锚固要求时,梁上部纵向钢筋可采用《混凝土结构设计规范》(GB 50010—2010)第8.3.3条钢筋端部加机械锚头的锚固方式。梁上部纵向钢筋宜伸至柱外侧纵向钢筋内边,包括机械锚头在内的水平投影锚固长度不应小于$0.4l_{ab}$(图8.26(a));梁上部纵向钢筋也可采用90°弯折锚固的方式,此时梁上部纵向钢筋应伸至柱外侧纵向钢筋内边并向节点内弯折,其包含弯弧在内的水平投影长度不应小于$0.4l_{ab}$,弯折钢筋在弯折平面内包含弯弧段的投影长度不应小于$15d$(图8.26(b))。

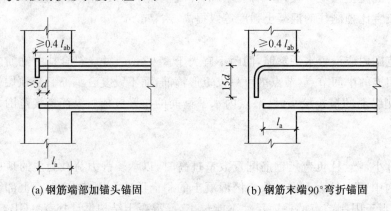

(a) 钢筋端部加锚头锚固　　　　(b) 钢筋末端90°弯折锚固

图 8.26　梁上部纵向钢筋在中间层端节点内的锚固

框架梁下部纵向钢筋伸入端节点的锚固:当计算中充分利用该钢筋的抗拉强度时,钢筋的锚固方式及长度应与上部钢筋的规定相同;当计算中不利用该钢筋的强度或仅利用该钢筋的抗压强度时,伸入节点的锚固长度应分别符合《混凝土结构设计规范》(GB 50010—2010)第9.3.5条中间节点梁下部纵向钢筋锚固的规定。

③ 顶层中节点

柱纵向钢筋在顶层中节点的锚固应符合下列要求:柱纵向钢筋应伸至柱顶,且自梁底算起的锚固长度不应小于l_a;当截面尺寸不满足直线锚固要求时,可采用90°弯折锚固措施。此时,包括弯弧在内的钢筋垂直投影锚固长度不应小于$0.5l_{ab}$,在弯折平面内包含弯弧段的水平投影长度不宜小于$12d$(图8.27(a));当截面尺寸不足时,也可采用带锚头的机械锚固措施。此时,包含锚头在内的竖向锚固长度不应小于$0.5l_{ab}$(图8.27(b));当柱顶有现浇楼板且板厚不小于100 mm时,柱纵向钢筋也可向外弯折,弯折后的水平投影长度不宜小于$12d$。

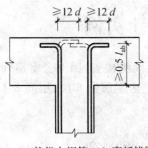

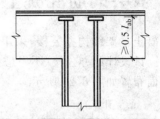

(a) 柱纵向钢筋90°弯折锚固   (b) 柱纵向钢筋端头加锚板锚固

图 8.27　顶层节点中柱纵向钢筋在节点内的锚固

④ 顶层端节点

顶层端节点柱外侧纵向钢筋可弯入梁内作梁上部纵向钢筋,也可将梁上部纵向钢筋与柱外侧纵向钢筋在节点及附近部位搭接,搭接可采用下列方式:

搭接接头可沿顶层端节点外侧及梁端顶部布置,搭接长度不应小于 $1.5l_{ab}$ (图 8.28(a))。其中,伸入梁内的柱外侧钢筋截面面积不宜小于其全部面积的 65%;梁宽范围以外的柱外侧钢筋宜沿节点顶部伸至柱内边锚固。当柱外侧纵向钢筋位于柱顶第一层时,钢筋伸至柱内边后宜向下弯折不小于 $8d$ 后截断(图 8.28(a)),d 为柱纵向钢筋的直径;当柱外侧纵向钢筋位于柱顶第二层时,可不向下弯折。当现浇板厚度不小于 100 mm 时,梁宽范围以外的柱外侧纵向钢筋也可伸入现浇板内,其长度与伸入梁内的柱纵向钢筋相同。

当柱外侧纵向钢筋配筋率大于 1.2% 时,伸入梁内的柱纵向钢筋应满足以上规定且宜分两批截断,截断点之间的距离不宜小于 $20d$,d 为柱外侧纵向钢筋的直径。梁上部纵向钢筋应伸至节点外侧并向下弯至梁下边缘高度位置截断。

纵向钢筋搭接接头也可沿节点柱顶外侧直线布置(图 8.28(b)),此时,搭接长度自柱顶算起不应小于 $1.7l_{ab}$。当梁上部纵向钢筋的配筋率大于 1.2% 时,弯入柱外侧的梁上部纵向钢筋应满足以上规定的搭接长度,且宜分两批截断,其截断点之间的距离不宜小于 $20d$,d 为梁上部纵向钢筋的直径。

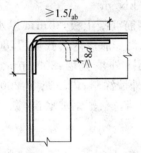

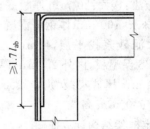

(a) 搭接接头沿顶层端节点外侧及梁端顶部布置   (b) 搭接接头沿节点外侧直线布置

图 8.28　顶层端节点梁、柱纵向钢筋在节点内的锚固与搭接

当梁的截面高度较大,梁、柱纵向钢筋相对较小,从梁底算起的直线搭接长度未延伸至柱顶即已满足 $1.5l_{ab}$ 的要求时,应将搭接长度延伸至柱顶并满足搭接长度 $1.7l_{ab}$ 的要求;或者从梁底算起的弯折搭接长度未延伸至柱内侧边缘即已满足 $1.5l_{ab}$ 的要求时,其弯折后包括弯弧在内的水平段的长度不应小于 $15d$,d 为柱纵向钢筋的直径。

柱内侧纵向钢筋的锚固应符合《混凝土结构设计规范》(GB 50010—2010)第9.3.6条关于顶层中节点的规定。

8.3 多层钢筋混凝土框架设计实例

某六层钢筋混凝土框架结构办公楼,采用钢筋混凝土现浇楼盖,因办公室房间布置需要,次梁支撑于纵向框架梁上。试设计此办公楼(不考虑抗震设防)。房屋层数 6 层,层高 3.6 m,其布局标准层建筑平面布置和剖面布置如图 8.29 所示。

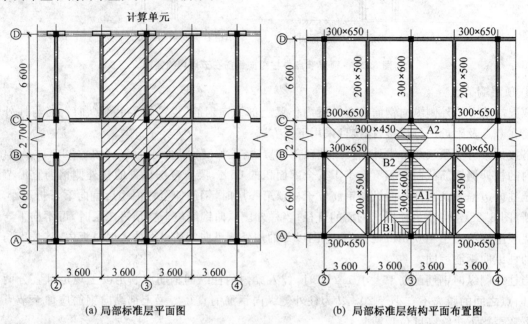

| (a) 局部标准层平面图 | (b) 局部标准层结构平面布置图 |

图 8.29 建筑平面及结构平面布置

场地地势平坦,自然地表下 0.5 m 内为杂填土,以下为黏性土,地基承载力特征值 $f_a = 180$ kN/m²,地下水稳定,水位位于地表下 5 m,标准冻深为 0.7 m。基本风压 $w_0 = 0.45$ kN/m²,该工程位于城市中心地段,地表粗糙类别为 C 类;基本雪压 0.25 kN/m²。

主要建筑做法:楼面:20 mm 厚板底抹灰,100 mm 厚钢筋混凝土板,30mm 厚水磨石面层;屋面:20 mm 厚板底抹灰,100 mm 厚钢筋混凝土板,120 mm 厚水泥膨胀珍珠岩找坡层,80 mm 厚苯板保温层,20 mm 厚水泥砂浆找平层,4 mm 厚 APP 卷材防水层;外填充墙:200 mm 厚陶粒空心砌块＋60 mm 厚 EPS 保温板,内外 20 mm 厚砂浆抹面层,外刷外墙涂料;内填充墙:200 mm 厚陶粒空心砌块,双面抹 20 mm 厚砂浆;女儿墙:900 mm 高 240 mm 砖墙;窗:塑钢玻璃窗,宽×高＝1800 mm × 2000 mm,窗台 900 mm 高。

解 1.确定框架结构计算简图

该框架柱网平面布置规则,选择中间位置的一榀横向框架 KJ—3 进行设计计算,该榀框架的计算单元如图 8.29(a)中的阴影范围。

KJ—3 的计算图(图 8.30)中,框架梁的跨度等于顶层柱截面形心轴线之间的距离,底层柱高从基础顶面算至二层楼板底,为 4.8 m,其余各层的柱高为建筑层高,均为 3.6 m。

(1)材料选用

混凝土:C30,$E_c = 3.00 \times 10^4$ N/mm²,$f_c = 14.3$ N/mm²;钢筋:梁柱纵筋采用 HRB400,箍筋采用 HPB300。

(2)拟定梁柱截面尺寸

① 框架梁:边跨(AB、CD)$h = (1/8 \sim 1/12)l = 550 \sim 825$ mm,取 $h = 600$ mm;$b = (1/3 \sim 1/2)h = 200 \sim 300$ mm,取 $b = 300$ mm;中跨(BC)$b \times h = 300$ mm × 450 mm。

② 框架柱:要求 $A \geqslant 1.2N/f_c$,$N = (10 \sim 14)nF = 12$ kN/m² × 6 × (3.3＋1.35)m × 7.2 m ＝ 2 410.56 kN,则

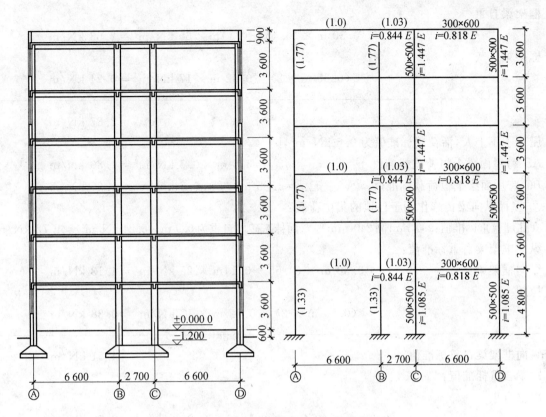

图 8.30　建筑剖面图及 KJ－3 计算简图

$$A \geqslant N \frac{N}{f_{\mathrm{c}}} = 1.2 \times \frac{2\,410.56 \times 10^{3}\ \mathrm{kN}}{14.2\ \mathrm{kN/m^2}} = 202\,284\ \mathrm{mm^2}$$

$b \geqslant \sqrt{A} = 450\ \mathrm{mm}$，取 $b \times h = 500\ \mathrm{mm} \times 500\ \mathrm{mm}$。

③ 纵向框架梁：$b \times h = 300\ \mathrm{mm} \times 650\ \mathrm{mm}$。

④ 次梁：$b \times h = 200\ \mathrm{mm} \times 500\ \mathrm{mm}$。

（3）荷载计算

① 屋面框架梁：

4 mm 厚 APP 卷材防水层	0.35 kN/m²
20 mm 厚水泥砂浆找平层	0.02 m × 20 kN/m³＝0.40 kN/m²
120 mm 厚水泥膨胀珍珠岩找坡层	0.12 m × 10 kN/m³＝1.20 kN/m²
100 mm 厚钢筋混凝土板	0.10 m × 25 kN/m³＝2.50 kN/m²
20 mm 厚板底抹灰	0.02 m × 17 kN/m³＝0.34 kN/m²

屋面板均布恒荷载标准值	4.79 kN/m²
AB 跨屋面梁上恒荷载标准值	$g_{\mathrm{wk1}} = 3.6\ \mathrm{m} \times 4.79\ \mathrm{kN/m^2} = 17.2\ \mathrm{kN/m}$
BC 跨屋面梁上恒荷载标准值	$g_{\mathrm{wk2}} = 1.35\ \mathrm{m} \times 2 \times 4.79\ \mathrm{kN/m^2} = 12.9\ \mathrm{kN/m}$

AB 跨框架梁自重 g_{wk3}：

框架梁自重	0.30 m × (0.6 − 0.1)m × 25 kN/m³＝3.75 kN/m
框架梁抹灰	(0.5 m × 2) × 0.02 m × 17 kN/m³＝0.34 kN/m

$$g_{\mathrm{wk3}} = 4.09\ \mathrm{kN/m}$$

BC 跨框架梁自重 g_{wk4}：

框架梁自重

$$0.30 \text{ m} \times (0.45 - 0.1) \text{m} \times 25 \text{ kN/m}^3 = 2.63 \text{ kN/m}$$

框架梁抹灰

$$(0.35 \text{ m} \times 2) \times 0.02 \text{ m} \times 17 \text{ kN/m}^3 = 0.24 \text{ kN/m}$$

$$g_{wk4} = 2.87 \text{ kN/m}$$

屋面上不上人,活荷载标准值为 0.5 kN/m^2,则

AB 跨屋面梁上恒荷载标准值 $q_{wk1} = 3.6 \text{ m} \times 0.5 \text{ kN/m}^2 = 1.80 \text{ kN/m}$

BC 跨屋面梁上恒荷载标准值 $g_{wk2} = 1.35 \text{ m} \times 2 \times 0.5 \text{ kN/m}^2 = 1.35 \text{ kN/m}$

② 屋面纵向梁传来作用于柱顶的集中荷载:

女儿墙自重标准值:900 mm 高 240 mm 厚双面抹灰砖墙自重为 $0.9 \text{ m} \times 5.24 \text{ kN/m}^2 = 4.72 \text{ kN/m}$。

纵向框架梁自重标准值:

纵向框架梁自重 $0.30 \text{ m} \times (0.65 - 0.1) \text{m} \times 25 \text{ kN/m}^3 = 4.13 \text{ kN/m}$

抹灰

$$(0.55 \text{ m} \times 2) \times 0.02 \text{ m} \times 17 \text{ kN/m}^3 = 0.38 \text{ kN/m}$$

纵向框架梁自重标准值   4.51 kN/m

次梁自重标准值:

次梁自重

$$0.25 \text{ m} \times (0.5 \text{ m} - 0.1 \text{ m}) \text{m} \times 25 \text{ kN/m}^3 = 2.50 \text{ kN/m}$$

抹灰 $(0.4 \text{ m} \times 2) \times 0.02 \text{ m} \times 17 \text{ kN/m}^3 = 0.27 \text{ kN/m}$

次梁自重标准值   2.77 kN/m

A 轴纵向框架梁传来的恒荷载标准值 G_{wk1}:

女儿墙自重 $4.72 \text{ kN/m} \times 7.2 \text{ m} = 34.0 \text{ kN}$

纵向框架梁自重 $4.51 \text{ kN/m} \times 7.2 \text{ m} = 32.5 \text{ kN}$

纵向次梁自重 $2.77 \text{ kN/m} \times 3.3 \text{ m} = 9.1 \text{ kN}$

屋面恒荷载

$$[7.2 \text{ m} \times 3.3 \text{ m} - (1.5 \text{ m} + 3.3 \text{ m}) \times 1.8 \text{ m}] \times 4.75 \text{ kN/m}^2 = 71.8 \text{ kN}$$

$$[7.2 \text{ m} \times 1.35 \text{ m} - 1.35 \text{ m} \times 1.35 \text{ m}] \times 4.75 \text{ kN/m}^2 = 37.5 \text{ kN}$$

$$G_{wk1} = 147.4 \text{ kN}$$

B 轴纵向框架梁传来的恒荷载标准值 G_{wk2}:

纵向框架梁自重 $4.51 \text{ kN/m} \times 7.2 \text{ m} = 32.5 \text{ kN}$

纵向次梁自重

$$2.77 \text{ kN/m} \times 3.3 \text{ m} = 9.1 \text{ kN}$$

屋面恒荷载

$$[7.2 \text{ m} \times 3.3 \text{ m} - (1.5 \text{ m} + 3.3 \text{ m}) \times 1.8 \text{ m}] \times 4.75 \text{ kN/m}^2 = 71.8 \text{ kN}$$

$$[7.2 \text{ m} \times 1.35 \text{ m} - 1.35 \text{ m} \times 1.35 \text{ m}] \times 4.75 \text{ kN/m}^2 = 37.5 \text{ kN}$$

$$G_{wk2} = 150.9 \text{ kN}$$

A 轴纵向框架梁传来的活荷载标准值 Q_{wk1}:

屋面活荷载

$$Q_{wk1} = [7.2 \text{ m} \times 3.3 \text{ m} - (1.5 \text{ m} + 3.3 \text{ m}) \times 1.8 \text{ m}] \times 0.5 \text{ kN/m}^2 = 7.6 \text{ kN}$$

B 轴纵向框架梁传来的活荷载标准值 Q_{wk2}：

屋面活荷载 $[7.2 \text{ m} \times 3.3 \text{ m} - (1.5 \text{ m} + 3.3 \text{ m}) \times 1.8 \text{ m}] \times 0.5 \text{ kN/m}^2 = 7.6 \text{ kN}$

$$[7.2 \text{ m} \times 1.35 \text{ m} - 1.35 \text{ m} \times 1.35 \text{ m}] \times 0.5 \text{ kN/m}^2 = 3.9 \text{ kN}$$

$$Q_{wk2} = 11.5 \text{ kN}$$

A 轴纵向框架梁中心往外侧偏离柱轴线，应考虑 50 mm 的偏心，以及由此产生的节点弯矩，则

$$M_{wk1} = 147.4 \text{ kN} \times 0.05 \text{ m} = 7.4 \text{ kN} \cdot \text{m}, M_{wk2} = 7.6 \text{ kN} \times 0.05 \text{ m} = 0.4 \text{ kN} \cdot \text{m}$$

屋面梁荷载简图如图 8.31 所示。

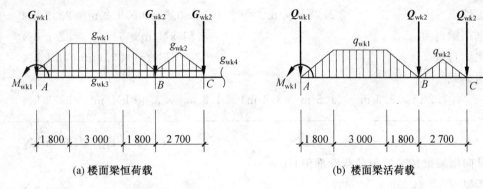

(a) 楼面梁恒荷载   (b) 楼面梁活荷载

图 8.31 屋面梁荷载简图

③ 楼面框架梁：

楼面均布恒荷载：

30 mm 厚水磨石面层	0.65 kN/m^2
100 mm 厚钢筋混凝土板	$0.10 \text{ m} \times 25 \text{ kN/m}^3 = 2.50 \text{ kN/m}^2$
20 mm 厚板底抹灰	$0.02 \text{ m} \times 17 \text{kN/m}^3 = 0.34 \text{ kN/m}^2$

楼面均布恒荷载标准值 3.49 kN/m^2

内隔墙自重：

200 mm 厚陶粒空心砌块	$0.2 \text{ m} \times 8 \text{ kN/m}^3 = 1.60 \text{ kN/m}^2$
20 mm 厚砂浆双面抹灰	$0.02 \text{ m} \times 17 \text{ kN/m}^3 \times 2 = 0.68 \text{ kN/m}^2$

内隔墙自重标准值 $2.28 \text{ kN/m}^2 \times (3.6 \text{ m} - 0.6 \text{ m}) = 6.84 \text{ kN/m}$

AB 跨楼面梁上恒载标准值

$$g_{k1} = 3.6 \text{ m} \times 3.49 \text{ kN/m}^2 = 12.56 \text{ kN/m}$$

$$g_{k3} = 6.84 \text{ kN/m} + 4.09 \text{ kN/m} = 10.93 \text{ kN/m}$$

BC 跨楼面梁上恒载标准值 $g_{k2} = 1.35 \text{ m} \times 2 \times 3.49 \text{ kN/m}^2 = 9.42 \text{ kN/m}$

$$g_{k4} = 2.97 \text{ kN/m}$$

办公楼楼面活荷载标准值为 2.0 kN/m^2，则

AB 跨楼面梁上活荷载标准值 $q_{k1} = 3.6 \text{ m} \times 2.0 \text{ kN/m}^2 = 7.20 \text{ kN/m}$

BC 跨楼面梁上活荷载标准值 $q_{k2} = 1.35 \text{ m} \times 2 \times 2.0 \text{ kN/m}^2 = 5.40 \text{ kN/m}$

楼面纵向梁传来作用于柱顶的集中荷载：

外纵墙自重标准值：

墙重	$(7.2 \text{ m} \times 2.95 \text{ m} - 1.8 \text{ m} \times 2.0 \text{ m} \times 2) \times 2.28 \text{ kN/m}^2 = 32.0 \text{ kN}$
窗重	$1.8 \text{ m} \times 2.0 \text{ m} \times 1.0 \text{ kN/m}^2 \times 2 = 7.2 \text{ kN}$

合计   39.2 kN

内纵墙自重标准值：

墙重 $(7.2 \text{ m} \times 2.95 \text{ m} - 1.0 \text{ m} \times 2.0 \text{ m} \times 2) \times 2.28 \text{ kN/m}^2 = 39.3 \text{ kN}$

门重 $1.0 \text{ m} \times 2.0 \text{ m} \times 1.0 \text{ kN/m}^2 \times 2 = 4.0 \text{ kN}$

合计   43.3 kN

A 轴纵向框架梁传来的恒荷载标准值 G_{k1}：

外纵墙重   39.2 kN

次梁上墙重 $2.28 \text{ kN/m}^2 \times (3.6 \text{ m} - 0.5 \text{ m}) \times 3.3 \text{ m} = 23.3 \text{ kN}$

纵向框架梁自重 $4.51 \text{ kN/m} \times 7.2 \text{ m} = 32.5 \text{ kN}$

纵向次梁自重 $2.77 \text{ kN/m} \times 3.3 \text{ m} = 9.1 \text{ kN}$

楼面恒荷载

$$[7.2 \text{ m} \times 3.3 \text{ m} - (1.5 \text{ m} + 3.3 \text{ m}) \times 1.8 \text{ m}] \times 3.49 \text{ kN/m}^2 = 52.8 \text{ kN}$$

$$G_{k1} = 156.9 \text{ kN}$$

B 轴纵向框架梁传来的恒荷载标准值 G_{k2}：

内纵墙重   43.3 kN

次梁上墙重 $2.28 \text{ kN/m}^2 \times (3.6\text{m} - 0.5) \times 3.3 \text{ m} = 23.3 \text{ kN}$

纵向框架梁自重 $4.51 \text{ kN/m} \times 7.2 \text{ m} = 32.5 \text{ kN}$

纵向次梁自重 $2.77 \text{ kN/m} \times 3.3 \text{ m} = 9.1 \text{ kN}$

楼面恒荷载

$$[7.2 \text{ m} \times 3.3 \text{ m} - (1.5 \text{ m} + 3.3 \text{ m}) \times 1.8 \text{ m}] \times 3.49 \text{ kN/m}^2 = 52.8 \text{ kN}$$

$$[7.2 \text{ m} \times 1.35 \text{ m} - 1.35 \text{ m} \times 1.35 \text{ m}] \times 3.49 \text{ kN/m}^2 = 27.6 \text{ kN}$$

$$G_{k1} = 188.6 \text{ kN}$$

A 轴纵向框架梁传来活荷载标准值 Q_{k1}：

楼面活荷载

$$Q_{k1} = [7.2 \text{ m} \times 3.3 \text{ m} - (1.5 \text{ m} + 3.3 \text{ m}) \times 1.8 \text{ m}] \times 2.0 \text{ kN/m}^2 = 30.2 \text{ kN}$$

B 轴纵向框架梁传来活荷载标准值 Q_{k2}：

楼面活荷载

$$[7.2 \text{ m} \times 3.3 \text{ m} - (1.5 \text{ m} + 3.3 \text{ m}) \times 1.8 \text{ m}] \times 2.0 \text{ kN/m}^2 = 30.2 \text{ kN}$$

$$[7.2 \text{ m} \times 1.35 \text{ m} - 1.35 \text{ m} \times 1.35 \text{ m}] \times 2.0 \text{ kN/m}^2 = 15.8 \text{ kN}$$

$$Q_{k2} = 46.0 \text{ kN}$$

A 轴纵向框架梁偏心产生的节点弯矩：

$$M_{k1} = 156.9 \text{ kN} \times 0.05 \text{ m} = 7.9 \text{ kN} \cdot \text{m}$$

$$M_{k2} = 30.2 \text{ kN} \times 0.05 \text{ m} = 1.5 \text{ kN} \cdot \text{m}$$

楼面梁荷载简图如图 8.32 所示。

④ 柱自重：

底层柱自重： $0.5 \text{ m} \times 0.5 \text{ m} \times 28 \text{ kN/m}^3 \times 4.8 \text{ m} = 33.6 \text{ kN}$

其余各层柱自重： $0.5 \text{ m} \times 0.5 \text{ m} \times 28 \text{ kN/m}^3 \times 3.6 \text{ m} = 25.2 \text{ kN}$

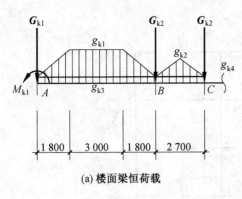

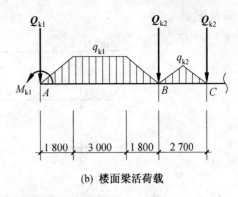

图 8.32　楼面梁荷载简图

混凝土容重取 28 kN/m³ 以考虑柱外抹灰重。

（4）梁柱线刚度计算

AB 跨梁　　　$i_b^{AB} = \dfrac{E_c I}{l_{AB}} = \dfrac{54.0 \times 10^8 \text{ mm}^4 E_c}{6\,600 \text{ mm}} = 8.18 \times 10^5 E_c \text{ N} \cdot \text{m}$

BC 跨梁　　　$i_b^{BC} = \dfrac{E_c I}{l_{BC}} = \dfrac{22.78 \times 10^8 \text{ mm}^4 E_c}{2700 \text{ mm}} = 8.44 \times 10^5 E_c \text{ N} \cdot \text{m}$

底层柱　　　$i_c^l = \dfrac{E_c I}{H_l} = \dfrac{52.1 \times 10^8 \text{ mm}^4 E_c}{4\,800 \text{ mm}} = 10.85 \times 10^5 E_c \text{ N} \cdot \text{m}$

其余层柱　　　$i_c^l = \dfrac{E_c I}{H} = \dfrac{52.1 \times 10^8 \text{ mm}^4 E_c}{3\,600 \text{ mm}} = 14.47 \times 10^5 E_c \text{ N} \cdot \text{m}$

内力分析时，一般只要梁柱相对线刚度比，为计算简便，取 AB 跨梁线刚度作为基础值 1，算得各杆件的相对线刚度比，标于图 8.30（b）括号内。

2. 荷载作用下的框架内力分析

（1）风荷载作用下的框架内力分析及侧移验算

① 风荷载：基本风压 $w_0 = 0.45 \text{ kN/m}^2$，风载体型系数 $\mu_s = 1.3$，风压高度变化系数按 C 类粗糙度查表，查得高度变化系数见表 8.7。

表 8.7　C 类粗糙度风压高度变化系数表

离地面高度 /m	5 ~ 10	15	20	30
μ_z	0.74	0.74	0.84	1.00

《建筑结构荷载规范》（GB 50009—2012）规定，对于高度大于 30 m 且高宽比大于 1.5 的高柔房屋，应采用风振系数取 β_z 以考虑风压脉动的影响，本例房屋高度 $H = 22.2 \text{ m} < 30 \text{ m}$，故取 $\beta_z = 1.0$。

各层迎风面负荷宽度为 7.2 m，则各层柱顶集中风荷载标准值如表 8.8 所示。

表 8.8　柱顶风荷载标准值

层数	离地面高度 /m	高度变法系数 μ_z	各层柱顶集中风荷载标准值
6	22.2	0.88	$F_6 = 0.45 \text{ kN/m}^2 \times 1.3 \times 1.0 \times 0.88 \times (0.9 \text{ m} + 1.8 \text{ m}) \times 7.2 \text{ m} = 10.0 \text{ kN}$
5	18.6	0.81	$F_5 = 0.45 \text{ kN/m}^2 \times 1.3 \times 1.0 \times 0.81 \times 3.6 \text{ m} \times 7.2 \text{ m} = 12.3 \text{ kN}$
4	15.0	0.74	$F_4 = 0.45 \text{ kN/m}^2 \times 1.3 \times 1.0 \times 0.74 \times 3.6 \text{ m} \times 7.2 \text{ m} = 11.2 \text{ kN}$
3	11.4	0.74	$F_3 = 11.2 \text{ kN}$
2	7.8	0.74	$F_2 = 11.2 \text{ kN}$
1	4.2	0.74	$F_1 = 0.45 \text{ kN/m}^2 \times 1.3 \times 1.0 \times 0.74 \times (1.8 \text{ m} + 2.1 \text{ m}) \times 7.2 \text{ m} = 12.1 \text{ kN}$

计算简图如8.33所示。

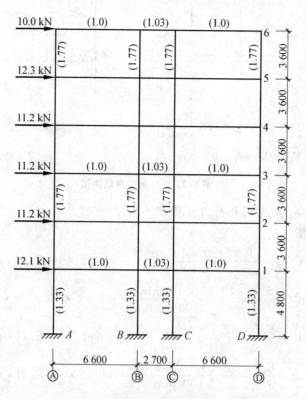

图8.33　风荷载计算简图

② 柱的侧移刚度:仅计算 KJ－3,计算过程及结果见表8.9、表8.10。

表8.9　底层柱侧移刚度

柱　　　D	$\bar{K} = \dfrac{\sum i_b}{i_c}$	$\alpha_c = \dfrac{0.5 + \bar{K}}{2 + \bar{K}}$	$D = \alpha_c \dfrac{12 i_c}{h^2}$
边柱 (2根)	$\dfrac{1.0}{1.33} = 0.752$	$\dfrac{0.5 + 0.752}{2 + 0.752} = 0.455$	$0.455 \times 1.085 \times 3.0 \times 10^{10}$ N/mm² $\times$ 12/(4 800 mm)² =7 713 N/mm
中柱 (2根)	$\dfrac{1.0 + 1.03}{1.33} = 1.526$	$\dfrac{0.5 + 1.526}{2 + 1.526} = 0.575$	$0.575 \times 1.085 \times 3.0 \times 10^{10}$ N/mm² $\times$ 12/(4 800 mm)² =9 743 N/mm

底层:
$$\sum D = (7\ 713\ \text{N/mm} + 9\ 743\ \text{N/mm}) \times 2 = 34\ 912\ \text{N/mm}$$

表8.10　其余层柱侧移刚度

柱　　　D	$\bar{K} = \dfrac{\sum i_b}{2 i_c}$	$\alpha_c = \dfrac{\bar{K}}{2 + \bar{K}}$	$D = \alpha_c \dfrac{12 i_c}{h^2}$
边柱 (2根)	$\dfrac{1.0 + 1.0}{2 \times 1.77} = 0.565$	$\dfrac{0.565}{2 + 0.565} = 0.220$	$0.220 \times 1.447 \times 3.0 \times 10^{10}$ N/mm² $\times$ 12/(3 600 mm)² =8 842 N/mm
中柱 (2根)	$\dfrac{(1.0 + 1.03) \times 2}{2 \times 1.77} = 1.147$	$\dfrac{1.147}{2 + 1.147} = 0.364$	$0.364 \times 1.447 \times 3.0 \times 10^{10}$ N/mm² $\times$ 12/(3 600 mm)² =14 650 N/mm

其余各层：$\sum D = (8\,842\ \text{N/mm} + 14\,650\ \text{N/mm}) \times 2 = 46\,984\ \text{N/mm}$

③ 风荷载作用下的侧移验算：

水平荷载作用下框架的层间侧移可按下式计算：

$$\Delta u_i = \frac{V_i}{\sum D_{ji}}$$

各层的层间侧移值求得后，顶点侧移动为各层层间侧移之和。框架在风载作用下的侧计算见表 8.11。

表 8.11　风荷载作用下框架侧移计算

层次	各层风荷载 P_i /kN	层间剪力 V_i /kN	侧移刚度 $\sum D$ /(kN·m^{-1})	层间侧移 Δu_i /m	$\dfrac{\Delta u_i}{h}$
6	10.0	10.0	46 984	0.000 21	1/17 143
5	12.3	22.3	46 984	0.000 47	1/7 660
4	11.2	33.5	46 984	0.000 71	1/5 070
3	11.2	44.7	46 984	0.000 95	1/3 789
2	11.2	55.9	46 984	0.001 19	1/3 025
1	12.1	68.0	34 912	0.001 95	1/2 462

框架总侧移：　　　　　　　$u = \sum \Delta u_i = 0.005\,48\ \text{m}$

层间侧移最大值为 1/2 462，小于 1/550，满足侧移限值。

④ 风荷载作用下的框架内力分析（D 值法）：以第 6 层为例，说明其计算过程。

A 轴线柱：

求柱剪力：因 $\dfrac{D}{\sum D} = \dfrac{8\,842\ \text{N/mm}}{46\,984\ \text{N/mm}} = 0.188$，则 $V = 0.188 \times 10\ \text{kN} = 1.88\ \text{kN}$。

反弯点高度：由 $\overline{K} = 0.565$ 查表 8.3～8.5，查得 $y_0 = 0.283$，$\alpha_1 = 1.0$，$y_1 = 0$，$\alpha_3 = 1.0$，$y_3 = 0$，顶层不考虑 y_2，则

$$y = y_0 + y_1 + y_3 = 0.283$$

柱端弯矩：

柱顶 $M_{A65} = (1 - 0.283) \times 3.6\ \text{m} \times 1.88\ \text{kN} = 4.85\ \text{kN·m}$

柱底 $M_{A56} = 0.283 \times 3.6\ \text{m} \times 1.88\ \text{kN} = 1.92\ \text{kN·m}$

B 轴线柱：

柱剪力：因 $\dfrac{D}{\sum D} = \dfrac{14\,650\ \text{N/mm}}{46\,984\ \text{N/mm}} = 0.312$，则 $V = 0.312 \times 10\ \text{kN} = 3.12\ \text{kN}$

反弯点高度：由 $\overline{K} = 1.147$ 查表 8.3～8.5，查得 $y_0 = 0.357$，$\alpha_1 = 1.0$，$y_1 = 0$，$\alpha_3 = 1.0$，$y_3 = 0$，顶层不考虑 y_2，则

$$y = y_0 + y_1 + y_3 = 0.357$$

柱端弯矩：

柱顶 $M_{B65} = (1 - 0.357) \times 3.6\ \text{m} \times 3.12\ \text{kN} = 7.22\ \text{kN·m}$

柱底 $M_{B56} = 0.357 \times 3.6\ \text{m} \times 3.12\ \text{kN} = 4.01\ \text{kN·m}$

其余各层计算过程见表 8.12。

表 8.12　D 值法计算柱端弯矩

层次	A 轴柱					B 轴线柱				
	$D/\sum D$	V/kN	y	M_c^t /(kN·m)	M_c^b /(kN·m)	$D/\sum D$	V/kN	y	M_c^t /(kN·m)	M_c^b /(kN·m)
6	0.188	1.88	0.283	4.85	1.92	0.312	3.12	0.357	7.22	4.01
5	0.188	4.19	0.383	9.31	5.78	0.312	6.96	0.450	13.78	11.28
4	0.188	6.30	0.450	12.47	10.20	0.312	10.45	0.457	20.43	17.19
3	0.188	8.40	0.450	16.63	13.61	0.312	13.95	0.500	25.11	25.11
2	0.188	10.51	0.520	18.16	19.67	0.312	17.44	0.500	31.39	31.39
1	0.221	15.03	0.676	23.37	48.77	0.279	18.97	0.624	34.24	56.82

梁端弯矩按式(8.9)、(8.10)计算,其中梁线刚度见风荷载计算简图。由梁端弯矩进一步求得梁端的剪力,具体计算过程见表 8.13。

表 8.13　梁端弯矩、剪力及柱轴力计算

层次	AB 跨梁				BC 跨梁				柱轴力	
	M^{lb}	M^{rb}	l	V_b	M^{lb}	M^{rb}	l	V_b	A 轴柱	B 轴柱
6	4.9	3.5	6.6	1.3	3.7	3.7	2.7	2.7	±1.3	±1.4
5	11.2	8.8	6.6	3.0	9.0	9.0	2.7	6.7	±4.3	±5.1
4	18.3	15.6	6.6	5.1	16.1	16.1	2.7	11.9	±9.4	±11.9
3	26.8	20.8	6.6	7.2	21.5	21.5	2.7	15.9	±16.6	±20.6
2	31.8	27.8	6.6	9.0	28.7	28.7	2.7	21.3	±25.6	±41.9
1	43.0	32.3	6.6	11.4	33.3	33.3	2.7	24.7	±37.0	±55.2

柱轴力前的正负号表示风荷载可左右两方向作用于框架,当风荷载反向作用于框架时,轴力将变号。

框架在风荷载作用下的弯矩图如图 8.34(a)所示,梁剪力及柱轴力图如图 8.34(b)所示。

(2) 恒荷载作用下框架内力分析

梁端、柱端弯矩采用弯矩二次分配法计算。由于结构和荷载均对称,故计算时可用半框架。

① 梁固端弯矩。将梯形荷载折算成固端等效均布荷载:

$$q_e = (1 - 2\alpha^2 + \alpha^3)q, \quad \alpha = a/l$$

将三角形荷载折算成固端等效均布荷载:

$$q_e = 5q/8$$

则顶层:AB 跨 $\alpha = 1.8/6.6 = 0.273$; $q = 4.09 \text{ kN/m} + 17.10 \text{ kN/m} \times 0.872 = 19.0 \text{ kN/m}$,则

$$\pm \frac{ql^2}{12} = \pm \frac{19.0 \text{ kN/m} \times (6.6 \text{ m})^2}{12} = \pm 69.0 \text{ kN·m}$$

BC 跨 $q = 2.87 \text{ kN/m} + 12.83 \text{ kN/m} \times 5/8 = 10.9 \text{ kN/m}$,则

$$-\frac{ql^2}{3} = -\frac{10.9 \text{ kN/m} \times (1.35 \text{ m})^2}{3} = -6.6 \text{ kN·m}$$

同理,其余层:AB 跨 $\alpha = 1.8/6.6 = 0.273$; $q = 10.93 \text{ kN/m} + 12.56 \text{ kN/m} \times 0.872 = 21.9 \text{ kN/m}$,则

$$\pm \frac{ql^2}{12} = \pm \frac{21.9 \text{ kN/m} \times (6.6 \text{ m})^2}{12} = \pm 79.5 \text{ kN·m}$$

BC 跨 $q = 2.87 \text{ kN/m} + 9.42 \text{ kN/m} \times 5/8 = 8.8 \text{ kN/m}$,则

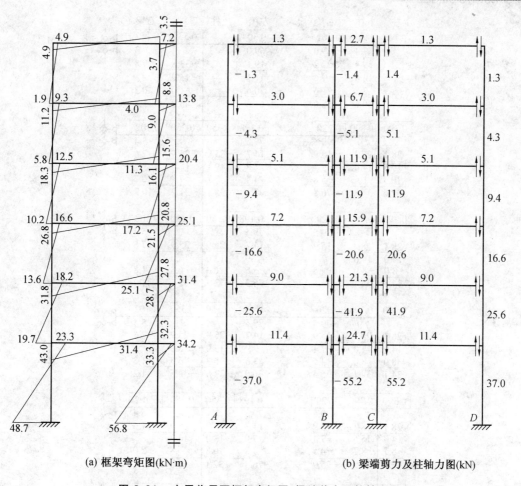

(a) 框架弯矩图(kN·m)　　　　　　(b) 梁端剪力及柱轴力图(kN)

图 8.34　左风作用下框架弯矩图、梁端剪力及柱轴力图

$$-\frac{ql^2}{3}=-\frac{8.8 \text{ kN/m} \times (1.35 \text{ m})^2}{3}=-5.4 \text{ kN} \cdot \text{m}$$

② 弯矩分配系数。以顶层节点为例：

A6 节点：

$$\mu_{A6B6}=\frac{4 \times 1.0}{4 \times 1.0 + 4 \times 1.77}=0.361$$

$$\mu_{A6A5}=\frac{4 \times 1.77}{4 \times 1.0 + 4 \times 1.77}=0.639$$

B6 节点：

$$\mu_{B6A6}=\frac{4 \times 1.0}{4 \times 1.0 + 1.03 \times 2 + 4 \times 1.77}=0.304$$

$$\mu_{B6B5}=\frac{4 \times 1.77}{4 \times 1.0 + 1.03 \times 2 + 4 \times 1.77}=0.539$$

$$\mu_{B6O6}=\frac{4 \times 1.03}{4 \times 1.0 + 1.03 \times 2 + 4 \times 1.77}=0.157$$

③ 内力计算。弯矩计算过程如图 8.35 所示，所得弯矩图如图 8.36 所示，节点弯矩不平衡是由于纵向框架梁在节点处存在偏心弯矩。梁端剪力可根据梁上竖向荷载引起的剪力与梁端弯矩引起的剪力相叠加而得。柱轴力可由梁端剪力和节点集中力叠加得到。计算柱底轴力还需考虑柱的自重，见表 8.14。

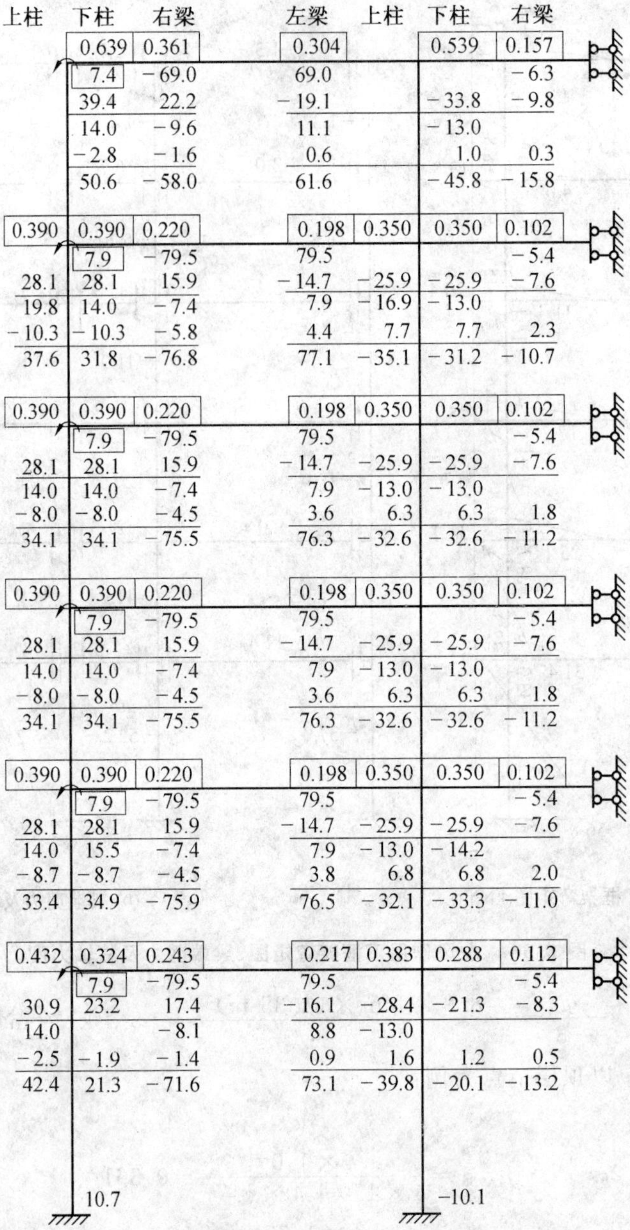

	上柱	下柱	右梁		左梁	上柱	下柱	右梁
	0.639	0.361			0.304		0.539	0.157
	7.4	−69.0			69.0			−6.3
	39.4	22.2			−19.1		−33.8	−9.8
	14.0	−9.6			11.1		−13.0	
	−2.8	−1.6			0.6		1.0	0.3
	50.6	−58.0			61.6		−45.8	−15.8

0.390	0.390	0.220		0.198	0.350	0.350	0.102
	7.9	−79.5		79.5			−5.4
28.1	28.1	15.9		−14.7	−25.9	−25.9	−7.6
19.8	14.0	−7.4		7.9	−16.9	−13.0	
−10.3	−10.3	−5.8		4.4	7.7	7.7	2.3
37.6	31.8	−76.8		77.1	−35.1	−31.2	−10.7

0.390	0.390	0.220		0.198	0.350	0.350	0.102
	7.9	−79.5		79.5			−5.4
28.1	28.1	15.9		−14.7	−25.9	−25.9	−7.6
14.0	14.0	−7.4		7.9	−13.0	−13.0	
−8.0	−8.0	−4.5		3.6	6.3	6.3	1.8
34.1	34.1	−75.5		76.3	−32.6	−32.6	−11.2

0.390	0.390	0.220		0.198	0.350	0.350	0.102
	7.9	−79.5		79.5			−5.4
28.1	28.1	15.9		−14.7	−25.9	−25.9	−7.6
14.0	14.0	−7.4		7.9	−13.0	−13.0	
−8.0	−8.0	−4.5		3.6	6.3	6.3	1.8
34.1	34.1	−75.5		76.3	−32.6	−32.6	−11.2

0.390	0.390	0.220		0.198	0.350	0.350	0.102
	7.9	−79.5		79.5			−5.4
28.1	28.1	15.9		−14.7	−25.9	−25.9	−7.6
14.0	15.5	−7.4		7.9	−13.0	−14.2	
−8.7	−8.7	−4.5		3.8	6.8	6.8	2.0
33.4	34.9	−75.9		76.5	−32.1	−33.3	−11.0

0.432	0.324	0.243		0.217	0.383	0.288	0.112
	7.9	−79.5		79.5			−5.4
30.9	23.2	17.4		−16.1	−28.4	−21.3	−8.3
14.0		−8.1		8.8	−13.0		
−2.5	−1.9	−1.4		0.9	1.6	1.2	0.5
42.4	21.3	−71.6		73.1	−39.8	−20.1	−13.2

| | 10.7 | | | | | −10.1 | | |

图 8.35　恒荷载作用下框架弯矩的二次分配法

表 8.14　恒荷载作用下梁端剪力及柱轴力

层次	荷载引起剪力		弯矩引起剪力		总剪力			柱轴力			
	AB 跨	BC 跨	AB 跨	BC 跨	AB 跨		BC 跨	A 柱		B 柱	
	$V_A = V_B$	$V_B = V_C$	$V_A = -V_B$	$V_B = V_C$	V_A	V_B	$V_B = V_C$	$N_{左}$	$N_{右}$	$N_{左}$	$N_{右}$
	/kN	/kN	/kN	/kN	/kN	/kN	/kN	/kN	/kN	/kN	/kN
6	54.6	12.6	−0.5	0	54.1	55.1	12.6	201.8	227.0	220.3	245.5
5	66.2	10.3	0.0	0	66.2	66.5	10.3	450.4	475.6	511.3	536.5
4	66.2	10.3	−0.1	0	66.1	66.3	10.3	698.9	723.1	802.4	827.6
3	66.2	10.3	−0.1	0	66.1	66.3	10.3	947.4	972.6	1 093.5	1 118.7
2	66.2	10.3	−0.4	0	65.8	66.6	10.3	1 195.6	1 220.8	1 384.2	149.5
1	66.2	10.3	−0.2	0	66.0	66.4	10.3	1 444.0	1 477.6	1 675.1	1 708.7

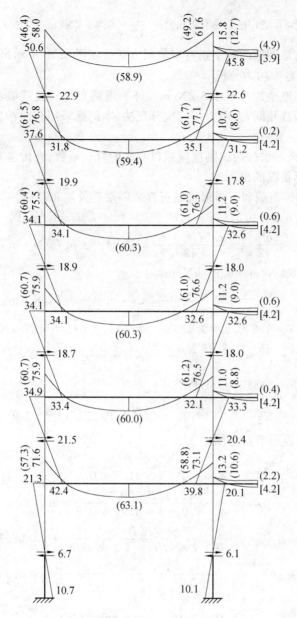

图 8.36　恒荷载作用下框架的弯矩(柱剪力)图

竖向荷载梁端调幅系数取 0.8,跨中弯矩由调幅后的梁端弯矩和跨内实际荷载求得。弯矩图中,括号内的数值表示调幅后的弯矩值。以第一层顶梁 AB 跨中弯矩为例,说明跨中弯矩的求法。

梁端弯矩调幅后:

$$M_A = 0.8 \times 71.6 \text{ kN} \cdot \text{m} = 57.3 \text{ kN} \cdot \text{m}$$

$$M_B = 0.8 \times 73.1 \text{ kN} \cdot \text{m} = 58.5 \text{ kN} \cdot \text{m}$$

跨中弯矩:

$$M_{AB} = \frac{-57.3 \text{ kN} \cdot \text{m} - 58.5 \text{ kN} \cdot \text{m}}{2} + \frac{1}{8} \times 10.93 \text{ kN/m} \times (6.6 \text{ m})^2 +$$

$$\frac{1}{24} \times 12.56 \text{ kN/m} \times (6.6 \text{ m})^2 \times \left[3 - 4 \times \left(\frac{1.8 \text{ m}}{6.6 \text{ m}} \right)^2 \right] =$$

$$-57.9 \text{ kN} \cdot \text{m} + 121.0 \text{ kN} \cdot \text{m} = 63.1 \text{ kN} \cdot \text{m}$$

对 BC 跨,调幅后跨中弯矩为 -2.2 kN·m,为防止跨中正弯矩过小,取简支梁跨中弯矩的 1/2 为跨中正弯矩,有

$$M_{BC} = \frac{1}{2} \times \left[\frac{1}{8} \times 2.87 \text{ kN/m} \times (2.7 \text{ m})^2 + \frac{1}{12} \times 9.42 \text{ kN/m} \times (2.7 \text{ m})^2 \right] = 4.2 \text{ kN} \cdot \text{m}$$

按 1/2 简支梁跨中弯矩调整的跨中正弯矩值用方括号在图 8.36 中示出。

(3) 可变荷载作用下框架内力分析

因各层楼面活荷载标准值均小于 3.5 kN/m²，可采用满布荷载法近似考虑活荷载不利布置的影响。内力分析方法可与恒载相同，采用力矩二次分配法，本例题采用分层法以示例该方法的具体分析步骤。

分层法除底层外，其余各层柱的线刚度应乘以 0.9 的修正系数，且传递系数由 1/2 改为 1/3，以考虑假定的柱上下端与实际情况的出入。

① 梁固端弯矩：将梯形荷载和三角形荷载折算成固端等效均布荷载。

顶层：AB 跨 $\alpha = 1.8/6.6 = 0.273$；$q = 1.80 \times 0.872 = 1.57$ kN/m，则

$$\pm \frac{ql^2}{12} = \pm \frac{1.57 \times 6.6^2}{12} \text{ kN} \cdot \text{m} = \pm 5.7 \text{ kN} \cdot \text{m}$$

BC 跨 $q = 1.35 \times 5/8$ kN/m $= 0.84$ kN/m，则

$$-\frac{ql^2}{12} = -\frac{0.84 \times 2.7^2}{12} \text{ kN} \cdot \text{m} = -0.5 \text{ kN} \cdot \text{m}$$

同理，其余层：AB 跨 $\alpha = 1.8/6.6 = 0.273$；$q = 7.20 \times 0.872 = 6.28$ kN/m，则

$$\pm \frac{ql^2}{12} = \pm \frac{6.28 \times 6.6^2}{12} \text{ kN} \cdot \text{m} = \pm 22.8 \text{ kN} \cdot \text{m}$$

BC 跨 $q = 5.40 \times 5/8 = 3.38$ kN/m，则

$$-\frac{ql^2}{12} = -\frac{3.38 \times 2.7^2}{12} \text{ kN} \cdot \text{m} = -2.1 \text{ kN} \cdot \text{m}$$

② 弯矩分配系数：以顶层节点为例。

A 节点：
$$\mu_{A6B6} = \frac{4 \times 1.0}{4 \times 1.0 + 4 \times 1.77 \times 0.9} = 0.386$$

$$\mu_{A6A5} = \frac{4 \times 1.77 \times 0.9}{4 \times 1.0 + 4 \times 1.77 \times 0.9} = 0.614$$

$B6$ 节点：
$$\mu_{B6A6} = \frac{4 \times 1.0}{4 \times 1.0 + 4 \times 1.03 + 4 \times 1.77 \times 0.9} = 0.276$$

$$\mu_{B6B5} = \frac{4 \times 1.77 \times 0.9}{4 \times 1.0 + 2.44 \times 4 + 4 \times 1.77 \times 0.9} = 0.440$$

$$\mu_{B6O6} = \frac{4 \times 2.44}{4 \times 1.0 + 2.44 \times 4 + 4 \times 1.77 \times 0.9} = 0.284$$

③ 内力计算：弯矩计算过程如图 8.37 所示，所得弯矩图如图 8.38 所示，将相邻两个开口刚架中间层同柱内力叠加，作为原框架结构柱的弯矩。梁端剪力可根据梁上竖向荷载引起的剪力与梁端弯矩引起的剪力相叠加而得。柱轴力可由梁端剪力和节点集中力叠加得到，见表 8.12。

考虑活荷载不利布置的影响，将跨中弯矩乘以 1.2 的放大系数。

竖向荷载梁端调幅系数取 0.8，跨中弯矩由调幅后的梁端弯矩和跨内实际荷载求得。弯矩图中，括号内的数值表示调幅后的弯矩值。注意，BC 跨正弯矩仍不应小于相应简支梁跨中弯矩的 1/2。按 1/2 简支梁跨中弯矩调整的跨中正弯矩值用方括号在图 8.38 中示出。弯矩调幅应在跨中弯矩放大后进行。

以第一层顶梁 AB 跨中弯矩为例，说明跨中弯矩的求法：

考虑活荷载不利布置的梁跨中弯矩：

$$M_{AB} = 1.2 \times \left\{ \frac{7.2 \text{ kN/m}}{24} \times (6.6 \text{ m})^2 \times \left[3 - 4 \times \left(\frac{1.8 \text{ m}}{6.6 \text{ m}} \right)^2 \right] - \right.$$

$$\frac{1}{2} \times (19.8 \text{ kN} \cdot \text{m} + 20.6 \text{ kN} \cdot \text{m}) \bigg\} =$$

$$1.2 \times (35.3 \text{ kN} \cdot \text{m} - 20.2 \text{ kN} \cdot \text{m}) = 18.1 \text{ kN} \cdot \text{m}$$

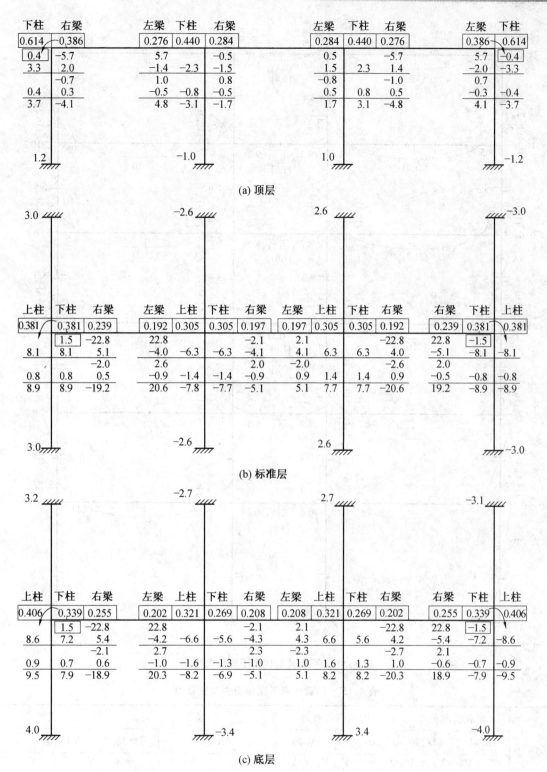

图 8.37　分层法计算活荷载作用下的框架内力

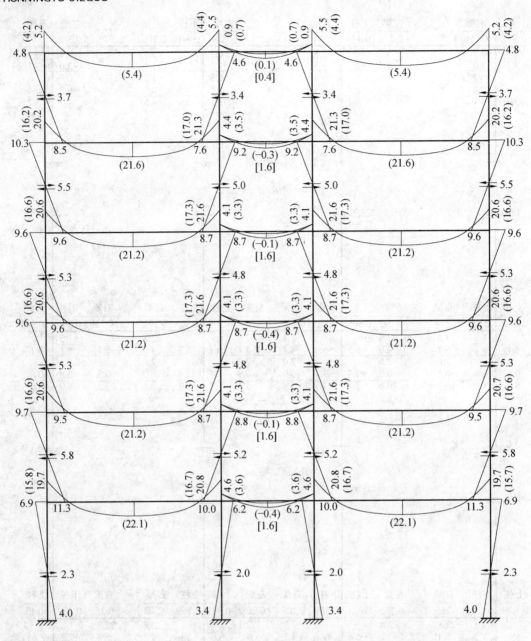

图 8.38　可变荷载作用下框架弯矩图

表 8.15　活载作用下梁端剪力及柱轴力

层次	荷载引起剪力		弯矩引起剪力		总剪力			柱轴力	
	AB 跨	BC 跨	AB 跨	BC 跨	AB 跨		BC 跨	A 柱	B 柱
	$V_A = V_B$	$V_B = V_C$	$V_A = -V_B$	$V_B = V_C$	V_A	V_B	$V_B = V_C$	$N_左 = N_右$	$N_左 = N_右$
	/kN	/kN	/kN	/kN	/kN	/kN	/kN	/kN	/kN
6	4.3	0.9	−0.1	0	4.2	4.3	0.9	11.8	16.7
5	17.3	3.6	−0.1	0	17.2	17.4	3.6	59.4	83.7
4	17.3	3.6	−0.1	0	17.2	17.4	3.6	107.0	150.7
3	17.3	3.6	−0.1	0	17.2	17.4	3.6	154.4	217.7
2	17.3	3.6	−0.1	0	17.2	17.4	3.6	201.8	284.7
1	17.3	3.6	−0.1	0	17.2	17.4	3.6	249.2	305.7

梁端弯矩调幅后：

$$M_A = 0.8 \times 19.7 \text{ kN} \cdot \text{m} = 15.8 \text{ kN} \cdot \text{m}$$
$$M_B = 0.8 \times 20.8 \text{ kN} \cdot \text{m} = 16.6 \text{ kN} \cdot \text{m}$$

调幅后跨中弯矩为

$$M_{AB} = 18.1 \text{ kN} \cdot \text{m} + 0.2 \times \left(\frac{19.7 \text{ kN} \cdot \text{m} + 20.8 \text{ kN} \cdot \text{m}}{2} \right) = 22.1 \text{ kN} \cdot \text{m}$$

3.框架内力组合

本例考虑四种内力组合，即 $1.2S_{Gk}+1.4S_{Qk}$，$1.2S_{Gk}+1.4S_{Wk}$，$1.2S_{Gk}+1.4\times0.9(S_{Qk}+S_{Wk})$，$1.35S_{Gk}+1.0S_{Qk}$。各层梁的内力组合结果见表 8.16，表中 S_{Gk}、S_{Qk} 两列中的梁端弯矩为经过调幅后的弯矩（调幅系数取 0.8）。

表 8.16　框架梁内力组合表

梁编号	截面位置	内力	恒 S_{Gk} ①	活 S_{Qk} ②	风 S_{Wk} ③	内力组合				截面控制内力	支座边缘控制内力	备注
						恒+活 1.2①+1.4②	恒+活 1.35①+1.0②	恒+风 1.2①+1.4③	恒+0.9（活+风） 1.2①+1.26(②+③)			
A6 ~ B6	梁左 A6	M	46.4	4.2	±4.9	61.6	66.8	62.6	67.1	67.1	49.8	
		V	54.1	4.2	1.3	70.8	77.2	66.7	71.9	77.2		
	跨内	M	58.9	5.4	±0.7	78.2	84.9	71.4	78.4	84.9		
	梁右 B6	M	49.2	4.4	±3.5	65.2	70.8	63.9	69.0	70.8	51.0	
		V	55.1	4.3	1.3	72.1	78.7	20.4	73.1	78.7		
B6 ~ C6	梁左 B6	M	12.7	0.7	±3.7	16.2	17.8	18.9	20.8	20.8	15.9	梁右同梁左
		V	12.6	0.9	2.7	16.4	17.9	4.7	19.7	19.7		
	跨内	M	3.9	0.4	0	5.2	5.7	110.1	5.2	5.7		
A3 ~ B3	梁左 A3	M	60.4	16.6	±26.8	95.8	98.1	89.4	127.2	127.2	99.7	
		V	66.1	17.2	7.2	103.4	106.4	76.5	110.0	110.0		
	跨内	M	60.3	21.2	±3.0	102.0	102.6	121.2	102.9	102.9		
	梁右 B3	M	61.0	17.3	±20.8	97.4	99.7	89.6	121.2	121.2	93.6	
		V	66.3	17.4	7.2	103.9	106.9	40.2	110.5	110.5		
B3 ~ C3	梁左 B3	M	9.0	3.3	±21.5	15.4	15.5	34.6	42.0	42.0	32.8	梁右同梁左
		V	10.3	3.6	15.9	17.4	17.5	5.0	37.0	37.0		
	跨内	M	4.2	1.6	0	7.3	7.3	129.0	7.1	7.3		
A1 ~ B1	梁左 A1	M	57.3	15.8	±43.0	90.9	93.2	95.1	142.9	142.9	114.1	
		V	66.0	17.2	11.4	103.2	106.3	83.3	115.2	115.2		
	跨内	M	63.1	22.1	±5.4	106.7	107.3	115.4	110.4	110.4		
	梁右 B1	M	58.5	16.7	±32.3	93.6	95.7	114.2	131.9	131.9	98.7	
		V	66.4	17.6	24.7	104.3	107.2	59.3	132.9	132.9		
B1 ~ C1	梁左 B1	M	10.6	3.6	±33.3	17.8	17.9	68.7	59.2	59.3	42.1	梁右同梁左
		V	10.3	3.6	40.2	17.4	17.5	5.0	67.6	68.7		
	跨内	M	4.2	1.6	0	7.3	7.3		7.1	7.3		

对支座负弯矩按相应的组合情况进行计算,求跨间最大正弯矩时,由于各组合下左右梁端弯矩不同,在梁上荷载与左右梁端弯矩作用下,跨内最大正弯矩往往不在跨中,而是偏向梁端弯矩小的一侧,在水平荷载参与组合时尤其明显。此时可根据梁端弯矩组合值及梁上荷载设计值,由平衡条件确定跨内最大正弯矩的位置及弯矩可近似取跨中弯矩,以减小计算工作量。

取每层柱顶和柱底两个控制截面,按 8.2 节所述的方法进行组合,组合结果见表 8.17。

表 8.17　框架柱内力组合表

柱号	截面	内力	恒 S_{Gk} ①	活 S_{Qk} ②	左风 S_{Wk} ③	左风 S_W ④	N_{max} 相应的 M 组合项目	值	N_{min} 相应的 M 组合项目	值	$|N|_{max}$ 相应的 M 组合项目	值
A6 ~ A5	上 A6	M	50.6	4.8	−4.9	4.9	1.35①+1.0②	73.1	1.2①+1.4③	53.9	1.2①+1.26(②+④)	73.0
		N	201.8	11.8	−1.9	1.9		284.2		239.5		259.4
	下 A5	M	−31.8	−8.5	1.6	−1.6	1.35①+1.0②	−54.1	1.2①+1.4③	−40.4	1.2①+1.26(②+④)	−50.9
		N	227.0	11.8	−1.9	1.9		318.3		275.1		289.7
		V	22.9	3.7	−1.9	1.9		34.6		30.1		34.5
A4 ~ A3	上 A4	M	34.1	9.6	−12.5	12.5	1.35①+1.0②	55.6	1.2①+1.4③	23.4	1.2①+1.26(②+④)	67.7
		N	698.9	107.0	−9.4	9.4		1 050.5		825.5		985.3
	下 A3	M	−34.1	−9.6	10.2	−10.2	1.35①+1.0②	−55.6	1.4③−26.6	−26.6	1.2①+1.26(②+④)	−65.8
		N	723.1	107.0	−9.4	9.4		1 083.1		854.6		1 014.4
		V	19.9	5.3	−6.3	6.3		32.2		15.1		38.5
A1 ~ A0	上 A1	M	21.3	6.9	−23.0	23.0	1.35①+1.0②	35.7	1.2①+	−6.6	1.2①+1.26(②+④)	63.3
		N	1 444.0	249.2	−37.0	37.0		2 198.6	1.854.64③15.1	1 681.0		2 093.4
	下 A0	M	−10.7	−4.0	42.7	−42.7	1.35①+1.0②	−18.4	1.2①+1.4−6.6③	46.9	1.2①+1.26(②+④)	−71.7
		N	1 477.6	−249.2	−37.0	37.0		2 244.1		1 721.3		2 133.7
		V	6.7	2.3	−15.0	15.0		11.3		−13.0		29.8
B6 ~ B5	上 B6	M	−45.8	−4.6	−7.2	7.2	1.35①+1.0②	−66.4	1.2①+1.4③	−65.1	1.2①+1.26(②+④)	−69.9
		N	220.3	16.7	−1.4	1.4		314.1		262.4		283.7
	下 B5	M	35.1	7.6	4.0	−4.0	1.35①+1.0②	55.0	1.2①+1.4③	47.7	1.2①+1.26(②+④)	56.7
		N	245.5	16.7	−1.4	1.4		348.1		292.7		313.9
		V	−22.6	−3.4	−3.1	3.1		−33.9		−31.5		−35.3
B4 ~ B3	上 B4	M	−32.6	−8.7	−20.4	20.4	1.35①+1.0②	−52.7	1.2①+1.4③	−67.7	1.2①+1.26(②+④)	−75.8
		N	802.4	150.7	−11.9	11.9		1 234.0		946.2		1 137.7
	下 B3	M	32.6	8.7	17.2	−17.2	1.35①+1.0②	52.7	1.2①+1.4③	63.2	1.2①+1.26(②+④)	71.8
		N	827.6	150.7	−11.9	11.9		1 268.4		976.4		1 168.0
		V	−18.0	−4.8	−10.5	10.5		−29.1		−36.3		−40.9
B1 ~ B0	上 B1	M	−21.1	−6.2	−34.2	34.2	1.35①+1.0②	−33.3	1.2①+1.4③	−72.0	1.2①+1.26(②+④)	−75.0
		N	1675.1	305.7	−55.2	55.2		2 567.1		1 932.9		2 325.8
	下 B0	M	10.1	3.4	56.8	−56.8	1.35①+1.0②	17.0	1.2①+1.4③	91.6	1.2①+1.26(②+④)	88.0
		N	1708.7	305.7	−55.2	55.2		2 612.5		1 973.2		2 366.1
		V	−6.1	−2.0	−19.0	19.0		−10.2		−33.9		−33.9

4. 截面设计

(1) 框架梁

这里仅以第 6 层 AB 跨梁为例,说明计算方法和过程。

① 梁的正截面受弯承载力计算:从表 8.16 中分别选出 AB 跨跨中截面及支座截面的最不利内力,并将支座中心处的弯矩换算为支座边缘控制截面的弯矩进行配筋计算。

$$M_A = 67.1 \text{ kN} \cdot \text{m}, \text{相应的剪力 } V = 71.9 \text{ kN}$$
$$M_B = 70.8 \text{ kN} \cdot \text{m}, \text{相应的剪力 } V = 78.7 \text{ kN}$$

支座边缘处:

$$M'_A = 67.1 \text{ kN} \cdot \text{m} - 71.9 \text{ kN} \times 0.25 \text{ m} = 49.1 \text{ kN} \cdot \text{m}$$
$$M'_B = 70.8 \text{ kN} \cdot \text{m} - 78.7 \text{ kN} \times 0.25 \text{ m} = 51.1 \text{ kN} \cdot \text{m}$$

跨内截面梁下部受拉,可按 T 形截面进行配筋计算,支座边缘截面梁上部受拉,应按矩形截面计算。

翼缘计算宽度:

按跨度考虑:

$$b'_f = \frac{l}{3} = \frac{6\ 600 \text{ mm}}{3} = 2\ 200 \text{ mm}$$

按梁间距 s_n 考虑:

$$b'_f = b + s_n = 300 \text{ mm} + 3\ 350 \text{ mm} = 3\ 650 \text{ mm}$$

按翼缘厚度考虑:

$$b'_f = b + 12h'_f = 300 \text{ mm} + 1\ 200 \text{ mm} = 1\ 500 \text{ mm}$$

故取 $b'_f = 1\ 500 \text{ mm}$。

梁内纵向钢筋选用 HRB400 级钢筋($f_y = f'_y = 360 \text{ N/mm}^2$),$\xi_b = 0.518$。

下部跨间截面按单筋 T 形截面计算。因为:

$$\alpha_1 f_c b'_f h'_f (h_0 - h'_f/2) = 1.0 \times 14.3 \text{ N/mm}^2 \times 1\ 500 \text{ mm} \times 100 \text{ mm} \times (565 \text{ mm} - 100 \text{ mm}) =$$
$$1\ 083 \times 10^6 \text{ N} \cdot \text{mm} = 1\ 083 \text{ kN} \cdot \text{m} > 84.9 \text{ kN} \cdot \text{m}$$

属第一类 T 形截面。

$$\alpha_s = \frac{M}{\alpha_1 f_c b'_f h_0^2} = \frac{84.9 \times 10^6 \text{ N} \cdot \text{mm}}{1.0 \times 14.3 \text{ N/mm}^2 \times 1\ 500 \text{ mm} \times (565 \text{ mm})^2} = 0.012$$

$$\xi = 1 - \sqrt{1 - 2\alpha_s} = 0.012$$

$$A_s = \frac{\alpha_1 f_c b'_f \xi h_0}{f_y} = \frac{1.0 \times 14.3 \text{ N/mm}^2 \times 1\ 500 \text{ mm} \times 0.012 \times 565 \text{ mm}}{360 \text{ N/mm}^2} = 404 \text{ mm}^2$$

$$0.45 \frac{f_t}{f_y} = 0.45 \times \frac{1.43 \text{ N/mm}^2}{360 \text{ N/mm}^2} = 0.001\ 8 < 0.002, 取 \rho_{\min} = 0.002$$

$$A_{s\min} = 0.002 \times 300 \text{ mm} \times 600 \text{ mm} = 360 \text{ mm}^2$$

实配 3 ⌀ 16($A_s = 600 \text{ mm}^2 > A_{s\min}$)。

将下部跨间截面的钢筋全部伸入支座,则支座截面可按已知受压钢筋的双筋截面计算受拉钢筋,因本例梁端弯矩较小,为计算简化起见,仍按单筋矩形截面计算。

A 支座截面:

$$\alpha_s = \frac{M}{\alpha_1 f_c b'_f h_0^2} = \frac{49.1 \times 10^6 \text{ N} \cdot \text{mm}}{1.0 \times 14.3 \text{ N/mm}^2 \times 300 \text{ mm} \times (565 \text{ mm})^2} = 0.035\ 9$$

$$\xi = 1 - \sqrt{1 - 2\alpha_s} = 0.037$$

$$A_s = \frac{\alpha_1 f_c b'_f \xi h_0}{f_y} = \frac{1.0 \times 14.3 \text{ N/mm}^2 \times 300 \text{ mm} \times 0.037 \times 565 \text{ mm}}{360 \text{ N/mm}^2} = 250 \text{ mm}^2$$

实配 3 ⌀ 16($A_s = 600 \text{ mm}^2 > A_{s\min}$),满足要求。

B 支座截面:因计算弯矩与 A 支座相近,配筋取与 A 支座相同,实配 $3 \oplus 16(A_s = 600 \text{ mm}^2 >$ A_{smin}),满足要求。

其他层梁的配筋计算结果见表 8.18 和 8.19。

表 8.18　框架梁纵向钢筋计算表

层次	截面		M /(kN·m)	$b(b_f)$ /mm	h_0 /mm	α_s	ξ	A_s /mm²	实配钢筋 A_s/mm²	配筋率 ρ/%
6	支座	A	49.1	300	565	0.037	0.037	250	3 $\oplus$ 16(603)	0.35
		$B_左$	51.1	300	565	0.037	0.037	250	3 $\oplus$ 16(603)	0.35
	AB 跨间		84.9	300(2200)	565	0.008	0.008	416	3 $\oplus$ 16(603)	0.35
	支座 $B_右$		15.9	300	415	0.022	0.022	108	3 $\oplus$ 16(603)	0.48
	BC 跨间		5.7	300(900)	415	0.001	0.001	38	2 $\oplus$ 16(402)	0.32
3	支座	A	99.7	300	565	0.073	0.076	510	4 $\oplus$ 16(804)	0.47
		$B_左$	93.6	300	565	0.068	0.071	477	4 $\oplus$ 16(804)	0.47
	AB 跨间		102.9	300(2 200)	565	0.010	0.010	508	4 $\oplus$ 16(804)	0.47
	支座 $B_右$		32.8	300	415	0.044	0.045	220	4 $\oplus$ 16(804)	0.65
	BC 跨间		7.3	300(900)	415	0.001	0.001	49	2 $\oplus$ 16(402)	0.32
1	支座	A	114.1	300	565	0.083	0.087	587	4 $\oplus$ 16(804)	0.47
		$B_左$	98.7	300	565	0.072	0.074	501	4 $\oplus$ 16(804)	0.47
	AB 跨间		110.4	300(2 200)	565	0.011	0.011	550	4 $\oplus$ 16(804)	0.47
	支座 $B_右$		42.1	300	415	0.057	0.059	290	4 $\oplus$ 16(804)	0.65
	BC 跨间		7.3	300(900)	415	0.001	0.001	49	2 $\oplus$ 16(401)	0.32

② 梁斜截面受剪承载力计算:

AB 跨:

$$V = 78.1 \text{ kN} < 0.2\beta_c f_c b h_0 = 0.2 \times 1.0 \times 14.3 \text{ N/mm}^2 \times 300 \text{ mm} \times 565 \text{ mm} = 484.8 \text{ kN}$$

故截面尺寸满足要求。

$$\frac{A_{sv}}{s} = \frac{V - 0.7 f_t b h_0}{1.0 f_{yv} h_0} = \frac{78.7 \times 10^3 \text{ N} - 0.7 \times 1.43 \text{ N/mm}^2 \times 300 \text{ mm} \times 565 \text{ mm}}{1.0 \times 270 \text{ N/mm}^2 \times 565 \text{ mm}} < 0$$

按构造要求配箍,取双肢箍 $\phi 8@200$。

其他层梁的斜截面受剪承载力配筋计算结果见表 8.19。

表 8.19　框架斜截面配筋计算表

层次	截面	剪力 V /kN	$0.2\beta_c f_c b h_0$ /kN	$\dfrac{A_{sv}}{s} = \dfrac{V - 0.7 f_t b h_0}{1.0 f_{yv} h_0}$	实配钢筋 $\dfrac{A_{sv}}{s}$
6	A、$B_左$	78.7	484.8 < V	< 0	双肢$\phi 8@200(0.50)$
	$B_右$	19.7	356.1 < V	< 0	双肢$\phi 8@200(0.50)$
3	A、$B_左$	110.5	484.1 < V	< 0	双肢$\phi 8@200(0.50)$
	$B_右$	37	356.1 < V	< 0	双肢$\phi 8@200(0.50)$
1	A、$B_左$	132.9	484.8 < V	< 0	双肢$\phi 8@200(0.50)$
	$B_右$	68.7	356.1 < V	< 0	双肢$\phi 8@200(0.50)$

以上计算保证了构件能够满足承载能力极限状态要求,而裂缝宽度和挠度等正常使用极限状态

的验算需对控制截面进行内力的标准组合,由标准组合的控制内力来验算。限于篇幅,本例未进行正常使用极限状态验算。

(2)框架柱

① 轴压比验算:底层柱 $N_{max}=2\ 612.5$ kN,则轴压比为

$$\mu_N=\frac{N}{f_cA}=\frac{2\ 612.5\times10^3\ \text{N}}{14.3\ \text{N}/\text{mm}^2\times(500\ \text{mm})^2}=0.731<[1.05]\ (满足要求)$$

② 截面尺寸复核:取 $h_0=500$ mm -40 mm $=460$ mm,$V_{max}=40.9$ kN,则

$0.25f_cbh_0=0.25\times1.0\times14.3\ \text{N/mm}^2\times500\ \text{mm}\times460\ \text{mm}=822.3\ \text{kN}>V_{max}$(满足要求)

③ 框架柱正截面承载力计算

以底层 B 轴柱为例说明。根据 B 柱内力组合表,按理也应将支座中心处的弯矩换算至支座边缘,考虑本例柱端弯矩小,以支座中心处弯矩计算应偏于安全且偏差不大,故不再折算边缘弯矩。柱同一截面分别承受正反向弯矩,故采用对称配筋。

B 轴柱:

$$N_b=\alpha_1f_cbh_0\xi_b=1.0\times14.3\ \text{N/mm}^2\times500\ \text{mm}\times460\ \text{mm}\times0.518=1\ 703.7\ \text{kN}$$

对于底层,从柱的内力组合表可见,$N>N_b$,均为小偏压,选 M 大,N 大的组合,最不利组合为

$$\begin{cases}M=88.0\ \text{kN}\cdot\text{m}\\N=2\ 366.1\ \text{kN}\end{cases}\quad 和 \quad\begin{cases}M=17.0\ \text{kN}\cdot\text{m}\\N=2\ 612.5\ \text{kN}\cdot\text{m}\end{cases}$$

此处没选 M 绝对最大的组合,因为该组的 N 值与所选 M 较大组合相比小得多,不会控制截面配筋。若无把握,应分别计算,取配筋大者。

具体计算过程参见模块 5 受压构件的截面设计。

各柱正截面受弯承载力计算见表 8.20 和 8.21。

表 8.20　A 轴框架柱正截面受弯承载力的计算表

| 柱名 | 内力组合 | 控制内力值 | | e_0 /mm | η_{ns} | e /mm | ξ | 柱截面对称配筋的计算 | | | 配筋率 /% |
		M /(kN·m)	N /kN					$A_s(A'_s)$ /mm²	实际配筋 /mm²		
A6	①	73.0	259.4	279.14	1.09	509.1	0.079	114	4 ⌀ 16	$A_s=804$	0.96
~	②	51.4	318.3	229.88	1.10	459.89	0.097	44	4 ⌀ 16	$A_s=804$	0.96
A5	③	53.9	239.5	231.9	1.12	461.9	0.073	28	4 ⌀ 16	$A_s=804$	0.96
A4	①	68.7	985.3	89.8	1.32	319.8	0.301	0	4 ⌀ 16	$A_s=804$	0.96
~	②	55.6	1050.5	73.6	1.39	303.6	0.331	0	4 ⌀ 16	$A_s=804$	0.96
A3	③	23.4	825.5	44.6	1.59	274.6	0.252	0	4 ⌀ 16	$A_s=804$	0.96
A1	①	35.1	2198.6	23.88	1.73	253.9	0.695	0	4 ⌀ 16	$A_s=804$	0.96
~	②	71.7	2133.7	47.7	1.48	277.7	0.663	0	4 ⌀ 16	$A_s=804$	0.96
A0	③	46.9	1721.3	34.1	1.69	264.1	0.53	0	4 ⌀ 16	$A_s=804$	0.96

表 8.21　B 轴框架柱正截面受弯承载力的计算表

| 柱名 | | 内力值 | | e_0 /mm | η_{ns} | e /mm | ξ | 柱截面对称配筋的计算 | | | 配筋率 /% |
		M /(kN·m)	N /kN					$A_s(A'_s)$ /mm²	实际配筋 /mm²		
A6	①	69.9	283.7	257.1	1.11	487.1	0.087	82	4 ⌀ 16	$A_s=804$	0.96
~	②	55.0	348.1	174.1	1.16	404.1	0.106	0	4 ⌀ 16	$A_s=804$	0.96
A5	③	65.1	262.4	253.4	1.11	483.4	0.080	70	4 ⌀ 16	$A_s=804$	0.96

续表 8.21

柱名		内力值							柱截面对称配筋的计算		
		M /(kN·m)	N /kN	e_0 /mm	η_{ns}	e /mm	ξ	$A_s(A'_s)$ /mm²	实际配筋 /mm²		配筋率 /%
B4	①	71.8	1168.0	85.2	1.34	315.0	0.356	0	4 Φ 16	$A_s = 804$	0.96
~	②	52.7	1268.4	6.1	1.47	291.1	0.387	0	4 Φ 16	$A_s = 804$	0.96
B3	③	67.7	946.2	87.2	1.31	317.2	0.289	0	4 Φ 16	$A_s = 804$	0.96
B1	①	88.0	2366.1	50.8	1.43	280.8	0.703	0	4 Φ 16	$A_s = 804$	0.96
~	②	17.0	2612.5	9.3	1.68	239.3	0.782	0	4 Φ 16	$A_s = 804$	0.96
B0	③	72.0	1932.9	50.6	1.45	280.6	0.608	0	4 Φ 16	$A_s = 804$	0.96

④ 垂直于弯矩作用平面的受压承载力验算：

按轴心受压构件验算，$N_{max} = 2\ 612.5$ kN，$l_0/b = 4.8$ m/0.5 m $= 9.6$，查表得 $\varphi = 0.98$，则

$$0.9\varphi(f_c A + f'_y A'_s) = 0.9 \times 0.98 \times (14.3\ \text{N/mm}^2 \times 500\ \text{mm} \times 500\ \text{mm} + 360\ \text{N/mm}^2 \times 12 \times 201\ \text{mm}^2) =$$
$$3\ 919.0\ \text{kN} > N_{max} = 2\ 612.5\ \text{kN}$$

满足要求。

⑤ 斜截面受剪承载力计算：

B 轴柱：

一层最不利内力组合 $\begin{cases} M = 88.0\ \text{kN·m} \\ N = 2\ 366.1\ \text{kN} \\ V = 33.9\ \text{kN} \end{cases}$

剪跨比 $\lambda = \dfrac{H_n}{2h_0} = \dfrac{4\ 200\ \text{mm}}{2 \times 460\ \text{mm}} = 4.57 > 3$，所以 $\lambda = 3$。

又 $0.3f_c A = 0.3 \times 14.3\ \text{N/mm}^2 \times (500\ \text{mm})^2 = 1\ 072.5\ \text{kN} < N$，所以 $N = 1\ 027.5$ kN

$$\frac{A_{sv}}{s} = \frac{V - \dfrac{1.75}{\lambda} f_t b h_0 - 0.07N}{f_{yv} h_0} =$$

$$\frac{33.9 \times 10^3\ \text{N} - \dfrac{1.75}{3+1} \times 1.43\ \text{N/mm}^2 \times 500\ \text{mm} \times 460\ \text{mm} - 0.07 \times 1\ 072.5 \times 10^3\ \text{N}}{270\ \text{N/mm}^2 \times 460\ \text{mm}} < 0$$

按构造配箍，取井字形复式箍 φ8@200。

其余各柱斜截面受剪承载力计算见表 8.22。

表 8.22　框架柱斜截面受剪承载力的计算表

柱名	控制内力				斜截面抗剪承载力计算			
	V/kN	N/kN	H_n/mm	λ	V_c/kN	0.07N/kN	$\dfrac{A_{sv}}{s}$	实际配箍情况
A6A5	34.6	318.5	3 000	3	287.7	22.4	0	φ8@200($n=4$)
A3A4	38.5	1 014.4	3 000	3	287.7	69.1	0	φ8@200($n=4$)
A1A0	29.8	2 133.7	4 200	3	287.7	69.1	0	φ8@200($n=4$)
B6B5	35.3	313.9	3 000	3	287.7	22.1	0	φ8@200($n=4$)
B4B3	40.9	1 168.0	3 000	3	287.7	69.1	0	φ8@200($n=4$)
B1B0	33.9	2 366.1	4 200	3	287.7	69.1	0	φ8@200($n=4$)

综合以上计算结果，绘出横向框架的梁柱配筋图，如图 8.39 和图 8.40 所示。

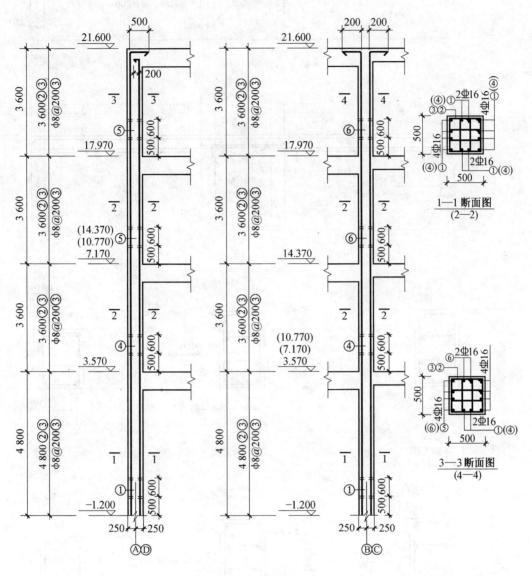

图 8.39 框架柱配筋图

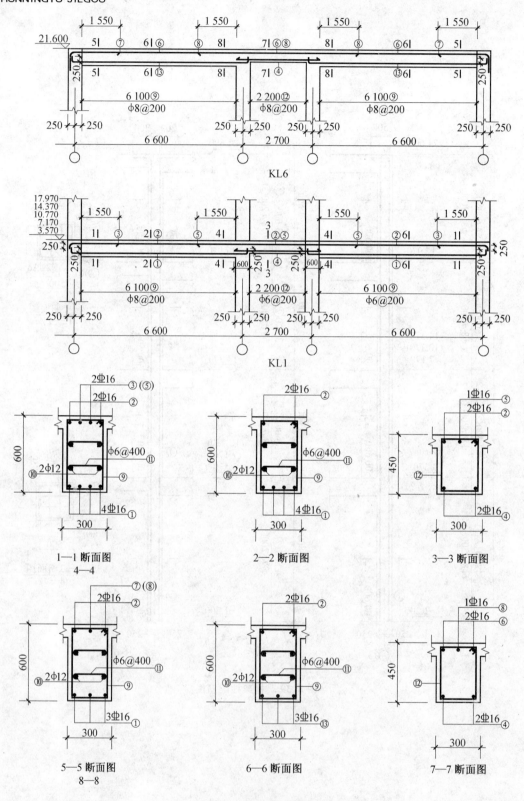

图 8.40　框架梁配筋图

 ## 8.4　框架柱平法施工图

　　假想从楼层中部将建筑物水平剖开，向下投影而成柱平面图。柱平法施工图是在柱平面布置图上采用列表注写方式或截面注写方式表达框架柱、框支柱、梁上柱、芯柱和剪力墙上柱的截面尺寸、与轴线的几何关系和配筋情况。

8.4.1 柱平法施工图的表达方法

注写每一种编号柱的截面尺寸,纵筋和箍筋的配置情况可采用列表注写或截面注写两种方式。

1. 列表注写方式

列表注写方式,是在柱平面布置图上,分别在同一编号的柱上选择一个(有时几个)截面标注几何参数代号,在柱表中注写柱号,柱段起止标高,几何尺寸(含柱截面对轴线的偏心情况)与配筋的具体数值,并配以各种柱截面形状及其箍筋类型图的方式,来表达柱平面施工图(表8.23)。

柱表的主要内容包括:

(1)柱编号。如 KZ2 表示第 2 号框架柱;仅是柱的分段截面尺寸与轴线的关系不同,而柱的总高,分段截面尺寸和配筋均对应相同时,仍可属于同一柱编号。

(2)柱段起止标高。自柱根部往上以变截面位置或截面未变但配筋改变处为分段界限。框架柱和框支柱的根部标高是指基础顶面标高;梁上柱的根部标高是指梁顶面标高;芯柱的根部标高是指根据结构实际需要而定的起始位置标高;剪应力墙上柱的根部标高是指墙顶面标高(当柱纵筋锚固在墙顶部时)或墙顶面往下一层的结构层楼面标高(当柱与剪力墙重叠一层时)。

(3)柱几何尺寸。矩形柱含截面尺寸 $b \times h$ 及与轴线关系的几何参数代号 b_1、b_2 和 h_1、h_2,其中 $b = b_1 + b_2$、$h = h_1 + h_2$,若 b_1、b_2、h_1、h_2 中的某项为零或为负值,则表示截面的某一边收缩变化至与轴线重合或偏到轴线的另一侧。圆柱则用直径数字前加 d 表示,与轴线的关系也用 b_1、b_2、和 h_1、h_2 表示,且 $d = b_1 + b_2 = h_1 + h_2$。

(4)柱纵筋。柱纵筋分角筋、截面 b 边中部筋和 h 边中部筋三项;若只注写"一侧中部筋",则表示矩形截面柱采用对称配筋,对称边省略了;纵筋注写在"全部纵筋"一栏,则表示柱纵筋直径相同、各边根数也相同。

(5)柱箍筋类型号及箍筋肢数。在柱表的上部或图中的其他位置,有各种箍筋类型图和箍筋复合的具体形式,并编有类型号以及与表中相对应的 b、h。

(6)柱箍筋。包括钢筋级别、直径和间距。柱端箍筋加密区与柱身非加密区长度范围内的箍筋间距不同,用斜线"/"区分,施工时应根据标准构造详图,在规定的几种长度值中取最大值作为加密区长度;没有斜线"/",则表示箍筋沿柱全高为一种间距;箍筋前面有"L",表示圆柱采用螺旋箍筋;如:

$\phi 10 @ 100/200$:表示箍筋采用 Ⅰ 级钢,直径$\phi 10$,加密区间距 100 mm,非加密区间距 200 m。

$\phi 10 @ 100$:表示箍筋采用 Ⅰ 级钢,直径$\phi 10$,间距均为 100 mm,沿柱全高加密。

$L\phi 10 @ 100/200$:表示采用螺旋箍筋,Ⅰ 级钢,直径$\phi 10$,加密区间距 100 mm,非加密区间距 200 mm。

2. 截面注写方式

截面注写方式,是在分标准层绘制的柱平面布置图的柱截面上,分别在同一种编号的柱中选择一个截面,按另一种比例原位放大绘制柱截面配筋图,并在各配筋图上继其编号后再注写截面尺寸 $b \times h$、角筋或全部纵筋(当纵筋采用同一直径且能够图示清楚时)、箍筋的具体数值以及在柱截面配筋图上标注柱截面与轴线关系的具体数值。当纵筋采用两种直径时,须再注写截面各边中部钢筋的具体数值(对于采用对称配筋的矩形截面柱,可仅在一侧注写中部钢筋,对称边省略不写)。

8.4.2 柱平法施工图的主要内容和识读步骤

1. 柱平法施工图的主要内容

(1)图名和比例。柱平法施工图的比例应与建筑平面图相同。

(2)定位轴线及其编号、间距尺寸。

（3）柱的编号、平面布置。应反映柱与轴线的直线关系。

（4）每一种编号柱的标高、截面尺寸、纵向钢筋和箍筋的配置情况。

（5）必要的设计说明。

2.柱平法施工图的识读步骤

（1）查看图名、比例。

（2）校核轴线编号及其间距尺寸，要求必须与建筑图、基础平面图保持一致。

（3）与建筑图配合，明确各柱的编号、数量及位置。

（4）阅读结构设计总说明或有关说明，明确柱的混凝土强度等级。

（5）根据各柱的编号，查阅图中截面标注或柱表，明确柱的标高、截面尺寸和配筋情况。再根据抗震等级、设计要求和标准构造详图确定纵向钢筋和箍筋的构造要求（如纵向钢筋连接的方式、位置和搭接长度、弯折要求、柱头锚固要求；箍筋加密区的范围）。

8.4.3 柱平法施工图实例

用截面注写方式表达的某工程柱平法施工图如图8.41所示。从图中了解以下内容：

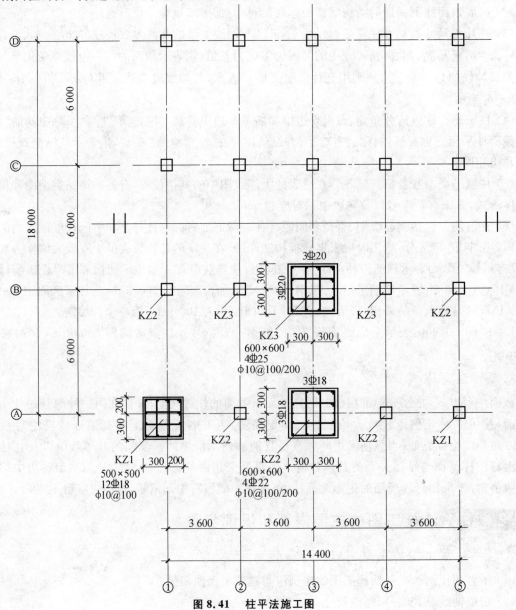

图8.41 柱平法施工图

（1）图 8.41 为柱平法施工图,绘制比例 1∶100。轴线编号及其间距尺寸与建筑图、基础平面布置一致。

（2）该柱平法施工图中的柱均为框架柱,共有 3 种编号:

KZ1:数量 4 根,角柱,分别位于 A、D 轴与 ①、⑤ 轴交汇处。

KZ2:数量 10 根,边柱,分别位于 A、D 轴与 ②、③、④ 轴以及 B、C 轴与 ①、⑤ 轴交汇处。

KZ3:数量 6 根,中柱,分别位于 B、C 轴与 ②、③、④ 轴交汇处。

（3）柱的混凝土强度等级:一层柱为 C40,梁为 C30;二层柱为 C30 梁为 C30。

（4）柱的标高、截面尺寸和配筋情况见表 8.23 的标高 $-0.030 \sim 8.070$ 部分。

（5）根据该工程抗震等级为三级,由《混凝土结构施工图平面整体表示方法制图规则和构造详图》的标准构造详图知:柱箍筋加密区范围:柱端 —— 基础顶面上底层柱根加密高度为底层净高的 1/3;其他各楼层梁上下取截面长边尺寸、柱所在层净高的 1/6 和 500 mm 的最大值及地面上下各500 mm。

（6）该图中柱的标高 $-0.030 \sim 8.070$,即一、二两层(其中一层为底层)层高分别为 4.5 m、3.6 m,柱 KZ1 在一、二两层的净高分别为 3.95 m、3.05 m,所以箍筋加密区范围分别为 1 317 mm、600 mm。

（7）设计要求柱的钢筋连接采用电渣压力焊。焊接接头应设在柱箍筋加密区外,如柱的钢筋多于4 根,焊接接头应相互错开 $35d$(纵向钢筋的较大直径)且不小于 500 mm,同一截面的接头数不宜多于总根数的 50%。

柱平法施工图如用列表注写方式,可列柱表见表 8.23。

表 8.23 柱表

柱号	标高	$b \times h$	b_1	b_2	h_1	h_2	角筋	b 边一侧中部筋	h 边一侧中部筋	箍筋类型号	箍筋	备注
KZ1	$-0.030 \sim 23.070$	500×500	200	300	200	300	4 Φ 18	2 Φ 18	2 Φ 18	1(4×4)	φ 10 @100	
KZ2	$-0.030 \sim 8.070$	500×500	300	300	300	300	4 Φ 22	3 Φ 18	3 Φ 18	1(4×4)	φ 10 @100	
	$-8.07 \sim 23.070$	500×500	250	250	250	250	4 Φ 22	2 Φ 18	2 Φ 18	1(4×4)	φ 10 @100	
KZ3	$-0.030 \sim 8.070$	500×500	300	300	300	300	4 Φ 25	3 Φ 20	3 Φ 20	1(4×4)	φ 10 @100	
	$8.070 \sim 23.070$	500×500	250	250	250	250	4 Φ 22	3 Φ 20	3 Φ 20	1(4×4)	φ 10 @100	

8.5　剪力墙结构简介

8.5.1　剪力墙结构的分类、特点及使用范围

1. 剪力墙的分类

根据剪力墙上洞口面积的有无、大小、形状和位置等,剪力墙可划分为以下几类:

（1）整体墙

凡墙面门窗等洞口面积不超过墙面总面积的 15%,且洞口间的净距及洞口至墙边的净距均大于洞口长边尺寸时,可忽略洞口的影响,正应力按直线规律分部,这样的剪力墙称为整体墙,如图8.42(a)所示。

（2）小开口整体墙

当剪力墙的洞口沿竖向成列布置,洞口的总面积超过墙面总面积的 15%,剪力墙的墙肢中已出现

局部弯矩,但局部弯矩值一般不超过整体弯矩的 15%,正应力大体上仍按直线分布的,这样的剪力墙称为小开口整体剪力墙,如图 8.42(b) 所示。

（3）双肢剪力墙和多肢剪力墙

当剪力墙沿竖向开有一列或多列较大的洞口时,由于墙面洞口较大,剪力墙截面的整体性大为削弱,其截面上的正应力分布已不成直线。这类剪力墙由一系列连梁（上下洞口之间的部分）和若干个墙肢（左右洞口之间的墙体）组成。当开有一列洞口时为双肢剪力墙,如图 8.42(c) 所示。当开有多列洞口时为多肢剪力墙,如图 8.42(d) 所示。

（4）壁式框架

当剪力墙成列布置的洞口很大,且连梁的刚度又接近或大于墙肢的刚度时,剪力墙的受力性能与框架结构类似。在水平荷载作用下,墙肢层间出现反弯点,沿高度呈剪切型变形。因这类墙可简化为带刚域的框架进行分析,故称为壁式框架,如图 8.42(e) 所示。

（5）框支剪力墙

当下部楼层需要大的空间,采用框架结构支撑上部剪力墙时,就是框支剪力墙,如图 8.42(f) 所示。

（6）开有不规则大洞口的剪力墙

当剪力墙墙面高度范围内开有不规则大洞口的剪力墙时,即构成了不规则大洞口剪力墙,如图 8.42(g) 所示。

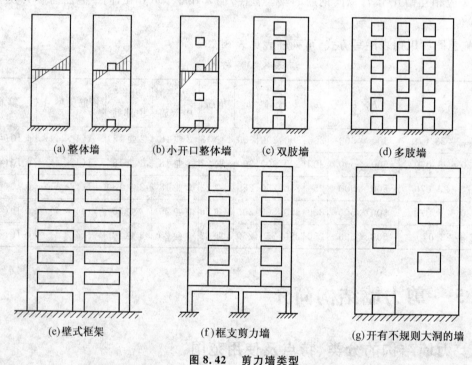

(a)整体墙　　　(b)小开口整体墙　　　(c)双肢墙　　　(d)多肢墙

(e)壁式框架　　　(f)框支剪力墙　　　(g)开有不规则大洞的墙

图 8.42　剪力墙类型

2. 剪力墙结构体系的特点

（1）剪力墙结构体系的优点

结构整体性强,抗侧刚度大,侧向变形小,在承重力方面的要求易得到满足,适于建造较高的建筑;集承重、抗风、抗震、围护与分隔于一体,经济合理地利用了结构材料;抗震性能好,具有承受强烈地震裂而不倒的良好性能;用钢量较省;与框架结构体系相比,施工相对简便与快速。

（2）剪力墙结构体系的缺点

墙体较密,使建筑平面布置和空间利用受到限制,较难满足大空间建筑功能的要求;结构自重较大,加上抗侧刚度较大,结构自振周期较短,导致较大的地震作用。

3.剪力墙结构体系的适用范围

剪力墙结构对于需要很多隔墙的高层住宅公寓及高层旅馆的标准层十分适用。为了适应下部设置大空间公共设施的高层住宅、公寓和旅馆的需求,可以使用框支剪力墙体系,即在底层1~3层把部分剪力墙改换为框架,其余剪力墙仍落至基础,使其相接的层次刚度不发生突变。

框支剪力墙结构对抗震要求较高的房屋,宜经过专门的试验研究后采用。

8.5.2 剪力墙结构布置原则

(1)剪力墙在平面上应沿建筑物主轴方向布置。当建筑物为矩形、T形和L形平面时,剪力墙应沿两个主轴方向布置;建筑物为△形、Y形、十字形平面时,剪力墙应沿三个或四个主轴方向布置;O形平面,则沿径向布置成辐射状,如图8.43所示。

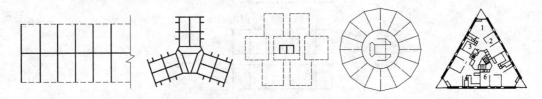

图 8.43   剪力墙在平面上的布置

(2)剪力墙片应尽量对直拉通,否则,不能视为整体墙片。但当两道墙错开距离 $d \leqslant 3d_w$(d_w 为墙厚度)时,或当墙体在平面上为转折形状,其转角 $\alpha \leqslant 15°$ 时才可近似当作整体平面剪力墙对待,如图8.44所示。

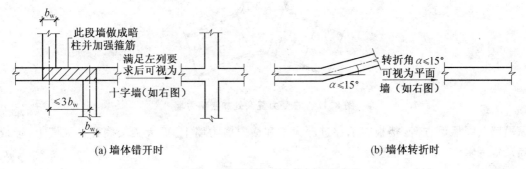

(a)墙体错开时   (b)墙体转折时

图 8.44   内外墙错开或转折时的要求

(3)剪力墙结构的平面形状力求简单、规则、对称,墙体布置力求均匀,使质量中心与刚度中心尽量接近。

(4)剪力墙结构应尽量避免竖向刚度突变,墙体沿竖向宜贯通全高,墙厚度沿竖向宜逐渐减薄,在同一结构单元内宜避免错层及局部夹层。

(5)全剪力墙体系从剪力墙布置均衡来考虑,在民用建筑中,一般横墙短而数量多,纵墙长而数量少。因此,纵横向剪力墙的布置需适应这个特点。

横向剪力墙的间距,从经济考虑,不宜太密,一般不小于6~8 m。

纵向剪力墙一般设为两道、两道半、三道或四道(图8.45)。

(6)对抗震要求的建筑,应避免抗震性能不良的鱼骨式平面布置(图8.46)。

(7)当建筑平面形状任意时,在受力复杂处,剪力墙应适当加密(图8.47)。

(8)剪力墙宜设于建筑物两端、楼梯间、电梯间及平面刚度有变化处,同时以能纵横向相互连在一起为有利,这样,对增大剪力墙刚度很有好处。

(9)剪力墙的平面布置有两种方案

横墙承重方案:横墙间距即为楼板的跨度,通常剪力墙的间距为6~8 m,较经济。

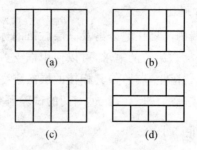

图 8.45   纵向剪力墙布置图

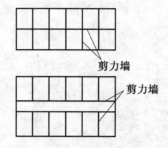

图 8.46   鱼骨式剪力墙平面布置图

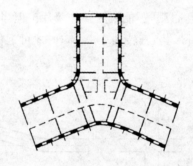

图 8.47   在受力复杂处加密剪力墙

纵横墙共同承重方案：楼板支承在进深大梁和横向剪力墙上，而大梁又搁置在纵墙上，形成纵横墙共同承重方案。

在实际工程中以横墙承重方案居多数，有时也采用纵横墙共同承重的结构方案。

(10) 当建筑使用功能要求有底层大空间时，可以使用框支剪力墙，但一般均应有落地剪力墙协同工作。

(11) 框支剪力墙与落地剪力墙协同工作体系中，以最常见的矩形建筑平面为例，落地横向剪力墙数量占全部横向剪力墙数量之百分比率：非抗震设计时不少于 30%，抗震设计时不少于 50%。

(12) 落地剪力墙的间距 L 应满足的条件

非抗震设计时：$L \leqslant 3B, L \leqslant 36$ m（B 为楼面宽度）

抗震设计时：$L \leqslant 2B, L \leqslant 24$ m（底部为 $1 \sim 2$ 层框支层时）

(13) 上下层剪力墙的刚度比 γ 宜尽量接近于 1。非抗震设计时，γ 不应大于 3；抗震设计时，γ 不应大于 2。

(14) 框支剪力墙托梁上方的一层墙体不宜设置边门洞，且不得在中柱上方设门洞。落地剪力墙尽量少开窗洞，若必须开洞时宜布置在墙体的中部。

(15) 转换层楼板混凝土强度等级不宜低于 C30，并应采用双向上下配筋。楼板开洞位置尽可能远离外侧边，大空间部分的楼板不宜开洞，与转换层相邻的楼板也应适当加强。

(16) 框支梁、柱截面尺寸。框支梁宽度 b_b 不宜小于上层墙体厚度的 2 倍，且不小于 400 mm。框

支梁高度 h_b：当进行抗震设计时不应小于跨度的 1/6；进行非抗震设计时不应小于跨度的 1/8，也可采用加腋梁。框支柱的截面宽度 b_c 宜与梁宽 b_b 相等，也可比梁宽 b_b 大 50。非抗震设计时 b_c 不宜小于400 mm，框支柱界面高度 h_c 不宜小于梁跨度的 1/15；进行抗震设计时 b_c 不宜小于 450 mm，h_c 不宜小于梁跨度的 1/12，柱净高与截面长边尺寸之比宜大于 4。

（17）框支梁、柱的混凝土等级均不应低于 C30。

（18）对于底层大空间，上层鱼骨式剪力墙结构，当建筑总高度不超过 50 m，抗震烈度为 7～8 度时，纵横方向的落地剪力墙与框支剪力墙宜采用如图 8.48 所示的平面布置方式。图 8.48(a) 表示在一个结构单元（一般不超过 60 m）中，落地剪力墙纵横向集中为筒体，布置在结构单元的两端；图 8.48(b) 表示当结构单元较长时，可在中部加一道落地墙，如结构单元再加长时，如图 8.48(c) 所示那样，在中间设一个落地筒体。

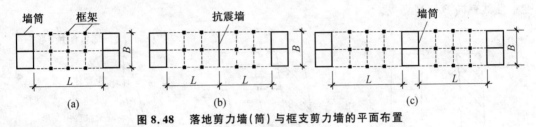

图 8.48　落地剪力墙（筒）与框支剪力墙的平面布置

8.5.3　剪力墙的最小厚度及材料要求

1.剪力墙的最小厚度

为保证剪力墙平面的刚度及稳定性能，要求如下：

（1）按一、二级抗震等级设计的剪力墙的界面厚度，底部加强部位不应小于层高（注：层高，一般指楼层高。但应与剪力墙翼墙之间的距离比较，二者取小值）的 1/16，且不应小于 200 mm；其他部位不应小于层高的 1/20，且不应小于 160 mm。当为无端柱或翼墙的一字形剪力墙时，其底部加强部位截面厚度尚不应小于层高的 1/12；其他部位尚不应小于层高的 1/15，且不应小于 180 mm。

（2）按三、四级抗震等级设计的剪力墙截面厚度，底部加强部位不应小于层高的 1/20，且不应小于160 mm；其他部位不应小于层高的 1/25，且不应小于 160 mm。

（3）非抗震设计的剪力墙，其截面厚度不应小于层高的 1/25，且不应小于 160 mm。

（4）剪力墙井筒中，分隔电梯井或管道井的墙肢截面厚度可适当减小，但不宜小于 160 mm。

当剪力墙截面厚度不满足上述要求时，应按《高层建筑混凝土结构技术规程》(JGJ 3—2010) 计算墙体稳定性。

2.材料要求

剪力墙结构混凝土强度等级不应低于 C20；带有筒体和短肢剪力墙的剪力墙结构的混凝土强度等级不应低于 C25。

剪力墙的配筋：剪力墙厚度 < 200 mm 者，可单层配筋；剪力墙厚度 ≥ 200 mm 者，应两层配筋。山墙及相邻第一道内横墙、楼梯间或电梯间墙及内纵墙等都应双层配筋。

8.6　框架-剪力墙结构简介

框架-剪力墙结构体系（简称框剪结构），是在框架体系的基础上增设一定数量的横向和纵向剪力墙所构成的双重受力体系。框架-剪力墙结构体系将框架体系和剪力墙体系结合起来，既可以使建筑平面灵活布置，得到自由的使用空间，又可使整个结构抗侧移刚度适当，具有良好的抗震性能，因而这种结构体系已在高层建筑中得到了广泛应用。

8.6.1 结构变形特点

　　框架－剪力墙结构由框架和剪力墙两种不同的抗侧力结构组成,这两种结构的受力特点和变形性质都不相同。单独的框架在侧向力作用下受力特点类似于竖向悬臂剪切梁,其变形曲线属于剪切型,即层间位移角自上而下逐层增大,如图8.49(a)所示。而剪力墙是竖向悬臂弯曲结构,其变形曲线是弯曲型的,楼层越高水平位移增长越快。在框架－剪力墙体系中,由于楼盖在自身平面内的刚度可假设为无限大,在楼盖的约束作用下,框架和剪力墙不能自由地变形,必须要满足变形协调的条件,这样,框架－剪力墙结构体系的变形曲线是介于框架和剪力墙侧移曲线之间的一条曲线,它的变形性质属于弯剪型。当然,框架－剪力墙结构侧移曲线的形状是随体系中框架和剪力墙相对数量和抗侧移刚度的比值而变化的,剪力墙的数量较多时,结构的变形曲线向弯曲型靠拢,而当剪力墙数量较少时,结构变形曲线就向剪切型靠拢。

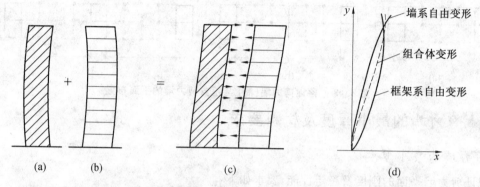

图8.49　框架－剪力墙结构体系的变形特点

　　此外,结构的层间位移角是评估结构水平荷载下受力性能的一个重要标准,层间侧移角大,结构构件的破坏就严重。单纯的框架结构在侧向力作用下,层间位移角自上而下逐层增大,即最大值出现在底层;在纯剪力墙结构层间位移角是下层小,上层大,最大层间位移角出现在结构顶部。在框架－剪力墙结构体系中,由于楼盖的协调作用,使得在结构下部剪力墙制约框架的变形,从而减小框架底部的层间位移角;相反,在结构上部,框架又制约剪力墙的变形,减小了剪力墙顶点侧移和顶部的最大层间位移角,这样结构各层的层间位移角较为均匀,可以有效减轻结构在水平作用下的破坏程度。

8.6.2 结构抗震性能

　　框架－剪力墙结构体系中,框架具有很好的延性,而剪力墙的延性较差,把框架和剪力墙结合在一起的框－剪结构的延性是比较好的。所以,就变形能力而言,框架－剪力墙结构体系优于剪力墙结构体系。框－剪结构体系的抗震性能也优于框架结构。

　　框架－剪力墙结构体系具有良好的抗震性能还表现在该体系具有多道抗震防线。小震作用下,主要是剪力墙承受水平荷载。中等地震作用下,框架与剪力墙共同工作。在大震作用下,刚度较大的剪力墙充当第一道抗震防线,随着剪力墙的开裂,刚度退化,框架才开始在保持结构稳定及防止结构倒塌上发挥作用。对于具有约束梁的双肢或多肢墙,经过合理设计,可使约束梁在强震作用下首先屈服,充当第一道防线,形成耗能机构,对墙肢起到保护作用。

　　由于剪力墙是框－剪结构中主要的抗侧力构件,而框架居于次要地位,因此在相同的设防烈度和结构高度时,框－剪结构中的框架的抗震等级要求比纯框架结构体系低,而剪力墙的抗震等级比纯剪力墙结构高。框架－剪力墙结构的抗震等级见表8.24。

表 8.24　框架－剪力墙结构的抗震等级

	抗震设防烈度						
	6 度		7 度		8 度		9 度
结构高度 /m	≤ 60	> 60	≤ 60	> 60	≤ 60	> 60	≤ 50
框架	四	三	三	二	二	一	一
剪力墙	三		二		一		一

8.6.3　结构布置要求

1.一般要求和截面尺寸要求

由于框架－剪力墙结构体系与框架结构体系相比,具有较大的抗侧移刚度,水平荷载作用下侧移较小,因此,这种结构体系适宜建造的建筑物高度也较大。我国《建筑抗震设计规范》(GB 50011—2010)规定,采用这种结构体系的建筑物高度不宜超过表 8.25 所示的限值。平面和竖向均不规则的结构或建造于Ⅳ类场地的结构,适用的最大高度还应适当降低。

为防止高层建筑在水平力作用下发生倾覆和失去稳定,框架－剪力墙结构的高宽比不应超过表 8.26 所示的限值,否则需进行抗倾覆和抗失稳验算。

表 8.25　框架－剪力墙结构适用的最大高度(m)

结构形式	非抗震设计	抗震设防烈度			
		6 度	7 度	8 度	9 度
现浇	130	130	120	100	50
装配整体式	100	100	90	70	不宜采用

注:1. 房屋高度指室外地面至檐口的高度,不包括局部突出屋面的水箱、电梯间等部分的高度。

　　2. 当房屋高度超过表中规定时,设计应有可靠依据并采取有效措施。

表 8.26　框架－剪力墙结构高宽比限值(m)

非抗震设计	抗震设防烈度			
	6 度	7 度	8 度	9 度
5	5	5	4	3

此外,在框－剪结构体系中,剪力墙之间无大洞口的楼、屋盖的长宽比也不宜超过表 8.27 规定的限值,否则楼盖在自身平面内的刚度不能近似看成无穷大,而要考虑平面内变形的影响。

表 8.27　剪力墙之间楼、屋盖的长宽比

楼、屋盖类型	非抗震设计	抗震设防烈度			
		6 度	7 度	8 度	9 度
现浇	4	4	4	3	2
装配整体式	3	3	3	2.5	不宜采用

框架－剪力墙体系中,框架的梁、柱截面要求与框架结构体系中的基本要求相同,框架梁的截面可根据荷载情况及柱网尺寸而定,梁截面高度一般可取跨度的 1/10 左右,对于抗震设计的情况,纵向框架与横向框架梁都应按主梁来设计。框架柱的截面,对于非抗震设计的情况,根据荷载情况确定;对于非抗震设计的情况,还应满足框架柱轴压比限值的要求,以保证柱子的延性。

周边有梁、柱的剪力墙厚度不应小于 160 mm,且不应小于墙净高的 1/20。墙的中线与变柱中心宜重合,防止偏心。梁的截面宽度不宜小于墙厚的 2 倍,高度不宜小于墙厚的 3 倍。端柱宽度不宜小于墙厚的 2.5 倍,柱截面高度不宜小于柱宽度。

2.结构布置原则

框架-剪力墙结构布置的关键是剪力墙的数量和位置。在剪力墙数量较少的情况下,可使建筑平面布置更灵活,且能节约造价,但若剪力墙数量不足,刚度过小,在地震作用下结构会出现过大的侧向变形,从而导致严重的震害,所以剪力墙的数量不能过少。

剪力墙应沿纵横两个方向同时布置,并使两个方向的自振周期比较接近。遵循"均匀、对称、分散、周边"的布置原则。若在平面内对称布置剪力墙有困难,则可以调整有关部位剪力墙的长度和厚度,使框架-剪力墙结构体系的抗侧移刚度中心与质心尽量接近,以减轻地震作用下对结构产生扭转作用的不利影响。

3.剪力墙布置的位置和要求

一般情况下,剪力墙宜布置在以下位置:

(1)竖向荷载较大处。在竖向荷载较大处布置剪力墙,可以避免设置截面尺寸过大的柱子,满足建筑布置的要求。此外,剪力墙是主要的抗侧力构件,承受很大的弯矩和剪力,较大的竖向荷载可以避免出现轴向拉力,提高截面承载力,也便于基础设计。

(2)建筑平面复杂部位或平面形状变化处。由于这些部位受力状态复杂,设置剪力墙予以加强非常必要。

(3)楼梯间和电梯间处。楼梯间和电梯间处楼板开大洞,对楼板刚度削弱严重,采用剪力墙来加强是有效措施。

(4)横向剪力墙宜布置在接近房屋端部,但又不在建筑物尽端的部位。剪力墙布置在房屋近端时不利于剪力墙底部的嵌固,需要较大刚度的基础,而布置在中部不能有效地发挥抵抗扭转的作用。

(5)纵向剪力墙宜布置在中部附近。纵向剪力墙布置在端部产生约束作用,会使结构受到较大的温度和收缩应力。

此外,考虑到施工时支模困难,一般不在伸缩缝、沉降缝和防震缝两侧同时布置剪力墙。当一侧设置墙后,另一侧的剪力墙可内推一个柱间。

框架-剪力墙结构中,纵、横向剪力墙宜互相交联布置成 L 形、T 形、□形等形状,以使纵、横墙可以互相作为对方的翼缘,从而提高剪力墙的强度和刚度(图 8.50)。剪力墙宜贯通建筑物的全高,避免沿高度方向突然中断而出现刚度突变,且剪力墙的厚度宜沿高度逐渐减小。

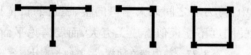

图 8.50　纵横剪力墙的合理布置方式

剪力墙中心线应与框架柱中心线相重合,任何情况下,剪力墙中心线偏离框架柱中心线的距离不宜大于柱宽的 1/4。此外,剪力墙在各楼层开设的较大洞口宜上下对齐,洞口面积与墙面面积的比值不宜大于 1/6,洞口梁高不宜小于层高的 1/5。

为保证剪力墙具有足够的延性,不发生脆性剪切破坏,每一道剪力墙不应过长,总高度与总长度之比 H/L 宜大于 2,且连成一片的单个墙肢长度不宜大于 8 m,否则应按剪力墙开洞的基本要求开洞。

为防止楼板在自身平面内变形过大,使楼层水平剪力可靠地传递给剪力墙,剪力墙的间距不宜过大,其最大间距值应满足表 8.28 的规定。当剪力墙之间的楼面有较大开洞时,剪力墙的间距还应当减小一点。

表 8.28　剪力墙之间楼、屋盖的长宽比

楼盖形式	非抗震设计	抗震设防烈度		
		6 度、7 度	8 度	9 度
现浇	$\leqslant 5B$,且$\leqslant 60$ m	$\leqslant 4B$,且$\leqslant 50$ m	$\leqslant 3B$,且$\leqslant 40$ m	$\leqslant 2B$,且$\leqslant 30$ m
装配整体	$\leqslant 3.5B$,且$\leqslant 50$ m	$\leqslant 3B$,且$\leqslant 40$ m	$\leqslant 2.5B$,且$\leqslant 30$ m	—

注:1. 表中 B 为楼盖的宽度;

　　2. 装配整体式楼盖指装配式楼盖上做配筋现浇层;

　　3. 现浇部分厚度大于 60 mm 的预应力或非预应力叠合楼板可作为现浇楼板考虑。

【知识链接】

《高层建筑混凝土结构技术规程》(JGJ 3—2010)第 3 章对多高层钢筋混凝土结构设计的基本规定做了详细的说明。

《高层建筑混凝土结构技术规程》(JGJ 3—2010)第 6 章对钢筋混凝土框架结构的设计做了详细的介绍。

《高层建筑混凝土结构技术规程》(JGJ 3—2010)第 7、8 章分别对钢筋混凝土剪力墙和框架—剪力墙结构的设计做了详细的介绍。

【重点串联】

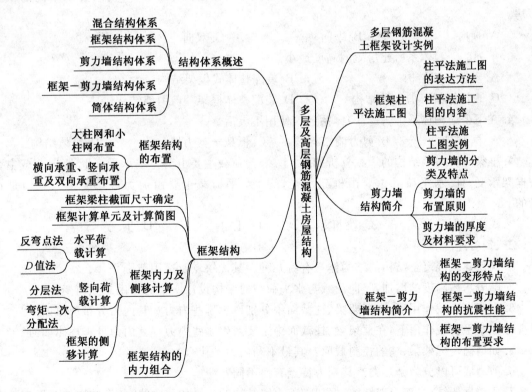

拓展与实训

基础训练

一、填空题

1. 在分层法中，上层各柱远端传递系数取 _____，底层柱和各层梁的传递系数取 _____。

2. 一般多层框架房屋，侧移主要是由 _____ 所引起的，_____ 产生的侧移相对很小，可忽略不计。

3. D 值法与反弯点法的区别在于柱 _____ 与 _____ 计算方法的不同。

4. 框架结构在水平荷载作用下，表现出 _____、_____ 的特点，故称其为 _____ 体系。

5. 在反弯点法中，反弯点位置：底层柱为 _____ 处，其他各层柱为 _____ 处。

6. 一般多层框架房屋，侧移主要是由 _____ 引起，其 _____ 的层间侧移最大。

7. 在反弯点法中，反弯点位置：_____ 为 $2h/3$ 处，_____ 为 $h/2$ 处。

二、选择题

1. 荷载对多层与高层房屋（$H \leqslant 100$ m）的结构体系作用的情况是不同的，房屋越高（　　）的影响越大。

  A. 水平荷载   B. 垂直荷载   C. 温度作用

2. 主要承重框架沿（　　）布置，开间布置灵活，适用于层数不多，荷载要求不高的工业厂房。

  A. 横向   B. 纵向   C. 双向

3. 下列（　　）体系所建房屋的高度最小。

  A. 现浇框架结构   B. 装配整体式框架结构

  C. 现浇框架—剪力墙结构   D. 装配整体框架—剪力墙结构

4. 在下列结构体系中，（　　）体系建筑使用不灵活。

  A. 框架结构   B. 剪力墙结构   C. 框架—剪力墙结构   D. 筒体结构

5. 框架—剪力墙结构的承载分析如下：Ⅰ. 竖向荷载主要由剪力墙承受；Ⅱ. 竖向荷载主要由框架承受；Ⅲ. 水平荷载主要由框架承受；Ⅳ. 水平荷载主要由剪力墙承受。（　　）是正确的。

  A. Ⅰ、Ⅲ   B. Ⅱ、Ⅲ   C. Ⅰ、Ⅳ   D. Ⅱ、Ⅳ

三、简答题

1. 高层建筑混凝土结构的结构体系有哪几种？其优缺点及适用范围是什么？

2. 随着房屋高度的增加，竖向荷载与水平荷载对结构设计所起的作用是如何变化的？

3. 在竖向荷载作用下，在框架梁、柱截面中分别产生哪些内力？其内力分布规律如何？

4. 在水平荷载作用下，在框架梁、柱截面中主要产生哪些内力？其内力分布规律如何？

5. 如何确定框架梁、柱的控制截面？其最不利内力是什么？

6. 剪力墙可以分为哪几类？其受力特点有何不同？

7. 比较框架结构、剪力墙结构、框架—剪力墙结构的水平位移曲线，各类结构的变形有什么特点？

8. 简述框架—剪力墙结构的受力特点。

工程模拟训练

1. 如图 8.51 所示二层框架,用分层计算法作框架的弯矩图,括号内数字表示每根杆的线刚度 $i=EI/l$ 相对值。

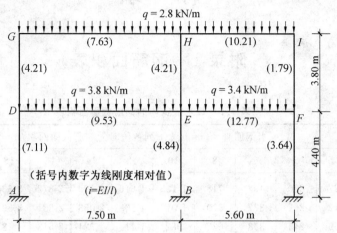

图 8.51　实训题 1 图

2. 用反弯点法和 D 值法分别计算图 8.52 所示框架的弯矩图(括号内的数字为各杆件的相对线刚度值)。

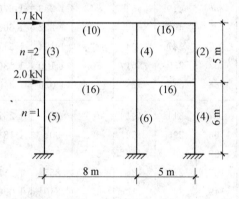

图 8.52　实训题 2 图

链接职考

1. 在水平荷载作用下,当用 D 值法计算框架柱的抗侧移刚度时,随着梁柱节点转角的增大,(　　)。(2005 年二级建筑师试题:单选题)

　　A. D 值法比反弯点法计算的侧移刚度高

　　B. D 值法比反弯点法计算的侧移刚度低

　　C. D 值法与反弯点法计算的侧移刚度相同

2. 现浇整体式框架,采用塑性内力重分布设计梁的配筋时,对竖向荷载应乘以调幅系数(　　)。(2007 年一级建筑师试题:单选题)

　　A. 0.6~0.7　　　　　　B. 0.7~0.8　　　　　　C. 0.8~0.9

3. 对作用于框架结构体系的风荷载和地震作用,可简化成(　　)进行分析。(2011 年一级建造师试题:单选题)

　　A. 节点间的水平分布力　　　　　B. 节点上的水平集中力

　　C. 节点间的竖向分布力　　　　　D. 节点上的竖向集中力

附　录

附录 1　钢筋面积表

附表 1.1　每米板宽内的钢筋截面面积表

钢筋间距 /mm	当钢筋直径(mm)为下列数值时的钢筋截面面积/mm²												
	4	4.5	5	6	8	10	12	14	16	18	20	22	25
70	180	227	280	404	718	1 122	1 616	2 199	2 872	3 635	4 488	5 430	7 012
75	168	212	262	377	670	1 047	1 508	2 053	2 681	3 393	4 189	5 068	6 545
80	157	199	245	353	628	982	1 414	1 924	2 513	3 181	3 927	4 752	6 136
90	140	177	218	314	559	873	1 257	1 710	2 234	2 827	3 491	4 224	5 454
100	126	159	196	283	503	785	1 131	1 539	2 011	2 545	3 142	3 801	4 909
110	114	145	178	257	457	714	1 028	1 399	1 828	2 313	2 856	3 456	4 462
120	105	133	164	236	419	654	942	1 283	1 676	2 121	2 618	3 168	4 091
125	101	127	157	226	402	628	905	1 232	1 608	2 036	2 513	3 041	3 927
130	97	122	151	217	387	604	870	1 184	1 547	1 957	2 417	2 924	3 776
140	90	114	140	202	359	561	808	1 100	1 436	1 818	2 244	2 715	3 506
150	84	106	131	188	335	524	754	1 026	1 340	1 696	2 094	2 534	3 272
160	79	99	123	177	314	491	707	962	1 257	1 590	1 963	2 376	3 068
170	74	94	115	166	296	462	665	906	1 183	1 497	1 848	2 236	2 887
175	72	91	112	162	287	449	646	880	1 149	1 454	1 795	2 172	2 805
180	70	88	109	157	279	436	628	855	1 117	1 414	1 745	2 112	2 727
190	66	84	103	149	265	413	595	810	1 058	1 339	1 653	2 001	2 584
200	63	80	98	141	251	392	565	770	1 005	1 272	1 571	1 901	2 454
250	50	64	79	113	201	314	452	616	804	1 018	1 257	1 521	1 963
300	42	53	65	94	168	262	377	513	670	848	1 047	1 267	1 636
钢筋间距	4	4.5	5	6	8	10	12	14	16	18	20	22	25

附表 1.2　钢筋的计算截面面积及公称质量表

直径 d /mm	不同根数直径的计算截面面积/mm²									单根钢筋公称质量 /(kg·m⁻¹)
	1	2	3	4	5	6	7	8	9	
3	7.1	14.1	21.2	28.3	35.3	42.4	49.5	56.5	63.6	0.055 5
4	12.6	25.1	37.7	50.3	62.8	75.4	88.0	100.5	113.1	0.098 6
5	19.6	39	59	79	98	118	137	157	177	0.154
6	28.3	57	85	113	141	170	198	226	254	0.222
6.5	33.2	66	100	133	166	199	232	265	299	0.260
8	50.3	101	151	201	251	302	352	402	452	0.395
8.2	52.8	106	158	211	264	317	370	422	475	0.415
10	78.5	157	236	314	393	471	550	628	707	0.617
12	113.1	226	339	452	565	679	792	905	1 018	0.888
14	153.9	308	462	616	770	924	1 078	1 232	1 385	1.208
16	201.1	402	603	804	1 005	1 206	1 407	1 608	1 810	1.578
18	254.5	509	763	1 018	1 272	1 527	1 781	2 036	2 290	1.998
20	314.2	628	942	1 257	1 571	1 885	2 199	2 513	2 827	2.466
22	380.1	760	1 140	1 521	1 901	2 281	2 661	3 041	3 421	2.984
25	490.9	982	1 473	1 963	2 454	2 945	3 436	3 927	4 418	3.853
28	615.8	1 232	1 847	2 463	3 079	3 695	4 310	4 926	5 542	4.834
32	804.2	1 608	2 413	3 217	4 021	4 825	5 630	6 434	7 238	6.313
36	1 017.9	2 036	3 054	4 072	5 089	6 107	7 125	8 143	9 161	7.990
40	1 256.6	2 513	3 770	5 027	6 283	7 540	8 796	10 053	11 310	9.865

附录 2　等截面三等跨连续梁常用荷载作用下内力系数

在均布荷载作用下：$M = $ 表中系数 $\times ql^2$；$V = $ 表中系数 $\times ql$；

在集中荷载作用下：$M = $ 表中系数 $\times Pl$；$V = $ 表中系数 $\times P$；

内力正负号规定：M——使截面上部受压，下部受拉为正；V——对邻近截面所产生的力矩沿顺时针方向者为正。

附表 2.1　等截面三等跨连续梁常用荷载作用下内力系数

荷载图	跨内最大弯矩		支座弯矩		剪力			
	M_1	M_2	M_B	M_C	V_A	$V_{B左}$ / $V_{B右}$	$V_{C左}$ / $V_{C右}$	V_D
	0.080	0.025	−0.100	−0.100	0.400	−0.600 / 0.500	−0.500 / 0.600	−0.400
	0.101	—	−0.050	−0.050	0.450	0 / −0.550	0 / 0.550	−0.450
	—	0.075	−0.050	−0.050	0.050	−0.050 / 0.500	−0.500 / 0.050	0.050
	0.073	0.054	−0.117	−0.033	0.383	−0.617 / 0.583	−0.417 / 0.033	0.033
	0.094	—	−0.067	0.017	0.433	−0.567 / 0.083	0.083 / −0.017	−0.017
	0.175	0.100	−0.150	−0.150	0.350	−0.650 / 0.500	−0.500 / 0.650	−0.350
	0.213	—	−0.075	−0.075	0.425	−0.575 / 0	0 / 0.575	0.425
	—	0.175	−0.075	−0.075	−0.075	−0.075 / 0.500	−0.500 / 0.075	0.075
	0.162	0.137	−0.175	−0.050	0.325	−0.675 / 0.625	−0.375 / 0.050	0.050
	0.200	—	−0.010	0.025	0.400	−0.600 / 0.125	0.125 / −0.025	−0.025
	0.244	0.067	−0.267	0.267	0.733	−1.267 / 1.000	−1.000 / 1.267	−0.733
	0.289	—	−0.133	−0.133	0.866	−1.134 / 0	0 / 1.134	−0.866
	—	0.200	−0.133	−0.133	−0.133	−0.133 / 1.000	−1.000 / 0.133	0.133
	0.229	0.170	−0.311	−0.089	0.689	−1.311 / 1.222	−0.788 / 0.089	0.089
	0.274	—	−0.178	0.044	0.822	−1.178 / 0.222	0.222 / −0.044	−0.044

注：等截面二、四、五等跨连续梁在常用荷载下的内力系数，可参考内力计算手册或其他钢筋混凝土结构教科书。

参 考 文 献

[1] 中华人民共和国住房和城乡建设部.GB 50068—2001 建筑结构可靠度设计统一标准[S].北京：中国建筑工业出版社,2010.

[2] 中华人民共和国住房和城乡建设部.GB 50009—2012 建筑结构荷载规范[S].北京：中国建筑工业出版社,2011.

[3] 中华人民共和国住房和城乡建设部.GB 50003—2011 砌体结构设计规范[S].北京：中国建筑工业出版社,2010.

[4] 中华人民共和国住房和城乡建设部.GB 50203—2011 砌体工程施工质量验收规范[S].北京：中国建筑工业出版社,2010.

[5] 中华人民共和国住房和城乡建设部.GB 50011—2010 建筑结构抗震规范[S].北京：中国建筑工业出版社,2010.

[6] 中华人民共和国住房和城乡建设部.GB 50010—2010 混凝土结构设计规范[S].北京：中国建筑工业出版社,2010.

[7] 中华人民共和国住房和城乡建设部.GB 50007—2011 建筑地基基础设计规范[S].北京：中国建筑工业出版社,2011.

[8] 中华人民共和国住房和城乡建设部.GB 50204—2010 混凝土结构工程施工质量验收规范[S].北京：中国建筑工业出版社,2010.

[9] 施楚贤.砌体结构[M].北京：中国建筑工业出版社,2003.

[10] 汪霖祥.钢筋混凝土结构及砌体结构[M].北京：机械工业出版社,2001.

[11] 沈蒲生.混凝土结构设计原理[M].北京：高等教育出版社,2011.

[12] 梁兴文,史庆轩.混凝土结构设计原理.[M].2版.北京：中国建筑工业出版社,2011.

[13] 杨晓光.混凝土结构与砌体结构[M].北京：清华大学出版社,2006.

[14] 刘立新.混凝土结构原理[M].武汉：武汉理工大学出版社,2011.

[15] 吕西林.高层建筑结构[M].武汉：武汉理工大学出版社,2003.

[16] 杨鼎久.建筑结构[M].北京：机械工业出版社,2006.

[17] 李美娟.建筑结构[M].合肥：合肥工业大学出版社,2006.

[18] 王文睿.混凝土与砌体结构[M].北京：中国建筑工业出版社,2011.

[19] 黄音.建筑结构[M].北京：中国建筑工业出版社,2010.